第六届全国换热器学术会议论文集

学术会议论文集

COLLECTED PAPERS OF
THE 6TH NATIONAL ACADEMIC
CONFERENCE ON HEAT EXCHANGERS

中国机械工程学会压力容器分会
合肥通用机械研究院有限公司 ◎编

U0190105

中国科学技术大学出版社

内 容 简 介

第六届全国换热器学术会议由中国机械工程学会压力容器分会主办,本书是会议交流征文的汇总。书中论文作者来自设计院所、高等院校、制造企业和监检单位等热交换器行业链条上的不同环节,内容涵盖了近年来有关单位在热交换器相关产品的结构与热力设计、传热数值预测、传热与流动试验、制造与检验、材料与失效分析、能效与标准评价及运营维护等方面,在突出热交换器传统研究范式的同时初步融合了软件与互联网技术、灰色关联分析技术等交叉学科特色,较为系统地反映了当前我国热交换器研究与应用实践的现状,相关成果和经验可以为同行提供有益借鉴。

图书在版编目(CIP)数据

第六届全国换热器学术会议论文集/中国机械工程学会压力容器分会,合肥通用机械研究院有限公司编. —合肥:中国科学技术大学出版社,2021.5

ISBN 978-7-312-05198-2

Ⅰ.第… Ⅱ.①中…②合… Ⅲ.换热器—学术会议—文集 Ⅳ.TK172-53

中国版本图书馆 CIP 数据核字(2021)第 063563 号

第六届全国换热器学术会议论文集

DI-LIU JIE QUANGUO HUANREQI XUESHU HUIYI LUNWENJI

出版　中国科学技术大学出版社
　　　安徽省合肥市金寨路 96 号,230026
　　　http://press.ustc.edu.cn
　　　http://zgkxjsdxcbs.tmall.com
印刷　安徽省瑞隆印务有限公司
发行　中国科学技术大学出版社
经销　全国新华书店
开本　880 mm×1230 mm　1/16
印张　22.5
字数　762 千
版次　2021 年 5 月第 1 版
印次　2021 年 5 月第 1 次印刷
定价　188.00 元

前　　言

　　热交换器是一类广泛应用于工业生产和国民生活的通用流程设备,为各类生产工艺提供压力和温度环境。在石油、化工、能源、海洋等传统应用场合,换热器往往作为工艺核心装备运行在严苛的压力、温度和载荷条件下,热交换器的设计制造和运营管理水平直接决定和影响了整套工艺装置的本体安全、能耗水平以及最终产品质量。

　　全国换热器学术会议是以热交换器为关注对象的全国性行业交流平台。在中国机械工程学会的指导下和压力容器分会挂靠单位合肥通用机械研究院有限公司的支持下,学会秘书处工作日益完善,并形成了相对稳定的会议机制,自1994年第一届全国换热器学术会议召开以来已成功举办六届。学会始终坚持正确的学术导向,注重发掘行业协会的公益职能,致力于促进热交换器产业链条融合,为我国热交换器行业的技术交流和进步做出了有益贡献。

　　2020年是个不平凡的年份,由于新冠疫情肆虐,全球治理格局正在经历百年未有之大变局。在以习近平同志为核心的党中央的正确领导下,包括换热器行业在内的中华民族各条战线上的建设者同心同德、众志成城,取得了疫情防控和全年经济正增长的建设奇迹。

　　在疫情防控常态化的形势下,经学会秘书处精心组织、审慎推进,第六届全国换热器学术会议于2020年12月2~4日在安徽合肥成功召开,共有来自全国120余家单位的200余名代表参加了会议。会议由中国机械工程学会压力容器分会与合肥通用机械研究院有限公司共同主办。会议以"传热无处不在,换热你我同行"为主题,围绕"超临界流体对流换热规律及换热器研究"等传热技术及装备领域相关研究成果开展了21场特邀报告。

　　会议面向设计院所、高等院校、制造企业、监检机构等行业单位进行了广泛的论文征集并遴选学术论文43篇集结成《第六届全国换热器学术会议论文集》。本论文集内容包含传统领域热交换器的制造、设计、检验、维护等方面,部分成果还突出核能、光热、数字化运维等新应用场景,基本反映了现阶段热交换器技术探索和应用拓展的研究面貌。会议及论文集出版得到了山东恒通膨胀节有限公司的大力支持,同时得到了中国科学技术大学出版社的积极配合和帮助,在此表示衷心的感谢!

　　值此两个百年交会的历史时期,"换热器人"将积极践行新发展理念,深入落实创新驱动,推进新型变革技术赋能,加快换热器行业转型升级,汇聚产业智能、蓄积行业热量,在构建新发展格局的伟大征程中重构换热器产业版图。

编　者

2021年3月

目　　录

带纵向隔板的立式新型折流杆换热器的国产化开发及应用

蒋小文　赵栓柱

（中国寰球工程有限公司北京分公司，北京 100029）

摘要：Novolen 专利聚丙烯装置上的循环气冷凝器属于一种带纵向隔板的立式新型折流杆换热器，是由专利商及国外制造商针对该聚丙烯工艺专门设计开发而成的核心关键设备。2012 年之前，全世界所有 Novolen 专利聚丙烯装置上的这种换热器都由德国马格（MAG）公司设计、制造。2012 年依托神华宁夏煤业集团（以下简称神华宁煤）50 万吨/年甲醇制烯烃项目聚丙烯装置进行了该换热器的国产化开发并于 2014 年 7 月得到成功应用。该换热器的成功开发将使其在同类聚丙烯装置中得以广泛推广和应用，也打破了国外供货厂商对此类设备长期垄断的局面。

关键词：折流杆换热器；纵向隔板；国产化；开发；应用；循环气冷凝器

Domestic Development and Application of a New-Type Vertical Rod-Baffled Heat Exchanger with Longitudinal Baffle

Jiang Xiaowen，Zhao Shuanzhu

（China Huanqiu Contracting & Engineering（Beijing）Co.，Ltd.，Beijing 100029）

Abstract：Recycle gas condenser is a New-Type Vertical Rod-Baffled Heat Exchanger with Longitudinal Baffle. It's the critical equipment developed by Licensor together with Manufacturer for Novolen PP unit. Before 2012，all the recycle gas condensers for Novolen PP unit in the world were designed and manufactured by a German supplier named MAG. In 2012，supported by the Novolen PP unit of SNCG Methanol to Olefin Project，HQC carried out the development of the domestically-made for this type Rod-Baffled Heat Exchanger. The equipment is successfully applied in the Novolen PP unit in July of 2014. The successful development of the heat exchanger will enable it to be widely used in polypropylene unit and also break the situation that foreign manufacturer has monopolized such equipment for a long term.

Keywords：rod-baffled heat exchanger；longitudinal baffle；domestically-made；development；application；recycle gas condenser

1　引言

普通折流杆换热器（Rod-Baffled Heat Exchanger）是 1970 年由美国菲利浦石油公司首创的，其初衷是为了消除折流板式换热器中流体诱发的振动。它不同于常用的折流板式换热器，其换热管由折流杆组成的折流圈组支承，在上、下、左、右 4 个方位将管子固定。壳程流体为轴向流动，消除了流体反复横向流过管束诱发的振动；没有流动死区，不易结垢；壳程流动阻力小，紊流程度增大，从而强化了传热。因此，折流杆换热器具有抗振性能强、流动阻力小、不易结垢及表面温度均匀等优点。[1]我国 20 世纪 80 年代初期即开始研究折流杆换热器并取得一定的成果，且在石化行业获得一定程度的推广。[2-4]近些年来，我国自主研究开发折流杆换热器的工作发展迅速，例如华南理工大学与桂林化工机械厂合作研制的固定管板汽-气式折流杆换热器已生产数百台,应用于 60 多个工厂。因此,从发展的趋势看,折流杆换热器在逐渐被人们认识的同时,也将逐步取代折流板换热器。

Novolen 专利聚丙烯装置上使用的循环气冷凝器属于一种带纵向隔板的立式新型折流杆换热器,此折流杆换热器是由专利商与设备制造商德国马格公司为 Novolen 专利聚丙烯工艺专门开发的。2012 年之前,全世界所有 Novolen 专利聚丙烯装置上的该类型折流杆换热器都是由德国马格公司设计、制造的。其中包括中国境内投产的 3 套 Novolen 专利聚丙烯装置中的循环气冷凝器,分别是:锦西石化的 15 万吨/年聚丙烯装置(2009 年投产)、福建炼化的 40 万吨/年聚丙烯装置(2009 年投产)和神华宁煤的煤基烯烃 50 万吨/年聚丙烯装置(2010 年投产)。

2 国产化背景

2011 年,神华宁煤依托现有 85 万吨/年甲醇的生产能力,计划新建一个甲醇制烯烃项目,项目包括 50 万吨/年 MTP 装置、50 万吨/年 PP 装置及公用工程等。其中 PP 装置采用与 2010 年投产的煤基烯烃 50 万吨/年聚丙烯一样的 Novolen 气相法技术。中国寰球工程有限公司(以下简称寰球公司)及业主在与专利商进行专利技术谈判初期,即考虑在消化吸收已投产 Novolen 聚丙烯装置技术的基础上,对引进的核心关键设备——循环气冷凝器进行国产化开发,以降低项目投资并提高装置的国产化水平。

据此,寰球公司在消化吸收引进设备技术资料、调研国内设备制造厂技术实力的基础上编制了《神华宁煤甲醇制烯烃项目循环气冷凝器国产化可行性报告》,对该新型折流杆换热器的结构特点,国内类似设备的设计、制造情况,设计、制造技术难点及拟采取的措施、费用与周期对比等进行了详细的阐述。该报告发神华宁煤业主审核后,2011 年 10 月神华宁煤业主同意对甲醇制烯烃项目 PP 装置的循环气冷凝器进行国产化开发并发布了批复函。同时,寰球公司内部对此设备的国产化开发进行了立项并组建了技术开发团队。

3 设计参数、结构特点及性能优点

3.1 设计参数

循环气冷凝器的设计参数见表 1。

表 1 循环气冷凝器的设计参数

设备直径(mm)	2450	
换热器型号	V-BEU(立式 U 形管换热器)	
	壳程	管程
程数	1	4
介质	循环气	冷却水
设计温度(℃)	−45/160	65
设计压力(MPa·G)	4.0	4.0
腐蚀裕量(mm)	1.5	3.0
材料	09MnNiDR	Q345R
换热管规格(mm)	Ø25×2(2.5);换热管长 $L=6200$	
换热管布置(mm)	90°排列,管间距 33	
换热管数量	1846 根 U 形管	

3.2 结构特点

该折流杆换热器结构简图如图 1 所示,其结构特点包含以下几个:

(1)该设备带有 5 块纵向隔板(长度依实际换热管长度调整),在整个管束轴向长度上依据实际换热管的长度布置若干组折流杆模块,在横纵正交方向上以 180 mm 间距逐组布置折流杆,如图 2 所示。

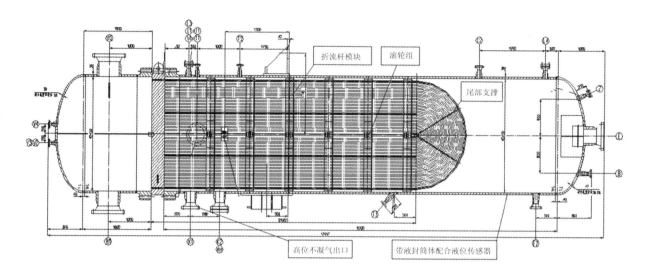

图 1 循环气冷凝器结构简图

(2)水平方向折流杆(即垂直于纵向隔板方向)规格为 $\varnothing d$,穿过换热管间隙,并且需要穿过纵向隔板上开的孔。

(3)垂直方向折流杆(即平行于纵向隔板方向)的规格有 3 种,即 $\varnothing d$,$\varnothing d_1$,$\varnothing d_2$;在换热器布管中心处的垂直折流杆为 $\varnothing d_2$,在纵向隔板位置处的垂直折流杆为 $\varnothing d_1$,其余的垂直折流杆为 $\varnothing d$。

(4)该换热器无拉杆,采用圆周上布置的支撑条(规格 $L \times \delta$)固定整个管束,并起到滑道的作用。

(5)在管束轴向方向呈一直线地布置有若干组滚轮以方便管束顺利装入及抽出筒体(见图 1)。

(6)换热管束在其尾部采用了专门的格栅防振结构(见图 1)。

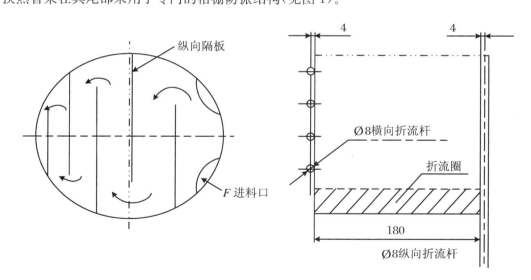

图 2 纵向隔板及折流圈示意图(单位:mm)

3.3 性能优点

该折流杆换热器将从反应器出来的气相丙烯冷凝成液态丙烯并返回反应器进行撤热,不凝气通过循环气压缩机压缩后从反应器底部返回反应器进行聚合反应,并且通过循环气带入助催化剂和氢气进入反应器。与普通结构的换热器相比,该换热器有以下突出优点:

(1) 若采用卧式换热器或立式换热器,用普通折流板时,工艺气体所携带的微量 PP 粉末容易堆积,不易清洗,长期运行会导致局部堵塞,产生腐蚀,并降低传热效率,采用折流杆换热器的结构可完全解决这些影响装置连续长周期运行的问题。

(2) 由于该工艺生产牌号的不同,气体组成和流量会有很大差异,所需换热器热负荷差异较大,在壳程底部较长的液封筒体段设置液位传感器并在顶部设置不凝气出口(见图1),一方面能够防止不凝气在壳体里不断积累,从而影响传热;另一方面也可以通过调整液位进行淹管的方式来调整热负荷。同时液封筒体也能防止不凝气体排出,避免了在换热器外增设一台不凝气体分离罐,节省了项目投资,提高了装置的节能降耗水平。

(3) 传统的折流板换热器在设备采用立式时,由于气体冷凝顺着换热管下降到折流板上,容易形成积液,降低传热效率。而此换热器折流圈上的折流杆前后呈 90° 交错布置,能够消除积液,实现冷凝液在换热管上高通量流动,当大量的冷凝液在立式的换热管上流动时,扰动换热管表面层流层,减小层流层的厚度,起到强化传热的效果。

(4) 采用缺口式纵向隔板,通过调整隔板间距以及缺口宽度,可以保证气体在壳程冷凝过程中流速基本不变,从而增强冷凝效果,起到强化传热的作用;同时交错式的纵向隔板能改变气体的流动方向,使得气体能够沿着换热管顺流以及横向流复合型流动,强化了传热;另外,纵向隔板能够使气体在冷凝过程中,让携带小液滴的气体分级碰撞隔板,实现大量的小液滴分离,减小了换热管上冷凝液的厚度,实现强化传热。

4 国产化主要技术内容

该折流杆换热器经寰球公司设计开发团队近 14 个月的研究、设计以及优化,于 2012 年 12 月完成制造图的设计并将制造图交付最终筛选的设备制造单位——张家港市江南锅炉压力容器有限公司。制造单位针对该设备成立制造攻关小组,历经 8 个月的攻关,开发出该换热器复杂管束组装工艺等多项制造技术,于 2013 年 7 月完成设备制造并发往项目现场。该设备的国产化设计以及成功制造,解决了该复杂结构换热器在设计以及制造方面的诸多难题,主要包括以下几个方面。

4.1 设计技术

(1) 攻克了该类型换热器工程化的传热计算方法以及特殊布管技术。

(2) 攻克了纵向隔板结构尺寸(隔板的间距以及开口尺寸的设计为关键核心技术)的设计原则和方法。

(3) 解决了此类换热器管板在压力、温度载荷以及大管束重量载荷下的强度计算方法。

(4) 解决了此换热器管接头的特殊结构设计和强度计算方法。

(5) 相比引进设备采用的分段式折流圈(设备直径大,拉杆较多,折流圈分段多)与管束拉杆焊接的结构(如图3所示),本设备国产化开发首次采用了整体式折流圈与管束拉杆的卡槽焊接连接结构,解决了分段式折流圈焊后变形以及圆度不易控制的难题。

(6) 攻克了此类折流杆换热器的管束支撑以及防振结构优化设计的原则和方法。

(7) 解决了大型低温锻件(超过 GB 150.2 中最大厚度范围)的材料使用问题。

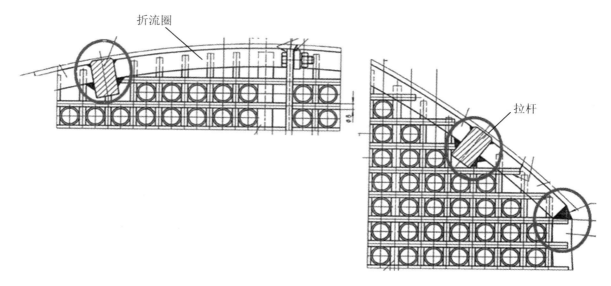

图 3　引进设备拉杆与折流圈连接结构

4.2　制造技术

攻克了该换热器复杂管束组装工艺等多项制造技术,主要包括以下几点:

(1)换热器最内侧一排 U 形管弯管段的弯曲半径只有 35 mm(按国内标准 GB/T 151,对于换热管直径为 Ø25 的 U 形管换热器,弯管半径至少应为 50 mm),弯管外侧金属已经超过材料的最大延伸率,目前国内制造厂按常规弯管方法无法保证弯管的质量。在国产化设计过程中,经选定设备制造厂大量的 35 mm 弯管半径下的弯曲试验和检验,最终确定最内层换热管采用 Ø25×2.5 的规格,并满足以下要求:① 换热管弯管处成型美观,无皱褶;② 圆度偏差符合要求,不大于换热管名义外径的 10%;③ 换热管弯曲前壁厚与换热管弯曲后壁厚的比值不大于 1.18;④ 换热管弯曲后进行 2 倍设计压力(8 MPa)下的水压试验试压合格。

(2)纵向隔板的安装是该设备的制造难点:因为换热器的布管紧密,纵向隔板安装的水平度及平直度是关系到该设备能否顺利穿管的关键因素;传统的在制造工艺(如卡槽或弹簧片结构)上很难实现这种大悬臂纵向隔板的安装。为此,在设备制作过程中专门开发了刚性环骨架及稳定减振圆钢结构,大大缩短了制造周期,使装配难度大大降低。

(3)水平方向的折流杆要穿过多层(5层)的大悬臂纵向隔板,同时还要穿过换热管的间隙,起到夹持住换热管的作用。本台设备直径大且换热管根数近 2000 根,传统的组装工艺很难满足精度和进度要求。为此,开发了高精度定位拉紧器,能够将组装精度控制在 0.05 mm 以内,确保换热管穿管的顺利进行,极大地提高了换热管的组装速度。

(4)该换热器 U 形管束重达 50 吨以上,导致管束的安装及后期维护时设备抽芯困难。采用传统的纵向板式或圆钢导轨结构,管束导轨和筒体之间的摩擦力很大,会对筒体造成很大的摩擦损伤或滑伤。为此,开发了多级滚轨机构,即在管束轴向方向呈一直线地在折流圈位置处布置 6 组滚轮,彻底解决了重型管束的组装问题。

(5)针对换热管与管板连接管接头的重要性,采用了与引进设备不同的管接头结构(可射线探伤结构),并对管接头进行 10%射线探伤随机抽检,以确保管接头安全可靠。

(6)在实际生产过程中,该换热器不仅要面临频繁的热变,还要承受高强度的振动,为此在管束的尾部设置了专门的格栅防振结构,如图 4 所示。

图4 尾部格栅防振结构

5 国产化开发及应用成果

神华宁煤50万吨/年甲醇制烯烃项目聚丙烯装置于2014年7月1号打通全部流程,生产出合格的聚丙烯粒料产品,装置一次开车成功,标志着该Novolen专利技术聚丙烯装置关键核心设备——循环气冷凝器国产化的成功,实现了该聚丙烯专利技术关键核心设备国产化的重大突破。带纵向隔板折流杆换热器的国产化设计及工程应用的成功为国内首创、国际领先,为今后类似工艺装置国产化工作积累了宝贵经验和技术储备,也为未来优化甚至国产化Novolen工艺技术奠定了基础。同时,该国产化换热器在中国境内分别于2015年、2016年取得了"一种带纵向隔板立式折流杆换热器"实用新型及发明专利。

该设备成功的国产化对于降低设备采购价格,从而降低整个项目的投资,同时提升引进装置的设备国产化率,促进中国装备设计、制造技术的发展以及出口海外市场具有重大意义。以一套50万吨/年Novolen专利技术聚丙烯装置(2条线)为例,3台循环气冷凝器国产化后为整个项目节约投资近650万元,同时交货期比进口设备缩短了4个月。截至目前,该国产化换热器的应用情况见表2。

表2 国产化换热器的应用情况

序号	项目名称	设备参数	采购单位,数量	供货厂家	投产时间	备注
1	神华宁煤甲醇制烯烃项目50万吨/年PP装置	设备直径:Ø2450 mm 换热管长度:6200 mm 换热管数量:1846 U	寰球公司,3台	江南锅炉	2014年	首次国产化应用
2	神华宁煤煤化工副产品深加工综合利用项目60万吨/年聚丙烯装置	设备直径:Ø2450 mm 换热管长度:7000 mm 换热管数量:1846 U	寰球公司,3台	江南锅炉	2017年	第二次国产化应用
3	泰国聚丙烯三期改扩建项目	设备直径:Ø2450 mm 换热管长度:7000 mm 换热管数量:1869 U	中国石化工程建设有限公司,2台	江南锅炉	2017年	国产化的第一次出口应用

续表

序号	项目名称	设备参数	采购单位/数量	供货厂家	投产时间	备注
4	天津渤化"两化"搬迁改造项目 30 万吨/年聚丙烯（一期）项目	设备直径：Ø2700 mm 换热管长度：8000 mm 换热管数量：2144 U	中国天辰工程有限公司，1 台	江南锅炉	制造中	专利技术实施许可合同后的应用
5	中海油大榭馏分油改扩建项目 30 万吨/年聚丙烯装置	设备直径：Ø2700 mm 换热管长度：8000 mm 换热管数量：2144 U	中国石化工程建设有限公司，1 台	—	—	

6　结论

从长远看，随着我国和世界石油化工以及煤化工行业的迅速发展，还将会建设一批此专利技术的聚丙烯装置，同时现有聚丙烯装置中循环气冷凝器存在更新改造问题，此设备的成功开发将使其在同类聚丙烯装置中得以广泛推广和应用，也打破了国外供货厂商对此类设备长期垄断的局面。同时，鉴于此类型折流杆换热器具有传热效率高、振动小的优点，也可将其推广应用在其他石化装置中或其他行业。目前，Novolen 专利商已将该设备的制造厂家——张家港市江南锅炉压力容器有限公司列入其全球推荐厂商。此设备国产化的成功，使得中国压力容器制造企业得到国际著名专利商的认可。在当前"一带一路"倡议以及《高端装备制造业"十二五"发展规划》已经发布的大背景下，这对于我国装备制造企业"走出去"参与国际竞争，进一步提升我国高端装备制造业整体发展水平和国际竞争力具有重要意义。

参 考 文 献

[1] 黄素逸.折流杆管壳式换热器[C]//全国化工热工设计技术中心站建站四十周年庆典年会暨大型学术技术交流会，2003：1-18.

[2] 曾文明，钱颂文.折流杆换热器振动特性和壳程传热强化的研究[J].化工炼油机械，1983(2)：1-6.

[3] 张应豪.折流杆换热器的试验及其应用[J].石油化工设备，1988，17(1)：7-10.

[4] 思勤，刘昌俊，黄鸿鼎.折流杆冷凝器壳侧混合蒸汽冷凝传热研究[J].化工学报，1990(2)：1-6.

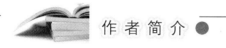

作者简介 ●

蒋小文(1978—)，男，汉族，江西吉安人。2004 年毕业于南京工业大学化工过程机械专业，工学硕士，设备高级工程师，主要从事石油化工设备设计、管理及相关技术工作。E-mail：jiangxiaowen@hqcec.com。

双管板高效波纹管换热器的研究设计

张贤福[1] **刘丰**[2] **姜龙骏**[3] **江郡**[3]

(1. 江苏中圣高科技产业有限公司,南京 211112;2.江苏省(中圣)工业节能技术研究院,南京 211112;3.江苏中圣压力容器装备制造有限公司,南京 211112)

摘要:某脱硫余热回收装置采用一台高效波纹管双管板换热器,本文对双管板换热器设计的管型选择、传热计算、强度设计、内管板胀接结构、管板金属温度及制造技术等关键技术进行了总结。

关键词:脱硫;双管板;波纹管;换热器;设计

Research Design of Double Tubesheets Efficient Corrugated Tube Heat Exchanger

Zhang Xianfu[1], **Liu Feng**[2], **Jiang Longjun**[3], **Jiang Jun**[3]

(1. Jiangsu Sunpower Technology Co., Ltd., Nanjing 211112; 2. Jiangsu (Sunpower) Research Institutes of Industrial Energy-saving Technology, Nanjing 211112; 3. Jiangsu Sunpower Heat Exchanger & Pressure Vessel Co., Ltd., Nanjing 211112)

Abstract: A double tubesheets efficient corrugated tube heat exchanger was used to recycle the waste heat of desulfurization liquid. Design key points of double tubesheets heat exchanger such as tube type selection, strength calculation, expanding structure of inner tubesheet, tubesheets' metal temperature, specification of manufacture are summarized in this article.

Keywords: desulfurization; double tubesheets; corrugated tube; heat exchanger; design

1 引言

某公司锅炉尾部烟气脱硫采用镁法脱硫,即利用氢氧化镁溶液在脱硫塔内对来自锅炉工段的烟气进行喷淋洗涤,氢氧化镁与烟气中的二氧化硫发生反应,生成亚硫酸镁,从而脱去烟气中的二氧化硫。在脱硫过程中,脱硫液因吸收烟气中的余热而温度升高;温度升高的脱硫液直接倒入处置池进行自然降温并调节pH,然后循环利用。这样一方面白白浪费了余热,另一方面,锅炉给水需要耗用大量自产蒸汽将其加热至100 ℃以上进行除氧。我们对其进行技术节能改造,回收脱硫液余热来预热锅炉给水,减少加热蒸汽用量。但锅炉给水水质要求较高,而脱硫液成分复杂,氯离子含量高达 700 ppm(1 ppm = 10^{-6}),为了防止脱硫液污染锅炉给水,对整个锅炉系统造成破坏,我们采用安全、高效的双管板换热器,以回收余热提高锅炉热效率。

2 设计及强度计算

双管板主要应用于两种场合:一种是绝对防止管壳程介质混串的场合[1],即管壳程介质接触后会产生化学反应,生成易燃、易爆、有毒或强腐蚀介质,如一侧走氯化氢气体,一侧走水,两者混合会产生强腐蚀性的盐酸,对材质造成严重腐蚀;另一种是管壳程间介质压差较大的场合[2],此时通常在内外管板之间的空腔中加入一种介质,以减小管壳程介质的压差。回收脱硫液余热来加热除盐水,所产蒸汽供给园区制药、纺织、食品等企业,对蒸汽的品质及稳定性要求极高,为了防止出现泄漏,采用双管板换热器对脱硫液和除盐水进行换热。

2.1 高效波纹管

脱硫液成分复杂,氯离子含量高且含有颗粒物,因此设计脱硫液走管程可方便后期清堵除垢,也可以降低壳程选材,节省费用。另外,为防止颗粒物沉积结垢,管程脱硫设计可保持较高液流速以防止产生滞留层;同时采用高效波纹管使流体在管内产生旋流,具有传热效率高、不易结垢及热补偿能力强等优点。[3-4]高效波纹管成形工艺独特,没有强烈形变,无晶间缺陷,通过了美国哈氏合金国际公司的晶间腐蚀检验。[5]经过传热计算,换热面积确定为 200 m²,设备简图如图 1 所示,设计参数见表 1。

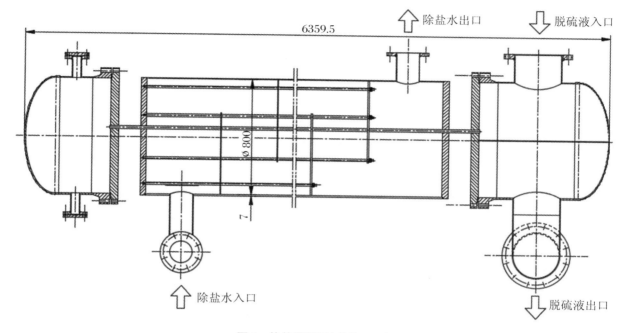

图 1 换热器简图(单位:mm)

表 1 换热器设计参数

	单位	壳程	管程
设计压力	MPa·G	0.8	0.8
设计温度	℃	90	90
工作压力	MPa·G	0.5	0.4
工作温度(进/出)	℃	20/35	40/37.4
材质		S30408	S22053
换热管(GB/T 24590)			BW 19×2-12/1.2

2.2 管板强度计算

20 世纪 70 年代末,Soler A I 研究了双管板结构在温差载荷下管板的热膨胀差,以及由此引起的管束剪切应力,同时还论证了双管板间距、边缘约束等因素对双管板热膨胀差、换热管剪应力的影响,为 TEMA 规范中双管板计算方法的建立奠定了理论基础。[6-7]桑如苞等人也对双管板的强度计算进行过相关讨论。[8]目前,TEMA 2007 版及 GB/T 151—2014 均给出了双管板厚度的计算及校核方法,两者基本一致,主要计算步骤如下[9]:

(1)将双管板类比为一块管板,按单管板设计方法计算出一个当量厚度 δ_0。

(2)根据外管板与其两侧圆筒的连接方式和设计条件计算得到外管板厚度 δ_1,其管板隔离腔的设计压力即作为外管板的壳程设计压力。

（3）根据内管板与其两侧圆筒的连接方式和设计条件计算得到内管板厚度 δ_2，其管板隔离腔的设计压力即作为内管板的管程设计压力。

（4）两块管板的厚度之和应满足：$\delta_1 + \delta_2 \geqslant \delta_0$。[10]

经 SW6 软件计算，外管板厚 25 mm，内管板厚 15 mm。在运用 SW6 软件进行管板强度计算时，SW6 引用 GB/T 151 中 6.6.1.5（a）"强度胀接的最小胀接长度 l 应取管板名义厚度减去 3 mm 的差值……"，将设计者输入的实际内管板胀接长度判定为不合格并将胀接长度强制改成管板厚度减去 3 mm，这种处理方式是值得商榷的。在进行双管板的内管板强度胀接时，与单管板强度胀接是有区别的。单管板强度胀接，壳程侧留 3 mm 不胀接以防止胀坏换热管，管箱侧管头无需留 3 mm 不胀，因此 GB/T 151 可规定最小胀接长度为管板厚度减去 3 mm，而对双管板结构，换热管穿过内管板，还需要与外管板焊接，管板两侧结构与单管板的壳程相同，临近管板的两个表面均需留 3 mm 不胀，胀接长度应为管板厚度减去 6 mm，因此不能再机械套用标准条款。

以 SW6 软件计算的管板厚度进行建模并对换热器进行应力分析，根据结构的对称性，建立 1/8 换热器模型，这里为了和 SW6 软件常规计算保持一致，换热管建模时采用的是光管，划分网格后的模型见图 2，采用 solid185 单元，对管壳程施加设计压力进行校核计算，所得的特瑞斯卡应力云图见图 3，外管板应力云图见图 4，内管板应力云图见图 5。由这些图可以看出，外管板最大应力为 19.2 MPa，内管板最大应力为 68.8 MPa，均小于各自材料的许用应力，由此可以看出 SW6 软件计算结果是很保守的。

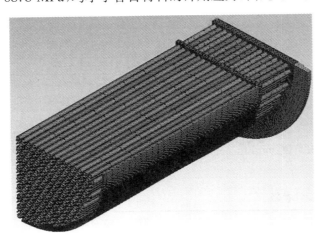

图 2　换热器网格

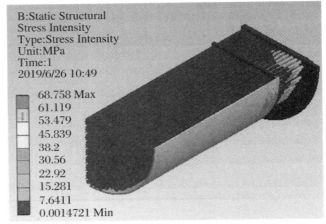

图 3　特瑞斯卡应力云图

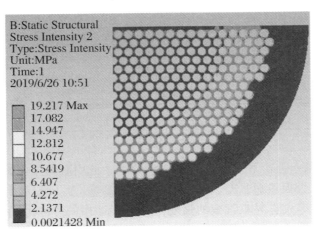

图 4　外管板应力云图

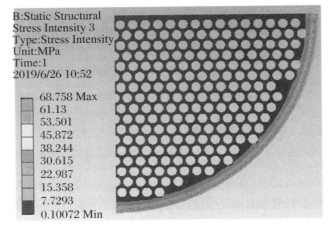

图 5　内管板应力云图

本换热器的设计,考虑内管板需要满足强度胀接结构的需求,外管板兼做法兰,为保证刚度要求,厚度需要大于管箱法兰厚度的 60%,最终内、外管板取 40 mm。

2.3 波纹管、光管管板强度计算对比

换热管采用 GB/T 24590 标准的高效波纹管型,通过应力分析对光管与波纹管进行研究对比。采用完全相同的结构尺寸进行建模,一个模型换热管采用光管,另一个模型换热管采用波纹管,采用波纹管划分好网格后的模型见图 6,计算得到的光管和波纹管的整体特瑞斯卡应力云图见图 7、图 8。由图可以看出,应力峰值光管为 62.0 MPa,波纹管为 64.3 MPa,采用波纹管对设备的整体应力分布基本无影响,而壳体与管板的连接处应力反而更小。因此,换热器采用的高效波纹管可以直接参照光管运用 SW6 软件进行强度校核。

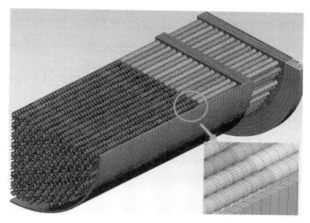

图 6 波纹管模型网格图

图 7 光管换热器应力云图

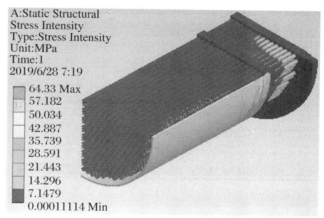

图 8 波纹管应力云图

2.4 胀接开槽结构

在 GB/T 151 中,对强度胀接的孔槽结构尺寸做了具体规定,即槽宽 3 mm,间距 6 mm,深 0.5 mm。此规定是对机械胀接的经验总结,不适用于液压胀。[11] 液压胀属于柔性胀,开槽宽度应根据式(1)计算,这一点设计者需要考虑。该换热器经计算,开槽宽度取 7 mm,间距取 8 mm,设计的内管板胀接开槽结构见图 9。

$$H = 1.1 \sqrt{d\delta_t} \tag{1}$$

式中,H 为开槽宽度(单位:mm);d 为换热管外径(单位:mm);δ_t 为换热管壁厚(单位:mm)。

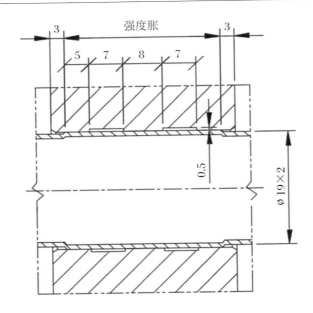

图9 内管板胀接开槽结构(单位:mm)

3 管板金属温度

在进行双管板间距校核计算时,需要输入内、外管板的平均金属温度,以便于计算内、外管板径向膨胀差。比较保守的做法是内管板默认等于壳程流体温度,外管板等于管程流体温度,如此计算的两管板间距肯定是满足强度要求的。但这样处理,当管壳程温差较大时,无疑加大了无效换热管长度,增加了设备投资。下面利用数值模拟的方法计算该换热器的内、外管板温度场,以找出两个管板的温度分布规律。

在进行双管板换热器内外管板及邻近区域的传热模拟计算前,首先进行以下几点假设:

(1) 假定流经管板和换热管的管、壳程流体温度等于传热计算软件计算的温度,对流传热系数等于传热计算软件计算的对流传热系数。

(2) 忽略换热器与周围环境间的热量传递,假定换热器外壁满足绝热边界条件。[12]

(3) 因隔离腔运行过程中会进行保温处理,所以隔离腔内的管表面也假定满足绝热边界条件。

(4) 忽略换热管与管板的接触热阻。

选择两个管板及附近区域进行建模,根据对称性,建立1/2模型,靠近管板附近为光管段,其余管段为波纹管,建立的模型见图10;使用正六面体网格,划分好网格的模型见图11;采用solid70单元,给定换热管、隔离腔和壳程内部对流传热系数及温度边界条件,计算出的右边两个管板的温度场见图12,左边两个管板的温度场见图13。

由温度云图可以看出,外管板温度与管程流体温度基本一致,内管板温度由管程和壳程流体温度共同影响决定。模拟计算结果表明,右侧外管板平均温度为38.6 ℃,而管程进、出口流体温度平均值为38.7 ℃;左侧外管板平均温度为38.5 ℃,左侧管箱处流体平均温度为38.7 ℃,管板温度与管程流体温度基本一致。原因是外管板仅与管程流体发生热传导及热对流,而管板外环表面一般会经过保温处理,近似为绝热面,隔离腔的静止空气对流换热系数非常小,当温度较低时,辐射换热量也小,即热量散发侧热阻远远大于热量吸入侧,参照GB/T 151附录 B10 壁温计算公式,当对流传热系数足够大而总传热量很小时,可以近似认为金属壁温等于流体平均温度。对于内管板,其温度受管壳程流体的共同影响,由温度云图可以看出,其温度介于管、壳程流体温度之间,接近于管程流体温度。原因是管程流体与管板的换热面积为管板中密布的换热管,壳程流体与管板的换热面积为管板的单个侧表面,管板中的换热管面积要大于管板侧表面积,在本例中,管程对流传热系数又大于壳程对流传热系数,因此内管板温度略高于管壳程流体温度的平均值。模拟计算右侧内管板平均温度为38.1 ℃,管壳程流体平均温度为37.5 ℃;左侧内管板平均温度为36.2 ℃,管壳程流体平均温度为 32.5 ℃,与分析预测的结果相一致。

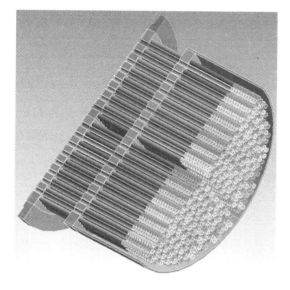

图 10　双管板局部模型图

图 11　模型网格

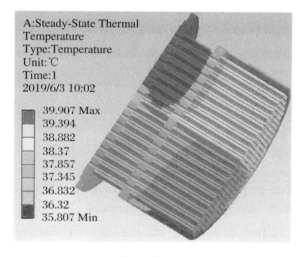

图 12　右端双管板温度场图

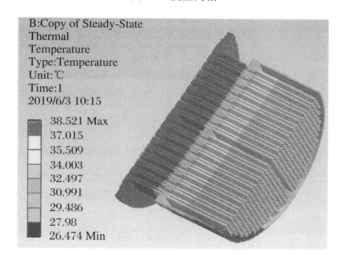

图 13　左端双管板温度场图

　　综上所述,当管壳程为单相液-液或气-气换热,进行双管板间距校核计算时,外管板温度可取管程流体温度,内管板温度可取管壳程流体温度平均值,这样取值接近于实际值又较安全。当管程介质是热流体时,内外管板温差为管程流体温度减去管壳程温度平均值;当管程介质是冷流体时,内外管板温差为管壳程温度平均值减去管程流体温度,内管板温度接近于实际管程流体温度,因此,无论管程是热流体还是冷流体,内管板温度取管壳程流体温度平均值计算的温差均比实际值大,且是安全、保守的。

4　制造工艺

　　双管板结构复杂,制造难度大,特别是内管板与换热管的胀接接头如果发生泄漏,很难维修,因此必须有可靠的制造工艺技术来保证设备质量,确保设备长周期稳定运行。作为设计者要提出合理的技术要求,确保设备制造质量,主要技术要求如下:

　　(1)保证两块管板的同轴度、平行度、扭曲度。[13]

　　(2)确保内管板与换热管的胀接质量,必要时做胀接试验。

　　(3)外管板与换热管的焊接尽量采用小电流多道焊,焊接时宜采用对称分布焊接,同时采取降温措施,这样能有效降低外管板焊接对内管板胀接的影响。[14]

（4）压力试验顺序：在完成两内管板之间的壳程水压试验合格后方能进行外管板与换热管的焊接；外管板与换热管焊接检查合格后，必须对壳侧进行气密试验，以检测外管板的焊接对内管板胀接是否造成影响；最后进行管程压力试验。[15]

5 结论

双管板高效换热器在特定场合有其不可替代的优越性，本文通过脱硫液余热回收运用换热器的研究设计，总结了其设计制造特点：

（1）采用高效波纹管可提高换热效率，降低管程结垢，增加设备热补偿能力。

（2）采用 GB/T 24590 波纹管型时，可按光管对管板进行强度校核。

（3）内管板胀接结构需要结合胀接工艺进行设计。

（4）隔离腔校核时，管板金属温度需要结合介质传热特性合理确定。当管壳程为同相介质换热时，外管板可取管程流体温度，内管板可取管壳程流体温度平均值。

（5）采取合理的制造工艺以保证产品的质量。

参 考 文 献

［1］ 丁勇,孙录林,张文才.不锈钢双管板热交换器胀接技术[J].化工机械,2014,41(6):821-822.

［2］ 陈焕芝,柳少军,王亚峰.浅谈双管板换热器的设计[J].机械与自动化,2014(5):79-80.

［3］ 刘春晖,石大立,杨侠.波纹管换热器传热性能实验的教研启示[J].装备制造技术,2014(3):136-137.

［4］ 刘丰,郭宏新,刘世平.全国第四届换热器学术会议论文集[M].合肥:合肥工业大学出版社,2011.

［5］ 刘丰,郭宏新,汪芳.C-276 合金波纹管高效换热器的研发[C]//全国醋酸醋酐技术研讨会议论文集,2008,10:76-79.

［6］ Soler A I. Tube stresses due to in-plane thermal expansion of tubesheets in closely spaced double tuebsheets[J]. International Journal of Pressure Vessels and Piping,1979,7(2):119-132.

［7］ 熊奥博.管壳式固定管板换热器管板强度研究及双管板厚度计算[D].北京:北京化工大学,2014.

［8］ 桑如苞,谢智刚,段瑞,等.双管板换热器的强度计算[J].石油化工设计,2010,27(2):12-15.

［9］ Tubular Exchanger Manufactures Association, Inc. Standards of the tubular exchanger manufacturers association[S].9th ed. New York:TEMA,2007.

［10］ 中华人民共和国国家质量监督检验检疫总局,中国国家标准化管理委员会.热交换器:GB/T 151—2014[S].北京:中国标准出版社,2015.

［11］ 郭海荣,邢卓.双相不锈钢 S32750 双管板换热器的胀接工艺[J].压力容器,2015,32(7):75-80.

［12］ 袁博,许学斌,陈仓社.双管板换热器管板平均金属温度的一种计算方法[J].化工设备与管道,2016,53(4):12-16.

［13］ 李进一,亚国斌,刘学东.U 形双管板管束制造工艺[J].管道技术与设备,2018(3):28-30.

［14］ 王栋,孔汴莉,张广赞,等.双管板蒸汽加热器的制造[J].河南科技,2018(9):54-55.

［15］ 刘保富,马伟敬.双管板换热器的制造要点[J].压力容器,2009,26(5):60-63.

作者简介

张贤福(1980—),男,汉族,高级工程师,工程硕士,主要从事高效传热与余热回收工程技术研发工作。通信地址:江苏省南京市江宁区诚信大道 2111 号。E-mail:zhangxianfu@sunpower.com.cn。

大型精细化工油品合成装置循环换热分离器的研制

石慧君　周斌　张涛

(兰州兰石重型装备股份有限公司,兰州 730314)

摘要:介绍了国内首台新型循环换热分离器的结构特点及生产制造工艺,首次将列管式换热结构与多管旋风式分离合二为一,有效解决了现役设备存在的换热效率不足、油气分离效果差、分离的重质油和蜡中带水较严重等问题。本设备壳体属大直径薄壁结构且内部管束重量大、管束长、挠度大,制造过程中很容易变形。通过加装支撑及焊接工艺、装配次序的调整,确保整个设备质量得到严格的控制。

关键词:换热器;异种钢焊接;管束穿引;安装

Development of Circulating Heat Exchange Separator for Large-scale Fine Chemical Oil Synthesis Unit

Shi Huijun, Zhou Bin, Zhang Tao

(Lanzhou LS Heavy Equipment Co., Ltd., Lanzhou 730314)

Abstract:The structure characteristics and manufacturing process of the first new type circulating heat exchange separator in China are introduced. For the first time, the tubular heat exchange structure and the multi-tube cyclone separation are combined into one to effectively solve the problems existing in the current equipment: the heat exchange efficiency is insufficient, the oil and gas separation effect is poor, and the separation of heavy oil and wax with water is serious. The equipment shell is a large-diameter thin-wall structure with large internal bundle weight, long bundle length and large deflection. It is easy to produce deformation in the manufacturing process. In the manufacturing process through the addition of support and welding process, assembly order adjustment, to ensure that the quality of the entire equipment is strictly controlled.

Keywords:heat exchanger;welding of heterogeneous steel;tube bundle leads through;installation

1 背景介绍

煤制油项目主要采用高温浆态床费托合成工艺,循环换热分离器是该装置的核心设备之一,该设备在费托合成单元中起着回收油气热量、提高反应循环气温度、降低装置能耗、进行油气分离的作用。在神华宁煤、陕西潞安[1-2]等国内大型项目中,在役的循环换热分离器出现换热效率不足、分离效果差、分离的重质油和蜡中带水的情况。

新型循环换热分离器是由中科合成油工程股份有限公司为内蒙古伊泰化工有限责任公司设计使用的,该设备的换热部分采用易清洗的列管式换热器结构形式[3],分离部分采用抗堵性和分离效果较好的多管旋风式分离元件,旋风分离器是由具有专利技术的内件厂提供成品。在旋风分离器底部再次设置油水分离装置,以达到油、气、水的彻底分离,彻底改变现有设备工艺存在的问题。本台设备是首次将立式浮动管板式换热器与分离器组合使用的"二合一"产品。而新设备筒体底部与封头处设置的伴热盘管使油品顺利通过设备而不至于结焦于设备内壁,使其顺利流入下一处理环节,可以有效避免重质油中带水[4]的情况,大大提高了油品质量。本设备结构复杂,装配要求高,制造难度大,制造工艺控制点多。

2 结构介绍及难点分析

2.1 结构介绍

循环换热分离器主要由上部换热器、下部旋风分离器两大部分组成。其主要参数见表1,结构简图见图1。

表1 设备技术参数

	换热器部分		加热盘管
	3.5	3.5	1.0
设计压力(MPa·G)	3.05	2.75	0.5
工作压力(MPa·G)	270	300	230
设计温度(℃)	合成循环气	高温油气	0.5MPa 蒸汽
介质	合成循环气	高温油气	0.5MPa 蒸汽
设计标准	《压力容器》(GB/T 150.1～150.4—2011)、《热交换器》(GB/T 151—2014)、《塔式容器》(NB/T 47041—2014)		
材料	Q345R/GB/T 713—2014 15CrMoR/GB/T 713—2014	15CrMoR,Q345R/GB/T 713—2014 S30403/GB/T 24511—2017	20/20II

循环换热分离器设备直径大,其中换热段壳体直径达 Ø3400,分离段壳体直径达 Ø4500。该设备为"二合一"一体结构,且为立式设备,高温油气通道(管程)通过浮动管板和膨胀节缓解管束整体的热膨胀。

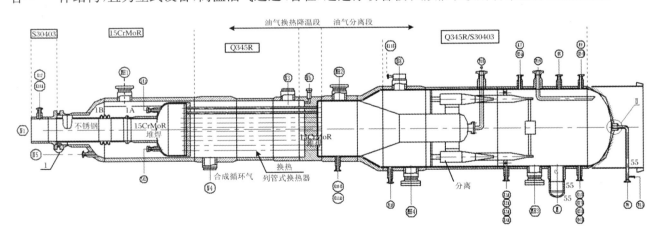

图1 循环换热分离器

2.2 难点分析

(1)设备壳程进出口接管 N3 口(壳体开孔 Ø1174)/N4 口(壳体开孔 Ø1274),本设备换热部分壳程筒体直径较大(达 3.4 m,壁厚 60 mm/48 mm/52 mm),为大直径薄壁结构。壳体在制造过程中卧置,保证设备筒体整体的圆度、直线度显得至关重要。

(2)循环换热分离器管束部件(包括固定管板、浮动管板、换热管、支持板、折流板等)重量依据设计图纸核算达 128 多吨,位居以往管束重量之最,且壳程筒体直径较大(达 3.4 m,壁厚 60 mm/48 mm/52 mm),为大直径结构。本设备管束部件的穿引尤其重要，为使管束顺利进入壳体，必须采取合理的装配顺序以及可靠的工艺措施。

（3）设备产品材质复杂，包括 S30403、15CrMoR、Q345R、Q345R + S30403、15CrMoR + S304035 几类，材质分布较混乱。由于化工压力容器在各种不同介质、压力、温度条件下使用对材料的要求不一样，同一台设备上不同部位所用的材料也不一样，而不同材料组合焊接在一起，就出现了异种钢的焊接问题。[5]根据 ASME Ⅸ和Ⅷ div Ⅰ，UCS 56、UHA 32 和我国的 JB/T 4708《钢制压力容器焊接工艺评定》和 JB/T 4709《钢制压力容器焊接规程》的规定，不同的材料分为不同的 P-No（类别）。同一 P-No 的材料焊后热处理温度是相同的，而不同 P-No 的材料焊后热处理温度是不同的，有的是不必消除应力热处理，有时消除应力热处理甚至会造成危害。因此，针对不同的 P-No 材料，如 Cr-Mo 钢材料与碳钢材料、Cr-Mo 钢材料与奥氏体不锈钢材料焊在一起，采取什么温度进行消除应力热处理，具体怎样操作等均是焊接工艺必须考虑的问题。

（4）循环换热分离器中分离器部分在整个设备的运行过程中起着关键性的作用，分离器的制造与安装直接影响分离产物的效果。本设备分离部件（旋风分离器）是由中国石油大学采用专利技术设计的，由无锡市石油化工设备有限公司制造，经检验合格后发往我公司。由于本设备分离部分尺寸较大，8 台旋风分离器均布于其内部，安装操作难度大。

3 主要制造过程的控制

3.1 壳程的组装及控制

设备壳程进出口接管 N3 口（壳体开孔 Ø1174）/N4 口（壳体开孔 Ø1274），本设备换热部分壳程筒体直径较大（达 3.4 m，壁厚 60 mm/48 mm/52 mm），为大直径薄壁结构。壳体在制造过程中卧置，为防止因自重产生塌陷导致筒体圆度超差，需要在壳程筒体成型检测尺寸合格后加装内部支撑（两端口及壳程筒体中间内部加装 $\delta = 50$ 的支撑环板）控制壳体自身的变形，内壁支撑如图 2 所示。

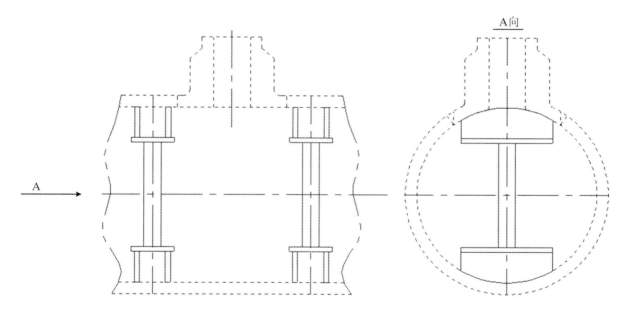

图 2 循环换热分离器内壁支撑

设备开孔较大，薄壁筒体上大开孔接管的组装焊接工艺的实施尤为重要。在整个装配、施焊及热处理过程中均需要加装内部支撑以防变形，为此，我公司开发出一套自主知识产权的"大型薄壁容器内壁热处理防变形工装及使用方法"。在本台设备的制造中接管组焊采用的是外坡口施焊，焊后有轻微内收缩现象，经过修校后达到产品要求。在以后类似产品的制造中可以考虑采用内坡口，利用接管焊肉向外收缩抵消因筒体局部焊肉收缩对壳体圆度的影响。

3.2 管束的穿引

考虑管束特点:长度较长(12 m);重量达128多吨,位居我厂制造管束重量之最且管束挠度大。管束没有滑道,将旁路挡板(兼滑道使用)作为主要受力点。由于重量较大,起吊过程中存在较大挠曲,在吊装过程中要增大受力面积(在管束起吊部位增加弧板)。具体实施过程如下:

(1)测量壳程筒体的内径,在前期准备壳程筒体的制造过程中适时采取工艺措施,有效排除壳程筒体由于自身重量和大接管焊接而导致的壳程筒体局部椭圆度超差的问题,为管束的顺利穿引做好充分的准备。操作示意图如图3所示。

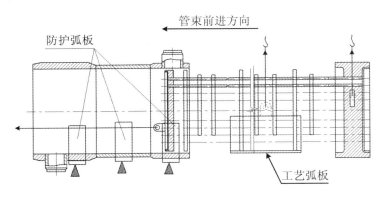

防护弧板　　管束前进方向　　工艺弧板

图3　管束牵引吊装

(2)起吊时将管束吊起,并防止管束变形。注意管束中间部位吊装增加弧板增大受力面,有效减少挠度。用天车配合平行移动使管束滑道落实在壳体上,起到支撑作用,然后固定管束,更换管束吊板起吊位置。

(3)在管板中心线以上焊接一对工艺吊耳,钢丝绳通过划扣与吊耳连接,钢丝绳穿过固定滑轮组件将水平方向拉力转化为垂直方向拉力,使管束受力均匀,匀速进入壳体。

(4)管束进入壳体约1/2、2/3时,分别及时调整浮动管板侧的吊耳位置以减小钢丝绳与水平线之间的夹角(尽量保证两步到位,减少不必要的施焊),从而降低管束与壳程内壁之间的摩擦力,使管束顺利进入并可有效防止壳程筒体内壁由于受力过大而划伤壳程筒体内壁。

(5)拉入过程中两台天车紧密配合,及时调整管束中间部位受力点,使管束整体受力均衡。

(6)在壳程筒体部位放置3个支点,并依次在每个受力点位置加设弧板增大受力面积,使壳体与管束重量均匀,及时传递到支点,避免壳程筒体局部变形。

在以上管束穿引过程中要控制受力的平稳,严禁强行拖曳及扭转管束。

3.3 异种钢焊接及热处理

设备产品材质复杂:S30403、15CrMoR、Q345R、Q345R + S30403、15CrMoR + S30403,共计5类。由于15CrMoR与Q345R母材性能的差异,不宜采用675 ℃对异种钢焊缝进行最终退火热处理,故在焊接异种钢焊缝时,需在15CrMoR坡口处预先堆焊5 mm J507(堆焊节点见图4,堆焊参数见表2)。待该段筒体及锻件最终退火热处理后再采用J507焊材进行环缝的焊接,最后对该道焊缝进行610 ℃电加热进行终退,不同材料部件最终焊后热处理工艺参数见表3。

表2　15CrMoR坡口预堆焊工艺参数

焊接方法	焊材牌号	直径(mm)	电源种类及极性	焊接电流(A)	焊接电压(V)	焊接速度(mm/min)
焊条电弧焊	J507	4.0	直流反接	160～180	22～26	≥130

注:焊接前预热温度:≥160 ℃,层间温度:160～250 ℃,后热:300～350 ℃×1 h。

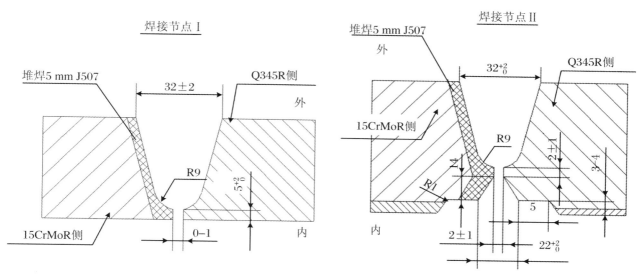

图 4　堆焊焊缝结构

表 3　不同材料部件最终焊后热处理工艺参数

热处理部位	装炉温度(℃)	升温速度(℃/h)	保温温度(℃)	保温时间(h)	降温速度(℃/h)
15CrMoR 组件	≤400	50	675±14	4	80 冷却至 400 ℃以下出炉空冷
Q345R 组件	≤400	70	610±14	2.5	80 冷却至 400 ℃以下出炉空冷
异种钢材质环缝局部电加热处理	≤400	70	610±14	2.5	80 冷却至 400 ℃停机空冷

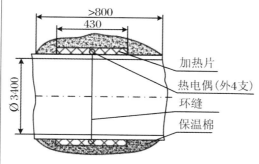

说明:
① 采用智能电加热控制整个热处理过程。
② 在焊缝处均匀分布固定电偶4支。热电偶分布见左图。
③ 加热片规格为520 mm×430 mm,加热宽度为430 mm,数量约为22片。

4　结　论

循环换热分离器Ⅱ为目前首台集列管换热、旋风分离为一体的大型费拖合成单元设备,有效解决了化工工艺过程中换热效果差、分离器易阻塞的缺点。针对设备结构复杂、直径较大、安装精度要求较高等问题,通过采用合理的组焊工装、焊接防变形的控制、合理的加工及装配顺序等工艺措施,有效解决了大直径薄壁壳体上大开孔接管焊接变形以及大型管束的穿引、空间旋风分离器卧式组装中安装精度的超差等问题。本设备的成功研制为制造同类大型产品提供了经验和借鉴。

参 考 文 献

[1] 史聪,沈永斌,梁雪美,等.循环换热分离器运行过程分析[J].现代化工,2019,39(1):192-195.

[2] 林宁.煤制油项目循环换热分离器内件及设备改造[J].山西化工,2018,176(4):154-155.

[3] 史聪,王江,杨英.百万吨煤制油项目循环换热分离器运行问题及解决措施[J].煤化工,2018,46(2):21-23.

[4] 刘吉平,罗文保.费托合成循环换热分离器运行中存在的问题及技术改造[J].科技创新与应用,2017(26):11-16.

[5] 陈建俊.从制造角度看化工设备的设计[J].化工设备与管道,2005,6(42):1-7.

作者简介 ●

石慧君(1990—),女,汉族,工程师,学士,主要从事压力容器制造工艺设计工作。通信地址:兰州市兰州新区中川镇昆仑大道(纬一路)西段 528 号。E-mail:1134980465@qq.com。

绕管式换热器分段精确计算方法研究

吴金星　赵进元　孙雪振

（郑州大学节能技术研究中心，郑州 450001）

摘要：对于大型绕管式换热器，当管程或壳程工作介质发生相变时，工作介质的物性参数随温度的变化而发生显著变化，如果按照传统的定物性计算方法会产生较大误差。基于微分的思想提出了一种基于换热面积的温度分段精确计算方法，并阐述了无相变、单侧相变、双侧相变 3 种工况下分段精确计算的方法，确定了各段的温度节点求解方法。将该方法应用于某炼油厂实际案例，对比结果表明，温度分段精确工艺计算方法的计算结果与工程实际数据吻合较好，管侧工质出口温度计算值与工程值误差为 0.66%，证明了该方法能够实现绕管式换热器的精确计算。

关键词：绕管式换热器；换热面积；分段计算；变物性；工艺计算

Study on the Segmental Accurate Calculation Method of Spiral Wound Heat Exchanger

Wu Jinxing，Zhao Jinyuan，Sun Xuezhen

（Research Center of Energy-saving Technology，Zhengzhou University，Zhengzhou 450001）

Abstract：For spiral wound heat exchangers，when the working medium in the tube side or shell side have phase change，the physical properties of the working medium change significantly with the temperature. Based on the idea of differentiation，an accurate calculation method of temperature segment based on heat transfer area is proposed，and the accurate calculation method of temperature segment with no phase change，one side phase change and two side phase change are expounded，and the solution method of temperature node in each segment is determined. The method is applied to an actual case of a refinery，and the comparison results show that the calculation results of the accurate calculation method of temperature segment are in good agreement with the actual engineering data，and the error between the calculated value of the outlet temperature of the working medium on the tube side and the engineering value is 0.66%，which proves that this method can realize the accurate calculation of spiral wound heat exchangers.

Keywords：spiral wound heat exchanger；heat transfer area；segmental calculation；variable physical properties；process calculation

1　引言

绕管式换热器是一种特殊的紧凑型管壳式换热器，主要由芯筒、管束和壳体等零部件组成。[1]目前传统的管壳式换热器设计方法有 LMTD 法（平均温差计算法）和 ε-NTU 法（效能-传热单元数法）等[2]，在进行换热器设计时，均假定换热器内工作介质的物性参数不随温度和压强的变化而变化。但对于大型绕管式换热器中工作介质的物性参数随温度和压强都会发生变化，尤其是石化行业中使用的有机介质[3]，特别是工质发生相变时，其物性参数会随温度和压强的改变而发生较大的变化，此时若仍按定物性值计算，显然会产生较大误差。因此，在换热器设计时应考虑换热器中各处物性参数的变化，尽量减小设计误差。

为提高换热器设计计算精度,需考虑温度和压降等因素对换热器内工作介质物性的影响。朱辉等[4]基于微分法,根据结构形式将换热器划分成若干计算单元,考虑变物性因素,提出了计算换热器管侧、壳侧壁温的方法;Paffenbarger[5]针对板翅式换热器设计中的变物性问题,采用有限元的方法进行处理;Skoglund等[6]采用数值模拟的方法分析了在变物性参数的情况下换热器内部流体的流动、传热问题;Shah 等[7-8]对效能-传热单元数法进行了改进,提出了变物性参数下换热器设计校核的方法;宋继伟等[9]对传统的 LMTD 法进行了改进,提出了传热介质比热容变化的热力设计方法;许光第等[10]基于有限差分法,根据换热器管壳侧结构进行分段设计,可计算带相变传热过程;Wu 等[11]根据炼油厂大型绕管式换热器建立了工程计算模型,对带相变绕管式换热器进行了工艺计算和结构设计;Wang 等[12]提出了一种分布参数模型,对液化天然气(LNG)缠绕管式换热器进行了设计。

前人研究的侧重点各有不同,本文主要针对大型绕管式换热器,基于微分思想,根据沿轴向的温度变化情况划分为若干个换热单元。针对换热器中工质的相变工况,先确定管侧、壳侧工质的相变点,并由热量衡算计算出先发生相变的一侧,然后根据管侧、壳侧不同的相变工况,划分为多个换热单元,这样初步划分之后,再按照各换热单元进出口温差的大小进行二次划分,以提高计算精度。

绕管式换热器分段计算方法基于以下几点假设:(1)管侧、壳侧内各横截面上流体混合均匀且温度相等;(2)工质发生相变过程中温度保持恒定;(3)仅考虑管侧为单股流的工况;(4)在进行分段的过程中,未考虑压强对物性参数的影响。

2 无相变绕管式换热器分段计算

对于绕管式换热器管侧、壳侧均未发生相变的工况,其设计计算较为简单。首先应选择基准侧,即已知条件较多的一侧,进行设计计算。

已知管侧进、出口温度为 T_{ii}、T_{io},为基准侧,壳侧进口温度为 T_{oi}。根据基准侧的进出口温度,按照等温差的原则,将管侧温度分成 n 段,n 的选取应根据具体工况进行确定,若基准侧进出口温差较小,进出口物性变化较小,可以采用较低的划分段数($n < 10$);若基准侧进出口温差较大,物性变化明显,或者是采用软件设计划分,则应划分较多段数($n > 10$),以提高计算精度。相对应的每段管侧两端温度见表1,其中 $1 \leqslant i \leqslant n$。

表1 每段管侧两端温度分布表

从出口段算起	进口温度 $T_i(i)$(℃)	出口温度 $T_i(i+1)$(℃)
1	T_{io}	$\dfrac{n-1}{n}T_{io} + \dfrac{1}{n}T_{ii}$
2	$\dfrac{n-1}{n}T_{io} + \dfrac{1}{n}T_{ii}$	$\dfrac{n-2}{n}T_{io} + \dfrac{2}{n}T_{ii}$
i	$\dfrac{n-i+1}{n}T_{io} + \dfrac{i-1}{n}T_{ii}$	$\dfrac{n-i}{n}T_{io} + \dfrac{i}{n}T_{ii}$
n	$\dfrac{n-1}{n}T_{ii} + \dfrac{1}{n}T_{io}$	T_{ii}

得到管侧及壳侧各段的两端温度之后,分别对各段进行热量衡算。采用公式如下:

$$G_i \cdot (T_{i1} - T_{i2}) \cdot C_{pi1} = G_o \cdot (T_{o2} - T_{o1}) \cdot C_{po1} \tag{1}$$

已知管侧温度,根据以上公式,可计算出相对应的壳侧温度 T_{o2}、T_{o3}、T_{om}。

需说明的是,式(1)中有 C_{po1}、T_{o2} 两个未知量,C_{po1} 与 T_{o2} 及 T_{o1} 相关,所以在计算式(1)的时候需要进行多次试算,才能得到 T_{o2} 的值;若想要避免繁杂的试算过程,可以在分段计算之前,通过曲线拟合方法得出定压比热容随温度变化的拟合公式,然后代入到式(1)中进行求解。

3 单侧相变绕管式换热器分段计算

单侧发生相变的工况指管侧或壳侧仅有一侧存在相变。以管侧相变的工况为例,根据已知量的不同,该工况分为两种:一种是已知相变侧进、出口温度,无相变侧进口温度;另一种是已知相变侧进口温度,无相变侧进、出口温度。这两种工况都是以相变侧为基准来进行计算的。

3.1 壳侧出口温度未知的工况分段计算

已知管侧进、出口温度 T_{ii}、T_{io},壳侧进口温度 T_{oi}。根据物性参数,先确定管侧流体的相变点,假设为 T_{is},根据 T_{is} 与 T_{io} 的关系,又分成两种情况:

(1) $T_{is} = T_{io}$,根据相变饱和温度将管侧分成两段,假设管侧冷凝相变,第一段为液体冷却段,温度从 T_{ii} 降至 T_{is},此段无相变,第二段为气体冷凝段,为潜热放热段,温度保持 T_{is} 恒定,用热量衡算公式来求解相对应的壳侧温度,计算公式如下:

$$G_i \cdot (T_{is} - T_{ii}) \cdot C_{pi1} = G_o \cdot (T_{om} - T_{oo}) \cdot C_{po1} \tag{2}$$

管侧发生相变的介质质量流量 G_{i2} 计算公式如下:

$$G_{i2} = G_o \cdot (T_{oi} - T_{om}) \cdot C_{po2}/r_i \tag{3}$$

通过上述计算可以得到管侧发生相变的介质质量流量 G_{i2}。若想要得到更精确的计算结果,可在两段的基础上进一步细分,对纯显热段按照温差进行划分换热单元。通过这两个步骤的分段计算可以得到更加精确的管侧相变质量流量 G_{i2}。

(2) 若 $T_{is} > T_{io}$(管侧冷凝相变)或者 $T_{is} < T_{io}$(管侧沸腾相变),根据相变饱和温度将管侧分成 3 段,如图 1 所示,各段温度分布情况如表 2 所示。

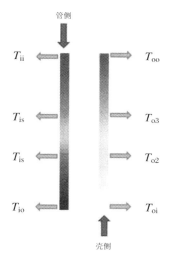

图 1 单侧相变分段计算示意图

① 蒸汽冷却(或液体加热)段,温度从 T_{ii} 下降(上升)到 T_{is},此段无相变过程;
② 蒸汽冷凝(或液体汽化)段,温度保持 T_{is} 恒定,此段产生相变;
③ 液体冷却(或气体加热)段,温度从 T_{is} 下降(上升)到 T_{io},此段无相变过程。

表 2 壳侧各段温度分布表

从管侧出口段算起	进口温度 $T_i(i)$(℃)	出口温度 $T_o(i+1)$(℃)
1	T_{oi}	$T_{oi} - G_i \cdot (T_{io} - T_{is}) \cdot C_{pi1}/(G_o \cdot C_{po1})$
2	$T_{oi} - G_i \cdot (T_{io} - T_{is}) \cdot C_{pi1}/(G_o \cdot C_{po1})$	$T_{o2} - G_i \cdot r_i/(G_o \cdot C_{po2})$
3	$T_{o2} - G_i \cdot r_i/(G_o \cdot C_{po2})$	$T_{o3} - G_i \cdot (T_{is} - T_{ii}) \cdot C_{pi3}/(G_o \cdot C_{po3})$

3.2 管侧出口温度未知的工况分段计算

已知壳侧进、出口温度 T_{oi}、T_{oo}，管侧进口温度 T_{ii}。和壳侧出口温度未知的情况一样，首先需要确定管侧工作介质的饱和温度 T_{is}，暂时考虑将换热器分为 3 段。壳侧各段的温度分布如表 3 所示。

表 3　壳侧各段温度分布表

从管侧进口段算起	进口温度 $T_o(m)$(℃)	出口温度 $T_o(m+1)$(℃)
1	T_{oo}	$T_{oo} + G_i \cdot (T_{ii} - T_{is}) \cdot C_{pi1}/(G_o \cdot C_{po1})$
2	$T_{oo} + G_i \cdot (T_{ii} - T_{is}) \cdot C_{pi1}/(G_o \cdot C_{po1})$	$T_{o2} + G_i \cdot r_i/(G_o \cdot C_{po2})$
3	$T_{o2} + G_i \cdot r_i/(G_o \cdot C_{po2})$	T_{oi}

由热量衡算公式可求出管侧出口温度：

$$T_{io} = C_{po3} \cdot G_o \cdot (T_{oi} - T_{o2})/(C_{pi3} \cdot G_i) + T_{is} \tag{4}$$

本节以管侧相变、壳侧无相变的工况作详细说明，原则上都是以相变侧为基准来进行温度分段计算的。

4　双侧相变绕管式换热器分段计算方法

绕管式换热器管侧、壳侧均发生相变的工况比较复杂，本节以常见的管侧沸腾、壳侧冷凝传热为例介绍两侧均相变的绕管式换热器分段计算方法，分段计算的基本原则是先确定两种介质相变时的饱和温度，再确定达到饱和温度的时间。绕管式换热器两侧相变换热分段计算示意图如图 2 所示。

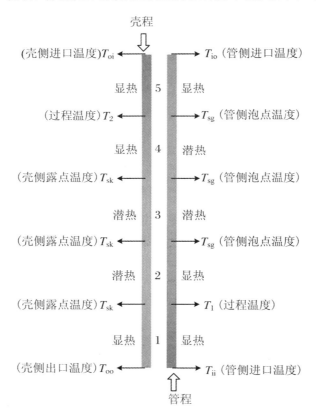

图 2　绕管式换热器两侧相变换热分段计算示意图

已知量有：管侧进口温度 T_{ii}，壳侧进、出口温度 T_{oi}、T_{oo}，管侧、壳侧介质饱和温度 T_{sg}、T_{sk}。假设 $C_{pi1} \cdot G_i \cdot (T_{sg} - T_{ii}) > C_{po1} \cdot G_o \cdot (T_{sk} - T_{oo})$，即管侧传热量大于壳侧传热量，则壳侧工质先达到相变点，如图 2 中，第一段管壳侧工质均发生相变；第二段壳侧相变、管侧未相变；第三段管侧、壳侧均发生相变；第四段管侧相变、壳侧未相变；第五段管侧、壳侧均不相变，各段各节点温度如表4所示。

表4　管侧、壳侧均发生相变时分段计算各节点温度

从管侧进口处算起	管侧各段进口温度	出口温度	壳侧各段进口温度	出口温度
1	T_{ii}	T_1	T_{oo}	T_{sk}
2	T_1	T_{sg}	T_{sk}	T_{sk}
3	T_{sg}	T_{sg}	T_{sk}	T_{sk}
4	T_{sg}	T_{sg}	T_{sk}	T_2
5	T_{sg}	T_{io}	T_2	T_{oi}

图2中温度分段点 T_1，T_2 的求解方式如下：

$$T_1 = \frac{(T_{sk} - T_{oo}) \cdot G_o \cdot C_{po1}}{G_i \cdot C_{pi1}} + T_{ii} \tag{5}$$

假定第 i 段管侧、壳侧液相质量流量为 G_{ili}，G_{oli}；气相质量流量为 G_{igi}，G_{ogi}，则

根据热平衡关系算出壳侧第2段气相质量流量 G_{og2} 为

$$G_{og2} = \frac{1}{r_o}(C_{pi1} \cdot G_i \cdot (T_1 - T_{ii}) + C_{pi2} \cdot G_i \cdot (T_{sg} - T_1) - C_{po1} \cdot G_o \cdot (T_{sk} - T_{oo})) \tag{6}$$

壳侧第2段液相质量流量 G_{ol2} 为

$$G_{ol2} = G_o - G_{og2} \tag{7}$$

根据热平衡关系算出管侧第3段气相质量流量 G_{ig3} 为

$$G_{ig3} = \frac{1}{r_i} \cdot (G_{ol2} \cdot r_o) \tag{8}$$

根据质量守恒算出管侧第3段液相质量流量 G_{il3} 为

$$G_{il3} = G_i - G_{ig3} \tag{9}$$

根据热平衡关系算出温度分段点 T_2 的大小为

$$T_2 = \frac{G_{il3} \cdot r_i}{G \cdot C_p} + T_{sk} \tag{10}$$

绕管式换热器管侧的出口温度 T_{io} 可根据以下公式求出：

$$T_{io} = \frac{C_{po5} G_o \cdot (T_2 - T_{oi})}{C_{pi5} \cdot G_i} + T_{sg} \tag{11}$$

通过上述计算可以得到绕管式换热器各段节点的温度。

5　双侧相变绕管式换热器设计方法应用与工程实例对比

针对双侧相变绕管式换热器，应用前文中提出的基于换热面积的温度分段计算方法，结合绕管式换热器设计的基本流程，根据炼油厂的实际工艺条件，对一台用于芳烃异构化单元进料的双侧相变绕管式换热器进行了设计计算，其设计工艺条件如表5所示，换热器如图3所示，管侧、壳侧工作介质均为二甲苯，管侧走冷物料，壳侧走热物料。

分段设计结果与工程实例的对比如表6所示。

表5 工程实际工艺条件

	管侧（冷物料，下进上出）	壳侧（热物料，上进下出）
工作介质	二甲苯	二甲苯
入口温度（℃）	68.0	360.1
出口温度（℃）	327.8	89.4
质量流量（t/h）	77	77
氢气流量（m³/h）	105000	105000
氢气纯度（%）	60	60
进口压力（MPa）	0.8	1.58

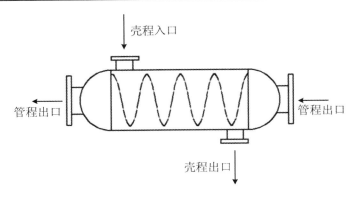

图3 换热器流程示意图

表6 分段设计与工程实际参数对比

换热器		壳侧			管侧		
工艺参数	参数	进口温度（℃）	出口温度（℃）	压降（kPa）	进口温度（℃）	出口温度（℃）	压降（kPa）
	工程实际	360.1	89.4	28.0	68.0	327.8	36.0
	分段设计	360.1	89.4	27.7	68.0	330.0	36.8

分析表6工艺参数对比结果可以得出，本文的分段设计结果与实际工程数据的出口温度误差为0.67%，压降部分误差为2.22%，通过工程实例与本文提出的方法进行对比，可以说明本文提出的设计方法具有准确性。

6 结论

针对绕管式换热器提出了一种基于微分思想的分段精确计算方法，讨论了双侧无相变、单侧相变和双侧相变3种工况下绕管式换热器的分段计算方法，详述各节点的温度求解方法，给出了对应的计算公式。通过计算方法在实际工程案例的应用，验证了所提出方法的可行性与准确性。

该分段计算方法可方便地应用于绕管式换热器软件编制的过程中，大大提高了设计计算的精确性，从而提高绕管式换热器的换热效率。本文的分段计算方法也存在一定的局限性，即分段计算过程中假定相变段温度保持恒定，而实际上从开始发生相变到相变结束，相变段的温度随着压降变化也会发生波动。由此可见，该分段计算方法中分段越多，计算越精确。

参 考 文 献

［1］ 杨禹坤,吴金星,倪硕.缠绕管换热器结构发展及展望[J].河南科技,2016(13):74-78.

［2］ 杨世铭,陶文铨.传热学[M].北京:高等教育出版社,2006.

［3］ 栗俊芬.绕管式换热器计算方法研究及软件开发[D].郑州:郑州大学,2016.

［4］ 朱辉,周帼彦,朱冬生,等.基于Matlab的管壳式换热器分段计算研究[J].制冷与空调,2014,28(3):270-275,280.

［5］ Paffenbarger J. General computer analysis of multistream plate fin heat exchangers[J]. Compact Heat Exchangers:A Festschrift for AL London,1990:727-746.

［6］ Skoglund T,Årzén K,Dejmek P. Dynamic object-oriented heat exchanger models for simulation of fluid property transitions[J]. International Journal of Heat and Mass Transfer,2006,49(13-14):2291-2303.

［7］ Sekulic D P,Shah R K. Advances in heat transfer:Thermal design theory of three-fluid heat exchangers [M]//Advances in Heat Transfer. New York:Academic Press,1995.

［8］ Shah R K,Sekulic D P. Nonuniform overall heat transfer coefficients in conventional heat exchanger design theory-revisited[J]. The American Society of Mechanical Engineering,1998,120(2):520-525.

［9］ 宋继伟,许明田,程林.换热器分段设计方法的理论分析[J].科学通报,2011(13):1060-1064.

［10］ 许光第,周帼彦,朱冬生,等.管壳式换热器设计及软件开发[J].流体机械,2013,41(4):38-42.

［11］ Wu J X,Liu S L,Wang M Q. Process calculation method and optimization of the spiral-wound heat exchanger with bilateral phase change[J]. Applied Thermal Engineering,2018(134):360-368.

［12］ Wang T,Ding G,Duan Z,et al. A distributed-parameter model for LNG spiral wound heat exchanger based on graph theory[J]. Applied Thermal Engineering,2015(81):102-113.

 作 者 简 介 ●

吴金星(1968—),男,汉族,教授,郑州大学节能技术研究中心主任,博士,主要从事换热器强化传热和结构优化、工业节能技术等研究工作。通信地址:河南省郑州市高新区科学大道100号郑州大学化工学院。E-mail:wujx@zzu.edu.cn。

双侧相变绕管式换热器设计软件开发[①]

吴金星　李雪　赵克林

（郑州大学节能技术研究中心，郑州 450001）

摘要：本文提出了双侧相变绕管式换热器分段计算方法，并以 Visual Basic 6.0 软件为设计平台，开发了双侧相变绕管式换热器设计计算软件。该分段方法利用换热器壳侧与管侧介质的各个相变点对应的位置点对换热过程进行分段，并根据相应工艺条件下的物性参数，依次对各段进行工艺计算，从而完成整个换热器的计算和设计。通过设计软件的计算结果与工程参数对比，发现二者吻合较好。该软件集结构设计和工艺计算于一体，计算快捷准确、界面友好、方便灵活，可实现双侧相变绕管式换热器设计计算和校核计算。

关键词：绕管式换热器；双侧相变；分段计算；软件开发

Design and Software Development of Bilateral Phase-change Wound Tube Heat Exchanger

Wu Jinxing，Li Xue，Zhao Kelin

（Research Center of Energy Conservation Technology，Zhengzhou University，Zhengzhou 450001）

Abstract：In this paper，the subsection calculation method of two-side phase-change wound tube heat exchanger was proposed，and the design and calculation software of the heat exchanger was developed with Visual Basic 6.0 software as the design platform. The subsection calculation method is used to segment the heat transfer process according to the phase change points of the shell side and tube side of the heat exchanger. This method can calculate the process of each section in turn according to the physical parameters under the corresponding technological conditions，thus completing the calculation and design of the whole heat exchanger. By comparing the calculated results of the design software with the engineering parameters，it can be found that the results were in good agreement. The software integrates structural design and process calculation，and it is fast and accurate，user-friendly，convenient and flexible，which can realize the design calculation and check calculation of bilateral phase-change tube wound heat exchanger.

Keywords：spiral wound heat exchanger；bilateral phase transition；subsection calculation；software development

1　引言

绕管式换热器是一种特殊的紧凑型管壳式换热器，单位体积具有较大的传热面积。目前绕管式换热器多用于深冷装置，如甲醇洗和空分设备，也适用于制药、炼油、化工、电力和纺织等行业。[1-2]绕管式换热器的双侧相变传热是一个复杂的传热过程，其工艺计算与结构设计也非常复杂。国外对管壳式换热器的设计软件的开发已经取得了显著的成果，其中 HTRI 公司和 HTFS 公司开发的换热器设计软件在国际上影响较大，但局限于列管式换热器。国内的郭洋等[3]对有相变绕管式换热器的计算进行了程序开发，但目前该技术

---

①　项目名称：河南省重点科技攻关计划项目（项目编号：162102210006）。

尚未公开,也未见工程应用报道。本文针对双侧相变绕管式换热器壳侧与管侧流体流动与传热的复杂性和不确定性,采用相变换热分段计算方法,即依据换热器壳侧与管侧介质的各个相变点对应的位置点对换热过程进行分段,并根据相应工艺条件下的物性参数,分别对每段进行工艺计算,能够有效减小换热器设计误差。

由于绕管式换热器结构复杂,壳侧与管侧均有相变,因此采用传统的人工计算设计方法,计算过程繁琐且设计周期较长,而利用 VB 6.0 编程语言进行换热器设计具有设计周期短,计算快捷准确,界面友好、方便灵活等优点[4],因此本文运用 VB 6.0 编程语言,对双侧相变绕管式换热器进行了程序化设计。

2 双侧相变绕管式换热器软件设计原理

2.1 双侧相变绕管式换热器的分段计算方法

壳侧流体与管侧流体均发生相变且流动状态为逆流的绕管式换热器,其进出口温差较大,流体物性参数变化范围也较大,如石化行业中的烃类流体,其物性参数会随温度变化产生较大的变化。[5]为了提高这种绕管式换热器工艺计算过程中流体物性参数的准确性,采用分段计算方法进行工艺计算和结构设计,将换热流体的各个相变点对应不同的位置点作为定位点,从下到上依次将壳侧(热流体)与管侧(冷流体)的换热过程分为 5 大段,如图 1 所示。每个换热段按等温差或等气相分率的原则再分为有限个连续的换热段,流体物性参数取每个换热段的平均温度对应的物性参数,这样可有效减小物性参数随温度变化造成的误差。

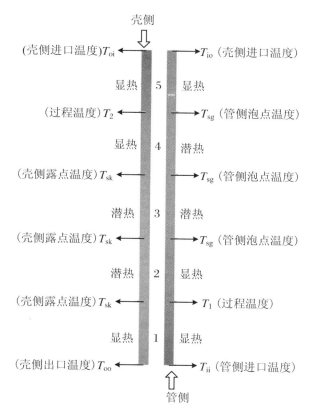

图1 双侧相变绕管式换热器的换热分段计算方法示意图

在热力计算过程中,壳侧相变点取流体(蒸气)露点温度,管侧相变点取流体(液体)沸点(或泡点)温度,两温度可根据已知介质及其压力而定。第 1 段和第 2 段的分界点由壳侧露点温度而定,第 1 段壳侧与管侧均不发生相变,为液态显热变化;第 2 段壳侧发生部分相变,为气液两相,无显热变化,管侧不发生相变,为液态显热变化。第 2 段和第 3 段的分界点由管侧泡点温度而定,第 3 段壳侧与管侧均发生相变,为气液两相,无显热变化。第 3 段和第 4 段的分界点由壳侧露点温度而定,第 4 段壳侧不发生相变,为气态显热变化,管侧发生相变,为气液两相。第 4 段和第 5 段的分界点由管侧泡点温度而定,第 5 段壳侧与管侧均不发生相变,为气态显热变化。

在进行双侧相变绕管式换热器热力计算时,一般已知壳侧与管侧进口温度,但两侧的出口温度皆未知,因而需假设壳侧出口温度,从而计算出管侧出口温度。对于相变换热分段计算来说,准确确定每段的定性温度至关重要。在本文编制的计算程序中,第 1 段的 4 个温度中已知壳侧露点温度与管侧入口温度,过程温度 T_1 可根据假设的壳侧出口温度求出;对于第 2 段而言,4 个温度都已知,重点是求出当管侧液体开始发生相变时,壳侧流体的相变量;第 3 段已知 4 个温度,需求出当壳侧全部发生相变时,管侧已经发生的相变量;第 4 段已知 3 个温度以及管侧剩余相变量,可求出壳侧过程温度 T_2;第 5 段已知 3 个温度,此时壳侧与管侧均以气态存在,故可根据热量衡算,求出管侧出口温度。

2.2 双侧相变绕管式换热器的换热和压降计算方法

当绕管式换热器的壳侧及管侧为单相流动时,可根据每一段的雷诺数 Re 选择对应的换热系数及压降公式进行计算。[6] 当壳侧及管侧为两相流动时,传热系数及压降计算采用分相流动的计算方法,即先计算液相的单相换热系数和压降,再乘以两相流系数,便可得到两相流换热系数。

壳侧两相流换热系数计算公式为[7]

$$h_{oi} = h'_{oi} \left(\frac{1+X}{X} \right)^{0.82} \tag{1}$$

式中,h_{oi} 为壳侧每段两相流换热系数,单位为 $W/(m^2 \cdot K)$;h'_{oi} 为壳侧每段液相单相流换热系数,单位为 $W/(m^2 \cdot K)$;X 为壳侧每段换热过程的马提内利参数。

马提内利参数 X 的计算公式如下:

(1) 当 $Re_l > 2000$,$Re_g > 2000$ 时,液体和气体均为紊流,

$$X_{tt} = \left(\frac{W_l}{W_g} \right)^{0.9} \cdot \left(\frac{\rho_g}{\rho_l} \right)^{0.5} \cdot \left(\frac{\mu_l}{\mu_g} \right)^{0.1} \tag{2}$$

(2) 当 $Re_l > 2000$,$Re_g < 1000$ 时,液体紊流,气体层流,

$$X_{tl} = (0.00286)^{0.5} \left(\frac{W_l}{W_g} \right)^{0.5} \cdot \left(\frac{\rho_g}{\rho_l} \right)^{0.5} \cdot \left(\frac{\mu_l}{\mu_g} \right)^{0.5} \cdot Re_l^{0.4} \tag{3}$$

(3) 当 $Re_l < 1000$,$Re_g > 2000$ 时,液体层流,气体紊流,

$$X_{lt} = (348)^{0.5} \left(\frac{W_l}{W_g} \right)^{0.5} \cdot \left(\frac{\rho_g}{\rho_l} \right)^{0.5} \cdot \left(\frac{\mu_l}{\mu_g} \right)^{0.5} \cdot Re_g^{-0.4} \tag{4}$$

(4) 当 $Re_l < 1000$,$Re_g < 1000$ 时,液体和气体均为层流,

$$X_{ll} = \left(\frac{W_l}{W_g} \right)^{0.5} \cdot \left(\frac{\rho_g}{\rho_l} \right)^{0.5} \cdot \left(\frac{\mu_l}{\mu_g} \right)^{0.5} \tag{5}$$

式中,Re_l 为液体的雷诺数;Re_g 为气体的雷诺数;W_l 为液体的流量,单位为 kg/s;W_g 为气体的流量,单位为 kg/s;ρ_l 为液体的密度,单位为 kg/m^3;ρ_g 为气体的密度,单位为 kg/m^3;μ_l 为液体的黏度,单位为 $kg/(m \cdot s)$;μ_g 为气体的黏度,单位为 $kg/(m \cdot s)$。

管侧两相流换热系数计算公式为

$$h_{ii} = De^{0.078}(S \cdot h_b + F \cdot h_l) \tag{6}$$

式中,h_{ii} 为管侧每段两相流换热系数,单位为 $W/(m^2 \cdot K)$;De 为迪恩数[8];S 为泡核沸腾影响系数;h_b 为泡核沸腾换热系数,单位为 $W/(m^2 \cdot K)$;F 为两相流影响系数;h_l 为壳侧每段单相流强制对流换热系数,单位为 $W/(m^2 \cdot K)$。

根据所得壳侧和管侧的两相流换热系数,可计算换热器的总传热系数:

$$K = \frac{1}{\dfrac{1}{h_i} \cdot \dfrac{d_o}{d_i} + \dfrac{d_o}{2\lambda} \cdot \ln\dfrac{d_o}{d_i} + \dfrac{1}{h_o} + R_i \cdot \dfrac{d_o}{d_i} + R_o} \tag{7}$$

式中,h_i 为管内换热系数,单位为 $W/(m^2 \cdot K)$;d_o 为换热管外径,单位为 m;d_i 为换热管内径,单位为 m;λ 为换热管导热系数,单位为 $W/(m^2 \cdot K)$;R_i 为管内污垢热阻,单位为 $m^2 \cdot K/W$;R_o 为管外污垢热阻,单位为 $m^2 \cdot ℃/W$。

壳侧压降与管侧压降均由摩擦压降、重力压降和加速压降3部分组成[9]：

$$\Delta P = \Delta P_{fi} + \Delta P_{gi} + \Delta P_{ai} \tag{8}$$

式中，ΔP_{fi} 为摩擦压降，单位为 N/m^2；ΔP_{gi} 为重力压降，单位为 N/m^2；ΔP_{ai} 为加速压降，单位为 N/m^2。

3 双侧相变绕管式换热器软件开发

3.1 软件设计程序框图

本软件的目的在于实现多组分混合物系绕管式换热器相变传热的设计计算和校核计算。根据管壳式换热器设计的原理和方法[10]，结合具体的工艺要求，软件设计总流程图如图2所示，具体计算步骤如下：

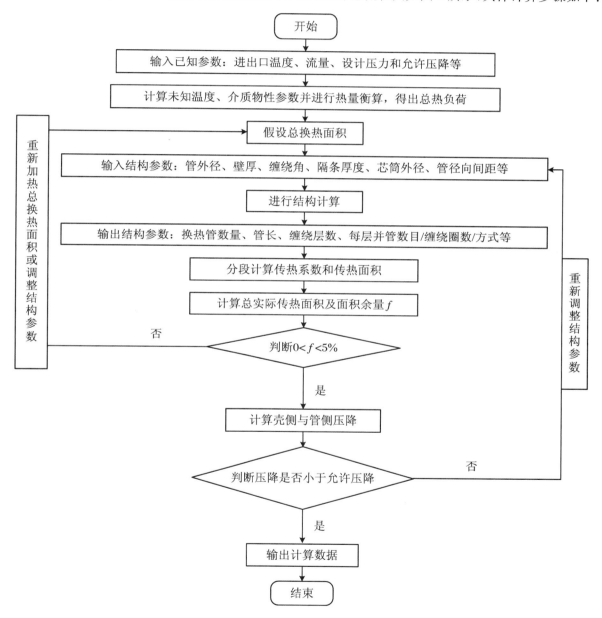

图2 双侧相变绕管式换热器的设计软件总流程图

（1）输入绕管式换热器的设计运行工艺参数以及壳侧和管侧流体的物性参数。

（2）根据壳侧与管侧流体相变点和流体介质物性参数，分别计算5段换热过程的未知温度，然后将每大段按等温差或等气相分率的原则分为若干小段，取每小段平均流体温度对应的物性参数分别进行热量衡算,得出换热器的总换热量。

（3）根据工程经验初步假设总换热面积,输入初选的结构参数,包括换热管外径、壁厚、隔条厚度、缠绕角、芯筒外径等,进行结构计算并得出绕管式换热器的其他结构参数,如单根换热管长度、换热管总数、缠绕层数、每层换热管数目、每层换热管缠绕圈数、每层隔条数、换热器筒体内径和筒体壁厚等。

（4）根据已知工艺参数和结构参数,分别对每段进行壳侧换热系数、管侧换热系数、总传热系数、总换热面积的计算,然后将每段换热面积叠加,得出总的换热面积。

（5）将计算总换热面积与假设总换面积进行比较,判断面积余量是否为 0~5%,若不满足该条件,则返回步骤（3）,调整结构参数后重新迭代计算。

（6）分别计算每小段壳侧与管侧压降,叠加得出壳侧与管侧总压降,判断壳侧与管侧压降是否小于允许压降,如条件不满足,则返回（3）,重新调整结构参数后继续迭代计算。

（7）到总换热面积和压降均满足设定条件,输出结构计算及工艺计算结果,退出程序。

3.2　程序的数据处理方法

在软件设计过程中,初始设计参数如流体温度、质量流量、换热管直径、换热管外径、隔条厚度等数据的输入采用 Combo-Box 控件下拉选取式或者键盘输入。对于一些需要在图表中查取的参数,如介质比热容 C_p、黏度 μ、导热系数 λ 和汽化潜热值 γ 等,本软件实现了计算机对这些数据的自动处理,主要是通过物性参数拟合公式法[11],该方法被直接写入程序中。以介质比热容 C_p 的查取为例,现将人工查取的 C_p 值及程序拟合计算的 C_p 值进行对比,对比结果如表 1 所示。由表 1 可知,自动计算的数据与人工查询的数据误差不超过 1%,说明此方法切实可行。物性参数的自动计算为绕管式换热器计算机辅助设计提供了可能。

表 1　人工查取的 C_p 值及自动计算的 C_p 值对比

介质温度(℃)	60	80	100	120	140	160
人工查取 C_p 值(J/(kg·K))	1867.48	1937.77	2008.07	2078.75	2149.64	2222.10
自动计算 C_p 值(J/(kg·K))	1867.08	1937.75	2008.42	2079.09	2149.76	2220.44
偏差	0.02%	0.001%	0.017%	0.016%	0.005%	0.7%

3.3　软件界面设计

双侧相变绕管式换热器设计过程参数多,计算繁杂,很多参数需要经过反复的调整核算才能得到符合要求的结果。本软件运用 VB 6.0 编程语言,建立良好的人机交互界面,通过界面输入或选取相关参数,然后进行简单操作即可完成设计任务。图 3 为双侧相变绕管式换热器设计软件的运行主界面,包括设计环境、工作介质初始参数、初始结构参数设定和计算结果 4 个框架,以及结构计算、工艺计算、结果保存和退出计算 4 个按钮。程序运行后,进入换热器设计系统主界面,首先输入或选取已知结构和工艺参数,选择"结构计算"按钮或"工艺计算"按钮即可开始设计,设计完成以后可将结果自动保存到 Word 文档,便于对计算结果进行分析和应用。

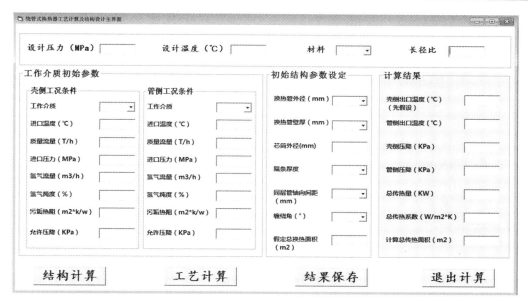

图 3　双侧相变绕管式换热器设计软件的运行主界面

4　双侧相变绕管式换热器工程应用

某炼油厂生产系统中采用的绕管式换热器为进口设备,经过多年使用已需要更换。根据炼油厂的实际工艺条件,设计一台双侧相变绕管式换热器,初始参数为:设计压力 1.47 MPa,设计温度 400 ℃,管材 S32168,选取换热管外径 19 mm,缠绕角 18°,缠绕层数 25 层;壳侧介质工艺参数为:介质进口温度 319 ℃,质量流量60 t/h,进口压力 0.624 MPa,氢气流量 60000 m³/h,氢气纯度 65%;管侧介质工艺参数为:介质进口温度51 ℃,质量流量 60 t/h,进口压力 0.723 MPa,氢气流量 60000 m³/h,氢气纯度 65%。将软件设计结果与工程实际参数进行对比,结果如表 2 所示。

表 2　软件设计结果与工程实际参数对比

参数	壳侧			管侧		
	进口温度(℃)	出口温度(℃)	压降(kPa)	进口温度(℃)	出口温度(℃)	压降(kPa)
工程实际参数	319.8	78.6	22.1	51.2	299	49.4
软件计算结果	319	79.2	21.6	51	297	51.8

由表 2 对比结果可以看出,出口温度计算误差在 2% 以内,压降部分计算误差在 5% 以内。可见,本软件设计结果与工程实际数据之间的误差均在合理范围之内。

5　结论

本文提出了双侧相变绕管式换热器的分段计算方法,并以 VB 6.0 软件为设计平台,在改进后的工艺计算方法基础上,开发出了双侧相变绕管式换热器设计软件。该分段计算方法不仅充分考虑了管侧与壳侧相变点的差异,同时减少了介质物性随温度变化带来的影响,能有效减小设计误差;双侧相变绕管式换热器设计软件可快速进行热力计算和结构设计,提高了设计的准确性。该软件操作简单、方便灵活,可实现双侧相变绕管式换热器设计计算和校核计算,并且通过 VB 与 Word 模板间的链接,直接保存计算结果,对类似软件的开发具有一定的借鉴意义。该设计软件的应用,不仅可大量节省人力、物力,提高效率,缩短设计周期,而且可以提高换热器设计的质量、可靠性和标准化程度。

参 考 文 献

［1］ 吴金星,李亚飞,张灿灿,等.绕管式换热器的结构形式分析及应用前景[J].压力容器,2014,31(2)：
38-42.
［2］ 许光第,周帼彦,朱冬生,等.管壳式换热器设计及软件开发[J].流体机械,2013,41(4):38-42.
［3］ 尾花英朗.热交换器设计手册[M].北京:石油工业出版社,1984.
［4］ Dean W R.Note on the motion of fluid in a curved pipe[J].Philosophical Magazine,1927,4(20)：
208-223.
［5］ 彭旭.烟气源热泵系统开发及绕管式冷凝器研究[D].郑州:郑州大学,2016.
［6］ 吴金星,刘少林,彭旭.绕管式换热器壳侧流动及传热模拟与实验研究[J].郑州大学学报(工学版),
2019,40(1):77-82.
［7］ Santini L,Cioncolini A,Lombardi C,et al.Two-phase pressure drops in a helically coiled steam
generator[J].International Journal of Heat and Mass Transfer,2008,51(19/20):4926-4939.
［8］ 兰州石油机械研究所.换热器:上册[M].2版.北京:中国石油出版社,2013.
［9］ 于清野.缠绕管式换热器计算方法研究[D].大连:大连理工大学,2011.
［10］ 栗俊芬.绕管式换热器计算方法研究及软件开发[D].郑州:郑州大学,2016.
［11］ 郭洋.有相变缠绕管式换热器计算程序开发[D].大连:大连理工大学,2012.

作 者 简 介

吴金星(1968—),男,汉族,教授,郑州大学节能技术研究中心主任,博士,主要从事换热器强化传热和结构优化、工业节能技术等研究工作。通信地址:河南省郑州市高新区科学大道 100 号郑州大学化工学院。E-mail:wujx@zzu.edu.cn。

绕管式换热器技术与结构研究进展

吴金星　王蕾　田倩卉

（郑州大学节能技术研究中心,郑州 450001）

摘要:介绍了绕管式换热器的主要结构特征,综述了绕管式换热器的壳程与管程的流动、传热等技术的研究现状,分析了绕管式换热器的新结构及其优点和适应场合,并结合绕管式换热器的技术和应用现状,展望了绕管式换热器未来的发展趋势和应用前景。

关键词:绕管式换热器;壳程结构;管程结构;技术进展

Research Progress on Technology and Structure of Spiral Wound Heat Exchanger

Wu Jinxing, Wang Lei, Tian Qianhui

（Research Center of Energy-saving Technology, Zhengzhou University, Zhengzhou 450001）

Abstract:The main structural characteristics of the spiral wound heat exchanger are introduced. The research status on flow and heat transfer technologies of shell-side and tube-side of the spiral wound heat exchanger is reviewed. Moreover, the new structure and their advantages and application of the spiral wound heat exchanger are analyzed. And based on the research and application status of the spiral wound heat exchanger, the development trend and application prospect of the spiral wound heat exchanger are prospected.

Keywords:spiral wound heat exchanger;shell-side structure;tube-side structure;technical progress

1　引言

绕管式换热器(图 1)具有结构紧凑、耐高压、换热效率高等优点,广泛应用于石油化工、制药、核能以及 LNG 等工业领域中。绕管式换热器主要由芯筒、绕管和壳体等零部件组成。[1]螺旋状的换热管紧密地缠绕在芯筒上,为保证绕管之间的径向间距固定不变,内外层绕管之间通常采用一定厚度的垫条分隔,为了固定同层绕管之间的轴向间距,绕管之间用特殊形状的管卡定位和固定。

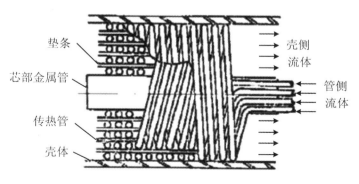

图 1　绕管式换热器结构示意图

相比于普通管壳式换热器,绕管式换热器具有很大的优势,一是适用温度范围广,既可用于空分等低温过程中,又可用于化工等高温装置中;二是管束的热补偿性能好,热胀冷缩的情况下管束可以自由地伸长或收缩而不会对管板造成大的热应力影响;三是结构紧凑,绕管式换热器中管束紧密缠绕,减少了因安装复杂支撑装置而造成有效换热空间的浪费;四是换热效率高,管程流体强烈的螺旋流,壳程流体充分的扰流和湍动,使得绕管式换热器管程及壳程都具有较高的换热系数;五是不易结垢,由于管程流体强烈的螺旋流对管壁的冲刷作用,以及绕管随流体温度变化而自由伸缩,使得污垢不易附着于管壁表面。

2 绕管式换热器壳程性能研究进展

由于绕管式换热器中换热管特殊的螺旋缠绕结构特征,其壳程结构非常复杂,使得工艺参数计算和结构设计等也异常复杂。因此,针对绕管式换热器壳程流场和性能的研究较少。

2.1 绕管式换热器壳程流动研究进展

针对绕管式换热器的壳程流动性能,采用模拟分析是最直观便捷的方法。郑州大学吴金星等[2]对绕管式换热器壳程的流动进行了模拟,其流动状态如图2所示,从图(a)中可以看出在垂直流动方向截面上形成大量的速度漩涡、二次流;从图(b)中可以看出不同层之间的流体发生剧烈的相互掺混。流体在流动过程中形成的速度漩涡及流体的相互掺混,对换热管壁附近的流体形成巨大的冲刷作用,使边界层变薄,使传热热阻减小。

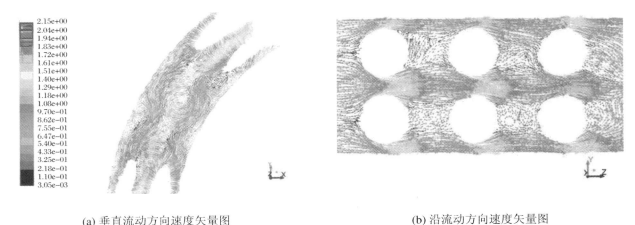

(a) 垂直流动方向速度矢量图   (b) 沿流动方向速度矢量图

图 2 绕管式换热器壳程不同截面的速度矢量图

高兴辉等[3]建立了如图3的模型,利用模拟软件计算对比分析绕管直径为 $d = 6$ mm、10 mm 和 14 mm 时绕管式换热器壳程的流动性能。分析结果如图4所示。轴向路径上流体流速随管径的增大而增大,由于绕管的扰流作用,流体流速出现波动,管径越大,轴向流速波动越大,而径向路径上流速呈现先增大后减小的趋势,大致在两层缠绕管中间处流速达到最大,且径向流速随管径的增大而减小。流体流动时,由于受到缠绕管的干扰,产生圆柱绕流现象。管径越大,缠绕管下方的流体径向流速越低。此外,管径越大,壳程流体沿管壁向两侧的速度梯度越大,速度边界层越薄,说明增大缠绕管直径对增加流体扰动、破坏边界层具有明显的作用。增大缠绕管直径会使流道减小,局部湍流程度增大,且在贴近管壁处更易形成漩涡。

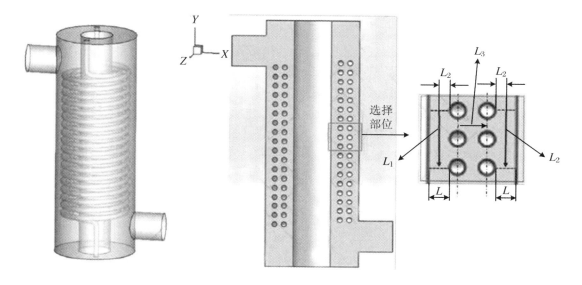

图 3 流场分析选取位置示意图

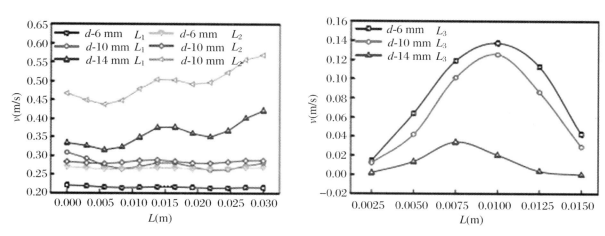

(a) 沿路径的变化

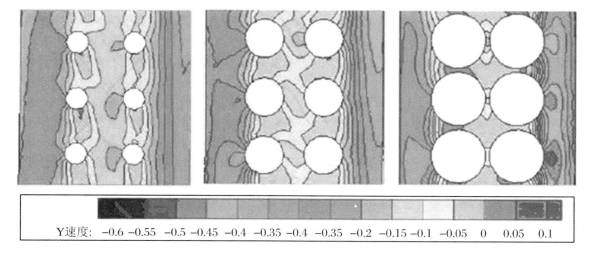

(b) 壳程截面速度场云图

图 4 沿路径 L_1、L_2、L_3 及截面的速度分布图

2.2 绕管式换热器壳程换热研究进展

马飞等[4]通过数值模拟研究,利用正交实验得到了影响绕管式换热器壳程流动参数的权重顺序:Re(雷诺数)＞Pr(普朗特数)＞P_1(径向间距)＞P_2(轴向间距)＞D(绕管外径),表明操作运行工况对螺旋缠绕管式换热器壳程流动的影响最大,其次为流动工质的物性。贾金才[5]通过数值模拟对绕管式换热器壳程传热进行研究,结果表明:小的管径、小的径向比、大的轴向比对传热是有利的;缠绕角度、每层不同的圈数对传热的影响很小。吴金星等[2]分别建立了不同管径、层间距和管间距的绕管式换热器模型,利用 FLUENT 软件对其壳程的传热性能进行了研究与分析,并与实验进行了对比。结果表明:在研究范围内,当管径为 6 mm、层间距为 3.5 mm、轴向间距为 14 mm 时,综合换热性能评价因子有最大值。

通过实验与理论相结合的方法,西安交通大学肖岷等[6]对单根绕管外的层流凝结换热进行了研究,在考虑黏滞力、重力、离心力的影响下,得到了换热系数的求解方法,并通过实验对理论模型进行了验证。吴金星等[7]在考虑离心力对绕管式换热器壳程膜状凝结的影响下,提出了两种膜状凝结换热的理论计算公式,并对其进行了验证。

针对绕管式换热器的双侧相变换热,吴金星等[7-9]也提出一套基于"换热面积"的温度分段计算方法,并利用 VB 语言编制了计算软件,大大简化了计算过程,提高了计算精度和速度,经软件计算和设计的绕管式换热器已应用在洛阳某石化公司,达到了预期的效果,验证了软件计算方法的可靠性。郭洋等[10]利用 Fortran 程序语言,考虑了沸腾、冷凝传热对传热系数和压降的影响,编制了有相变的绕管式换热器的计算程序,并分别与某工厂单股流、多股流有相变绕管式换热器进行了对比验证。

邓静等[11]建立了绕管式换热器的实验平台,将实验结果与数值模拟结果进行了对比与验证,用遗传算法对绕管式换热器壳程进行了多目标驱动优化研究,结果表明,绕管直径和缠绕半径对壳程流动换热性能有很大的影响,而螺距的影响比较小,并且得到了绕管式换热器壳程努塞尔数 Nu 和阻力系数 f 的关联式:

$$Nu = 0.04788\,Re^{0.778}\,(S/d)^{-0.026}\,(R/d)^{-0.063} \tag{1}$$

$$f = 71.52164\,Re^{-0.017}\,(S/d)^{-2.241}\,(R/d)^{-0.568} \tag{2}$$

3 绕管式换热器管程性能研究进展

3.1 绕管式换热器管程换热研究进展

Dean[12]提出了圆柱坐标系下低 Re 数、低曲率的 NS 方程,提出特征数 Dean 数,推导出二次流流函数。在考虑 Dean 数、曲率和 Pr 数对 Nu 数的影响下的层流状态时,Yang 等[13]对绕管内的流动与换热进行了模拟计算与分析,结果表明:当 Pr 数较小时,Nu 数随曲率的增大略微减小;当 Pr 数较高时,Nu 数随曲率的增大而显著地减小。Yamamoto 等[14]通过数值模拟研究了绕管式换热器管程缠绕特性对不可压缩黏性流体性能的影响,结果表明螺旋结构对热通量有很大的影响。

Yang 等[15]进行了湍流工况下螺旋管管内流动的数值计算,结果表明,不同于层流工况,湍流工况下 Pr 数越大,曲率对传热的影响越小。Pawar[16]等设计了 3 种曲率不同的缠绕管,根据实验结果推导出了层流时的努塞尔数 Nu 的关系式,通过进行了 414 组实验,对比了牛顿流体和非牛顿流体的传热性能的区别。结果表明:牛顿型流体的综合传热性能要高于非牛顿型流体;相同流体的情况下,缠绕直径越小,传热系数越低。Kumar 等[17]进行了绕管式换热器的传质性能实验,分析得出螺距是影响传质性能的主要因素。

在 $Re = 660\sim2300$,$D/d_i = 7.086\sim16.142$,$P/d = 1.81\sim3.025$ 的研究范围内,Moawed[18]利用了 10 种结构不同的螺旋管,对恒热流壁面条件下管内流体的换热性能进行了实验研究,得到了螺旋管强制对流换热关系式:

$$Nu = 0.0345\,Re^{0.48}\,(D/d_i)^{0.914}\,(P/d_i)^{0.281} \tag{3}$$

3.2 新型的绕管结构

Zachar[19]开发了一种螺旋槽管绕管式换热器,如图 5 所示,通过数值模拟研究发现,相比于光管绕管式换热器,新型换热器管程的换热系数可提高 80%～100%。Prabhat[20]提出了翅片绕管式换热器,如图 6 所示,并对其进行了实验研究,得到翅片绕管式换热器的管程和壳程的阻力系数关联式。

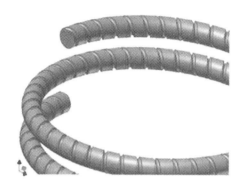

图 5　螺旋槽管绕管　　　　　　　　　　　图 6　翅片绕管

Zachar[21-22]提出了一种凹螺纹绕管式换热器(图 7、图 8),并模拟分析了新型绕管式换热器的传热性能。结果表明,凹螺纹绕管式换热器的换热系数比圆管绕管式换热器增大了近一倍。Li 等[23]设计了凸螺纹绕管式换热器,数值模拟发现,由于凸螺纹存在使管内流体中产生漩涡,且螺纹越多传热能力越强。因此,相比于圆管绕管式换热器,凸螺纹绕管式换热器的传热能力提高为原来的 1.5～1.8 倍,管程换热性能提高 30%～80%。

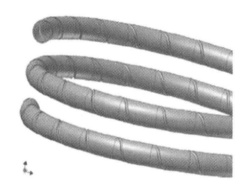

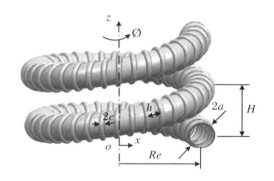

图 7　凹螺纹型绕管　　　　　　　　　　　图 8　凸螺纹型绕管

4　绕管式换热器结构进展

传统绕管式换热器一般为 3 种结构:一是单股流绕管式换热器,二是带有若干小管板的多股流绕管式换热器,三是整体管板式多股流绕管式换热器。随着强化传热理论和制造技术的不断发展,绕管式换热器结构多种多样,此章节简要介绍几种新型结构的绕管式换热器。

4.1　新型多股流绕管式换热器

一种多股流异径管绕管式换热器[24]如图 9 所示,芯筒外每一层绕管都由至少两种管径的绕管交替缠绕而成。其每一端的两个管束有两种布置方式:一是每一端的两个管束分别布置在同一块管板的两个区域,且在管板上及管箱内设置分程隔板将两个区域分开;二是每一端的两个管束分别布置在两块小管板上,两块小管板分别设置管箱和进出口管,穿过封头并对称固定在封头的 45°角位置;两种管束布置方式均构成管程双股流。此种新型结构实现了管程多股流体同时与壳程流体换热,并通过异径绕管的交替布置,增大了绕管间的径向间隙,增强了壳程流体的综合换热效果。

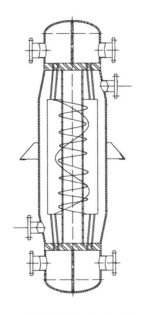

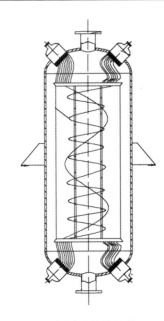

(a) 双管板异径管换热器   (b) 四管板异径管换热器

图 9　多股流异径管绕管式换热器

　　为了充分利用绕管式换热器的芯筒空间,增大换热面积,吴金星等[25]提出了一种双管程混合管束换热器,如图 10 所示。其由普通直管组成自支撑直管束,螺旋管缠绕在直管束外并构成螺旋管束;圆筒形隔板一端焊接在封头内侧,另一端与管板上的圆形槽对接密封,并将管箱分成两个管程空间,分别对应直管束和螺旋管束;下端封头与法兰组成封闭式管箱,连通了直管束和螺旋管束,构成了双管程。

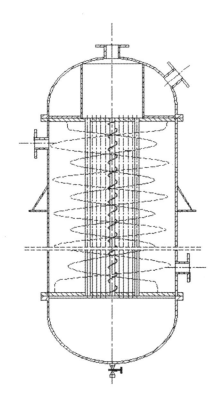

图 10　双管程混合管束换热器

　　现有的多股流绕管式换热器是指换热器的管束分成两股及两股以上,每组管束分别设置不同的管板及管程进出口管,从而实现了多股管程流体与一股壳程流体的同时换热,在此基础上提出了一种壳程多股流绕管式换热器[26],如图11所示。所有壳程的筒体内径相同,而每个壳程的筒体材料根据壳程介质而定,每个壳程的绕管管径和筒体、芯筒及绕管的长度根据壳程工艺条件而定,即每个壳程具有不同的换热面积和结构参数,从而实现了多种壳程流体与一种管程流体同时进行多级换热。

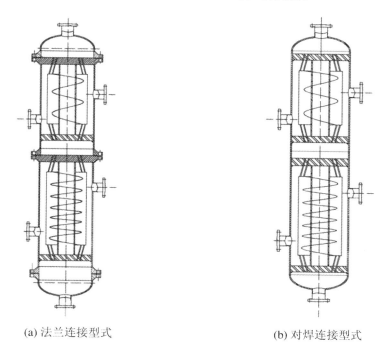

(a) 法兰连接型式　　　　　　　　　　(b) 对焊连接型式

图 11　壳程多股流绕管式换热器

4.2　其他新型绕管式换热器

4.2.1　单股流异径管绕管式换热器

一种单股流异径管绕管式换热器[27]如图12所示,芯筒外缠绕有小径绕管和大径绕管两种结构,其布置方式有两种:第一种是每一层绕管由小径绕管与大径绕管交替缠绕而成,使绕管的层与层之间靠大径绕管相互支撑,大径绕管与小径绕管之间形成较大间隙;第二种是紧邻芯筒的若干层缠绕小径绕管,小径绕管层的外部若干层缠绕大径绕管。此种结构采用小径绕管与大径绕管两种缠绕方式,增大了换热面积和绕管层间的间隙,增强了壳程流体的换热效果。

4.2.2　带竖直隔板结构的绕管式换热器

陈杰等[28]提出了一种腔体内设置竖直隔板的缠绕管式换热器,中心筒设置于壳体的腔体内,形成环腔,环腔内缠绕换热管。环腔内设有若干个以竖直方式布置的金属孔板,换热管穿过金属孔板上的通孔缠绕在中心筒上,金属孔板的一端焊接在壳体的内壁,另一端焊接在中心筒的外壁,且孔板围绕中心筒呈周向对称布置。这种换热器主要应用于海上天然气浮式平台,与现有的缠绕管式换热器相比,该结构通过在腔体内部竖直设置金属孔板,将完整的一个腔体分隔成若干个独立腔体,而各独立腔体内部的液体不会流入其他腔体中,能够保证该腔体的壳程液体与该腔体的管内液体换热充分。

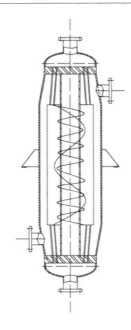

图12　单股流异径管绕管式换热器

5　绕管式换热器应用与发展趋势

绕管式换热器多用于深冷装置的低温场合,如甲醇洗设备和空分设备等。近年来,绕管式换热器的应用也逐渐由低温领域向中高温领域发展;在制药、暖通及食品行业的运用多为小型化的绕管式换热器,而由于化工装置和能源装置在不断地向大型化发展,高效紧凑式换热器日益受到重视,绕管式换热器也随之趋向大型化发展。绕管式换热器可满足不同工艺场合的需要,尤其是多种流体同时换热的场合、在小温差情况下取得较大换热量的场合以及高压力操作的场合,在工业生产中具有广阔的应用前景。

从绕管式换热器的研究技术进展可以看出,目前有关绕管式换热器的研究多为软件计算与模拟,主要针对其管程流体的流动状态和传热特性,由于壳程流道复杂,针对绕管式换热器壳程流场的研究相对较少;有关绕管的排列方式对换热器壳程内流体流动产生影响的研究文献也并不多见。在以后的研究中,应多重视绕管式换热器壳程的流动与传热,以及如何解决壳程过大压力降的问题,也应重视实验的重要性。

从绕管式换热器结构的发展来看,不同形式多股流结构的出现,表明绕管式换热器的结构呈现多股流、复杂化的变换趋势,也可针对特殊工况做出结构改进来满足实际的需求。绕管式换热器结构形式朝着紧凑、提高换热面积的方向发展,其结构及制作工艺愈加复杂化。

参 考 文 献

［1］　吴金星,李亚飞,张灿灿,等.绕管式换热器的结构形式分析及应用前景[J].压力容器,2014,31(2): 38-42.

［2］　吴金星,刘少林,彭旭.绕管式换热器壳侧流动及传热模拟与实验研究[J].郑州大学学报(工学版), 2019,40(1):77-82.

［3］　高兴辉,周帼彦,涂善东.缠绕管式换热器壳程强化传热性能影响因素分析[J/OL].化工学报:1-15 [2019-06-29].http://kns.cnki.net/kcms/detail/11.1946.TQ.20190415.1429.002.html.

［4］　马飞.螺旋缠绕管式换热器传热数值模拟[D].郑州:郑州大学,2014.

［5］　贾金才.几何参数对绕管式换热器传热特性影响的数值研究[J].流体机械,2011,39(8):13,33-37.

［6］　肖岷,章燕谋.水平螺旋管外冷凝换热的理论分析与实验研究[J].热能动力工程,1992(5):235-243.

［7］　Wu J X,Wang L,Liu Y H.Research on film condensation heat transfer of the shell side of the spiral coil heat exchanger[J]. International Journal of Heat and Mass Transfer,2018(125): 1349-1355.

[8] 栗俊芬.绕管式换热器计算方法研究及软件开发[D].郑州:郑州大学,2016.

[9] 彭旭.烟气源热泵系统开发及绕管式冷凝器研究[D].郑州:郑州大学,2016.

[10] 郭洋.有相变缠绕管式换热器计算程序开发[D].大连:大连理工大学,2012.

[11] 邓静.螺旋缠绕管式换热器流动传热性能研究[D].郑州:郑州大学,2016.

[12] Dean W R. Note on the motion of the fluid in a curved pipe[J]. Phil. Mag,1927(4):208-223.

[13] Yang G,Dong Z F,Ebadian M A. Laminar forced convection in a helicoidal pipe with finite pitch [J]. International Journal of Heat & Mass Transfer,1995,38(5):853-862.

[14] Yamamoto K,Aribowo A,Hayamizu Y,et al. Visualization of the flow in a helical pipe[J]. Fluid Dynamics Research,2002,30(4):251-267.

[15] Yang Q,Ebadian M A. Turbulent forced convection in a helicoidal pipe with substantial pitch[J]. International Journal of Heat & Mass Transfer,1995,39(39):2015-2022.

[16] Pawar S S,Sunnapwar V K. Experimental and CFD investigation of connective heat transfer in helically coiled tube heat exchanger[J]. Chemical Engineering Research & Design,2014,92(11): 2294-2312.

[17] Kumar R H,Ramesh K V,Sarma G V S,et al. Mass transfer at the confining wall of helically coiled circular tubes in the absence and presence of packed solids [J]. International Communications in Heat & Mass Transfer,2011,38(38):319-323.

[18] Moawed M. Experimental study of forced convection from helical coiled tubes with different parameters[J]. Energy Conversion and Management,2011,52(2):1150-1156.

[19] Zachar A. Analysis of coiled-tube heat exchangers to improve heat transfer rate with spirally corrugated wall[J]. International Journal of Heat & Mass Transfer,2010,53(19/20):3928-3939.

[20] Gupta P K,Kush P K,Tiwari A. Experimental studies on pressure drop characteristics of cryogenic cross-counter flow coiled finned tube heat exchangers[J]. Cryogenics,2010,50(4):257-265.

[21] Zachar A. Investigation of natural convection induced outer side heat transfer rate of coiled-tube heat exchangers[J]. International Journal of Heat & Mass Transfer,2012,55(25/26):7892-7901.

[22] Zachar A. Investigation of a new tube-in-tube helical flow distributor design to improve temperature stratification inside hot water storage tanks operated with coiled-tube heat exchangers[J]. International Journal of Heat & Mass Transfer,2013,63(3):150-161.

[23] Li Y,Wu J,Wang H,et al. Fluid flow and heat transfer characteristics in helical tubes cooperating with spiral corrugation[J]. Energy Procedia,2012,17(5):791-800.

[24] 王蕾,吴金星,田倩卉.多股流异径管绕管式换热器:CN207147275U[P].2018-03-27

[25] 吴金星,倪硕,杨禹坤,等.双管程混合管束换热器:CN105823349A[P].2016-08-03.

[26] 吴金星,王蕾,刘少林.壳程多股流绕管式换热器:CN206974236U[P].2018-02-06.

[27] 王蕾,吴金星,田倩.单股流异径管绕管式换热器:CN207147276U[P].2018-03-27.

[28] 陈杰,单彤文,浦晖,等.一种腔体内设置竖直隔板的缠绕管式换热器:CN204404855U[P].2015-06-17.

 作者简介 ●

吴金星(1968—),男,汉族,教授,郑州大学节能技术研究中心主任,博士,主要从事换热器强化传热和结构优化、工业节能技术等研究工作。通信地址:河南省郑州市高新区科学大道100号郑州大学化工学院。E-mail:wujx@zzu.edu.cn。

绕管式换热器螺旋管内纯蒸汽膜状凝结换热特性研究[①]

吴金星　孙雪振　赵进元

（郑州大学节能技术研究中心，郑州 450001）

摘要：针对绕管式换热器螺旋管内膜状凝结换热计算误差较大的问题，考虑黏性力、重力、离心力对换热过程的影响，建立螺旋管内纯蒸汽膜状凝结换热的分层流理论模型，分析得到了液膜厚度和换热系数的求解公式。通过实验结果与 Kang 关联式的计算结果、上述求解公式的计算结果进行对比发现：本文求解公式的计算结果与实验结果的相对误差在 15% 之内，与 Kang 关联式的计算结果相比计算精度提高了 12%，可用于螺旋管内膜状凝结的换热计算。

关键词：绕管式换热器；膜状凝结；换热特性；理论分析；实验研究

Research on Film Condensation Heat Transfer of the Spiral Coil Tube

Wu Jinxing，Sun Xuezhen，Zhao Jinyuan

（Research Center of Energy-saving Technology of Zhengzhou University，Zhengzhou 450001）

Abstract：In order to solve the problem of large error in calculating the film condensation heat transfer of the spiral tube heat exchanger，especially considering the influence of viscous force，gravity and centrifugal force on condensation heat transfer，a theoretical model of laminar flow for film condensation heat transfer of pure steam in the spiral coil tube was presented. The value of the film thickness and heat transfer coefficient were obtained through the new correlation. The experimental results were compared with the calculation results of the well-known Kang's correlation and the new correlation. The relative error of results between the new correlation and the experiment is within 15%. Compared with the calculation result of Kang's correlation，the calculation accuracy is improved by 12%，which verifies the accuracy of the new correlation proposed in this paper.

Keywords：spiral wound heat exchanger；film condensation；heat transfer characteristics；theoretical analysis；experimental research

1　引言

绕管式换热器具有换热效率高，空间利用率高，污垢热阻小等优点[1]，常用于空分、化工、石化等行业。但绕管式换热器内螺旋管内蒸汽冷凝换热计算方法过于简化而存在较大误差。

Lips 等[2]对不同倾角光滑管内的冷凝换热进行研究，概括了重力引导流和对流流动两种流动形式，是本文建模中流型判断的依据。Kang 等[3]对 R-134a 工质在螺旋管内膜状凝结换热进行研究，拟合出螺旋管内冷凝换热的关联式，是本文求解公式与实验结果的对比公式。Kim 等[4]考虑黏性力和重力的影响，建立了直管内膜状凝结换热的物理和数学模型，推导出直管内液膜厚度和换热系数的计算方法。韩吉田等[5]以

---

①　项目名称：河南省重点科技攻关计划项目（项目编号：162102210006）。

R134a为工质对立式和卧式安装的绕管式换热器螺旋管内的膜状凝结现象进行实验研究,发现不同安装形式对流动换热的影响不同,这对螺旋管内冷凝现象的研究具有重要的意义。

大量的螺旋管内流动和换热研究表明[6-11],螺旋管内流体的热工水力参数因受离心力的作用呈非对称性,与直管中流体的流动状态并不相同。目前螺旋管内冷凝换热的一维计算模型,在离心力影响较大时误差过大。因此,在充分考虑离心力的影响下,提出了二维计算模型,推导螺旋管内膜状凝结计算公式。

2 几何模型与物理模型及其简化

2.1 建立几何模型

膜状凝结的主要热阻为冷凝过程中液膜的导热热阻。冷凝液在竖直螺旋管内形成液膜在下、蒸汽在上的分层流,考虑两相流受到的黏性力、重力及离心力,建立膜状凝结的二维几何模型及物理模型。

当进入螺旋管内的饱和蒸汽开始冷凝时,在重力作用下冷凝液沿着管壁向下流动。分层流动中流体沿螺旋管轴向连续,传热周向不均匀。假设流体的管轴向为 Z,管径向为 r,在轴向取微元长度 dz、径向为 dr 的气液混合微元面进行理论分析,几何模型如图1所示。

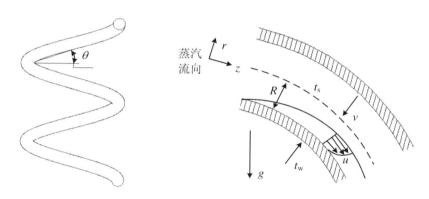

图1 螺旋管内分层流的几何模型

2.2 物理模型的简化假设

对于螺旋角为 θ 的螺旋管内膜状凝结换热分层流动,假设蒸汽进口的饱和温度为 t_s,流速为 u_g,螺旋管内表面温度为 t_w。两相流在重力和黏性力的作用下,沿着螺旋管轴向方向向下流动。可对螺旋管内的冷凝换热过程做如下假设:① 进口处的蒸汽温度为饱和温度,无不凝性气体存在;② 冷凝过程中,气液均处于饱和温度和饱和压力状态下;③ 两相分界面处不考虑温差;④ 螺旋管的壁面温度为恒温;⑤ 两相流动为沿着螺旋管的二维流动;⑥ 忽略冷凝液内部的惯性力,且冷凝液内部温度呈线性分布;⑦ 在冷凝过程中忽略液膜的表面扰动;⑧ 忽略冷凝液的过冷度和冷凝过程中的显热量;⑨ 蒸汽在螺旋管内的温度不变;⑩ 假设流体在螺旋管内周向速度均匀;⑪ 忽略黏性力对于径向动量方程的影响;⑫ 忽略黏性力做功。

3 螺旋管内凝结换热的数学模型及理论分析

3.1 控制方程

质量守恒方程为

$$\frac{\partial \rho}{\partial t} + \frac{1}{r}\frac{\partial(\rho v)}{\partial r} + \frac{\partial(\rho u)}{\partial z} = 0$$

动量守恒方程在径向和轴向上分别表示为

径向动量守恒方程为

$$\rho\left(\frac{\partial v}{\partial t} + v\frac{\partial v}{\partial r} - \frac{v_\theta^2}{r} + u\frac{\partial v}{\partial z}\right) = -\frac{\partial \rho}{\partial r} + \rho g_r$$

轴向动量守恒方程为

$$\rho\left(\frac{\partial u}{\partial t} + v\frac{\partial u}{\partial r} + u\frac{\partial u}{\partial z}\right) = -\frac{\partial \rho}{\partial z} + f + \rho g_z$$

能量守恒方程为

$$\rho\left(\frac{\partial h}{\partial t} + u\frac{\partial h}{\partial z}\right) = -\frac{4q_1}{\pi d^2} + \frac{\partial \rho}{\partial t} + u\frac{\partial \rho}{\partial z}$$

在气液两相的分界面 m 处,$z = z_m$ 时,边界条件如下,

$$u = u_1 = u_{1m} = u_{2m}, \quad t = t_m$$

在进出口处,有

$$u\big|_{r=R} = 0, v\big|_{r=R} = 0; \quad \frac{\partial u}{\partial r}\bigg|_{r=R-\delta} = \frac{\tau_i}{u}, \quad \frac{\partial v}{\partial r}\bigg|_{r=R-\delta} = \frac{u^2 \sin^2\theta}{R}$$

在两相界面气膜与液膜之间不存在相对滑移,即

$$u_{1s} = u_{2s} = u$$

在两相界面上的黏性应力平衡关系:

$$u_1\left(\frac{\partial u_1}{\partial z}\right)_s = u_2\left(\frac{\partial u_2}{\partial z}\right)_s$$

式中,ρ 为密度,单位为 $kg \cdot m^{-3}$;r 为径向流动方向;z 为轴向流动方向;u 为流动方向的速度,单位为 m/s;v 为垂直流动方向的速度,单位为 m/s;θ 为螺旋角,单位为°;g 为重力加速度,单位为 m/s^2;f 为摩擦阻力系数;d 为螺旋管内径,单位为 m;q 为质量流量,单位为 kg/s。

3.2 换热过程分析及结果

根据假设条件和边界条件可得到液膜的速度分布表达式:

$$u = \frac{\rho_1 g \sin\theta(R^2 - r^2)}{4\mu_1} + \left[\frac{\alpha f(1 + \sin\theta)R}{\mu_1} + \frac{\sin\theta(R - \delta)}{2\mu_1}\right](R - \delta)\rho_1 g \ln\frac{r}{R} \tag{1}$$

在上式中引入了未知的液膜厚度 δ。求解液膜厚度的关键是求解液膜厚度随着 Z 方向的变化规律,因此需要对 dr 段进行质量平衡计算。液膜的厚度与螺旋管入口沿轴向方向上的关系式:

$$\frac{d\delta}{dz} = \frac{\lambda_1\mu_1(t_s - t_w)}{h_{fg}\ln\left(\frac{R}{R-\delta}\right)\left(2\rho_1 g\sin\theta\delta R^2 - 3\rho_1 g\sin\theta\delta^2 R + \rho_1 g\sin\theta\delta^3 + \alpha f\delta\sin\theta(2R - \delta)\ln\frac{R}{R-\delta}\right)}$$

由通过薄壁圆筒的导热公式和牛顿冷却公式,对于螺旋管内的膜状凝结,可以得到饱和水蒸气在螺旋管内凝结时的对流换热系数为

$$h_z = \frac{q_w}{t_s - t_w} = \frac{\lambda_1}{R\ln\left(\frac{R}{R-\delta}\right)}$$

$$h = \overline{h} = \frac{1}{l}\int_0^l h_z dz = \frac{4}{3}h_{z=l}$$

式中,l 为下标,表示液体;R 为螺旋管半径,单位为 m;α 为截面含汽率;δ 为冷凝液膜厚度,单位为 m;λ 为导热系数,单位为 $W/(m \cdot K)$;h 为对流换热系数,单位为 $W \cdot m^{-2} \cdot K^{-1}$。

4 理论与实验结果对比

在本文理论模型计算中,先求解液膜厚度的值[12],再求解得到平均换热系数。Kang 关联式通过计算努赛尔数进一步得到平均换热系数。为了验证理论模型的正确性,搭建了螺旋管内冷凝换热循环系统的实验台,系统图如图 2 所示。

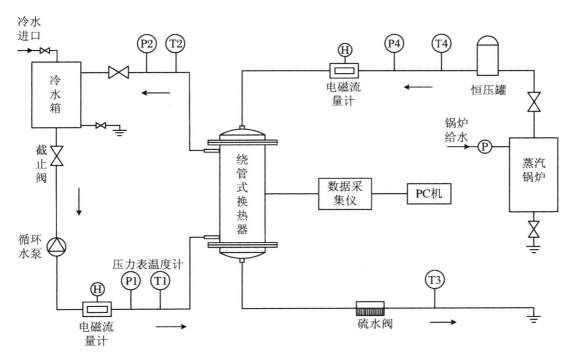

图2 绕管式换热器测试平台系统图

下面对实验结果与本理论模型下求解公式的计算结果及较为经典的 Kang[2] 的实验关联式计算结果进行对比,如图3、图4所示。

图3、图4分别是改变蒸汽体积流量下的实验结果,与 Kang 关联式计算结果、本文求解公式计算结果的对比,可见本文求解公式的计算值与实验值的相对误差在15%之内,验证了本文中提出的计算模型的准确性,可用于螺旋管内膜状凝结的换热计算。

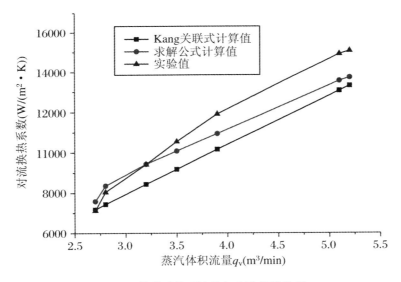

图3 换热系数理论值与实验值的结果

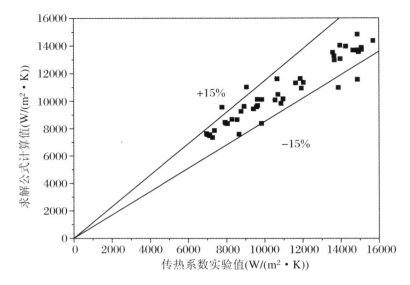

图 4　换热系数计算结果对比

5　结　论

(1) 随着蒸汽体积流量的增加,膜状凝结换热系数增大。在螺旋管内,蒸汽体积流量增加时离心力和气液两界面处的剪切力相应增加,液膜变薄,换热系数增大;另外蒸汽的吹动和冲击也会使液膜厚度减薄,降低导热热阻,从而使换热系数增加。

(2) 本文理论模型在 $2.7\sim3.2$ m³/min 时要大于实验值,在 $3.2\sim5.2$ m³/min 时小于实验值。在理论模型分析中壁面温度取定值,而实际上壁面温度随着换热量的增加逐渐增大。壁温增加,液膜温差减小,而汽化潜热量不变,从而使计算值比实际值要小。

(3) 本文求解公式的计算精度相对 Kang 关联式提高了 12%。本文中提出的理论求解方法充分考虑了黏性力、重力、离心力在膜状凝结换热过程中的影响,提高了计算模型的准确性。

参 考 文 献

[1] 吴金星,李亚飞,张灿灿,等.绕管式换热器的结构形式分析及应用前景[J].压力容器,2014,31(2): 38-42.

[2] Lips S,Meyer J P. Two-phase flow in inclined tubes with specific reference to condensation: a review[J]. International Journal of Multiphase Flow,2011(8):845-859.

[3] Kang H J,Lin C X,Ebadian M A. Condensation of R134a flowing inside helicoidal pipe[J]. International Journal of Heat & Mass Transfer,2000,43(14):2553-2564.

[4] Kim D E,Yang K H,wang K W H.Simple heat transfer model for laminar film condensation in a vertical tube[J]. Nuclear Engineering and Design,2011(241):2544-2548.

[5] 韩吉田,Yu B,Kang H J,等.R-134a 在三种不同放置方式螺旋管内凝结换热的实验研究[J].制冷学报,2004,25(2):1-6.

[6] 毕勤成,陈听宽,田永生,等.螺旋管内高压汽水两相流传热恶化规律的研究[J].西安交通大学学报,1996(5):30-35.

[7] 宋景东,石惠娴,周云龙,等.螺旋管内气-液两相流流型转换特性试验研究[J].东北电力学院学报,1996(3):51-58.

［8］ Xin R C,Awwad A,Dong Z F,et al. An investigation and comparative study of the pressure drop in air-water two-phase flow in vertical helicoidal pipes［J］. International Journal of Heat and Mass Transfer,1996,39(4):735-743.

［9］ Saxena A K,Schumpe A,Nigam K D P,et al. Flow regimes,hold-up and pressure drop for two phase flowin helical coils［J］. The Canadian Journal of Chemical Engineering,1990,68(4):553-559.

［10］ Dong Z F,Ebadian M A. Heat transfer of air/water two-phase flow in helicoidal pipes［J］. Journal of Heat Transfer,1996(118):443.

［11］ Watanabe O,Tajima O,Shimoya M,et al. Heat transfer of a gas and liquid two-phase flow in helical coiled tubes［J］. Heat Transfer-Japanese Research,1990,19(5):7-10.

［12］ Wu J,Liu S,Wang M. Process calculation method and optimization of the spiral-wound heat exchanger with bilateral phase change［J］. Applied Thermal Engineering,2018(134):360-368.

作 者 简 介 ●

吴金星(1968—),男,汉族,教授,郑州大学节能技术研究中心主任,博士,主要从事换热器强化传热和结构优化、工业节能技术等研究工作。通信地址:河南省郑州市高新区科学大道 100 号郑州大学化工学院。E-mail:wujx@zzu.edu.cn。

叠蜂窝螺旋板换热器研究进展及前景展望[①]

韩鹏飞[1]　王正方[2,3]　刘景成[1]

（1.山东省特种设备检验研究院淄博分院，淄博 255000；2.山东理工大学机械工程学院，淄博 255012；3.淄博职业学院机电工程学院，淄博 255314）

摘要：在能源持续短缺、先机制造技术高速发展的形势下，高换热效率、高度紧凑、制造工艺更简单的紧凑式换热器成为了工程技术人员的研究重点，也是实现"新旧动能转换"目标的迫切需要。本文阐述了蜂窝类板式和螺旋板式换热器的研究进展，重点总结了新型叠蜂窝螺旋板换热模型的研究进展；经过对比分析蜂窝模型和叠蜂窝模型的内部流动和传热性能，发现叠蜂窝螺旋模型在强化换热方面优于蜂窝螺旋模型；同时利用增材制造技术对螺旋板换热模型的制造进行了初步探索，促进了对叠蜂窝换热结构的实验研究；展望了叠蜂窝螺旋换热器的研究前景，对今后的研究方向具有一定的指导意义。

关键词：紧凑高效；叠蜂窝换热；强化换热；增材制造

Research Progress and Prospects of Spiral Plate Pile-honeycomb Heat Exchanger

Han Pengfei[1], Wang Zhengfang[2,3], Liu Jingcheng[1]

（1. Shandong Special Equipment Inspection and Research Institute of Zibo, Zibo 255000；2. School of Mechanical Engineering in Shandong Institute of Technology, Zibo 255012；3. School of Mechanical and Electrical Engineering in Zibo Vocational Institute, Zibo 255314）

Abstract：Under the situation of continuous shortage of energy and rapid development of advanced manufacturing technology, compact heat exchangers with high efficiency high compactness and simpler manufacturing process have become the research focus of researchers and engineers, as well as the urgent need to convert the goal of New and Old Kinetic Energy. This paper described the research progress of honeycomb plate and spiral plate heat exchangers, and summarized the research progress of the new Pile-honeycomb spiral plate heat transfer model. After comparative analysis of the internal flow and heat transfer performance of the honeycomb model and the pile-honeycomb model, it was found that the pile-honeycomb spiral model is superior to the honeycomb spiral model in enhancing heat transfer. At the same time, the additive manufacturing technology was used to make a preliminary exploration on the manufacture of the spiral plate heat transfer model, which promoted the experimental study of the pile-honeycomb heat transfer structure. The research prospects of stacked honeycomb spiral heat exchangers were predicted, which has certain guiding significance for future research directions.

Keywords：compact and efficient；pile-honeycomb heat transfer；enhanced heat transfer；additive manufacturing

1　引言

在能源日益匮乏的大发展背景下，传统的资源型工业模式已经跟不上时代发展的步伐，山东省作为传

---

① 项目名称：国家自然科学基金项目（项目编号：51705297）。

统工业大省,已经着力实施新旧动能转换,淘汰传统的落后产能,利用新技术、新产业快速实现山东省经济发展的新飞跃。化工、食品等行业是现代工业发展不可或缺的重要组成部分,而换热器是化工企业、食品企业等相关企业中使用比例较大的一类过程装备。

随着增材制造技术等先进制造技术的不断发展,结构更紧凑、传热效率更高是新型换热器的重点研究方向,各种紧凑式换热器的研究应运而生。紧凑式换热器主要是指传热面积与体积比远大于一般工业换热器的一类换热器,其结构形状特殊且具有高效强化传热的表面结构,如板式、板翅式、螺旋板式等,中小型的紧凑式换热器已经得到了一定的应用,未来将会向着集成化、大型化和微型化方向发展。宋虎堂[1]在分析了几类常见的紧凑型换热器的优缺点后,开发设计了一种具有蜂窝紧凑结构的螺旋板换热器,其优点是耐高温、单位传热面积大、金属消耗量小、传热效率高和制造工艺简单,同时一个个的蜂窝结构将原本庞大的换热单元体分割细化成多个小腔体,增大了普通螺旋板换热器的承压能力。

笔者在此基础上,研究设计了一种新型的叠蜂窝结构,利用数值模拟方法对比分析了蜂窝换热模型和叠蜂窝换热模型的内部流动和换热性能,并且利用3D打印技术完成了叠蜂窝换热模型的设计、制造。[2]为实现叠蜂窝螺旋换热模型的实验研究奠定了基础。

2 蜂窝板式换热器研究进展

针对板式换热器强化传热的研究主要集中在改变板面的表面形貌从而增大传热面积,常用的方法是在板面压制各种样式的波纹如人字形、菱形、百叶窗形等。近年来,很多学者逐渐引入类似于蜂窝的凸台凹坑结构,研究蜂窝结构对板式换热器强化传热及阻力性能的影响,蜂窝结构排列方式及几何参数对传热性能的影响规律,各种异型蜂窝结构的优化设计等几个方面。[3]李隆键[4]通过数值模拟分析了蜂窝板换热器的换热及阻力性能随雷诺数的变化规律,并与平板的换热性能进行对比研究,发现蜂窝板换热器具有更好的换热特性,但换热效果的提高是以压力损失的增加为代价的。Mohammad A. Elyyan[5]等采用大涡模型模拟了凸台凹坑流道中不同蜂窝间距和流道高度对流动及传热性能的影响规律。Chang[6]等通过实验研究了凹坑排列方式对传热的影响,在 $Re = 1500\sim11000$ 范围内,对 4 种凹坑排列方式的通道进行研究分析,得到 4 种不同结构下,Nu 数和阻力系数 f 随着间距 L/D 和 Re 数的变化规律。

随着弯曲和螺旋流道强化传热技术及螺旋板换热器的发展,对螺旋板换热器的研究也越来越多。宋虎堂结合板式换热器、板翅式换热器以及螺旋板式换热器的优缺点,开发设计了一种新型蜂窝紧凑结构螺旋板式换热器,与传统螺旋板式换热器相比具有耐高压、结构紧凑、换热效率高等优点,并通过 Fluent 数值模拟与实验相结合的方法分析了其传热及阻力特性,同时对这种换热器的设计方法、加工工艺、强度等方面进行了研究分析。王艺玮[7]提出了椭圆型蜂窝、菱型蜂窝、液滴型蜂窝等 3 种蜂窝结构的螺旋板式换热器,研究蜂窝结构对螺旋板式换热器的传热和阻力性能的影响。李平平鉴于"心形"结构具有良好的混合效果以及蜂窝紧凑结构螺旋板式换热器传热效率高的优点,研究开发出一种"心形"蜂窝螺旋板式反应换热器。

综上分析,可以看出将传统的板式换热器结合蜂窝结构可以起到良好的强化换热效果。新型蜂窝紧凑结构螺旋板式换热器,克服了传统的螺旋板式换热器承压能力低、使用范围受限的缺点。一方面,蜂窝结构具有定距柱的支撑作用,且无需焊接,制造简单;另一方面,蜂窝凸台的引入增加了螺旋板式换热器的换热面积,同时流体流经蜂窝结构会产生二次流,从而提高了换热器的传热效率。

3 叠蜂窝螺旋板换热模型的数值研究

笔者针对新型叠蜂窝结构做了大量的数值模拟研究,对叠蜂窝平板及螺旋板模型和蜂窝平板及螺旋板模型分别进行了流场分析和传热性能的数值模拟,完成了圆柱型、椭圆型和菱型的叠蜂窝螺旋板模型的换热性能对比研究,利用正交优化方法完成了菱型叠蜂窝螺旋板的设计参数优化[8],本文仅综述蜂窝与叠蜂窝螺旋板模型的数值模拟。

3.1　模型建立

笔者利用三维建模软件建立了蜂窝与叠蜂窝螺旋板两种换热模型，并对其形状、结构做了一定的优化，如图1所示。

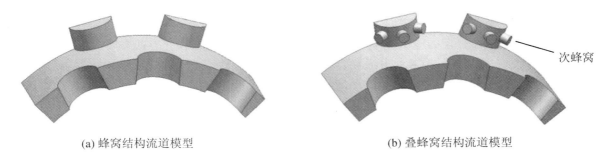

(a) 蜂窝结构流道模型　　　　　　　　　　(b) 叠蜂窝结构流道模型

图1　两种螺旋板式换热模型

3.2　模拟结果对比分析

在完成模型建立、边界条件设定、网格划分、数值求解后，对结果进行处理后得到图2所示矢量图，并分别进行内部流场和传热性能的对比分析。

图2是蜂窝与叠蜂窝螺旋板换热模型的整体速度矢量图。从图中可以看出两种模型内部的主流动是螺旋流道诱发的螺旋流，经过主蜂窝时诱发出二次流及旋涡，而叠蜂窝模型的次蜂窝中再次诱发出旋涡，相当于在蜂窝模型的基础上叠加了一次，使得流体的混乱程度进一步加深。

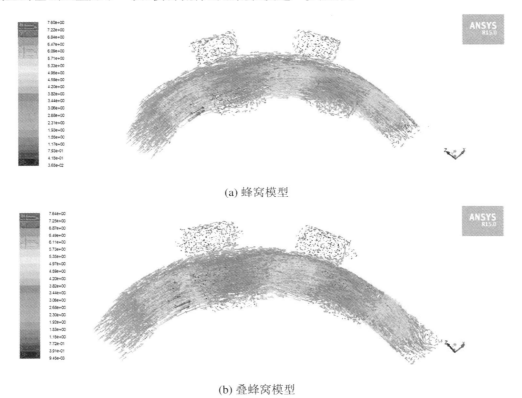

(a) 蜂窝模型

(b) 叠蜂窝模型

图2　整体速度矢量图

对螺旋板换热模型的速度场及温度场进行分析，同时对由体积分得到的参数进行分析比较，表1是两种模型的参数比较表。

表 1 两种模型的参数比较

参数 类型	蜂窝螺旋板	叠蜂窝螺旋板
速度大小(m/s)	3.386	3.358
湍流强度(%)	3.956	4.082
静温(K)	289.047	290.457
焓(J/kg)	9161.537	7742.718
熵(J/(kg·K))	20.641	24.324

从表中能够看出,蜂窝模型的速率比叠蜂窝模型高了 0.03 m/s,焓值高出 18.3%,这主要是次蜂窝的存在使流阻增大的缘故;叠蜂窝模型的湍流强度和静温值略高,熵值高出蜂窝模型 3.7 J/(kg·K)。叠蜂窝螺旋板换热模型在这些参数上的优势能够体现出其换热能力的提高,但同时带来了流阻增加的问题,在必要场合应采取相应的减阻措施。

综合来看,速度场与温度场存在一定的协同性,二者之间相互影响、相互促进。利用流体的螺旋型流动是普遍使用的传热强化方法,主要是使流体在轴向流动的同时产生螺旋流,两种流动的交错、叠加能够不断地产生旋涡及二次流,而离心作用使主流体与边界层流体充分混合,使边界层减薄;次蜂窝的存在使得叠蜂窝模型的内部流场进一步诱发出涡流,更大程度地扰动了流体的流动,增大了其湍流强度,从而实现强化传热。

3.3 叠蜂窝螺旋板换热器的前景展望

新型叠蜂窝螺旋板换热器在换热能力上存在较大优势,目前只进行了模型内部流场和传热的数值模拟及验证,同时对圆柱、椭圆型和菱型 3 种叠蜂窝模型进行了模拟结果的对比分析,利用极差分析和灰关联完成了模型的正交优化设计。

今后将深入进行叠蜂窝换热模型内部流场和换热特性的数值研究,并利用多种先进的评价方法完成换热器性能的评价,开展模型内二次流、纵向涡等传热强化的理论研究。利用传统方法进行叠蜂窝模型螺旋板模型的试制,同时结合增材制造实现叠蜂窝螺旋板换热器的制造,搭建实验台并进行换热器的压损、换热能力、流场分析等实验研究。

4 叠蜂窝螺旋板换热模型的增材制造技术研究

近年来,增材制造技术得到了快速发展和广泛应用,目前各个领域正在积极地与它结合来寻找新的契机和市场,如 3D 打印 + 饰品、3D 打印 + 建筑、3D 打印 + 工业零件等。该技术自诞生以来一直是研究焦点,20 世纪 80 年代后开始进入了快速发展阶段,广泛地应用于各个领域,比如汽车设计制造、航空航天、医疗器械、电子器件、艺术模型、机械制造等。[9] 所占的市场份额也在不断增大,据相关数据统计,2017 年增材制造行业在全球范围内的市场规模达到 70.2 亿美元,相比于 2016 年的 60.6 亿美元增加了 15.8%。[10]

4.1 增材制造技术简介

3D 打印技术是增材制造技术的一种,不同于传统的去除加工模式,它是以数字模型文件为导向,利用光、电、热等媒介将粉末状金属或丝状塑料等可黏合材料,通过连续的物理层叠加,逐层增加材料来生成三维实体的技术。[11]

3D 打印之所以发展迅速,与它的优势是分不开的:① 省去制模环节,成型速度快;② 成型精度高;③ 基本没有下脚料,降低材料成本;④ 工艺简单,制造便利;⑤ 新产品开发快,市场适应性强;⑥ 劳动强度低,自动化程度高;⑦ 辅助工序少,生产周期缩短;⑧ 可制造复杂零件。目前广泛应用的主要有以下 5 种快速成型技术:熔融沉积(FDM)成型技术、光固化(SLA)成型技术、选择性激光烧结(SLS)成型技术、三维打印(3D)成型技术、叠层实体制造(LOM)技术。

增材制造技术是将 CAD 技术、数控技术、材料科学、机械工程、激光技术、电子技术等完美融合为一体的集成技术,实现了从零件设计到三维实体快速制造的一站式运作,其基本工艺过程如图 3 所示。

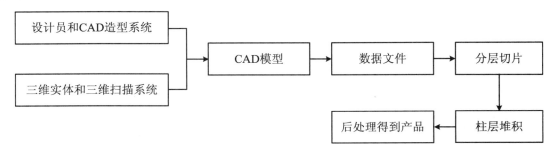

图 3　增材制造工艺过程

4.2　叠蜂窝螺旋板模型的增材制造

FDM 快速成型技术以其成本低、控制简单等优点迅速在桌面级 3D 打印机制造中得到了广泛的应用,并被大量的个体创客、学校、创客空间等用户购买使用。此次模型制造试验,笔者使用的是经典的 i3 结构类型(龙门式、XYZ 轴)的桌面级打印机,工作台沿 X 轴前后移动,喷头沿 Z 轴上下移动,完成产品的叠加成型。该机器是由 ANYCUBIC 团队设计制造的,型号为 ANYCUBIC I3 MEGA,机器结构如图 4 所示。

图 4　ANYCUBIC I3 MEGA 打印机

本次试验限于机器等试验条件的限制,所以仅使用 PLA 材料,成型尺寸为 120 mm×42 mm×40 mm,经过多次的模型修复和参数调整,最终打印成型,如图 5 所示。

此次打印试验使用的是市场上常见的千元机,打印精度有限,但已经得到了叠蜂窝螺旋板换热模型的打印件,且制造工艺简单。今后在条件允许的情况下,将利用工业机进行原尺寸模型打印,进而使用金属完成模型的增材制造。

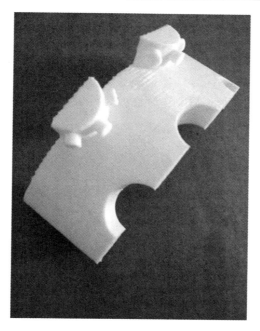

图5　叠蜂窝螺旋板换热模型

4.3　增材制造技术在叠蜂窝螺旋板换热器制造中的前景展望

中国正如火如荼地进行着3D打印相关的技术研究,现已初步建立了以北京航空航天大学、华中科技大学、西北工业大学、西安交通大学、清华大学等高校和中国科学院、西北有色金属研究院等科研机构为研发核心的3D技术培育基地,推动3D打印技术从实验室研究逐步向工程化、产品化转化。其中,北京航空航天大学与中国航空工业集团有限公司成立了专门的3D打印企业;西安交通大学侧重于应用3D打印技术加工制作模具和航空航天零部件;华中科技大学开发了不同的3D打印设备;清华大学将快速成形技术转移到企业后,把研究重点放在了生物制造领域;西北工业大学以凝固技术国家重点实验室为技术依托,成立了西安铂力特激光成形技术有限公司,在3D打印技术研究、设备开发和产业化应用方面均实现了全面发展。

于霄[12]等人详细阐述了3D打印技术用于换热器制造的可行性,认为3D打印技术使轻质、高效、高可靠性、耐高温高压的换热器设计生产成为可能,为各种紧凑型换热器在航空发动机上的大规模应用提供了技术保障。

目前,国内对3D打印技术在换热器制造方面的研究还不够成熟,主要因为大部分换热器还是以传统管束式为主,随着各种高效紧凑式换热器的广泛应用,换热器的增材制造技术必将成为研究人员和工程技术人员的关注焦点。笔者将在目前的基础上,继续研究PLA及ABS等非金属材料的最佳打印参数,逐步研究金属制叠蜂窝螺旋板换热模型的增材制造,并进行内部流场和传热性能的实验研究。

5　结论

（1）笔者总结了蜂窝板式换热器的研究进展及传热强化原理,设计开发了一种新型的叠蜂窝换热结构,完成了蜂窝与叠蜂窝螺旋板模型的数值模拟,结果表明叠蜂窝螺旋板模型在换热能力方面存在较大的优势。

（2）次蜂窝的存在使得叠蜂窝模型的内部流场进一步诱发出二次流,更大程度地干扰了流体的主流动,增大了湍流强度,从而实现强化传热。

（3）基于增材制造技术,利用桌面机完成了叠蜂窝螺旋板模型的试制实验,为工业机制造叠蜂窝螺旋板结构奠定了一定的基础。

参 考 文 献

［1］ 宋虎堂.蜂窝紧凑结构螺旋板换热器［D］.上海：华东理工大学，2009.

［2］ 韩鹏飞,王正方,张川,等.基于场协同原理的换热器叠蜂窝结构传热研究［J］.煤矿机械,2016,37(4)：99-101.

［3］ 李平平.心形蜂窝螺旋板式反应换热器开发研究［D］.青岛：中国石油大学,2016.

［4］ 李隆键,陈欢,吴治娟.蜂窝板换热器内部流动传热特性研究［J］.制冷学报,2012,33(5)：49-53.

［5］ Elyyan M A,Tafti D K.Effect of coriolis forces in a rotating channel with dimples and protrusions［J］.International Journal of Heat and Fluid Flow,2010(31)：1-18.

［6］ Chang S W,Chiang K F,Yang T L,et al.Heat transfer and pressure drop in dimpled fin channels［J］.Experimental Thermal and Fluid Science,2008(33)：23-40.

［7］ 王艺玮.新型蜂窝螺旋板式换热器数值模拟及优化［D］.郑州：郑州大学,2014.

［8］ 韩鹏飞.叠蜂窝螺旋板换热器内部流动与传热强化研究［D］.淄博：山东理工大学,2017.

［9］ 张声宝,郭之强,郑梅,等.3D 打印一次表面换热器流动换热性能试验研究［J］.航空发动机,2018,44(5)：79-85.

［10］ 杨斌.3D 打印技术在熔模精密铸造样件上的应用研究［D］.镇江：江苏大学,2018.

［11］ 胡波.3D 打印技术研究现状及在建筑领域的应用［J］.现代信息科技,2018,2(10)：182-183.

［12］ 于霄,吕多,赵孟,等.3D 打印技术在航空发动机换热器研制中的应用展望［J］.航空制造技术,2014(22)：43-46.

 作 者 简 介 ●

韩鹏飞(1992—),男,硕士,工程师,主要从事压力容器安全与传热强化工程方面的研究。

通讯作者：王正方(1971—),男,博士,教授,硕士研究生导师,主要从事压力容器安全与传热强化工程方面的研究。

基于灰色系统理论的蜂窝螺旋板换热结构参数优化[①]

王正方[1,2]　**韩鹏飞**[3]　**刘景成**[1]　**张川**[1]　**刘兆迎**[1]

（1. 山东理工大学机械工程学院，淄博 255012；2. 淄博职业学院机电工程学院，淄博 255314；3. 山东省特种设备检验研究院淄博分院，淄博 255000）

摘要：蜂窝螺旋折流板换热器中的蜂窝结构可以起到强化传热的作用，蜂窝几何尺寸的变化会极大地影响传热性能，本文对常用的 6 种优化方法进行了比较分析，采用正交优化方法设计了 4 因素 3 水平的 9 个试验方案。针对设计方案，用 UG 软件建立数学模型和实体建模，用 ANSYS Workbench 软件进行网格划分、设置边界条件并进行数值求解。以换热器出口温度、努塞尔数和表面传热系数作为优化目标，对试验方案的求解结果进行了极差分析，确定了因素影响的主次顺序，找出了较优组合。通过设定理想方案序列，基于灰色系统理论进行灰关联分析得到各个方案与理想方案的灰色关联度，关联度最大者为较优方案，最后发现灰关联分析的结果与极差分析得到的结果是一致的。

关键词：灰关联分析；正交优化方法；蜂窝螺旋折流板换热器

Structural Parameters Optimization in Honeycomb Spiral Heat Exchanger Based on Grey System Theory

Wang Zhengfang[1,2]，**Han Pengfei**[3]，**Liu Jingcheng**[1]，**Zhang Chuan**[1]，**Liu Zhaoying**[1]

（1. School of Mechanical Engineering in Shandong Institute of Technology，Zibo 255012；2. School of Mechanical and Electrical Engineering in Zibo Vocational Institute，Zibo 255314；3. Shandong Special Equipment Inspection and Research Institute of Zibo，Zibo 255000）

Abstract：The honeycomb structure determines the geometric size of the flow passage in honeycomb spiral baffle heat exchanges，the heat transfer performance will be greatly affected by the change of structural parameters. After six optimization methods are compared and analyzed，the orthogonal optimization method was used to design 9 test schemes with 4 factors and 3 levels. For the designed scheme，the mathematical model and entity modeling were established with UG software，and the boundary conditions of mesh division were set and solved numerically with ANSYS Workbench software. In order to optimize the outlet temperature Nussel number and the surface heat transfer coefficient，the range analysis of the solution results of the test scheme was carried out，the order of the influence factors was determined，and the optimal combination was found out. By setting the ideal scheme sequence，the grey relational degree between each scheme and the ideal scheme is obtained by grey relational analysis based on the grey system theory，and the best scheme is the one with the largest relational degree. Finally，it is found that the result of grey correlation analysis is consistent with that of range analysis.

Keywords：grey relational analysis；orthogonal optimization method；honeycomb spiral baffle heat exchanges

---

① 项目名称：国家自然科学基金项目（项目编号：51705297），淄博市校城融合计划项目（项目编号：2018XCJH061）。

1 引言

从 20 世纪 50 年代起,我国开始在多个工业领域中采用螺旋板式换热器。经过多年的研究推广和技术开发,此种换热器在石油、化工、印染、制药等行业中得到广泛应用。宋虎堂等综合分析了各种板式、板翅式和螺旋板式换热器的优缺点后,提出了具有承压能力强、结构紧凑、传热效率高等优点的蜂窝紧凑结构螺旋板换热器,同时研究了该换热器的结构强度、设计方法、制造工艺等特性。[1]王艺玮等对圆柱型蜂窝螺旋板式换热器进行数值模拟,分析后得出蜂窝结构强化传热的原因,并对几种不同结构的蜂窝进行了较优选型,利用 ANSYS workbench 完成了结构参数的优化。[2]笔者在他人研究的基础上提出了改进的蜂窝结构,蜂窝结构可以起到强化传热的作用,蜂窝结构尺寸等参数发生改变会极大地影响传热性能。[3]

随着设备成本的压缩及节能减排政策的倡导,各种优化方法已经广泛应用到机械、化工、热力等行业的设备中去。传统的单目标优化方法已经不能满足设计工作的要求了,衡量换热器的性能指标有很多,比如阻力、传热、结构、经济性等,在优化设计时往往需要综合考虑多个目标。[4]

2 各种优化方法的比较

2.1 遗传算法

遗传算法(Genetic Algorithm)是一种基于达尔文的进化论提出并不断发展起来的、高效的随机搜索与自适应优化算法,它从 19 世纪 70 年代开始发展,目前已得到广泛的应用。[5]该算法能够自动获取、引导和定向,而且对优化问题没有过多的限制和要求,便于寻找全局的最优解。虽然基本的遗传算法易出现"早熟"现象,但是研究人员出于对其优点的考虑不断进行算法的研究与完善。遗传算法的全局搜索策略和优化搜索方法极为简便,具体的限制要求较少,而且对复杂系统的优化具有较强的鲁棒性,所以遗传算法在函数优化、控制理论、智能算法等方面得到了广泛的应用。

2.2 粒子群算法

粒子群算法(Particle Swarm Optimization)是由美国电气工程师 Eberhart 和 Kennedy 根据鸟群觅食的行为提出的。[6]该算法介于遗传算法和进化规划之间,能够朝着全局最优和局部最优的方向进行调整和适应,这类似于遗传算法中的交叉因子,同时它也使用了适应值的概念。与遗传算法相比不同的是,粒子群算法没有交叉、变异算子,其收敛速度远大于遗传算法。

粒子群算法相比于传统的基于梯度变化的优化算法,有如下优点:① 采用间接的信息共享方式实现合作,有较强的可变性和适应性。② 对优化问题的特殊要求较少,而且能够将传统优化算法无法表征的问题描述为目标函数。③ 不容易陷入局部最优且收敛速度快,对复杂问题特别是高峰高维的优化计算问题有绝对的优势。

2.3 熵产最小法

熵产最小法基于热力学第二定律,是对换热器进行分析的 3 种方法中最基本、最常用的一种方法,另外两种分别是熵 Exergy 分析法和热经济法。[7]熵产最小法将换热器传热与流体阻力的优化归结为总熵产最小,同时从质量上和能量上来衡量与评价换热器的指标。

2.4 火积耗散理论

熵和熵产是表征热功转换过程的物理量,熵产最小可以用来描述传热过程中可用能的损失最小,但大部分换热器都不涉及热功转换过程。[8]过增元等基于热量传递与电荷传递二者之间的比拟关系,从传热学角度提出了一个与电容器电能相对全新的物理量——火积,以此来表征物体系统传递热量的总能力。目前,研究人员已经进行了大量有关火积耗散理论在换热器优化中的应用研究,并取得了较好的成果,同时火积耗散理论也已经被成功应用于诸多问题如辐射换热优化、空腔几何构型优化、导热问题和蒸发冷却系统优化以及电磁铁多学科构型优化等中。

2.5　正交试验优化

正交试验优化是一种用来合理安排、统筹设计及科学分析各试验因素的有效数理统计方法。[9]该方法借助规范化了的正交表,表的种类和格式可根据因素和水平数进行选择。正交试验优化的最大优点是能够利用较少的试验次数,找出试验因素的最佳水平组合,从而了解各试验因素的主次关系,显著降低试验的盲目性,有效节省了人力、物力的冗余投入。

本文选择使用极差对试验结果进行分析,极差分析是正交试验设计结果分析中常用的一种分析方法,由于其表现出较强的直观性,又称为直观分析。极差分析首先需要计算 K_m、$\overline{K}_m$,确定试验的优水平和优组合;计算极差 R,确定因素的主次顺序;绘制因素与指标趋势图。需要注意的是,通过极差分析得出的优化工艺条件,只有在试验考察的范围内才有意义,若超出,情况可能会发生一定变化。如果想要扩大适用范围,必须再做扩大范围的试验以确定试验结果。

2.6　灰关联分析法

灰关联分析是灰色系统理论重要的组成部分,指事物之间、系统内的因子之间、因子对主行为之间的待定关联性。[10]灰关联分析法实质上是一种多因素的统计分析法,采用关联度分析的方法来分析系统。不同的是:它的主要目是用灰色关联度来描述因素间关系的强弱、大小和次序,进而分析各个组成因素与整体的相关性,前提是以各因素的样本数据为依据。本文通过设定理想方案,计算分析各序列与理想序列的关联度,最终得到较优方案。

3　优化方法的比较与选择

正交试验优化是一种分析多因素多水平试验的方法,可以帮助我们利用有限的试验次数得到较好的优化方案,是促使我们高效、顺利完成优化设计工作的一个非常便利的工具。遗传算法和粒子群算法主要用于算法优化如函数优化、控制理论、人工算法等方面;熵产最小法和火积耗散理论是专门用来评价换热器性能的理论方法,评价指标比较局限且应用较为局限。同时,正交试验优化具有可操作性强、应用范围广、快速简便等优点,灰关联分析对样本容量的多少和有无规律都适用且计算方便。

综合遗传算法、粒子群算法、熵产最小法、火积耗散理论、正交试验优化等方法,鉴于本文主要研究菱型叠蜂窝螺旋板换热器结构参数的优化,从而在多个因素和水平中确定较优组合及主次关系。所以选择利用正交试验优化完成参数优化,利用灰关联分析法验证正交试验优化得到的较优方案,该技术路线更符合本文的研究目的。

4　正交试验优化设计

4.1　影响因素和设计指标的确定

对菱型叠蜂窝而言,其基本几何参数包括横对角线 a,纵对角线 b 和叠蜂窝高度 H(图1),考虑到入口流速对流动与传热的影响,本文将入口流速 v_{in} 也作为设计因素并分别用 A、B、C、D 来表示4个因素。为了研究这些参数对菱型叠蜂窝螺旋板换热模型传热性能的影响,本文选定出口温度 T_{out}、努塞尔数 Nu 和表面传热系数 h 为正交优化设计的考核指标,各参数分别选取3个水平,如表1所示。

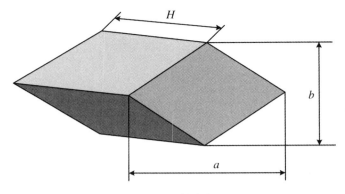

图 1　结构参数

表 1　正交设计因素和水平表

因素	水平		
A	1	2	3
B	3	4	5
C	2	3	4
D	0.904	1.206	1.507

表中的入口流速 v_{in} 通过下列计算公式求出：

$$Re = \frac{\rho v d}{\eta} \tag{1}$$

式中，雷诺数 Re 分别取 18000，24000 和 30000，$\rho = 998.2$ kg/m³，$\eta = 0.001003$ kg/(m·s)，$d = 0.02$ m，由此求得相应的入口流速 v_{in} 为 0.094 m/s，1.206 m/s 和 1.507 m/s。

4.2　正交试验方案的设计

根据确立的因素和每个水平的个数，选择使用 $L_9(3^4)$ 正交表即 4 因素 3 水平 9 方案，不考虑交互作用，表 2 是正交设计方案表。

表 2　正交设计方案表

试验号	因素			
	a(mm)	b(mm)	H(mm)	v_{in}(m/s)
1	1	3	2	0.904
2	1	4	3	1.206
3	1	5	4	1.507
4	2	3	3	1.507
5	2	4	4	0.904
6	2	5	2	1.206
7	3	3	4	1.206
8	3	4	2	1.507
9	3	5	3	0.904

利用 CFD 计算软件 FLUENT 分别进行上述 9 个方案的数值模拟，得到各考核指标的数值，研究各个

因素对菱型叠蜂窝螺旋换热模型传热性能影响的主次关系,确定较优方案并分析。

4.3　模型建立及网格划分

根据确定的正交试验方案,利用 UG 软件建立了 9 个不同结构参数的菱型叠蜂窝螺旋板换热模型,其整体模型采用文献[4]中的菱型叠蜂窝螺旋板换热模型,但菱型叠蜂窝的结构参数均不同,其结构参数按照方案中的取值。

采用可实现的 $k\text{-}\varepsilon$ 湍流模型对叠蜂窝螺旋结构内的流体流动及传热特性进行数值计算,并使用标准壁面函数来模拟近壁面附近的流动。考虑到边界层的影响,9 个模型均采用了 Inflation 法,该方法能够将边界层处的网格密度划分得更密一些,有利于提高 CFD 问题的数值求解的精度。在网格划分方面,均采用直接划分,9 个模型的网格数分别是 141352、152146、243121、143246、143242、243162、143745、242479 和 243846。

4.4　模拟条件及求解设置

叠蜂窝螺旋流道内的介质选用 FLUENT 软件中的 water-liquid,近似处理为不可压缩的常物性流体,且忽略重力。上下壁面使用无滑移恒温壁面,温度设置为 $T_w = 400\ \text{K}$;前后面设为对称面;模型入口设为速度进口,按照方案表中的数值给定平均流速,入口温度 $T_{in} = 300\ \text{K}$。

求解过程在 FLUENT 中进行,求解器设置为双精度,压力与速度的耦合采用 SIMPLE 算法,所有项均采用二阶迎风格式,能量方程的收敛残差为 10^{-6}。

4.5　模拟结果分析

图 2 是 9 个方案中不同模型经过数值试验后得到的内部流线图。它是描述流场的一种方法,流线簇的疏密程度能够反映该时刻流场中各点的速度变化。从图中可以看出,方案(1)、(2)、(3)、(5)和(7)中蜂窝内的流线明显呈旋涡状且流动杂乱度低,不利于传热,优点是流阻低、能耗少;其他方案的蜂窝内的流线排布较杂乱,方向的随意性较强,有利于传热。

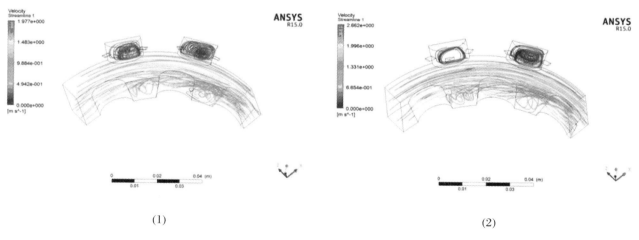

(1)　　　　　　　　　　　　　　　　　　　(2)

图 2　9 个模型的流线图

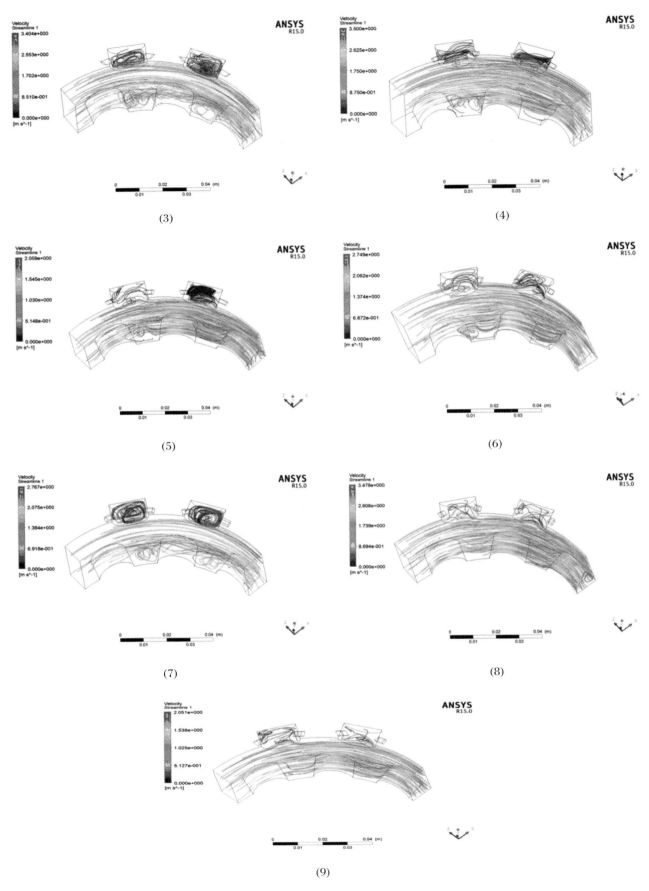

图2　9个模型的流线图(续)

图3是9个模型的速度大小比较图,包括入口值、平均值和差值,图中的入口速率是按照方案中的值设定的,平均速率均是经过对整个流体域的体积分后得到的,速率差值是入口速率与平均速率的差。从图中可以看出,9个方案的速率差值变化的幅度不大,最小值出现在方案(5)和(9)中,最大值出现在方案(3)中,最大值比最小值高出近1.76倍,说明方案(3)的流速增加较大,该方案带来的流阻最小,耗能随之较少。

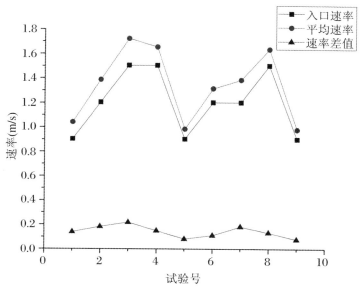

图3　速度大小比较图

5　试验结果的极差分析

经过对9个试验方案的数值模拟,得到了3个评价指标的结果,为了直观地表示出因素与指标的关系,绘制了各个指标与因素的趋势图。表3是9个不同方案中3个指标的试验结果。

表3　试验结果

试验号	指标		
	T_{out} (K)	Nu	h (W/(m²·K))
1	304.016	12165.420	7299.251
2	303	14931.331	8958.798
3	303.653	17423.037	10453.822
4	304.293	20914.277	12554.566
5	305.152	15307.635	9184.581
6	305.455	21914.463	13148.679
7	303.950	14584.455	8750.674
8	305.539	28058.998	16835.411
9	306.060	18080.496	10848.299

表4、表5和表6分别是3个试验指标的 K 及 $\bar{K}$ 结果,它是通过计算各因素、各水平下每一试验指标的数据后得到的。

表4 出口温度的处理结果

指标		$a(\mathrm{mm})$	$b(\mathrm{mm})$	$H(\mathrm{mm})$	$v_{\mathrm{in}}(\mathrm{m/s})$
	K_1	911.500	912.260	915.011	915.229
	K_2	914.902	914.522	914.185	913.238
	K_3	915.549	915.170	912.756	913.485
T_{out}/K	$\bar{K}_1$	303.833	304.087	305.004	305.076
	$\bar{K}_2$	304.967	304.841	304.728	304.413
	$\bar{K}_3$	305.183	305.057	304.252	304.495
极差	R	1.350	0.970	0.752	0.663

表5 努塞尔数的处理结果

指标		$a(\mathrm{mm})$	$b(\mathrm{mm})$	$H(\mathrm{mm})$	$v_{\mathrm{in}}(\mathrm{m/s})$
	K_1	44519.787	47664.152	62138.881	45553..551
	K_2	58136.325	58297.963	53926.103	51430.248
	K_3	60723.949	57417.996	47315.127	66396.312
Nu	$\bar{K}_1$	14839.929	15888.051	20712.960	15184.517
	$\bar{K}_2$	19378.775	19432.654	17975.368	17143.416
	$\bar{K}_3$	20241.316	19139.332	15771.709	22132.104
极差	R	5401.387	3544.603	4941.251	6947.587

表6 表面传热系数的处理结果

指标		$a(\mathrm{mm})$	$b(\mathrm{mm})$	$H(\mathrm{mm})$	$v_{\mathrm{in}}(\mathrm{m/s})$
	K_1	26711.872	28604.492	37283.331	27332.132
	K_2	34887.826	34978.779	32361.663	30858.151
	K_3	36343.373	34450.800	28389.077	39843.788
$h(\mathrm{W/(m^2 \cdot K)})$	$\bar{K}_1$	8903.957	9534	12427.777	9110.711
	$\bar{K}_2$	11629.275	11659.593	10787.221	10286.050
	$\bar{K}_3$	12114.458	11483.600	9463.026	13281.263
极差	R	3210.501	2124.762	2964.751	4170.552

在极差分析中,可以根据极差的大小来判断各因素对试验指标影响的主次顺序。极差的数值越大,说明该因素对试验指标的关联越大,其重要性越大。根据表6中的极差大小可以确定各指标下因素影响的主次顺序,结果如表7所示。

表7 影响的主次顺序

试验指标	主次顺序
出口温度	$A>B>C>D$
努塞尔数	$D>A>C>B$
表面传热系数	$D>A>C>B$

根据各指标不同水平的平均值确定因素的优组合,从而初选优化的工艺条件。表8是初选的优组合。

表 8　优水平组合

试验指标	优组合
出口温度	$A_3 B_3 C_1 D_1$
努塞尔数	$A_3 B_2 C_1 D_3$
表面传热系数	$A_3 B_2 C_1 D_3$

参照各因素的影响主次顺序,利用综合平衡法确定较优的参数。对于因素 A,其对出口温度影响大小排第1位,取 A_3;其对努塞尔数影响大小排第2位,取 A_3;其对表面传热系数影响也排第2位,取 A_3;故 A 因素取 A_3。对于 B 因素,其对出口温度影响排第2位,取 B_3;其对努塞尔数影响排第4位,为次要因素,可取 B_2 或 B_3;其对表面传热系数影响也排第4位,可取 B_2 或 B_3;但取 B_2 时,努塞尔数和表面传热系数均比取 B_3 时要大;所以 B 因素取 B_2。对于因素 C,其对3个指标影响都排第3位,且均取 C_1;所以 C 因素取 C_1。对于 D 因素,其对出口温度影响排第4位,为次要因素;其对努塞尔数和表面传热系数影响均排第1位,取 D_3;故 D 因素取 D_3。由此可以看出,本试验的优化组合为 $A_3 B_2 C_1 D_3$,即横对角线长为 3 mm,纵对角线长为 4 mm,叠蜂窝高为 2 mm,入口速度为 1.507 m/s,恰好是9个方案中的8号方案。

6　试验结果的灰色关联分析

根据正交试验的结果,建立灰关联分析用的数据表,如表9所示。

表 9　数据序列表

序列号	数据 1	数据 2	数据 3
X_0	306.060	28058.998	16835.411
X_1	304.016	12165.420	7299.251
X_2	303	14931.331	8958.798
X_3	303.653	17423.037	10453.822
X_4	304.293	20914.277	12554.566
X_5	305.152	15307.635	9184.581
X_6	305.455	21914.463	13148.679
X_7	303.950	14584.455	8750.674
X_8	305.539	28058.998	16835.411
X_9	306.060	18080.496	10848.299

序列 X_0 为理想方案,理想方案是作为其他方案与之比较的参照。由于出口温度、努塞尔数和传热系数都是越高越好,所以选择9个方案中每个指标的最大值作为理想值,得到序列 X_0。

其余序列与它的邓氏关联度的计算过程如下:

(1)求初值像。由

$$X'_i = X_i / x_i(1) = (x'_i(1), x'_i(2), x'_i(3)), \quad i = 0,1,2,3,4,5,6,7,8,9 \tag{2}$$

得

$$X'_0 = (1, 91.6781, 55.0069), \quad X'_1 = (1, 40.0157, 24.0094), \quad X'_2 = (1, 49.1435, 29.4861)$$

$$X'_3 = (1, 57.3781, 34.4269), \quad X'_4 = (1, 68.7307, 41.2581), \quad X'_5 = (1, 50.1640, 30.0984)$$

$X'_6 = (1, 71.7437, 43.0462)$，$\quad X'_7 = (1, 47.9831, 28.7898)$，$\quad X'_8 = (1, 91.8344, 55.1007)$

$X'_9 = (1, 59.0750, 35.4450)$

（2）计算 $X_1 - X_9$ 分别与 X_0 初值像对应分量之差的绝对值序列。由

$$\Delta_i(k) = |\, x'_0(k) - x'_i(k) \,|, \quad i = 1,2,3,4,5,6,7,8,9; k = 1,2,3 \tag{3}$$

得

$\Delta_1 = (0, 51.6624, 30.9978)$，$\quad \Delta_2 = (0, 42.5346, 25.5208)$，$\quad \Delta_3 = (0, 34.3000, 20.5800)$

$\Delta_4 = (0, 22.9474, 13.7487)$，$\quad \Delta_5 = (0, 41.5141, 24.9085)$，$\quad \Delta_6 = (0, 19.9344, 11.9607)$

$\Delta_7 = (0, 43.6950, 26.2171)$，$\quad \Delta_8 = (0, 0.1563, 0.0938)$，$\quad \Delta_9 = (0, 32.6031, 19.5619)$

（3）求极差。

得极大值和极小值为

$$M = \max_i \max_k \Delta_i(k) = 51.6624, \quad m = \min_i \min_k \Delta_i(k) = 0.0000$$

（4）求关联系数。

取 $\xi = 0.5$，由

$$\gamma_{0i}(k) = \frac{m + \xi M}{\Delta_i(k) + \xi M} = \frac{25.8312}{\Delta_i(k) + 25.8312}, \quad i = 1,2,3,4,5,6,7,8,9; k = 1,2,3 \tag{4}$$

得

$\gamma_{01}(1) = 1, \gamma_{01}(2) = 0.3333, \gamma_{01}(3) = 0.4545$；$\quad \gamma_{02}(1) = 1, \gamma_{02}(2) = 0.3778, \gamma_{02}(3) = 0.5030$

$\gamma_{03}(1) = 1, \gamma_{03}(2) = 0.4296, \gamma_{03}(3) = 0.5566$；$\quad \gamma_{04}(1) = 1, \gamma_{04}(2) = 0.5296, \gamma_{04}(3) = 0.6526$

$\gamma_{05}(1) = 1, \gamma_{05}(2) = 0.3836, \gamma_{05}(3) = 0.5091$；$\quad \gamma_{06}(1) = 1, \gamma_{06}(2) = 0.5644, \gamma_{06}(3) = 0.6835$

$\gamma_{07}(1) = 1, \gamma_{07}(2) = 0.3715, \gamma_{07}(3) = 0.4963$；$\quad \gamma_{08}(1) = 1, \gamma_{08}(2) = 0.9940, \gamma_{08}(3) = 0.9964$

$\gamma_{09}(1) = 1, \gamma_{09}(2) = 0.4421, \gamma_{09}(3) = 0.5691$

（5）计算灰色关联度。

不考虑给指标的权重，由

$$\gamma_{0i} = \frac{1}{n} \sum_{k=1}^{n} \gamma_{0i}(k), \quad i = 1,2,3,4,5,6,7,8,9; n = 3 \tag{5}$$

得

$$\gamma_{01} = \frac{1}{3} \sum_{k=1}^{3} \gamma_{01}(k) = 0.5960, \quad \gamma_{02} = \frac{1}{3} \sum_{k=1}^{3} \gamma_{02}(k) = 0.6270, \quad \gamma_{03} = \frac{1}{3} \sum_{k=1}^{3} \gamma_{03}(k) = 0.6621,$$

$$\gamma_{04} = \frac{1}{3} \sum_{k=1}^{3} \gamma_{04}(k) = 0.7274, \quad \gamma_{05} = \frac{1}{3} \sum_{k=1}^{3} \gamma_{05}(k) = 0.6309, \quad \gamma_{06} = \frac{1}{3} \sum_{k=1}^{3} \gamma_{06}(k) = 0.7493,$$

$$\gamma_{07} = \frac{1}{3} \sum_{k=1}^{3} \gamma_{07}(k) = 0.6226, \quad \gamma_{08} = \frac{1}{3} \sum_{k=1}^{3} \gamma_{08}(k) = 0.9968, \quad \gamma_{09} = \frac{1}{3} \sum_{k=1}^{3} \gamma_{09}(k) = 0.6704,$$

由此发现 $\gamma_{08} > \gamma_{06} > \gamma_{04} > \gamma_{09} > \gamma_{03} > \gamma_{05} > \gamma_{02} > \gamma_{07} > \gamma_{01}$，因此 8 号方案较优，其次是 6 号方案，最差的是 1 号方案。

7 结论

通过比较遗传算法、粒子群算法、熵产最小法、火积耗散理论及正交试验优化这 5 种优化方法的优缺点及应用范围，同时考虑本研究的目的，选择利用正交试验优化方法是合适的。

根据正交试验优化方法，将横对角线 a、纵对角线 b、叠蜂窝高度 H 和入口流速 v_m 作为优化的 4 个因素，出口温度 T_{out}、努塞尔数 Nu 和表面传热系数 h 作为 3 个指标，各参数分别选取 3 个水平。选择使用 $L_9(3^4)$ 正交表即 4 因素 3 水平 9 方案，可以完成正交试验的方案设计。

针对设计的正交试验方案，利用 UG 软件完成 9 个试验方案对应模型的建立。在确定了数学模型及求解方法后，利用大型工程软件 ANSYS Workbench 对 9 个模型进行网格划分、边界条件等设置及数值求解工作。通过计算每个指标下的 K 和 $\bar{K}$ 值，对 9 个试验方案的求解结果进行了极差分析，并绘制了因素指标

趋势图,结合每个指标的极差值,确定了因素影响的主次顺序,使用综合平衡法将8号方案作为较优组合。

根据出口温度 T_{out}、努塞尔数 Nu 和表面传热系数 h 的物理意义,设定理想方案序列,通过灰关联分析的方法得到了各方案与理想方案的灰色关联度,发现8号方案的关联度最大,该结果与极差分析得到的结果一致。

参 考 文 献

[1] 宋虎堂,李培宁.蜂窝紧凑结构螺旋板换热器[J].压力容器,2010,27(4):13-15.
[2] 王艺玮.新型蜂窝螺旋板式换热器数值模拟及优化[D].郑州:郑州大学,2014.
[3] 韩鹏飞.叠蜂窝螺旋板换热器内部流动与传热强化研究[D].济南:山东理工大学,2017.
[4] 王恒.基于遗传算法的换热器多目标优化设计方法[D].北京:华北电力大学,2011.
[5] 古新,潘国华,刘敏珊,等.基于遗传算法的三叶孔板换热器优化设计[J].压力容器,2013,30(7):12-17.
[6] 任鹏,吴吁生.基于粒子群优化算法的板式换热器优化设计[J].能源技术,2009,30(5):270-271.
[7] 任校志.熵产最小化方法在管壳式换热器优化设计中的应用[D].济南:山东大学,2009.
[8] 李孟寻,郭江峰,许明田,等.(火积)耗散理论在管壳式换热器优化设计中的应用[J].工程热物理学报,2010,(7):1189-1192.
[9] 王伟,施卫东,蒋小平,等.基于正交试验及CFD的多级离心泵叶轮优化设计[J].排灌机械工程学报,2016,34(3):191-197.
[10] 耿麒,魏正英,杜军,等.基于灰关联分析的全断面岩石掘进机滚刀布局优化方法[J].机械工程学报,2014,50(21):45-53.

作 者 简 介

王正方(1971—),男,博士,教授,硕士研究生导师,主要从事压力容器安全与传热强化工程方面的研究。

螺旋折流板换热器发展及大型化难点综述

王聪　高磊　张莹莹

（辽宁石油化工大学机械工程学院，抚顺 113001）

摘要：换热器是石油化工等行业广泛使用的一种设备，近年来随着工业的发展，传统的换热器已难以满足工艺需求，换热器的大型化发展也迫在眉睫。螺旋折流板换热器是一类新型的高效换热装置，其具有壳程压力损失小，有自清洁能力等优点，已逐渐取代传统弓形折流板换热器。本文介绍了螺旋折流板换热器的发展历史，并对螺旋折流板换热器大型化发展中的难点问题做了探讨。

关键词：换热器；螺旋折流板；结构；大型化

Summary of Development and Large-scale Difficulties of Spiral Baffle Heat Exchangers

Wang Cong，Gao Lei，Zhang Yingying

（School of Computer and Communication Engineering，Liaoning Shihua University，Fushun 113001）

Abstract：Heat exchangers are widely used in petrochemical industries. In recent years，with the development of industry，traditional heat exchangers have been difficult to meet the process requirements，and the development of large-scale heat exchangers is also urgent. The spiral baffle heat exchanger is a new type of high-efficiency heat exchange device，which has the advantages of small shell-side pressure loss and self-cleaning ability，and has gradually replaced the traditional bow-shaped baffle heat exchanger. This paper introduces the development history of spiral baffle heat exchangers，and discusses the difficult problems in the large-scale development of spiral baffle heat exchangers.

Keyword：heat exchanger；spiral baffle；structure；large-scale

1 引言

在工业生产中，换热设备是化工、炼油、食品、轻工、能源、制药、机械及其他许多工业部门广泛使用的一种通用设备。在化工厂中，换热设备的投资占总投资的 10%～20%；在炼油厂中，占总投资的 35%～40%。[1]随着各行业工艺技术的进步，以及越来越多的大型乙烯项目、核电站、废气废水工程、海水淡化工程等的立项和建设，以前较小型的换热器已无法满足需求，如果使用多个小型换热器串联的模式则会导致巨大的占地面积和复杂的工艺过程，而且不易于检修。此外，我国的石油化工行业已有 60 多年的历史，建造较早的工厂的许多设备已老化严重，技术落后，甚至无法满足工艺需求，因此研发与建造大型高效的换热设备成为当务之急。随着强化传热技术的发展，出现了许多新型的高效节能换热器，螺旋折流板换热器是其中表现较为突出的一种。

螺旋折流板换热器是一种列管式换热器，它通过在壳程布置一系列的螺旋折流板，以取代传统的弓形折流板，使壳程流体在换热器内呈螺旋状流动。理想的螺旋折流板为连续的螺旋曲面，但由于曲面难以加工，并且与换热管配合困难，因此采用一定角度的扇形折流板连续布置，形成近似的螺旋面。螺旋折流板换热器通过改变壳程流体的流动方式，避免了传统的弓形折流板换热器壳程流体由于大角度折返带来的死区以及严重的压力损失，并有自清洁能力。但是由于降低了壳程流体的湍流程度，其传热系数要小于弓形折流板换热器,换热能力较弱。[2]

2 螺旋折流板换热器发展过程

1983 年,捷克斯洛伐克国家化工设备研究所的杰·卢卡和杰尼姆肯斯基等人首次提出,使换热器的壳程流体做螺旋流动可以强化换热器的传热效率。

第一代螺旋折流板换热器(图1)为一种非连续螺旋折流板的换热器,采用 4 等份的扇形折流板,由 ABB 公司研制并申请专利。

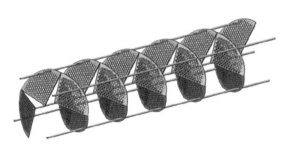

图 1 第一代螺旋折流板换热器[3]

此种换热器发展较早,经过几十年的发展,技术比较成熟。国内很多企业和院校进行了很多开发研究工作,形成了很多螺旋折流板换热器新的专利和技术,一些做出了很有价值的关联式[4],如王艳云,刘红禹[5] 等人分析了不同螺旋角对螺旋折流板换热器性能的影响;一些在技术结构上有很好的创新,如陈亚平[6]提出了一种适合正三角形换热管排布的三分折流板结构。

第二代螺旋折流板换热器(图2)由西安交通大学研发,现在正在迅速推广。其结构特点是折流板被固定于中心管上,从壳体的进口向出口处推进,其形状更近似于完全螺旋面,使介质在壳程做到相对的连续平稳旋转流动。

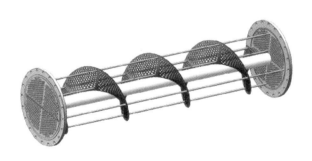

图 2 第二代螺旋折流板换热器[3]

第三代螺旋折流板换热器(图3)在北京研发成功,首台工业原型机在龙山化工厂投入使用。其在第二代螺旋折流板换热器的基础上取消了中心管,并增加了阻流板,起到解决三角区漏流和定距的作用。

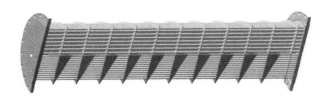

图 3 第三代螺旋折流板换热器[3]

3 螺旋折流板换热器大型化面临的难点

螺旋折流板换热器有着一些固有的缺陷,如折流板尤其是曲面折流板加工困难,需要专用的胎具和夹具,三角区的漏流等,这些问题在螺旋折流板大型化的过程中会带来更加显著的影响。

3.1 加工问题

螺旋折流板换热器的折流板为呈一定倾斜角的扇形,在加工时需要放置于专门的胎具上进行加工,由于不同的螺旋折流板换热器折流板的大小以及倾斜角均不相同,故胎具不可通用,增加了加工成本。而曲面的螺旋折流板则更加难以加工,往往需要很高级的机床和娴熟的操作技巧,同样会增加成本;大型的管束在整体处理中也有更严格的技术要求。

3.2 三角区漏流

非连续性螺旋折流板换热器内部相邻的折流板之间会形成明显的三角漏流区,造成壳程的流体短路,使传热效率明显下降。随着换热器直径的增大,三角区漏流现象越加明显,故在螺旋折流板换热器大型化的研究中,三角区漏流现象是一个不容忽视的问题。

王晨等[7]在普通螺旋折流板换热器的基础上,在每一组螺旋折流板中间再加一组折流板,构成双螺旋结构,使壳程流体分为两组平行流。经过模拟计算与实验,与单螺旋结构相比,此结构能有效减少漏流,增加传热系数。

孟芳[8]在双螺旋结构的基础上增加了一组菱形折流板,菱形折流板的位置垂直于壳体的横截面,相邻两块菱形折流板互相垂直,相间的菱形折流板相互平行。根据 CFD 模拟结果,此结构能有效增加传热系数,且在大螺旋角情况下压降不明显。

汲水等[9]则研究了相邻螺旋折流板的搭接量对传热性能的影响。结果表明,增大搭接量可以减轻三角区漏流,同时边缘三角区漏流有助于流体均匀流动,但边缘三角区漏流也会削弱传热。

3.3 模拟计算

换热器内部结构复杂,零部件多,在进行数值模拟时求解时间长,对计算机性能要求高。大型的换热器甚至根本无法进行求解,如果租用超算则会产生巨大的成本。

以往换热器的整体有限元分析多采用等效实心板-梁单元模型,其管板采用传统规范中被削弱了的等效实心板模拟,换热管采用杆单元或梁单元模拟。[10-14]这种方法计算速度较快,得到的整体应力分布情况较好,但是温度场分析困难,分析精度差。

曲晓锐等[15]基于 MPC(多点约束法)的技术,采用实体单元来模拟管板、壳单元来模拟换热管及壳体,对某换热器建立了简化模型。该简化模型在减小计算规模的同时具有足够的精度。然而,目前该简化模型仍不完善,主要是管板与换热管及壳体在 MPC 连接处的应力与实体模型相比还存在较大差异。

叶增荣[16]通过将不同类型单元的 MPC 连接处设置在远离管板的换热管截面处,避免了管板应力分布受到 MPC 连接的影响,具有较高的分析精度和较准确的温度场分布。

4 结论

螺旋折流板换热器近年来发展迅速,技术日趋成熟。尽管如此,在其大型化的进程中仍然面临许多难题。[17-18]这些问题有些初步得到解决,有些则至今没有很好的解决方案,还需要国内外各研究机构和专家努力钻研。

参 考 文 献

［1］ 朱张校.工程材料［M］.北京:清华大学出版社,2001.

［2］ 李斌,孙晓明,张伟,等.螺旋折流板与弓形折流板换热器性能的数值模拟［J］.广东化工,2018,45(18):5-7.

［3］ 张宇.国内外螺旋折流板换热器技术创新综述［J］.石油和化工设备,2015,18(10):94-96.

［4］ 刘娇洋,江楠.螺旋折流板换热器的研究进展［J］.石油化工设备技术,2009,30(2):21,43-48.

［5］ 王艳云,刘红禹,张立新,等.螺旋折流板换热器的数值模拟及螺旋角对其性能的影响［J］.管道技术与设备,2016(2):31-34.

［6］ 陈亚平.适合于正三角形排列布管的螺旋折流板换热器［J］.石油化工设备,2008(6):1-5.

［7］ 王晨,桑芝富.单螺旋和双螺旋折流板换热器性能的研究［J］.高校化学工程学报,2007(6):929-935.

［8］ 孟芳.一种新型的螺旋折流板换热器［J］.山东化工,2019,48(8):150-152,154.

［9］ 汲水,杜文静,王鹏,等.交错搭接螺旋折流板换热器壳程流动与传热的场协同分析［J］.中国电机工程学报,2011,31(20):75-80.

［10］ 杨星辰,张雅琴,段成红.基于 ASME Ⅷ-1 的大直径固定管板式换热器管板的简化分析［J］.压力容器,2016,33(4):24-29.

［11］ 张扬.斜锥壳管壳式换热器有限元分析及应力评定［D］.北京:北京化工大学,2008.

［12］ 杨国政.基于 ANSYS 斜锥壳固定管板釜式重沸器有限元分析［D］.天津:河北工业大学,2007.

［13］ 冷纪桐,吕洪,章姚辉,等.某固定管板式换热器的温度场与热应力分析［J］.北京化工大学学报(自然科学版),2004(2):104-107.

［14］ 杨宏悦,蔡纪宁,张秋翔,等.大型固定管板式换热器管板稳态温度场及热应力场分析［J］.化工设备与管道,2006(1):11-15.

［15］ 曲晓锐,钱才富.多点约束(MPC)法与换热器整体有限元分析［J］.压力容器,2013,30(2):54-58.

［16］ 叶增荣.基于 MPC 简化模型的非对称换热器有限元分析［J］.压力容器,2017,34(5):38-45.

［17］ Sasa A K,Malik T.Mixed convective flow and heat transfer through a horizontal channel with surface mounted obstacles［J］.Enhanced Heat Transfer,2012,19(4):313-329.

［18］ Shahab K,Ahmad N L.Experimental study on cross-flow induced vibrations in heat exchanger tube bundle［J］.China Ocean Engineering,2017,31(1):91-97.

 作者简介 ●

王聪(1994—),男,主要从事新型高效换热设备的研究与开发。通信地址:辽宁省抚顺市望花区丹东路 1 号辽宁石油化工大学。E-mail:ab29wc@163.com。

钛-钢复合板压力容器焊接技术

邢卓[1]　**郭海荣**[2]

（1. 沈阳仪表科学研究院有限公司,沈阳 110168;2. 沈阳东方钛业股份有限公司,沈阳 110168）

摘要:钛-钢复合板容器焊接结构复杂,焊接难度大,容易出现钛覆层焊后泄漏。这是由于设计结构没有考虑焊接和检验的工艺性;焊接工艺没有根据结构的复杂性采取有效的工艺措施,保障焊缝密封可靠性和防止焊道氧化;或由于施工不精心造成的。在基层应设置检漏嘴,可在焊接覆层时加背保护和焊后检漏;实施钛覆层的两层焊接增加密封可靠性;将覆层焊缝分隔成互不连通的封闭空间增强背保护效果和减小找漏难度;钛衬环与钢法兰可加银钎焊密封,也使焊中背保护和焊后找漏可行;注重焊前清洁处理,装配紧密贴合等细节,做到精心细作。

关键词:钛-钢复合板;压力容器;两层焊接;检漏嘴;银钎焊;气路阻断

Welding for Titanium-Steel Clad Plate of Pressure Vessels

Xing Zhuo[1]，**Guo Hairong**[2]

（1. Shenyang Academy of Instrumentation Science Co., Ltd., Shenyang 110168; 2. Shenyang DONFON Titanium Industry Co., Ltd., Shenyang 110168）

Abstract:The welding structure of titanium-steel clad plate vessels were complicated and difficult to weld due to the design of the structure not considering the welding and inspection. No effective measures have been taken to ensure the reliability of weld sealing and prevent the oxidation of weld pass according to the complexity of the welding process;or caused by careless fabrication. Leakage nozzles should be set at the base metal, which can be used for back protection during welding and leak detection after welding. The two-layer welding of titanium cladding can increase the sealing reliability. Used adhesive tape outer and blocked gas channel inner separate the welding seams of the cladding into disconnected closed spaces to enhance the back protection effect and reduce the difficulty of leak detection. The titanium lining ring and steel flange can be sealed by silver brazing,which also makes the back protection during welding and leak detection after welding feasible. Pay attention to the cleaning treatment before welding,assembled tightly and concern about other details.

Keywords:titanium-steel clad plate;pressure vessel;two layers of welding;leak detection mouth;silver brazing;gas channel block

1　应用概述

　　钛-钢复合板容器是介质内压由基层（如 Q345R、S30408）承受,钛覆层只承受介质腐蚀的复合结构,适合于制造工作压力和温度（350 ℃以下）较高的大型容器。由于爆炸焊接后覆层与基层贴合紧密,因而具有良好的导热性,可用于真空状态。如采用全钛结构,不仅材料价格昂贵,而且焊很厚的钛板比较困难,一般认为厚度≥25 mm 的钛板,焊接质量难以保证。因此,全钛结构容器的计算壁厚一般不大于 13 mm。全钛结构在高温高压或中压和大型容器上应用是不适宜的。压力在 0.5 MPa 以下,温度在 150 ℃以下的中小型容器用全钛结构是较经济的。[1]除了钛-钢复合板容器的大法兰和小接管需要衬钛外,筒体衬钛容器早已淘汰。全钛容器许用温度上限为 300 ℃,钛-钢复合板容器为 350 ℃。[2]因此,选用钛-钢复合板作为容器结构材料是既安全又经济的,在氯碱、合成纤维、湿法冶金等重腐蚀领域得到广泛应用。

2 材料要求

2.1 厚度及状态要求

压力容器用钛-钢复合板是以钛(如 TA2)及钛合金(如 TA9、TA10)为覆材,碳素钢(如 Q245R)、低合金钢(如 Q345R、16Mn)或不锈钢(如 S30408)为基材,用爆炸焊接方法制造的。复合板的总厚度应不小于 10 mm,基层最小厚度不小于 8 mm,钛覆层厚度不宜小于 3 mm。2 mm 的钛覆层不可用,这是因为要考虑到爆炸焊接及表面处理的减薄和制造过程中划伤减薄;另外,也要考虑减薄对焊接的影响,钛的熔点高(1668 ℃),基层钢的熔点低(1537 ℃),当焊接覆层时钛熔化的同时,基层的钢也易熔化,向钛覆层焊道返铁;还要考虑在内壁附件的焊接应力和承重作用下的离层。基层厚度通常不小于覆层厚度的 3 倍。

复合板应经消除应力退火、校平、剪切及覆层表面去除氧化皮后交货。

2.2 性能要求

复合板应经 100%超声检测,结合状态应符合表 1 的规定。[3]

表 1 压力容器用爆炸焊接钛-钢复合板结合状态

级别代号	单个未结合指示长度(mm)	单个未结合区面积(mm²)	未结合率
B1	0	0	0
B2	≤50	≤20	≤2%
B3	≤75	≤45	≤5%

压力容器用钛-钢复合板的未结合率应不大于 5%,复合界面的结合剪切强度应不小于 140 MPa,使用温度上限为 350 ℃。[4]

3 坡口加工

3.1 下料

钛-钢复合板的下料宜采用剪切方法,也可采用氧-乙炔火焰或等离子弧切割方法。剪切时覆层向上,热切割时覆层背向火焰。

3.2 坡口加工要求

钛-钢复合板的焊接不允许覆层与基层互熔,应先焊接基层,在基层焊缝检验合格之后再焊接覆层。为了做到不互熔,最稳妥的方式是将基层坡口边缘的覆层起掉(如图 1、图 2 所示)。根据基层的焊接工艺留出钝边的大小,钨极氩弧焊打底是首选,这样基层焊接后的背面余高小,打磨量小。

钛-钢复合板起边后,在基层的结合面上会有少量残存的钛,需打磨去除干净,防止钛熔入钢焊缝。

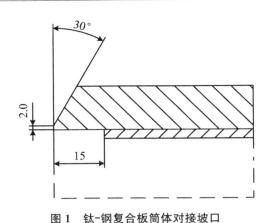

图1 钛-钢复合板筒体对接坡口

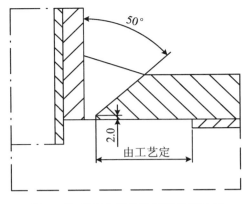

图2 钛-钢复合板筒体接管角接坡口

3.3 坡口加工方法

起覆层的方式,钛-钢复合板与不锈钢复合板不同。不锈钢复合板的基层和覆层具有可焊性,爆炸复合后层间结合力强,往往采用机加的方式去除覆层(当需要时),且可部分地去除基层。钛-钢复合板的层间结合力较弱,层间容易分离,起边的方式多用手工切割的方式(见图3)。用砂轮切割片在距边缘一定的距离切割钛覆层,切口深度以切到基层为止,防止在基层上留下明显的沟槽。注意观察切割时产生的火花,即可判定切割是否到了基层,钛材的火花亮,钢材的火花暗。切口到基层后,用螺旋卷起法起掉覆层。为了方便切割走直线,可在边缘点焊上与起边宽度相等的挡板。

若也采用刨边的方法,最大的槽深不能超过结合面0.5 mm,由于板面不平未切削着的残余钛用砂轮打磨去除干净。

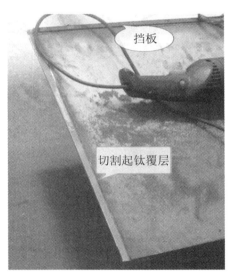

图3 钛-钢复合板筒体对接起边图

4 焊接

4.1 钛焊接性

钛属于一种轻金属,密度为4.51 g/cm³,熔点为1668 ℃。与钢铁材料相比,钛的密度小,熔点高,线胀系数小,热导率低,比热容高,弹性模量小。这些物理特性决定了钛焊接的特点是熔池的温度高,冷却时放出更多的热量,熔池和焊接接头冷却速度慢,在高温停留时间长且高温区域大,即钛焊接受到的气体污染时间长且区域大。

4.1.1 吸气脆化

在隔绝空气的条件下,钛具有良好的焊接性能。工件清洁程度和惰性气体保护效果对焊接性能有很大影响,特别是气体保护。钛在高温下性质非常活泼,与氢、氧、氮的亲和力大,具有较强的气体吸收能力,在250 ℃左右开始吸氢,400 ℃开始吸氧,600 ℃开始吸氮。[5]钛吸收这些气体后会严重恶化材料的综合性能(接头脆化,促冷裂纹,耐蚀性下降)。因此,焊好钛材保护是关键。钨极氩弧焊是焊接钛材最普遍的方法,焊接时应从3个区域进行气体保护,即电弧加热区(熔池)、焊缝后部高温区(≥400 ℃)、焊缝背面。电弧加热区由焊枪喷嘴保护,焊缝后部高温区由拖罩保护,焊缝背面由拖罩保护或充气保护。

4.1.2 易出气孔

钛焊接对其表面上的水分、油脂、氧化膜、砂粒、有机纤维等杂物敏感,容易产生气孔。因此,钛焊接要求工件和场地清洁,工件焊前应进行脱脂并清除氧化膜,在清洁、干燥的环境中焊接,严禁在含铁等灰尘的空气中施焊,杜绝耐蚀表面与铁接触。

4.1.3 与异种金属不具熔焊性

钛除了与锆外,与绝大多数金属不具有熔焊性。将铁等其他金属熔于钛焊缝中会形成硬而脆的金属间化合物,极大地降低了焊缝塑性。除爆炸焊和钎焊外,钛不能直接熔焊在钢上。若用钢焊丝在钛上堆焊或用钛焊丝在钢上堆焊,会听到金属炸裂声。

4.2 复合结构焊接特点

钛-钢复合板的焊接特点有:① 焊接结构复杂,坡口起钛覆层,镶钛垫板,加钛盖板和钛覆盖板,气路阻断;法兰加塞焊结构的钛衬环,接管加钛衬筒或钛衬管。② 焊接方式多样,有不熔透焊、两层焊、塞焊、银钎焊。③ 焊接保护要求严格,保护方式独特,密封边揭边焊,通背保护气。④ 焊接清洁处理要求严格。

4.3 焊接顺序及要求

4.3.1 钛垫板

筒体的基层纵环缝全部检验合格后,组对钛垫板。将覆层起边两侧及槽底面修磨平整,按槽宽配制钛垫板。组对钛垫板前,覆层待焊处两侧各25 mm内的表面进行抛光处理和用丙酮或无水酒精擦洗。采用不熔透点固焊将钛垫板与钛覆层固定,钛垫板和覆层间若镶嵌得较好,间隙小,可自熔焊;若间隙较大,可嵌入钛焊丝,然后在其上填丝焊。点焊的长度和密度适当掌握,如焊长10 mm,空100～150 mm,对称或交错排列。不必全部密封焊或银钎焊,给焊接钛盖板时留下通背保护气的通道。可先铺设纵缝垫板,也可纵环缝垫板同时铺设。

4.3.2 钛盖板

组焊纵环缝钛盖板。先组焊纵缝盖板(见图4),待纵缝盖板检漏合格后(通压缩空气检验焊缝的气密性和银钎焊阻断效果),再组对环缝盖板。钛盖板的自身接头应先焊好,并经检测合格(也可在焊道上铺设组对,对口处断续焊,为焊接覆盖板时留下背保护氩气通道)。组对钛盖板前,彻底清除筒体内的灰尘、铁屑、油污等一切污物,钛盖板需抛光除氧化膜并进行清洁处理。

4.3.2.1 检漏孔和气路阻断

焊接钛盖板时应按图5所示设置检漏孔(钻孔 Ø6 mm 焊检漏嘴)和气路阻断(银钎焊),即纵缝两端设2个检漏孔(位置尽量靠近两端的环缝),环缝尽量在纵缝的两侧设2个检漏孔(见图6);与纵缝2个检漏孔相邻的外侧和环缝 2 个检漏孔之间用银钎焊阻断。筒体接管也需设置检漏孔（见图 7）。

图 4　钛-钢复合板钛盖板实物图

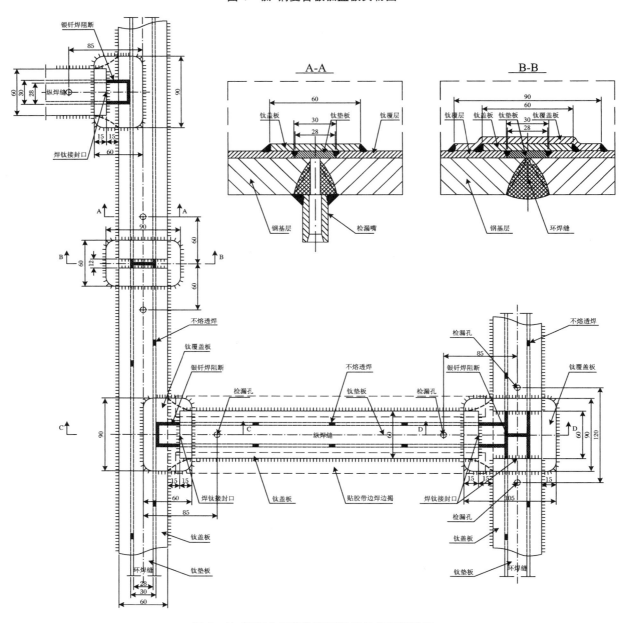

图 5　钛-钢复合板筒体覆层焊接结点布置详图

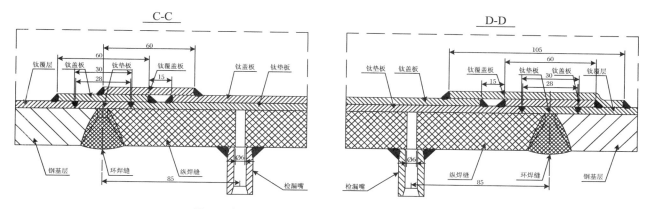

图5 钛-钢复合板筒体覆层焊接结点布置详图(续)

检漏孔起3个作用:① 焊接钛盖板时由检漏孔通入氩气保护背面;② 焊后打气密检漏;③ 运行中泄漏信号孔。气路阻断后纵焊缝和环焊缝不连通,各自形成封闭的内腔,这对焊接盖板时腔内充氩气保护焊道背面和气密检漏或设备运行中从检漏孔的泄漏锁定哪条焊缝泄漏并找到漏点有帮助。

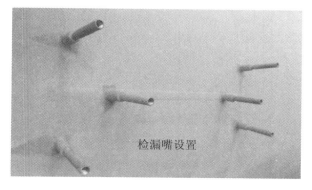

图6 钛-钢复合板筒体纵环焊缝检漏嘴设置图

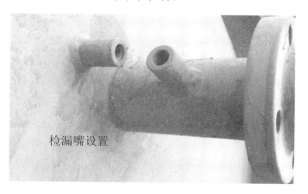

图7 钛-钢复合板筒体接管检漏嘴设置图

4.3.2.2 焊接保护

第一层焊接时,在待焊的钛盖板正面两侧贴纸,边焊边揭(如图8所示)。一侧揭纸的长度不超过250 mm,一次焊接的长度不超过200 mm,两侧交替进行。第二层焊接时,由检漏孔继续通氩气保护。气路阻断后,由检漏孔通氩气时,氩气只能向一个方向流动,一部分氩气从焊接区域流出,另一部分氩气从另一个检漏孔流出。可用手感确认氩气的流出,以此确认腔内的空气已被氩气置换干净。

图8 钛-钢复合板封头接管处钛盖板贴纸焊接操作图

4.3.2.3 焊接要求

应明确钛-钢复合板的所有盖板角焊缝必须焊两层,第1层可以自熔,第2层必须填丝,焊缝成形饱满。

在保证熔合的前提下,焊接电流越小越好(不超过 140 A),层间温度控制在 90 ℃以下。焊接盖板时,若正面氧化变色需跟盒保护,每一层焊道应呈银白色或淡黄色。

4.3.3　钛覆盖板

在钛盖板对接接头或银钎焊气路阻断处、T 字口处再加焊钛覆盖板。此时将银钎焊封堵打开一处,同样需要在焊缝的背面通氩气保护,贴纸胶带,边焊边揭。

4.3.4　带塞钉衬环与法兰组焊

由于带塞钉的钛衬环与管箱设备法兰装配时存在间隙,当管箱与管板组对把合时,在压力的作用下塞钉常常被顶出衬环密封面,破坏密封面。若取消塞钉,衬环与衬筒焊后,衬环常出现翘曲变形,衬环与法兰贴合不严。因此,应先塞钉,后焊衬环与衬筒。法兰衬环塞钉结构见图 9 和图 10。

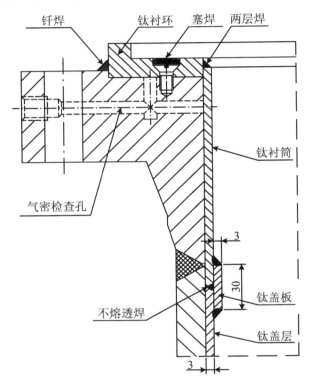

图 9　法兰衬环塞钉结构简图

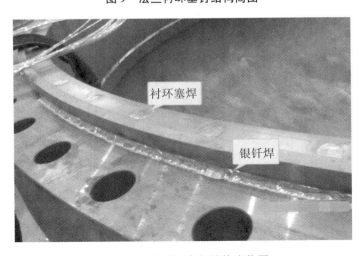

图 10　法兰衬环塞钉结构实物图

4.3.4.1 衬环加工

加工衬环时在厚度上留 2～3 mm 左右二次加工余量(如果衬环有拼接焊缝,在加工前应对其进行检验)。

4.3.4.2 塞钉孔加工

(1) 衬环与法兰装卡贴合紧密后配钻塞钉孔,先在 4 个对称的方向各钻一个塞钉孔并加芯轴固定,再将其他塞钉孔钻好,法兰上的塞钉孔要有足够深度,塞钉孔深度需超过塞钉帽,并留出衬环二次加工余量。

(2) 拆去衬环,对法兰上的塞钉孔进行攻丝。

4.3.4.3 装配

(1) 对衬环、法兰接触面及塞钉孔、钛塞钉进行清洁处理。

(2) 组对衬环与法兰,压紧无缝隙后(可采用压板压紧),用钛塞钉紧固衬环与法兰(对称紧固)。

(3) 组对衬环与衬筒,衬筒与法兰内壁尽量贴紧。组对前确保衬筒纵缝无损检测合格。

4.3.4.4 焊接

(1) 先焊接钛塞钉,再银钎焊衬环与法兰,最后焊衬环与衬筒角焊缝。

(2) 钛塞钉自熔一遍,再填丝焊。衬环与衬筒角焊时,应用氩气保护焊缝正面和背面(正面拖罩保护,背面由法兰气密检查孔通氩气保护),用胶带封闭待焊环缝,胶带中间贴牛皮纸,防止待焊环缝粘胶。边焊边揭,两层焊,焊道饱满。

4.3.4.5 密封面二次加工

加工衬环密封面,加工量尽可能少,见光见平即可。

4.3.5 接管与筒体组焊

接管与筒体的焊接同样需要设置检漏嘴(见图 7 和图 11),接管与筒体焊接结构同样需钛垫板和钛盖板(见图 11)。

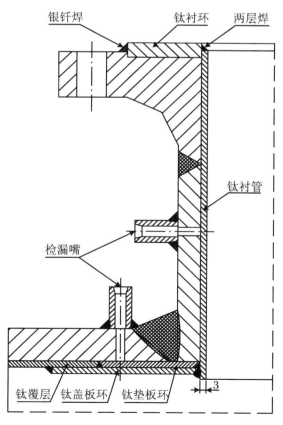

图 11 筒体接管的焊接结构和检漏嘴设置简图

4.3.5.1 管法兰与接管焊接

顺序:钢环缝焊接→钛衬环与钛衬管环缝焊接。焊接钛衬环与钛衬管环缝时,下端将钛衬管与钢管用胶带封闭,上端焊缝贴胶带,由检漏孔通氩气保护焊道背面,同样边焊边揭。

4.3.5.2 接管与筒体焊接

顺序:接管与筒体基层焊接→镶焊(间断不熔透焊)钛垫板环→组焊钛盖板环。焊接钛盖板环两道环缝时,由筒体上的检漏孔通氩气保护焊道背面,用胶带封闭环缝,同样边焊边揭。

4.4 银钎焊

这里提到的钛制容器"银钎焊"不是真正意义上的钎焊,这种所谓的"银钎焊"采用的是钨极氩弧焊,只是钨极氩弧焊的一种特殊应用(见图12)。传统的钎焊不是熔焊,属于固相连接,钎焊时母材不熔化,只是熔点低的钎料熔化,是一种利用液态钎料在母材表面润湿、毛细流动的填缝能力与母材相互溶解和扩散而实现的连接方式。钎焊加热方式多种多样,如火焰、入炉、电阻热、高频感应等,但不是电弧。钎焊加热温度低于母材固相线但高于钎料液相线。钨极氩弧焊电弧温度很高,熔化钎料的同时也必然会少量熔化两侧的钛材和钢材,熔化的钛材和钢材被钎料分隔开。

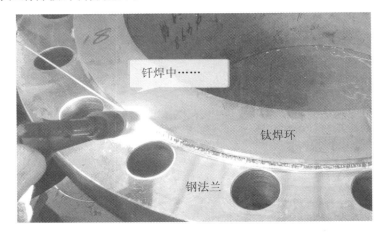

图12 银钎焊实物照

长久以来,钛-钢复合板的这种所谓"银钎焊"一直在实践中应用着,但未见有对这种焊接机理的研究报道。因此,应该对这种"银钎焊"进行深入的机理研究。

银钎焊可用于钛-钢复合板筒体纵环焊缝的气路阻断和钛焊环与钢法兰的密封焊。钎料可用纯银的丝材,不需要使用钎剂。这种钎焊只能焊1层,第2层是上不去的。用Ø2.0 mm的丝可节省用量,焊后的焊脚直边高度约为6 mm。银钎焊的强度较低,只能起到密封的作用,用于焊后气密检漏。

5 离层处理

由于钛-钢复合板爆炸焊接后层间结合力较弱,在筒体卷制或冲压封头时,很容易出现离层。筒体卷制时的离层是对接端部预成型不到位,校圆时纵焊缝处变形量较大造成的。钛-钢复合板封头只能热冲压成型,不可冷旋压成型,即使是热冲压成型封头,也很容易造成边缘局部离层。

5.1 离层修复

(1)在离层边缘加铆钉(见图13)。将基层与覆层离层处压紧贴合,钻孔并攻丝(见图14),拧紧螺钉填丝塞焊。

(2)用银钎焊封边。打磨处理干净后,用银钎焊封边。银钎焊强度低,可作为临时性的工艺措施。

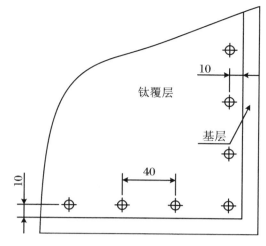

图 13　局部离层部位铆钉布置图

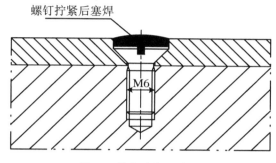

图 14　铆钉塞焊示意图

5.2　防离层措施

（1）起边后在覆层直角处做 15×45˚的切角（见图 15）。

（2）筒体卷制先预成型压头，符合样板的曲率后再进行卷制。

（3）将纵缝基层内侧磨平，镶好钛垫板并点固焊后再校圆。

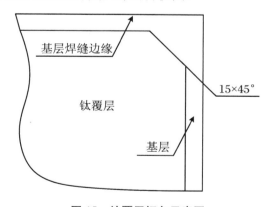

图 15　钛覆层切角示意图

6　检验

6.1　外观检验

钛焊缝表面成型应均匀、致密、与母材平滑过渡，不得有咬边、裂纹、未熔合、气孔、夹钨、弧坑等缺陷，以及深度≥0.5 mm 的划伤。

6.2 表面颜色[6]

钛焊缝和热影响区表面的颜色应为银白色。如因氧化而呈淡黄色或淡蓝色是允许的。焊接区表面呈深黄色、深蓝色或紫花色,若位于层间焊道表面则必须清除;若在焊缝表面,则要视该焊缝部位受力情况决定是否需要去除重焊。若焊接区表面呈灰白色或出现白色粉状物,则必须进行去除重焊。

6.3 渗透检测

钛覆层焊接接头、钛螺钉塞焊缝应进行 100% PT 检测,不低于 NB/T 47013.5—2015 的 I 级合格。

6.4 气密检验

钛覆层焊接接头应进行 0.1 MPa 气密检漏。

6.5 铁离子检查

检查前,被检表面用丙酮或酒精擦净。检查时,在受检表面滴上检查液,若检查液呈橙色(溶液本色),表明钛无污染。若检查液呈蓝色,说明钛面有铁污染,则该表面要重新擦洗,直至检查液呈橙色为止。

7 结论

钛材是在高温下易氧化的贵重金属,对清洁度和焊接保护要求高,有一定的焊接难度,要求焊接时务必做到"干净保护",即使是全钛制容器也需要有经验的专业厂家才能做得好。与全钛制容器相比,钛-钢复合板容器焊接结构复杂,焊接保护难度更大,所需专业性更强,即使是专业的制造厂也需高度重视,精工细作,才能制造出质量可靠的产品。

参 考 文 献

[1] 黄嘉琥,应道宴.钛制化工设备[M].北京:化学工业出版社,2002.
[2] 国家经济贸易委员会.钛制焊接容器:JB/T 4745—2002[S].昆明:云南科技出版社,2003.
[3] 国家能源局.压力容器用爆炸焊接复合板 第3部分:钛-钢复合板:NB/T 47002.3—2009[S].北京:新华出版社,2009.
[4] 中华人民共和国质量监督检验检疫总局,中国国家标准化管理委员会.压力容器 第2部分:材料:GB 150.2—2011[S].北京:中国标准出版社,2012.
[5] 周振丰,张文钺.焊接冶金与金属焊接性[M].2版.北京:机械工业出版社,1988.
[6] 国家技术监督局.钛及钛合金复合钢板焊接技术条件:GB/T 13149—91[S].北京:中国标准出版社,1991.

 作 者 简 介

邢卓(1968—),男,汉族,高级工程师,从事膨胀节和压力容器焊接工作。通信地址:沈阳市浑南区浑南东路 49 - 29 号沈阳仪表科学研究院有限公司。E-mail:xingzhuo0802@sina.com。

镍基合金 N06690 高温压力管道现场安装焊接工艺

邢卓

(沈阳仪表科学研究院有限公司,沈阳 110168)

摘要:在煤制甲醇生产工艺装置中,从加热炉到转化炉用于输送高温煤气与蒸汽混合气的管道设计材料为 N06690 镍基合金。管道由板材卷制,通过焊接在工厂预制成管段,现场安装时需要焊接环缝。由焊接性分析可知,镍基合金焊接时容易出现气孔和热裂纹或液化裂纹。干净和保护是焊好镍基合金的前提条件。焊前做好清洁处理可防止产生气孔;适当增加打底层熔敷金属厚度可防止产生首层焊道热裂纹;限制焊接热输入可防止产生液化裂纹。在现场焊接过程中,尤其需要采取有效措施做好焊接保护,防止高温焊接接头的氧化。

关键词:镍基合金;N06690;高温压力管道;现场安装;焊接

Welding of Inconel 690 for High-temperature Pressure Pipeline Field Installation

Xing Zhuo

(Shenyang Academy of Instrumentation Science Co. ,Ltd. ,Shenyang 110168)

Abstract:In the coal-to-methanol production process unit, the design material designed for the pipeline from the heating furnace to the reformer used to transport the mixture of high-temperature coal gas and steam was N06690 nickel-based alloy. The pipe was made of sheet and prefabricated in the factory by welding. Circumferential welds need to be welded on site. According to the weldability analysis, the nickel base alloy was prone to porosity and thermal crack or liquation crack. Cleanliness and protection were the prerequisites for welding of nickel-based alloys. Cleaning treatment before welding can prevent the occurrence of porosity. The thermal crack of the first weld bead can be prevented by increasing the thickness of the deposited metal. Limiting welding heat input can prevent liquation crack. In the field welding, it was necessary to protect the welding joints from oxidation at high temperature.

Keywords:nickel-base alloy;N06690;high-temperature pressure pipeline;field installation;welding

1 引言

中煤能源某煤化工公司建设一套年产 25 万吨甲醇生产装置。甲醇部分氧化装置的管道、管件、法兰及阀门等用特殊材料 N06690 或 N06600 镍基合金制造。部分氧化装置采用蒸汽催化部分氧化技术将净化气中的烃类气体转化为氢气、一氧化碳和二氧化碳。其中,特殊材料 N06690 合金用于加热炉至转化炉的管道,介质为温度 550 ℃,压力 2.1 MPa 的净化煤气和蒸汽的混合气。N06690 合金管道规格有两种:Ø508 mm×12 mm 和 Ø406 mm×9 mm。

N06690 合金常见用于核电工程中,如核岛压水堆蒸汽发生器换热管,用于煤气化装置的高温高压输气管道在国内未见报道。

2 材料概述

2.1 材料来源

卷制管道的板材从德国蒂森克虏伯 VDM(ThyssenKrupp VDM)公司进口,商业牌号为 Nicrofer© 6030(这种合金的研发公司是美国特种合金公司(SMC),商业牌号为 Inconel© 690),符合 ASME SB-168 UNS N06690 板材标准,热轧板固溶处理态。

2.2 材料特性

N06690 合金(W. Nr. 2.4642)是一种 Ni-Cr-Fe 镍基合金(标称成分 58Ni-29Cr-9Fe-0.03C),在成分上的特点是高铬,在性能上耐多种介质腐蚀和抗高温氧化,赋予其既耐蚀又耐热的双重属性。高铬使其具有优异的抗氧化性酸腐蚀和抗高温氧化,尤其适用于高温下硫的侵蚀;高镍使其能够抵抗氯化物溶液和氢氧化钠溶液的应力腐蚀开裂。除耐蚀、耐热外,N06690 合金在较宽的温度范围内具有较高的强度,具有良好的冶金热稳定性,使其易于冷热成型和焊接。

N06690 合金在核岛的一次回路中具有优异的抗应力腐蚀开裂性能。在高温高压纯水、含氯化物溶液和氢氧化钠溶液中,N06690 合金具有比 N06600 合金(标称成分 72Ni-15Cr-8Fe-0.08C)、N08800 合金(标称成分 33Ni-42Fe-21Cr-0.05C)和奥氏体不锈钢 S31603(标称成分 12Ni-16Cr-2Mo-16Fe-0.03C)等更强的抗应力腐蚀开裂能力;在高温含硫环境中,也具有比 N06600 合金和 N08800 合金更强的抗氧化硫化能力。

2.3 材料应用

N06690 既是耐蚀合金,又是耐热合金,作为核岛压水堆蒸汽发生器换热管使用时,具有比 N06600 合金更好的抗应力腐蚀开裂能力,这是 N06690 合金的典型应用和典型特性。

在耐蚀性方面,N06690 合金适用于硝酸或硝酸与氢氟酸混合酸的各种应用,如用于硝酸生产的尾气再热器以及用于不锈钢酸洗和核燃料回收处理的硝酸与氢氟酸混合酸的加热盘管和容器。在高温水中 N06690 合金腐蚀率低,抗应力腐蚀开裂性能优异。因此,N06690 合金被广泛应用于蒸汽发生器换热管、管板和核能发电部件。

在耐高温方面,N06690 合金对高温状态下含硫气体的耐受性使其成为煤气化装置、处理硫酸的燃烧器和管道、石化处理炉、焚烧炉和放射性废物处理玻璃化设备等应用的理想材料。

2.4 化学成分

在典型的 Ni-Cr-Fe 合金 N06600 的化学成分的基础上,将铬含量增加到 30%,碳含量降至 0.05% 以下,这就是 N06690 合金,其化学成分见表 1。

表 1 N06690 板材(ASME SB-168)(12 mm)化学成分(wt%)

项目	Ni	Cr	Fe	Mn	C	Cu	Si	S
标准值	≥58.0	27.0~31.0	7.0~11.0	≤0.50	≤0.05	≤0.05	≤0.50	≤0.015
实际值	60.9	28.9	9.1	0.20	0.02	0.01	0.20	0.002

N06690 合金的成分特点是铬含量高,是镍基合金中铬含量最高的合金之一(与 Hastelloy© G-30 相当)。铬对合金的耐蚀性与不锈钢的作用原理相同,铬含量愈高,合金的耐氧化性介质腐蚀、抗高温氧化硫化等性能愈好。增加铬含量可降低 N06690 合金在含有氯离子和氧的高温水中的应力腐蚀开裂的敏感性。镍可减小 N06690 合金在碱液中的应力腐蚀开裂敏感性。N06690 合金碳含量降至 0.03% 以下后,冶金热稳定性提高,中温敏化倾向性更小,耐晶间腐蚀的能力更强。

2.5 物理性能

表 2 列出了 N06690 合金的主要物理常数。[1]这些物理常数都是在退火后的试样上进行测试获得的。

表 2 N06690 合金物理常数

密度 (g/cm^3)	熔点(℃)	线胀系数 (25～100 ℃) ($\mu m/(m \cdot ℃)$)	热导率 (100 ℃) ($w/(m \cdot ℃)$)	比热容 (25 ℃) ($J/(kg \cdot ℃)$)	电阻率 (25 ℃) ($\mu\Omega \cdot m$)	杨氏弹性模量 (20 ℃) (GPa)	泊松比 μ (21 ℃)
8.19	1345～1375	14.06	13.5	450	1.148	211	0.30

2.6 力学性能

在室温和高温下,N06690 合金表现出高的屈服强度和抗拉强度以及良好的延展性。在高温下该合金具有良好的蠕变断裂强度。

2.6.1 室温力学性能

N06690 合金在固溶状态下具有中等屈服强度 240～345 MPa,较高延伸率 55%～35%,使合金易于冷热成型。供应的板材力学性能见表 3。N06690 的力学性能高于普通奥氏体不锈钢 S30408(ASME SA-240 标准值 $R_m \geqslant 515$ MPa,$R_{p0.2} \geqslant 205$ MPa,$A_{50} \geqslant 40\%$)和 N06600(ASME SB-168 标准值 $R_m \geqslant 550$ MPa,$R_{p0.2} \geqslant 240$ MPa,$A_{50} \geqslant 30\%$),具有良好的强度与塑性韧性配合。

表 3 N06690 板材室温力学性能(ASME SB-168 固溶状态)

性能项目	抗拉强度 R_m(MPa)	屈服强度 $R_{p0.2}$(MPa)	延伸率 A_{50}(%)
标准值	$\geqslant 586$	$\geqslant 240$	$\geqslant 30$
实际值(12 mm)	657	281	52

2.6.2 高温力学性能

高温下的力学性能见表 4。[2]在管道运行的 550 ℃温度下,抗拉强度达到 470 MPa,具有中等强度。

表 4 N06690 典型短时不同温度下的力学性能

温度 (℃)	抗拉强度 R_m(MPa)	屈服强度 $R_{p0.2}$(MPa)	延伸率 A_5(%)
100	580	260	45
200	550	220	45
300	520	200	45
400	500	180	45
500	490	170	45
600	470	160	45

在高温下,N06690 合金保持了相当高的抗拉强度,温度超过 1000 ℉(540 ℃)才会产生明显的强度下降(见图 1[1])。

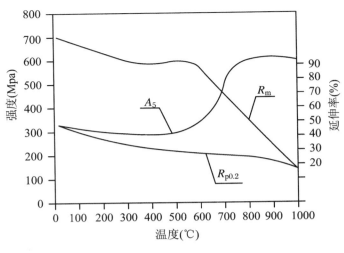

图 1　N06690 合金高温拉伸曲线图

N06690 合金具有良好的抗蠕变断裂强度,这为高温下延长使用寿命提供了保障。550 ℃温度下,抗蠕变强度不低于 100 MPa(10^4 h)。[2]

2.7　冶金热稳定性

N06690 是一种固溶奥氏体合金,具有很高的冶金稳定性。在临界中等温度(560～760 ℃)暴露 12000 小时或更长时间后,没有发现 sigma 相(σ 相)等金属间脆化相的析出。但由于该合金对碳的溶解度低,通常会在其微观组织结构中析出铬的碳化物($M_{23}C_6$),析出量随合金的碳含量和热经历的温度和时间而变化。表 5[1] 显示,长时间在高温下暴露,N06690 合金的室温拉伸强度和冲击韧性没有明显变化。这是由于 N06690 合金的碳含量低,抗敏化能力强。

表 5　中温敏化对 N06690 室温下力学性能的影响

敏化温度 (℃)	敏化时间 (h)	屈服强度 $R_{p0.2}$(MPa)	抗拉强度 R_m(MPa)	延伸率 A_5(%)	冲击韧性 A_k(J)
未敏化	—	283	714	48	190
565	1000	334	727	45	156
	4000	324	724	45	171
	12000	314	727	44	164
650	1000	323	727	46	198
	4000	334	731	54	179
	12000	318	748	41	172
760	1000	345	738	44	214
	4000	306	714	44	201
	12000	321	714	46	184

注:N06690 敏化处理前是软化退火状态。

2.8　抗氧化硫化

N06690 在高温气体环境下具有良好的抗氧化和抗硫化能力。

图 2[1] 显示的是在 1800 ℉(980 ℃)下对涂有硫酸钠的试样在空气中进行 15 分钟加热、5 分钟冷却周期性循环氧化能力的试验结果。在整个试验期间,每隔 65 小时用硫酸钠重新涂抹试样。

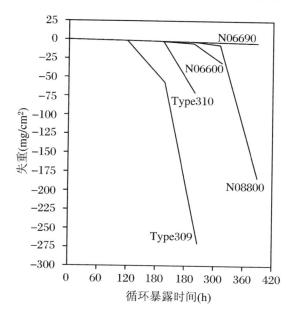

图 2　N06690 合金抗高温氧化曲线图

可见，N06690 合金的抗氧化能力强于 N08800 和 N06600。

表 6 是 N06690 合金在具有氧化性和还原性的硫化气氛中的腐蚀速率。[3] 可见，N06690 合金的抗硫化能力比 N06600 强。

表 6　N06690 在 727 ℃硫化气氛下的腐蚀速率

合金牌号	1.5% H₂S/3% O₂/36.5% H₂/59% Ar		1.5% H₂S/98.5% H₂	
	（mpy）	（mm/a）	（mpy）	（mm/a）
N08800	55	1.4	724	18.4
SS 310	71	1.8	709	18.0
N06690	91	2.3	1366	34.7
N06625	228	5.8	744	18.9
N06600	1453	36.9	1413	35.9

注：① 试样为圆棒形试样，腐蚀速率来源于完全去除氧化皮的试样失重，试验持续时间为 96 小时。
　　② 腐蚀速率单位 1 mpy(mil per year，英丝/年)＝0.0254 mm/a(millimeter per annum，毫米/年)。

2.9　成形性能

N06690 合金制容器或管道很容易由高镍合金的传统工艺制造，在大多数操作中，表现出与 N06600 合金相似的特性，易于冷热成型和焊接。

2.9.1　热成型[1]

N06690 合金的重度热成型温度范围为 1900～2250 ℉(1040～1230 ℃)，轻度热成型温度可以下降到 1600 ℉(870 ℃)。热成型后应水冷或快速空冷。加热时，工件应在炉温达到热成型温度上限时入熔炉，当炉温恢复后保温。保温时间到，应立即取出，并在上述温度范围内成型。当金属温度低于热成型温度下限时，则必须重新加热。在热成型后应进行固溶处理，以获得最佳力学性能和恢复最大的耐蚀性。在任何热处理前和热处理过程中工件必须保持干净，不能有任何污染物。如果在硫、磷、铅和其他低熔点金属等污染物的存在下加热，合金可能会变脆。

2.9.2　冷成型

冷成型的材料应该是退火状态的。N06690 合金冷成型具有加工硬化现象，硬化率高于 N06600，低于奥氏体不锈钢 S30408。[1]在冷成型变形量大的情况下,需要阶段性退火。冷成型变形率超过 10%[2]时,材料使用前需进行软化或固溶退火。图 3 对比了 N06690 合金和其他材料的加工硬化率。[1]

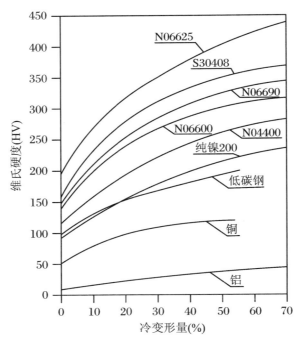

图 3　几种材料加工硬化率对比图

2.10　退火处理

　　N06690 作为一种固溶合金,不能通过热处理强化,可通过冷变型强化。这种合金通常在退火状态下使用,退火温度通常为 1900 ℉(1040 ℃)。

　　N06690 合金的软退火应在 1020～1070 ℃(1870～1960 ℉)的温度范围内进行。[2]为了提高蠕变强度,在 1080～1150 ℃(1980～2100 ℉)[2]条件下进行固溶退火。厚度在 1.5 mm 以上推荐水淬或快速空冷,这对于获得最大抗腐蚀性至关重要。对于任何热处理,材料应在热处理温度上限入炉。

　　退火温度越高,晶粒长得越大,材料变得越软,强度下降。

3　焊接性分析

　　镍基合金绝大多数为奥氏体金相组织,其焊接性与奥氏体不锈钢相似,具有良好的可焊性,也易产生气孔和热裂纹。通常焊前不需要预热,焊后不需要热处理。

3.1　气孔[3]

　　镍基合金固-液相的温度间距小,流动性偏低,在焊接快速冷却凝固结晶的条件下,一些气相组分在固相中的溶解度要远低于液相,气相来不及析出便在焊缝金属中形成气孔。镍基合金的焊接比碳钢和低合金钢焊接更容易形成气孔,尤其是在氧化性气氛中焊接,产生气孔的概率更大。镍基合金的焊缝金属在高温下会与氧反应形成 NiO,冷却过程中又与溶于金属中的氢反应生成水蒸气,水蒸气与溶于金属中的碳反应生成一氧化碳(CO),在结晶时这些气体往往来不及逸出而形成气孔。尤其是在镍基合金和碳钢进行异种金属焊接时,由于碳钢中的碳含量往往较高,产生的一氧化碳量较多,形成气孔的敏感性更大。另外,在还原性气氛中焊接,也可能由氢气产生气孔。工件表面的氧化膜、水分、有机物等均利于产生氢气孔。焊缝金属中的锰、钛、铝等元素可起到脱氧作用,防止产生气孔。

　　为了防止气孔的产生,必须消除产生气体的来源,在施焊前必须清除坡口及近缝区的氧化物、各种涂料、油污等。焊前镍基合金焊件上除应去除水分、有机物、氧化物外,还应特别注意表面不可残留含硫与含铅物质,以免焊接接头因镍与硫或铅作用产生脆性。

3.2 热裂纹[3]

镍基合金焊接产生冷裂纹的可能性很小,而是容易产生热裂纹和液化裂纹。镍和 S、P 及 NiO 等都能形成低熔点共晶,镍基合金焊缝金属凝固时常形成粗大的树枝状奥氏体结晶,低熔点杂质更易集中于晶界,在晶粒凝固收缩应力和焊接应力的作用下,未完全凝固的晶界低熔点物质很容易被拉开形成热裂纹。焊接材料中的硫含量对热裂纹形成的敏感性起到关键性作用。一般镍基合金的焊丝中硫含量应低于 0.01% ～ 0.03%。镍基合金中含有的钛、铌、铝等可在焊缝中起到变质剂的作用,能细化晶粒并打乱枝晶方向。低熔点共晶是引发镍基合金单相奥氏体焊缝热裂纹的主要原因。S、P、Pb、Zn 等是形成低熔点共晶的主要元素。因此,在焊接过程中必须严格限制有害杂质的侵入,避免或减少低熔点共晶的生成。为此,在焊接前,必须对母材和焊丝进行严格脱脂和去除氧化膜,防止有害元素熔入焊缝。

当焊接线能量过大时,由于输入热量大,焊缝热影响区晶界上的低熔点共晶就会熔化而形成液化裂纹。因此,焊接镍基合金时应选用比较低的线能量。

焊接打底层出现热裂纹是由于填充的焊缝金属较少,在收缩应力下不能及时补充焊缝金属的收缩量。因此,焊接打底层时应熔敷较厚的焊缝金属。

由于填充丝添加了增强抗裂性和控制气孔的元素,因此要求焊缝金属中至少含有 50% 的填充金属。

3.3 预热和焊后热处理

镍基合金的焊接一般不需要预热,但当母材温度低于 5 ℃时,应对焊接接头两侧 50～100 mm 宽的区域加热到 15 ℃以上,以免湿气冷凝导致焊接气孔。

镍合金焊后一般不需要进行退火处理。镍合金在许多腐蚀介质条件下都具有应力腐蚀敏感性,由于容器组焊后进行整台设备的消除应力退火处理较困难,而且消除应力退火处理的温度常与敏化温度重叠,使镍基合金容器增大了晶间腐蚀敏性,因此镍基合金容器一般不采用焊后消除应力退火处理的方法去解决应力腐蚀问题。

4 焊接条件

4.1 焊接环境

镍基合金要求在洁净厂房内焊接,车间内应洁净、干燥、无尘、无烟、无风,环境温度应在 5 ℃以上。尤其应与钢铁作业区隔离,不能在含铁的灰尘中施焊。

野外现场安装应符合下列要求:① 焊接的环境温度应能保证焊接所需的温度(5 ℃以上)和焊工技能不受影响;② 钨极氩弧焊时的风速不应超过 2 m/s,超过规定时,应有防风设施;③ 焊接电弧 1 m 范围内的相对湿度不得大于 90%;④ 当焊件表面潮湿或在下雨刮风期间,焊工及焊件无保护措施时,禁止焊接。

4.2 焊接设备及工具

要求焊机有输出直流功能,钨极氩弧焊时直流正接(工件接阳极),有高频起弧和收弧电流衰减功能。焊条电弧焊时直流反接(工件接阴极)。

与镍基合金接触的工具都应该是非碳钢的,不锈钢或铜制的,如钢丝刷、锤子、撬杠等。这些工具应是专用的,没有与碳钢材料接触过的。

4.3 焊工资质

现场组焊时,钨极氩弧焊打底时必须是单面焊双面成型,然后是焊条电弧焊填充和罩面,要求焊工操作技术过硬,并且持有《特种设备作业人员证》,要求按 TSG Z6002—2010《特种设备焊接操作人员考核细则》考取。焊工操作技能考试项目代号可为 GTAW-NiⅢ-6G-3/60-NifS3-02/10/12 和 SMAW-NiⅢ-6G(K)-3/60-Nif3 两项,管状试件,全位置焊。钨极氩弧焊项目为无衬垫的单面焊,并加背保护;焊条电弧焊可带衬垫。

5 焊接材料

焊接材料有 3 种选择方案[1]:

(1) 在核电工程中应选用 AWS A5.14 ERNiCrFe-7 焊丝和 AWS A5.11 ENiCrFe-7 焊条,这种焊材的熔敷金属的化学成分与 N06690 合金相同,可以保证焊缝在受到核辐射的纯水环境中抵抗应力腐蚀开裂的能力或在含硫高温气体中抵抗氧化硫化的能力。

(2) 当 N06690 合金与异种钢,如与碳钢、不锈钢、N08800 焊接时,应选用 AWS A5.14 ERNiCr-3 焊丝和 AWS A5.11 ENiCrFe-3 焊条。

(3) 若 N06690 合金用于高腐蚀性水溶性介质,尤其是用于酸洗的氢氟酸和硝酸的混合酸时,应选用 AWS A5.14 ERNiCrMo-3 焊丝和 AWS A5.11 ENiCrMo-3 焊条。

根据管道应用的高温含硫气体环境,这里选用伯乐蒂森公司(Böhler Thyssen)UTP 品牌的核电专用焊材 AWS A5.14:ERNiCrFe-7(Ø2.4 mm,商业牌号 UTP A6229,ASME UNS N06052,欧盟标准 EN ISO 18274-S Ni 6052(NiCr30Fe9))焊丝和 AWS A5.11:ENiCrFe-7(Ø3.2 mm,商业牌号 UTP 6229Mn,ASME UNS W86152,欧盟标准 EN ISO 14172-E Ni 6152(NiCr30Fe9Nb))焊条。焊材化学成分见表 7。

焊条 ENiCrFe-7 在使用前需经 250～300 ℃/2～3 h 的烘干。

表 7 N06690 所选焊材化学成分(wt%)

焊材	项目	C	Mn	Fe	P	S	Si	Cu	Ni	Al	Ti	Cr	Nb+Ta	Mo
AWS A5.14 ERNiCr Fe-7	标准值	0.04	1.0	7.0～11.0	0.02	0.015	0.50	0.30	Rem	1.10	1.0	28.0～31.5	0.10	0.50
	实际值	0.006	0.29	8.75	0.003	0.001	0.21	0.003	59.40	0.724	0.382	29.58	0.03	0.01
AWS A5.11 ENiCr Fe-7	标准值	0.05	5.0	7.0～12.0	0.03	0.015	0.75	0.50	Rem	0.50	0.08	28.0～31.5	1.0～2.5	0.50
	实际值	0.022	3.76	8.11	0.003	0.002	0.50	0.01	54.60	0.139	0.08	28.60	1.61	0.02

注:标准值中的单值为最大值。

6 焊接工艺

N06690 合金具有良好的可焊性。应在软化退火或固溶状态下进行焊接。

6.1 焊接方法

钨极氩弧焊和焊条电弧焊是焊接镍基合金最常用的焊接方法。工厂预制的管道全部采用钨极氩弧焊接,现场安装的管道采用氩-电联焊(钨极氩弧焊打底,之后是焊条电弧焊)。

6.2 坡口型式

镍基合金焊接熔池液态金属比不锈钢的黏稠,流动性差,不容易润湿展开,熔深浅,为了根部焊透和防止坡口边缘未熔合的产生,坡口角度应大一些(宜 60°～70°),钝边的厚度要薄一些(≤1.0 mm),根部间隙大一些(不小于焊丝直径 Ø2.4 mm)。

管道的板厚为 9 mm 和 12 mm,采用 V 型坡口,坡口角度 60°,钝边 1 mm,组对间隙 2.5 mm。工厂预留的环焊缝坡口是刨边机加工的,当现场安装配管时,用等离子将管子切断后,以砂轮打磨的方式加工坡口,坡口面必须打磨光亮,尤其应关注坡口根部钝边处,要完全去除热影响区。为了不出现过热的表面应间歇式打磨。

6.3 焊前清理

焊前清理是成功焊接镍基合金的前提条件。主要是清理表面氧化皮、形成低熔点共晶元素和脆化元素。清除氧化皮的目的是防止形成夹渣。由于镍的氧化膜(NiO)熔点(2090 ℃)比镍基合金本身的熔点(1345～1375 ℃)高很多,当合金被熔化时,氧化镍还远远没有达到它的熔点,掺杂在熔池中就会形成夹杂。清除形成低熔点共晶元素的目的是防止生成热裂纹。清除脆化元素 S、Pb 是为了防止材料脆化。

因此,保持洁净对镍基合金的焊接至关重要,母材表面和焊丝表面必须清洁,焊前去除氧化膜和油污。

清理过程是将坡口及两侧 25 mm 范围内打磨光亮去除氧化膜,再用丙酮擦拭去除油污和灰尘。打磨用不锈钢丝刷。焊丝用丙酮擦拭后装入干净的焊丝筒。

6.4 焊接保护

钨极氩弧焊的氩气保护至关重要。保护效果取决于氩气纯度和保护装置的有效性。

焊接保护分 3 个方面:第一,无论在地上还是空中组焊均需搭围挡或平台防风。第二,焊接环缝时需在管道内设置焊道的背保护工装形成气室保护,如图 4 所示。环缝外侧贴纸密封,边揭边焊。不仅在打底层需要背保护,焊接第二层时也不要撤除背保护工装,只有在多层焊后,背面不氧化了,才可以撤除背保护工装。第三,焊接过程中熔池和焊丝热端要始终处在焊枪喷嘴的氩气保护之下,停弧时,焊枪喷嘴不要立即离开被保护的熔池,焊丝热端也不要立即离开喷嘴的氩气保护区,应停留 3～5 s,以焊道表面无氧化色为准。

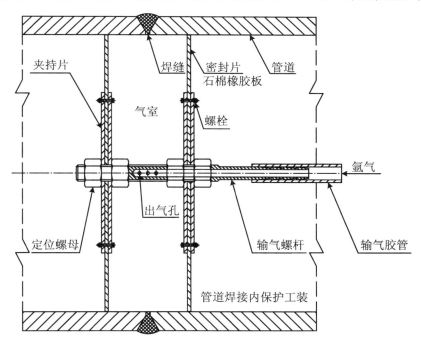

图 4 管道环缝焊接内保护工装简图

由于镍基合金的氧化性倾向远没有钛材强烈,因此,在《镍制压力容器焊接规程》(NB/T 47015—2011)和《镍及镍合金制压力容器》(JB/T 4756—2006)中无焊后氧化色检验要求,焊接镍基合金时不一定需要像焊钛材那样加尾部保护气体,由焊枪喷嘴保护就可以达到焊道表面颜色要求。为了获得好的保护效果,应选用大直径的喷嘴扩大保护范围。

保护的效果可以用焊道表面颜色判定,银白色最佳,淡黄色较好,有光泽的浅蓝色合格。打底焊道的背部和每一层的焊道表面都应是合格的。

现场焊接应先检验氩气的纯度,保护用氩气露点不应高于－50 ℃,纯度要求达到99.99%。

焊后趁热立即用不锈钢丝刷刷除表面氧化色泽,通常可产生理想的表面状态,不需要额外的酸洗。

6.5 焊接工艺参数

镍基合金的焊接熔池液态金属流动性差,熔深较浅,这是镍合金的固有特性,增大焊接电流也不能改进熔池液态金属流动性和增加熔深。由于镍基合金的导热性较差,大电流焊接焊缝和热影区不仅容易过热造成晶粒粗大,增大热裂纹敏感性,而且会使焊缝金属中的脱氧剂 Ti、Mn、Nb 蒸发,导致焊缝出现气孔。

基于镍基合金的上述特点,应严格限制焊接线能量,即尽量降低焊接电流或提高焊接速度,采用小直径焊丝多层多道不摆动直进焊。每一层的焊接线能量不应超过 15 kJ/cm,层间温度不超过 90 ℃。

在能成型和熔合好的前提下,钨极氩弧焊的焊接电流应尽量小,Ø2.4 mm 的焊丝电流应控制在140～160 A 的区间内。由焊接工艺评定确定的焊接工艺参数见表8。

不允许局部加热组对。定位焊在坡口内,间距150～200 mm,焊点长 15～20 mm。钨极氩弧定位焊时,背面需加氩气保护。

表8　焊接工艺参数

焊接方法	焊材及规格 （mm）	电流种类及极性	焊接电流 （A）	电弧电压 （V）	焊接速度 （mm/min）
钨极氩弧焊	ERNiCrFe-7 Ø2.4	直流正接	140～160	12～14	90～120
焊条电弧焊	ENiCrFe-7 Ø3.2	直流反接	90～100	26～30	130～160

注:钨极氩弧焊,钨极 WC20,Ø3.0 mm;喷嘴直径 Ø18 mm(内径);喷嘴氩气流量 12 L/min;背保护氩气流量 14 L/min。

钨极氩弧打底焊的第一层,熔敷金属可厚一些(厚度 3 mm 左右),可防在焊道中心出现结晶裂纹。之后以焊条电弧焊填充和罩面,每层熔敷金属厚度以不超过 2 mm 为宜。

7　焊接工艺评定

7.1　评定标准

在管道焊接前按《承压设备焊接工艺评定》(NB/T 47014—2011)进行焊接工艺评定,检验焊接接头的力学性能和弯曲性能。

7.2　母材和焊材归类报告

由于母材和焊材均从国外进口,符合国外材料标准,不符合国内材料标准,因此不能直接按 NB/T 47014—2011 进行焊接工艺评定,需要建立母材和焊材归类报告,将其纳入国内材料标准体系。通过对 N06690 合金的化学成分和力学性能的对比,焊接性分析以及国内应用业绩,确认其与 NB/T 47014—2011 表 1 内的 NS 315(GB/T 15008)相当,将其纳入 NS 315 所在的母材类别"Ni-3"中。

通过同样的分析,焊条 ENiCrFe-7 与 NB/T 47014—2011 表 2 内的 ENi6152(GB/T 13814)相当,将其纳入 ENi6152 所在的镍铬铁合金焊材类别"NiT-3"中;焊丝 ERNiCrFe-7 与 NB/T 47014—2011 表 2 内的 SNi6052(GB/T 15620)相当,将其纳入 SNi6052 所在的镍铬铁合金焊材类别"Ni-3"中。

7.3　评定参数记录

选 12 mm 厚的板材做焊接工艺评定,坡口形式和焊接层次见图5。

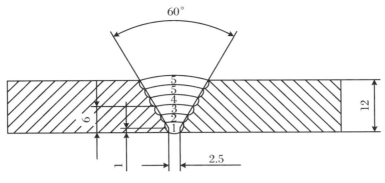

图 5 坡口形式和焊接层次图

钨极氩弧焊打底 3 层,焊丝 ERNiCrFe-7/Ø 2.4,直流正接,电流 155 A,电压 14 V,速度分别为122 mm/min,108 mm/min,96 mm/min,焊缝金属厚度为 6 mm;之后焊条电弧焊三层,焊条 ENiCrFe-7/Ø3.2,直流反接,电流 100 A,电压 28 V,速度分别为 160 mm/min,135 mm/min,127 mm/min,焊缝金属厚度为6 mm。这样覆盖焊件母材厚度为5~24 mm,包含了 9 mm 的壁厚管道。钨极氩弧焊和焊条电弧焊覆盖焊缝金属厚度均达 12 mm,为采用单一的焊接方法焊接和返修焊接创造了条件。

7.4 评定结果

两支拉伸试样塑断于焊缝,一支 649 MPa,另一支 657 MPa,4 支弯曲试样均完好无开裂,满足要求。

8 焊接检验

焊缝表面不得有表面裂纹、表面气孔、弧坑、未填满等缺陷,焊缝与母材应圆滑过渡,不得存在咬边。对接焊缝余高应控制在 0.5 mm~1.0 mm。

对焊接接头进行 100% RT 检测,不低于 II 级合格。

9 结论

管道采用 N06690 合金制造,满足了煤制甲醇工艺过程中的高温混合气体对材料力学性能和抗氧化硫化性能的要求。采取规范的焊接工艺参数,注重焊前清洁和焊中保护是可以获得优质焊接接头的。该管道已投入使用,运行状态良好。

参 考 文 献

[1] SMC-079 Inconel© alloy 690[Z].October 2003 ed. Special Metals Corporation.
[2] No. 4038 Nicrofer© 6030 – alloys 690[Z]. November 2006 ed. ThyssenKrupp VDM.
[3] 全国锅炉压力容器标准化技术委员会.镍及镍合金制压力容器标准释义:JB/T 4756—2006[S].北京:新华出版社,2006.

作 者 简 介 ●

邢卓(1968—),男,汉族,高级工程师,从事膨胀节和压力容器焊接工作。通信地址:沈阳市浑南区浑南东路 49 – 29 号沈阳仪表科学研究院有限公司。E-mail:xingzhuo0802@sina.com。

过热器滑动管板填料函密封失效分析及对策

陈孙艺[1]　吴为彪[1]　施耀诺[2]

(1. 茂名重力石化装备股份公司,茂名 525024;2. 中海油田服务股份有限公司,湛江 524057)

摘要:为了找到过热器滑动管板填料函密封失效的关键因素,在分析其密封特点后指出原设计存在的问题,建立简化的填料受力模型分析预紧受力和操作工况对密封的影响,包括高温工况、介质内压、滑动摩擦力和填料预紧压力、耐压试验压力作用下的详细分析。结果表明案例的密封设计本来应由预紧压力主导,失效的主要原因是圆筒体强度设计不足。管板填料函的密封设计是一项综合性很强的多因素交互设计,本文提出了合理的设计步骤和技术对策,分别总结了填料函密封设计的基本因素、关联因素、目标因素、校核因素和优化因素。

关键词:填料函;密封设计;过热器;失效分析

Failure Analysis and Countermeasures for Packing Box Seal of Slid Tubesheet on Superheater

Chen Sunyi[1], Wu Weibiao[1], Shi Yaonuo[2]

(1. The Challenge Petrochemical Machinery Corporation of Maoming, Maoming 525024; 2. China Oilfield Service Limited, Zhanjiang 524057)

Abstract: In order to find the key factor about the failure of packing box seal of slid tubesheet on superheater, some design questions were point out after analyzing its seal characteristics. The simply mechanical model was set up to analyze per-tightening of packing and sealing under operating situation. Analyzing in detail under all loads, include high temperature, medium pressure, per-tighten pressure, test pressure and slide frictional force. Result shows that seal design should be guild in per-tightening pressure, but the main reason of case failure is insufficient strength of cylinder. The seal design about packing box of slid tubesheet is interactive with multi-factors. Rational design procedure and technology countermeasures are put forward. Base factors, relational factors, objective factors, check factors and optimization factors for packing box seal are summarized.

Keywords: packing box; seal design; superheater; failure analysis

1 引言

苯乙烯装置脱氢反应器早期的乙苯-蒸汽过热器一般是图1的卧式,其管束的一端管板是图2的填料函式滑动结构。过热器长期在高温下操作,有报道称该管板明显变形,换热管泄漏[1],还有报道称蒸汽过热器的鞍座也变形,并对其进行热应力有限元分析[2],针对某装置苯乙烯单体收率偏低且能耗增大的原因分析,指出了换热器填料函设计、制作尺寸错误及美国专利技术的欠缺。[3]图1的过热器壳体规格 Ø2330 mm×30/25 mm,长达7575 mm,壳程进/出口操作温度为96.3 ℃/520 ℃,操作内压 p_s = 0.0083 MPa,管程进/出口操作温度为 600 ℃/280 ℃,操作内压 p_t = 0.0365 MPa,壳体材料为 SA-240 304H,管板材料为 SA-182 F304H,支承滑动管板段的壳体虽然采取加厚措施,仍出现壳体椭圆变形,造成滑动管板周边密封困难的现象。管板和圆筒体之间采用石墨填料进行密封,在 2010 年开始内漏,发现管板和圆筒体间隙增大,填料密封失效。2010 年和 2013 年大修中都更换了填料,但筒体的椭圆变形也更严重,形成上宽下窄,最大间隙处由原来的约 4 mm 扩大到 18 mm。

图 1 乙苯-蒸汽过热器

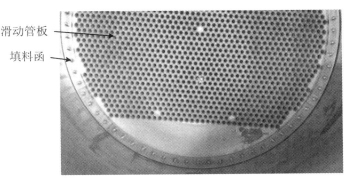

滑动管板

填料函

图 2 滑动管板填料函密封

调研发现,关于管板填料函密封设计的报道不多,业内对该管板属性的认识基本一致,一般都认为填料函式密封管板计算方法与浮头管板相同,把填料函式密封管板视为浮动式管板而且按照压差来设计计算。[4-6]虽然有专家认为填料函式换热器相当于一种特殊结构的固定管板换热器[7-8],但是并不是指其管板即固定管板,也不是说必须按照固定管板换热器的计算方法来设计,而是在借用相关方法的基础上实现对填料函密封管板周边设置合适的剪力和弯矩来实现填料函式换热器的管板设计,并且这里合适的剪力和弯矩指的就是两者都趋向于零,以这种替代性的方法弥补 CB/T 151—2014 标准中该类特殊结构管板设计的缺失。实际上,管板周边的剪力和弯矩与密封载荷有关,不便理想化处理。传统的填料函式换热器存在的主要不足是填料函耐压不高,介质会通过填料函外漏[9-10],工程上针对这一不足进行改进设计,使得密封结果更加复杂。[3,10,11]GB/T 151—2014 标准给出的适用公称直径不超过 DN 1500 mm,即便在适用范围内也无法根据该标准确定填料压紧力,无法确定填料函所有的结构尺寸。[12]实际上,管板按照压差设计的浮动填料函式高压换热器早有工程应用。[13]鉴于过热器管板的填料函式密封客观上存在失效现象而且已通过初步分析排除材料性能的影响,对其密封特性认识应建立在其他因素分析和基本技术对策的探讨上。

2 问题的认识及简化

(1)分析模型。建立图 3(a)的过热器滑动管板填料函下部结构模型,在图 3(a)的基础上建立图 3(b)的填料受力分析模型。图 3 模型存在如下简化:由于填料函径向尺寸较小,忽略了径向压应力沿着填料厚度内部的变化,视其径向均匀;忽略了管板自重及填料函间隙周向非均匀性的影响;忽略了设备自重和弯矩对壳体变形及密封结构的影响;忽略了该段壳体支座对密封结构非均匀性的影响;壳体是刚体,内压作用下壳体的变化暂时忽略;高温下填料函容积变化的影响暂不考虑。

填料在压环压紧作用下向内端移动,填料所受压紧力较大的外端靠近管程,压紧力较小的内端靠近壳程。胡国祯等关于旋转圆轴的密封填料装配压紧过程的受力分析,任取中间一段填料微元分析其受力,包括位置 x 处填料的轴向压紧应力 p_x 和 $p_x + dp_x$,径向压应力 p_r,填料与壳体及管板的摩擦力分别为 F_1,F_2。[14]

(2)密封原理。压紧填料的压盖施加在填料上的载荷,使填料产生弹性和塑性变形,在压紧过程中沿着轴向压缩的同时,也产生径向力,与管板外圆及壳体内壁紧密结合。压紧填料的压盖的压紧力与换热器管程介质的压力以及介质的渗透性等其他因素有关,通常的共识是所需压紧力应与介质压力成正比例关系。填料长度一般与介质压力成正比,压力高则所用的填料圈数就多些。在实际应用中,填料圈数过多,由于填料摩擦力、压紧填料的力不易传到内部深层的填料,填料函里面的几圈填料因压紧力不够,而不能很好地密封,反而增加了填料对管板的摩擦力,致使管束的热应力增大。因此,填料并不是越多越好,应结合经验通过计算判断。

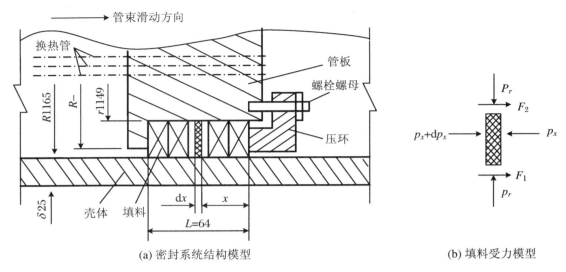

图3 管板填料函分析模型示意图

（3）主要特点。体现在以下四个方面：

一是与轴封填料函相比较存在如下差异：首先结构上的基本尺寸显著放大了，大尺寸零部件的精度和形位偏差都会对密封产生影响；其次功能上从轴类密封中构成密封函内侧密封面的高速转动轴的密封，变成管板密封函中外侧密封面的薄壳体的滑动密封；再者轴类密封函外侧密封面构件的径向尺寸与轴的尺寸相比较大，管板密封函中外侧密封面构件（壳壁）的径向尺寸与管板的径向尺寸相比较小；临界环境上从转轴的温升变成带压介质的高温；最后是两者的材料及其加工工艺的差异。针对阀门上阀杆与阀盖间填料密封的外漏，阀杆转动时需要提起闸板，阀杆既周向转动又轴向滑动，因此有别于高速转轴，也有别于填料函换热器滑动管板的密封。[15]

二是与非固定管板式换热器相比较存在如下差异：浮头换热器管束的热应力主要由构件重力引起的摩擦力阻碍管束的轴向膨胀而产生，与此相比，填料函式换热器管束的热应力起源多了一项滑动管板的填料函与壳壁间的摩擦力因素，摩擦力阻碍管束伸长而引起热应力。例如，浮头式热交换器管束管头及其壳程水压试验时，其工装设计通常也是填料函密封[16]，但是试压过程不考虑管束及其管板出现的滑动现象，因此有别于填料函换热器滑动管板的密封。

三是与管道连接处拥有旋转功能的填料函密封相比也存在一定的差异。

四是与大直径反应器内件或者大型储罐浮顶盖周边的填料函密封相比也存在结构均匀性和尺寸精度的差异。

（4）存在问题。填料函密封在轴封中应用就具有密封不稳定的缺点，拓展应用到换热器内管板或者管箱的密封时技术跨度较大，对该进口过热器的工程设计计算内容调研困难，没有公开报道，初步分析主要存在是否认识到位的问题：

第一，对操作工况的密封关注不够。既然壳体经过强度设计校核而运行后密封段存在明显的变形，可以推断导致壳体变形的载荷除了内压外，还包括壳体自身的温度载荷以及与其相连构件的相互作用，相连构件主体就是管板，管板应该也会受到壳体的反作用，因此，填料函管板周边的剪力和弯矩并非完全为零。

过热器长期在高温下运行，原来的设计对其中存在热应力的复杂性是否考虑足够，引起管板变形、支承鞍座变形、换热管泄漏、填料函泄漏等一系列失效的各种因素是否考虑全面，应该对过热器主体模型进行各种工况的热应力分析。

第二，由于两者之间存在填料的缓冲，作用力与反作用载荷不一定完全对等，考虑到该段壳体支承结构具有独特性，填料函中管板周边的受力较为复杂。

客观地说，该滑动管板的周边受力处于固定管板和浮动管板两种极端状况之间，但是倾向于后者，无论按固定管板设计还是按浮动管板设计似乎都有所不足。如果按固定管板设计，则理论计算管头和管板承受的推力较大，管板较厚；如果按浮动管板设计，则管头和管板承受的推力较小，管板可能偏薄。填料函本来是一种古老、简单的轴封结构,其主要尺寸为填料宽度和填料函深度,这两个尺寸许多专业都已标准化或者有推荐的经验公式,关于填料压紧力和摩擦力也有各种计算公式,不过各家的说法不一,出入较大。

第三,没有充分关注该密封结构的动态性,只认识到管板密封的轴向滑动,没有注意密封结构的径向变化,介质内压、填料函的径向压力、热致径向膨胀都会引起径向密封直径及间隙的变化。其实,结构的径向动态才是密封的主要因素,轴向动态也要转化为径向动态才会对密封产生影响。

第四,苯乙烯装置系统在低压高温工况运行,即便按最新的 TSG 21—2016 政府监察规程判断,该过热器也只属于一类容器,乙苯脱氢反应器甚至无法纳入容器类别(不接受监管),客观上削弱了技术人员的重视,表现在滑动管板的密封设计上显得粗放,耐压性和密封性检验只是简单套用 GB/T 150.3—2011 标准中以通用的放大系数乘以设计压力作为基本要求,没有详细分析结构高温变形对密封的不良影响。

3 填料预紧受力分析

3.1 装配填料所需要的压紧力

(1)填料轴向压紧力的计算式。根据图 3(b),沿轴向力的平衡方程为

$$F_1 + F_2 + \pi(R^2 - r^2)\mathrm{d}p_x = 0 \tag{1}$$

式中,$F_1 = 2\pi R\mu_1 p_r \mathrm{d}x$,$F_2 = 2\pi r\mu_2 p_r \mathrm{d}x$,再设填料与壳体及管板的轴向动摩擦系数分别为 μ_1,μ_2,且 $\mu_1 = \mu_2 = \mu$,另设侧压系数 K(不大于 1.0,按表 1 选取)使 $p_r = Kp_x$,代入式(1)整理得

$$-\frac{\mathrm{d}p_x}{p_x} = \frac{2K\mu}{R - r}\mathrm{d}x \tag{2}$$

式中,R 是填料函内径,即壳体内径(mm);r 是密封的轴径,即填料函的管板外径(mm)。

表 1   密封材料的侧压系数[14]

	浸润滑脂的填料	石棉编织浸渍	金属箔包石棉类	膨胀石墨
K	0.6~0.8	0.8~0.9	0.9~1.0	0.28~0.54

填料函满足密封要求时,在 $x = L$ 的填料内端径向压应力不得小于管束壳程设计内压,即 $p_y = p$,对式(2)两边积分,得

$$-\int_{p_x}^{p/K} \frac{\mathrm{d}p_x}{p_x} = \frac{2K\mu}{R - r}\int_x^L \mathrm{d}x \tag{3}$$

化简,得

$$\ln\frac{Kp_x}{p} = \frac{2K\mu}{R - r}(L - x) \tag{4}$$

密封结构内沿轴向任意长度上的轴向压紧应力 p_x:

$$p_x = \frac{1}{K}p \cdot e^{\frac{2k\mu(L-x)}{R-r}} \tag{5}$$

式中,p_x 的单位与 p 同,为 MPa。

(2)内端填料所需要的轴向压紧力。按照密封的最低要求,在填料函内端填料的轴向压紧应力 p_x 和径向压应力 p_r 最小,以石棉编织浸渍为填料时取 $K = 0.8$,把 $x = L$ 代入式(5),得

$$p_{x=L} = \frac{1}{K}p_s \approx 0.010(\mathrm{MPa}) \tag{6}$$

也就是说,将轴向压紧应力 p_x 乘以侧压系数则得到径向压紧应力 p_r,且径向压紧应力不能小于管束壳程设计内压 p_s 或者管程设计内压 p_t 中的较大者 $p = \max(p_s, p_t)$,才能起到密封作用。

(3)外端填料所需要的轴向压紧力。在填料函外端,填料与压环接触处的轴向压紧应力 p_x 和径向压应力最大,把 $x = 0$,填料函内径即管板外径 $r = 1.149$ mm,填料函外径即壳体内径 $R = 1.165$ mm,$L = 0.064$ m 及其他参数代入式(5),得

$$p_{x=0} = \frac{1}{K}p_t \cdot e^{\frac{2k\mu L}{R-r}} = \frac{1}{K}p_t \cdot e^{\frac{2\times0.8\times0.15\times0.064}{1.165-1.149}} \approx 0.118(\text{MPa}) \tag{7}$$

（4）外端填料所需要的轴向压紧力 $p_{x=0}$ 传递内端填料时降低为 $p'_{x=L}$，有

$$p'_{x=L} = p_{x=0} - \int_0^L F_1 \mathrm{d}x - \int_0^L F_2 \mathrm{d}x = \frac{2.6117}{K}p_t - 4\pi R\mu KL p'_{x=L} \tag{8}$$

移项整理得

$$p'_{x=L} = \frac{\dfrac{2.6117}{K}p_t}{1 + 4\pi R\mu KL} \tag{9}$$

如果要满足内端所需要的轴向压紧力 $p_{x=L}$ 的要求，即 $p'_{x=L} > p_{x=L}$，或

$$\frac{\dfrac{2.6117}{K}p_t}{1 + 4\pi R\mu KL} > \frac{1}{K}p_s \tag{10}$$

把有关数据代入式（10）化简得

$$p_t > 0.043p_s = 0.000357(\text{MPa}) \tag{11}$$

实际 $p_t = 0.118$ MPa>0.000357 MPa，因此满足密封要求。

3.2 预紧时压紧力的简化计算

式（5）计算过程略为复杂，所计算的压紧力是填料函内不同深度处的轴向压紧力，有学者提出了简化的压紧力计算式，这里引为基础并除以填料受压横截面积来换算出填料的轴向压紧应力。[17]首先是针对填料特性计算所需填料轴向压紧力：

$$p_1 = y = 15.2(\text{MPa}) \tag{12}$$

式中，y 是压紧应力，以柔性石墨做填料时其取值为 15.2 MPa。其次是针对介质内压计算使填料达到密封所需填料轴向压紧力：

$$p_2 = 3.0p = 3.0p_t = 0.1095(\text{MPa}) \tag{13}$$

式中，p 指的是计算压力。比较式（6）、（7）、（12）和（13）的结果，式（12）的最大，虽然针对填料特性所需平均压紧应力对密封的影响起到了绝对的控制作用，但是该数值与式（7）、（13）的计算结果差别太大。

4 操作工况对密封的影响

何红生认为，滑动管板与管程的温度基本一样，比壳体温度高，径向热膨胀也比壳体大，使填料函间间隙变小，甚至出现抱死现象。[1]但是，是否存在另一种尚不确定的情形，就是当温度升高时，无论管板的径向热膨胀与该段壳体的径向热膨胀在位移上是否同步，也会由于内压和热膨胀增大填料函空间而使填料倾向于松弛，径向压应力倾向于降低。为此，应考察高温变形的影响，忽略填料自身随温度的变化，高温下填料函零部件的热膨胀差异会影响填料的压紧应力，这里通过图4进行简要分析。

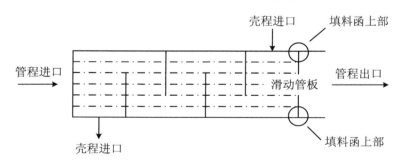

图4 过热器进出口示意图

4.1 高温下径向间隙的变化

滑动管板所在位置上部是壳程进口和管程出口,如果壳体温度按壳程进口操作温度 96.3 ℃,该温度下的线膨胀系数 $\beta_1 = 1.682 \times 10^{-5}$ mm/(mm·℃),管程出口操作温度 280 ℃,管板材料该温度下的线膨胀系数 $\beta_2 = 1.753 \times 10^{-5}$ mm/(mm·℃)。滑动管板上部径向间隙的变化:

$$\Delta_{t上} = \Delta R_上 - \Delta r_上 = R\beta_1 - r\beta_2 \approx -5.5 \times 10^{-4} (\text{mm}) \tag{14}$$

滑动管板所在位置下部是壳程一次折流和管程出口,壳程低温蒸汽从进操作温度 96.3 ℃经过 4 次折流后出口操作温度 520 ℃,如果按平均每次折流升温 105.93 ℃,则壳体温度按 202.23 ℃,该温度下材料的线膨胀系数 $\beta_1 = 1.730 \times 10^{-5}$ mm/(mm·℃),管程出口操作温度 280 ℃,管板材料该温度下的线膨胀系数 $\beta_2 = 1.753 \times 10^{-5}$ mm/(mm·℃)。滑动管板下部径向间隙的变化:

$$\Delta_{t下} = \Delta R_下 - \Delta r_下 = R\beta_1 - r\beta_2 \approx 1.25 \times 10^{-5} (\text{mm}) \tag{15}$$

如果壳程低温蒸汽经过 5 次折流,平均升温 84.74 ℃,则材料按 181.04 ℃的线膨胀系数 $\beta_1 = 1.717 \times 10^{-5}$ mm/(mm·℃)计算得滑动管板下部径向间隙的变化为 $\Delta_{t下} = -1.4 \times 10^{-4}$ mm。

由此可见,滑动管板整个圆周的径向间隙都缩小了,上部径向间隙缩小的程度大于下部径向间隙缩小的程度。而且折流板的数量对壳体温度的影响会间接影响到滑动管板的密封,减少折流板有利于提高滑动管板附近壳体的温度。

4.2 高温下间隙横截面积及容积的变化

运行工况下填料函的横截面积 $A_运$ 与室温下填料函安装后的横截面积 $A_室$ 之差即是间隙横截面积的变化。按滑动管板上部间隙的横截面积变化

$$\Delta A_{t上} = A_运 - A_室 = \pi[(R + \Delta R_上)^2 - (r + \Delta r_上)^2] - \pi(R^2 - r^2) \approx -1.977 (\text{mm})^2 \tag{16}$$

按滑动管板下部间隙的横截面积变化

$$\Delta A_{t下} = A_运 - A_室 = \pi[(R + \Delta R_下)^2 - (r + \Delta r_下)^2] - \pi(R^2 - r^2)$$
$$= \pi[(2R + \Delta R_下) \cdot \Delta R - (2r + \Delta r_下) \cdot \Delta r] \approx 1.005 (\text{mm})^2 \tag{17}$$

由此可见,滑动管板整个圆周的径向间隙横截面积变化不一致,上部间隙横截面积缩小了,下部间隙横截面积增大了。而且,随着填料函长度 L 的增加,这种反向的变化差异更大。倾向性变化是管板上部的容积减少,密封更紧密,下部的容积增大,密封变得松弛,直到发生泄漏失效。

4.3 压力对径向间隙的影响

为了便于安装和检修,填料函通常位于管板的管程侧,应以管程内压 p_t 求取圆筒体上下部的径向位移,经典公式如下[18]:

$$\Delta_{p上} = (2 - \nu) \frac{p_t R^2}{2E_上 \delta} \approx 0.0089 (\text{mm}) \tag{18}$$

$$\Delta_{p下} = (2 - \nu) \frac{p_t R^2}{2E_下 \delta} \approx 0.0092 (\text{mm}) \tag{19}$$

式中,E 是壳体上部材料在 96.3 ℃温度下的弹性模量,下部材料在 202.23 ℃温度下的弹性模量,单位为 MPa;ν 是圆筒体材料的泊松系数。这里认为内压下管板外圆没有,比较发现内压引起的径向位移明显大于温度载荷引起的径向位移,填料函的上部、下部的径向总间隙变化分别为

$$\Delta_上 = \Delta_{t上} + \Delta_{p上} \approx 0.00835 (\text{mm}) \tag{20}$$

$$\Delta_下 = \Delta_{t下} + \Delta_{p下} \approx 0.00921 (\text{mm}) \tag{21}$$

由此可见,与仅考虑高温一个因素时填料函整个圆周的径向间隙都缩小的情况相反,同时考虑运行工况的高温和低压的共同作用,会发现填料函整个圆周的径向间隙都增大了,而且下部的径向间隙增大程度要比上部的多一些。相对来说,介质内压对径向间隙的影响比高温更大。如果考虑耐压试验压力,结果基本相同。

5 设计技术对策

5.1 填料预紧压应力对径向间隙的影响

介质没有渗入填料之前,其内压对填料函壳体的作用没有那么直接,其内压对填料函壳体的作用与填料对壳体的作用就存在一个比较的判断:当介质内压大于填料压紧应力,填料就被撑开而泄漏,壳体只受到介质的压力;当介质内压小于填料压紧应力,填料就能挡住介质渗入,壳体只受到填料的压力;两种作用力的实际影响只能取其中的大者,而不是两者的叠加。填料压紧力对壳体的作用与介质内压的作用性质相同,引起的径向位移同理按式(18)和式(19)求取。

当 $p_s \leqslant p_t$ 时,以 p_t 为主导设计,式(18)和式(19)的结果也就是填料压紧应力作用的结果,填料函上部、下部的径向总间隙仍按式(20)和式(21)的结果。

当 $p_s > p_t$ 时,以 p_s 为主导设计,为了使填料函内端的径向压紧应力达到密封作用,填料函外端的径向压紧应力将大于壳程介质的内压 p_s,应以放大的 np_s 压力值代替式(18)和式(19)中的 p_t 进行计算,该放大系数 n 即式(7)中的指数2.6117,则有

$$np_s = 2.6117 \times 0.0083 \approx 0.0217(\text{MPa}) \tag{22}$$

由于填料压紧应力明显大于介质内压,当以填料特性 y 为主导设计,以平均的径向压紧应力

$$K\bar{p} = 0.8 \times 15.2 = 12.16(\text{MPa}) \tag{23}$$

代替式(18)和(19)中的 p_t 进行计算,显然平均的径向压紧应力较大,以此分别计算得圆筒体上下部的径向位移约为2.325 mm、2.404 mm,虽然离开填料函段圆筒外的径向压力较低,不可能产生这么大的径向位移,不过可以肯定变形位移协调的结果与运行工况的结果相比,针对填料特性所需平均径向压紧应力对密封的影响仍将起到绝对的控制作用,操作工况对预紧时的受力状态影响不大。但工程实际问题是,经过耐压试验合格的预紧填料在操作工况运行后会发生泄漏,因此有必要对预紧与操作之间的关系进一步分析。

5.2 填料函段圆筒壁厚校核

以滑动管板所在位置壳程设计温度565 ℃查得材料的许用应力为72.6 MPa,以 $p_s = 0.0083$ MPa 计算壁厚:

$$\delta_s = \frac{p_s D_i}{2[\sigma]^t \varphi - p_s} \approx 0.133(\text{mm}) \tag{24}$$

以滑动管板所在位置管程设计温度625 ℃,查得材料的许用应力为52 MPa,以 $p_t = 0.0365$ MPa 计算壁厚:

$$\delta_t = \frac{p_t D_i}{2[\sigma]^t \varphi - p_t} \approx 0.818(\text{mm}) \tag{25}$$

以壳程0.86 MPa水压室温耐压试验压力计算壁厚:

$$\delta_T = \frac{p_T D_i}{2[\sigma]\varphi - p_T} \approx 7.336(\text{mm}) \tag{26}$$

以壳程室温许用应力137 MPa,以填料预紧时平均的径向压紧应力 $K\bar{p}$ 代替 p_s 或 p_t 计算壁厚:

$$\delta_{\text{预}} = \frac{K\bar{p} D_i}{2[\sigma]^t - K\bar{p}} \approx 108.21(\text{mm}) \tag{27}$$

以滑动管板所在位置壳程经过一次折流后温度为202.23 ℃,查得材料的许用应力为95.5 MPa,以填料预紧时平均的径向压紧应力 $K\bar{p}$ 代替 p_s 或 p_t 计算壁厚:

$$\delta = \frac{K\bar{p} D_i}{2[\sigma]^t - K\bar{p}} \approx 158.43(\text{mm}) \tag{28}$$

以填料预紧时平均的径向压紧应力 $K\bar{p}$ 和名义壁厚计算应力:

$$\sigma = \frac{K\bar{p} R}{\delta} \approx 566.656(\text{MPa}) \tag{29}$$

由此可见,按设计参数计算所需要的壳体壁厚不到 1 mm,而按室温预紧压应力计算所需要的壳体壁厚高达 108.21 mm,按壳体一次折流后的温度承受预紧压应力计算所需要的壳体壁厚高达 158.43 mm,壳体名义厚度 25 mm 远没有满足要求。室温装配时,壳壁周向应力约 566.656 MPa,显著超过许用应力 137 MPa,也超过屈服强度 205.5(1.5×137)MPa,壳体已发生塑性变形。

5.3 设计对策

上述计算填料函间隙的变化虽然是弹性的,停车后应会恢复原态。但是前言中提及的事故案例上宽下窄的变形主要是壳体非弹性变形,包括预紧的塑性变形或高温蠕变,这些变形不会恢复。可采用如下设计步骤和处理对策:

(1)密封材料应选用镍丝石墨或其他耐高温填料,保持高温下的回弹性能,并据此确定其密封压紧应力。

(2)要判断填料函密封设计的控制载荷,本案例的控制载荷是密封填料所需压紧力主导,对于其他案例也许是由介质内压或者两种载荷共同控制的。切忌不能仅凭圆筒体的介质工况来判断或者仅将耐压试验压力当作密封结构的设计参数,前者主要是强度设计,后者还包括刚度设计。由于填料压紧力主导的密封设计不受介质工况的影响,因而是最佳的密封设计。

(3)要以控制载荷进行结构强度设计,对于非弹性变形以及内压引起的弹性变形,应通过增加壳体壁厚,加强壳体外壁支承来满足要求。在确定耐压试验压力时,则不是以控制载荷为基础,而是以介质压力为基础。在本案例按 GB 24511 标准选取高温下材料的许用应力时,要注意选择不允许材料构件产生微量永久变形的那一系列数据。

(4)对于径向间隙弹性增大,要通过轴向滑动过程的自紧来弥补压紧力的松弛;对于径向间隙弹性减少,不宜设计轴向滑动过程的自紧结构,而采取松弛结构,除了减少折流板提高滑动管板附近壳体的温度有利于增大间隙外,可如图 5 所示对该段壳体及滑动支座加厚保温,也可以提高壳体的温度,都能达到同样的目的。这种属于预紧主导的设计又考虑了操作工况动态对预紧的影响。

图 5　支座段壳体的加厚保温

(5)提出保证密封的制造技术要求,包括材料性能、密封结构形位尺寸精度、装配填料时各压紧螺栓的扭矩、压紧螺栓的防松动,等等。

6　附加载荷对密封的影响

6.1　填料滑动的摩擦力

当管板填料函密封系统在管束热膨胀作用下具有沿壳壁轴向滑动的趋向时,在微量轴向长度上填料的轴向摩擦力为

$$dF = 2\pi R \cdot \mu \cdot p_r \cdot dx = 2\pi R\mu p_x K \cdot dx \tag{30}$$

总长度为 L 的整个填料上的轴向总摩擦力 $F(\mathrm{N})$,由式(30)积分得

$$F = 2\pi R\mu \int_0^L p_x K \mathrm{d}x = 2\pi R \frac{R-r}{K} p(\mathrm{e}^{\frac{2K\mu L}{R-r}} - 1) \approx 2.8153555 \times 10^6 (\mathrm{N}) \tag{31}$$

式中的压力 p 应取各种计算结果中的最大值,本文案例则以 $\overline{p} = 11.932$ MPa 为所需压紧力来计算轴向总摩擦力。理论上,管束热膨胀或者降温收缩沿着轴向滑动时,填料与壳壁的摩擦力都可按式(31)计算。当实际操作管束热膨胀滑动时,填料在摩擦力的作用下会往填料函内端挤压,填料函内的摩擦力发生一些变化,靠近内端的摩擦力升高一些,靠近压环的摩擦力降低一些,更有利于密封。总的摩擦力可视为不变,仍可按式(31)计算。

总长度 L 的整个填料外圆面积为 $2\pi RL$,填料与壳体间的轴向平均摩擦力 F 由下式得

$$F = 2\pi RL \cdot K\overline{p} \cdot \mu \approx 5.696647445 \times 10^6 (\mathrm{N}) \tag{32}$$

6.2 管束滑动的摩擦力

大型管束底部对称设置两条支承管束的纵向滑板,则管束滑道板与壳壁间的总摩擦力 F_h:

$$F_h = G\mu_h\cos\theta \approx 7745.19 (\mathrm{N}) \tag{33}$$

式中,滑道板的安装角 θ,根据 GB/T 151—2014 标准,$\theta = 15° \sim 25°$,因此,$0.906 \leqslant \cos\theta \leqslant 0.966$,不考虑管内介质的管束总质量 $G = 22908$ kg,滑道板与壳壁间的静摩擦系数 $\mu_h = 0.35$。

6.3 管束的热伸长推力

由壳体和管束两者平均温差引起的管束伸长时产生的推力 T 为

$$T = A\sigma_z = \pi n(\varphi_o - \delta')\delta' \times E^t(\beta \cdot \Delta t) \approx 1.887812607 \times 10^8 (\mathrm{N}) \tag{34}$$

式中,A 是管束换热管的横截面积,单位为 mm^2;n 是换热管数量;换热管外直径 $\varnothing_o$ 为 38.1(mm);δ' 是换热管壁厚,为 2.77 mm;E^t 是换热管材料平均温度下的弹性模量,为 1.753×10^5 MPa;β 是换热管材料平均温度下的线膨胀系数,为 1.764×10^{-5} mm/mm·℃;管束和壳体两者平均温差 $\Delta t = 440 - 308.15 = 131.85$ ℃。

由前面分析比较所得 $T \geqslant (F + F_h)$,管束推力明显大于摩擦力从而产生滑动,管束热应力可逐步释放,管束相当于特殊的浮动管束或者特殊的固定管板管束,作用到管板周边的剪力:

$$Q = T - (F + F_h) \approx 1.82076868 \times 10^8 (\mathrm{N}) \tag{35}$$

Q 除以管板周长即得单位作用力。

6.4 换热管的热应力

如果其他案例中管束无法滑动,管束相当于固定管板管束,因此设计管头时的拉脱力校核应考虑该热应力的作用。对换热管和壳程圆筒热膨胀量的核算可参考文献[19],本案例中则采用粗略的计算方法:

$$\sigma_z = E\beta \cdot \Delta t \approx 407.72 (\mathrm{MPa}) \tag{36}$$

管束平均温度 440 ℃下换热管材料的许用应力 103.8 MPa,该热应力已超过许用应力的 3 倍 311.4 MPa,如果管束滑动,该热应力得到一定的释放,否则会引起管头失效。

7 结论

图 1 和图 2 是填料函改进设计后已安全运行 4 年的过热器。文中受力模型较为简化,分析结果欠准确,难以全面评估文中技术的可靠性,而且个性案例的分析结论不具有普遍性,即便这样还是可以定性判定过热器管板填料函密封失效的主要原因是圆筒体强度设计不足。管板填料函的密封设计是一项综合性很强的多因素交互设计,预紧载荷在操作工况下的结构强度校核可能成为关键的一环,主要技术对策总结如下:

(1)填料函密封设计的基本因素。密封载荷除了管程和壳程工况外,还包括填料压紧应力。压紧应力既与壳体内压成正比,还与填料的摩擦系数、侧压系数、填料长度、填料厚度、填料特性等有关。组成填料函的壳体内圆偏差控制在满足密封要求的范围,必要时通过机加工内圆满足设计要求。

（2）管板填料函密封设计的关联因素。壳体厚度需要满足填料压紧力的要求，填料压紧力的控制尚应考虑管头、管板的附加热应力。在填料函密封段圆筒体下增设支承鞍座可以加强结构，防止该段圆筒体变形，但是应妥善校核多支座时壳体的受力，使密封段圆筒体承受较小的弯矩，还应强化支座的滑动性、支座和圆筒体的保温设计。

（3）管板填料函密封设计的目标因素。可考虑填料函从其内端起就具有有效密封作用，也可以考虑只有填料函某一段起有效密封作用，无论如何，不能只有填料函外端起有效密封作用。改变卧式过热器为立式过热器以便均匀填料函的受力，则可以取得长期的密封效果。

（4）管板填料函密封设计的可靠性校核。当初步确定填料函外端起有效密封作用的压紧应力时，还应校核该压紧应力传递到内端时是否还具有有效密封作用。管板填料函密封常应用于管程高温和壳程低压的工况，除了填料密封压紧应力的静态密校核外，还应考虑压紧力对密封外壳的作用所引起的填料函间隙的影响，以及高温不均匀工况下填料函间隙动态变化对填料压紧应力松弛的影响，进行各种危险组合工况的密封校核。

当设计所需要的填料压紧应力引起明显的摩擦力时，还要考虑该摩擦力对管头的拉脱力校核。

（5）填料函密封设计的优化因素，密封填料与介质的适应性。改变换热管与管板的连接结构，从插入管孔式变为背面对接式，可以承受更大的拉脱力和热疲劳的作用。

填料函密封设计的创新。结构上，滑动管板外圆设计成圆锥面，改变填料函的等宽环形间隙为圆锥环形间隙，利用管板的滑移产生自紧密封作用。在设计方法上，建立整体模型进行包括温度载荷在内的有限元分析，剖析其内部复杂的应力、应变与位移，找到密封设计的关键。在制造上，组成填料函的壳体应经过热处理以消除其纵焊缝残余应力，必要时采用固溶热处理，或者该段圆筒体采用锻件制造，彻底消除纵焊缝的潜在影响。

参 考 文 献

［1］ 何红生.乙苯蒸汽过热器国产化研制［J］.压力容器，2004，20（12）：32-34，42.

［2］ 单鹏华，王强，赵亮，等.鞍座热应力的有限元分析［J］.石油和化工设备，2017（4）：17-20.

［3］ 胡忆沩，杨梅，梁亮.Lummus/UOP装置苯乙烯单体收率下降原因分析及换热器填料函的改进［J］.化工机械，2004（4）：217-221.

［4］ 张楠，欧阳光，王永斌.浮动填料函式高压换热器设计［J］.化工装备技术，1992（1）：15-21.

［5］ 闫东升，陈昊.固定管板应力计算方法在浮头管板和填料函管板上的变通应用［J］.石油化工设备技术，2017，38（1）：21-25.

［6］ 孙雅娣，刘春验，李祖国.浮头换热器填料函的优化设计［J］.化工设备与管道，2010，47（2）：12-14.

［7］ 冯清晓，谢智刚，桑如苞.管壳式换热器结构设计与强度计算中的重要问题［J］.石油化工设备技术，2016，37（2）：1-6.

［8］ 周耀，姜泉，桑如苞.特殊结构填料函式换热器的管板设计［J］.石油化工设计，2011，28（3）：17-19.

［9］ 孙立梅，韩云松，程永娜.填料函式钛管换热器泄露分析与对策［J］.中国化工装备，2013，15（5）：39-41.

［10］ 韩柏，赵利民.换热器填料密封装置的改进设计［J］.机械工程与自动化，2018（5）：124-125.

［11］ 孙雅娣，刘春验，李祖国.浮头换热器填料函的优化设计［J］.化工设备与管道，2010，47（2）：12-14.

［12］ 庄玉萍，吕春磊，潘晓栋，等.氧气冷却器填料函设计与校核［J］.化学工程与装备，2014（8）：100-103.

［13］ 张楠，欧阳光，王永斌.浮动填料函式高压换热器设计［J］.化工装备技术，1992（1）：15-21.

［14］ 胡国祯，石流，阎家宾.化工密封技术［M］.北京：化学工业出版社，1990.

［15］ 刘兴玉，余巍，崔红力，等.阀门填料函设计计算［J］.机械，2015，42（4）：43-45，52.

［16］ 刘巧玲，魏东波，王荣贵.内置膨胀节浮头式热交换器水压试验工装设计［J］.化工设备与管道，2017，54（5）：34-38.

［17］　天津大学,等.化工机器及设备:下册［M］.北京:机械工业出版社,1961.

［18］　余国琮.化工容器及设备［M］.北京:化学工业出版社,1980.

［19］　张鹏,谢培军,张淑雁,等.一种单管程浮头式热交换器内填料函密封结构的设计［J］.化工机械,2018,
45(3):305-308.

 作者简介 ●

　　陈孙艺(1965—),男,汉族,教授级高级工程师,副总经理兼总工程师,工学博士,从事承压设备及管件的设计开发、制造工艺、失效分析及技术管理。通信地址:广东省茂名市环市西路 91 号。E-mail:sunyi_chen@sohu.com。

加氢反应流出物冷换设备的流动腐蚀机理及智能防控[①]

偶国富[1]　**金浩哲**[2]　**顾镛**[2]

(1. 常州大学流动腐蚀与智能防控研究所,常州 213164;2. 浙江理工大学流动腐蚀研究所,杭州 310018)

摘要:随着我国加工原油的劣质化、重质化,加氢装置中的冷换设备极易发生露点腐蚀、铵盐结晶沉积腐蚀和多相流冲蚀等流动腐蚀失效事故,严重影响设备的长周期安全运行。本文针对加氢反应流出物系统的流动腐蚀问题,分析了失效机理,提出了抗流动腐蚀设计选择制造方案,通过不平衡度分析,对加氢反应流出物空冷系统(REAC)进行管道配管和管束结构优化,提出了耐流动腐蚀 REAC 复合衬管空冷器管束设计方案。基于流动腐蚀失效机理,利用数据驱动方法,构建了流动腐蚀诊断监管模型,开发了流动腐蚀智能运维平台并推广应用,结果说明该平台能够根据现场运行工况,判断设备健康状态并提出有效的防控措施,指导企业安全生产。

关键词:加氢反应流出物;冷换设备;流动腐蚀机理;结构设计优化;智能防控

Flow Induced Corrosion Mechanism and Intelligent Prevention and Control of Heat Exchange Equipment in Hydrogenation Reaction Effluent

Ou Guofu[1], **Jin Haozhe**[2], **Gu Yong**[2]

(1. Institute of Induced Corrosion and Intelligent Precaution and Control, Changzhou University, Changzhou 213164;2. The Flow Induced Corrosion Institution, Zhejiang Sci-tech University, Hangzhou 310018)

Abstract:With the inferior and heavy quality of crude oil processed in China, the heat exchange equipment in the hydrogenation unit is prone to flow induced corrosion failure accidents such as dew point corrosion, ammonium salt crystal corrosion and multi-phase flow erosion, which seriously affects the long-term safety of the equipment. This paper analyzes the failure mechanism of the flow induced corrosion of the hydrogenation reaction effluent system and the failure mechanism, and proposes the design and manufacturing scheme of anti-flow corrosion. Through unbalance analysis, pipeline and tube bundle structure of the hydrogenation reaction effluent air cooling system (REAC) are optimized. The design of the flow induced corrosion resistant lined tube of air cooler is proposed. Based on the flow induced corrosion failure mechanism, a data-driven method was used to construct a flow corrosion diagnosis and supervision model, and an intelligent operation and maintenance platform was developed, promoted and applied. The results show that the platform can judge the equipment health status according to the site operating conditions and propose effective prevention and control measures to guide enterprises in safe production.

Keywords:hydrogenation reaction effluent;heat exchange equipment;flow induced corrosion mechanism;structural design optimization;intelligent prevention and control

---

① 项目名称:国家重点研发计划课题(项目编号:162102210006)。

1 引言

随着原油劣质化以及运行工况的日渐苛刻,石油化工生产过程中的加氢反应流出物系统普遍存在 H_2S、HCl、NH_3 等腐蚀性多相流体系,其介质特性复杂多变[1-2],加氢反应流出物的下游设备,如换热器、空冷器等长期承受流动、传热、相变、腐蚀等复杂环境,设备服役过程中发生了多起由于露点腐蚀、铵盐结晶腐蚀、多相流冲蚀引起的管道/管束壁厚减薄。[3-4]

在加氢装置中,氯化铵与硫氢化铵易结晶在空冷器管壁造成管束堵塞,为冲刷结晶而注入的水易使氯化铵吸湿,产生局部高浓度氯化铵溶液,造成严重的垢下腐蚀。[5]偶国富等[6-7]基于现场跨线式铵盐结晶沉积特性试验和冲刷腐蚀试验,明确加氢反应流出物冷换设备系统的 NH_4Cl 和 NH_4HS 结晶沉积是造成管束堵塞的重要风险源,建立了基于腐蚀因子(K_p)的铵盐结晶温度预测方法,提出了一种基于超声波原理和无线传感器网络技术的管束泄漏检测和定位方法。[8]胡国呈等[9]采用化学成分分析、金相检验等手段,结合固体力学方法,对换热管泄漏失效原因进行分析,表明泄漏是由于管板和换热管焊缝处发生应力腐蚀开裂所致,失效根本原因是管件连接处应力过大。何昌春等[10]基于物料衡算方法,采用原料逆序倒推的方法建立了加氢装置工艺过程模型,分析了常压塔顶冷却系统的流动腐蚀失效机理,提出基于注水方式的工艺防护措施。目前,国内外针对流动腐蚀防控尚无高效的防控方法。已有的腐蚀监测系统存在监测点选取不合理,传感器精度低,没有对应的防控措施等缺点。因此,急需一款基于流动腐蚀机理的智能运维平台,结合装置设备运行工况,对设备腐蚀进行风险评估与预测,为炼油设备的安全运行提供指导。

本文在分析流动腐蚀机理的基础上,提出了抗流动腐蚀空冷器配管及管束结构优化方案,利用数据驱动方法,对流动腐蚀表征参数进行了预测,建立了流动腐蚀诊断监管模型,开发了智能运维平台,并成功推广应用多家示范单位。

2 冷换设备的流动腐蚀机理

2.1 露点腐蚀机理

加氢反应流出物经过冷却系统,温度不断降低,操作条件变化使得油气中的水蒸气达到完全饱和状态,进而从油气中析出第一滴水珠,附着于壁面。气相中的 HCl 溶解在水滴中,在近壁面形成具有腐蚀性的高浓度盐酸溶液,露点部位 pH 迅速降低。随着冷凝水的增加,稀释了 HCl 浓度,pH 升高,缓解了腐蚀。然而随着 H_2S 溶于水滴,虽然其不参加腐蚀反应,但能够加速露点区域的腐蚀速率,其反应过程如下:

$$Fe + 2HCl \longrightarrow FeCl_2 + H_2 \tag{1}$$

$$FeCl_2 + H_2S \longrightarrow FeS + 2HCl \tag{2}$$

继而形成局部 pH 很低的"H_2O-HCl-H_2S"腐蚀环境,造成管线、设备失效等问题。露点腐蚀机理演化过程如图 1 所示。

"H_2O-HCl-H_2S"腐蚀环境中的 HCl 大多源于原油中的含氯无机盐,如 $MgCl_2$、$CaCl_2$ 等,原油炼制过程中,在特定工况下会发生强烈的水解反应;小部分则是原油中添加了有机氯化物的注剂,这些氯化物在一定温度下分解生成 HCl。腐蚀环境中的 H_2S 主要来源于原油中硫化物的受热分解,尤其是在 250 ℃ 以上时,硫化物分解速度加快,导致 H_2S 气体在冷换设备及周边管道内大量积聚。

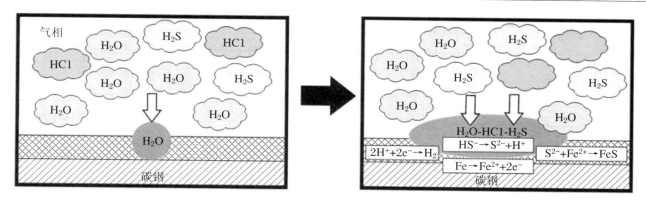

图 1 露点腐蚀机理图

2.2 铵盐结晶沉积腐蚀机理

劣质原油含有较多的 S、N、Cl 等元素化合物经加氢反应后转变为腐蚀性介质 H_2S、HCl 和 NH_3，在冷却过程中，气相中的 H_2S、HCl 分别与 NH_3 反应生成 NH_4HS 和 NH_4Cl 晶体颗粒。铵盐颗粒易吸收流体中的水分或溶解于水相形成高浓度的腐蚀性酸溶液，对设备造成腐蚀失效。铵盐结晶沉积腐蚀机理如图 2 所示。铵盐结晶温度与原料中的 S、N、Cl 含量呈正相关，S、N、Cl 含量越高，铵盐结晶温度越高，结晶风险越高。NH_4Cl 结晶温度区间一般为 130～220 ℃，在一定温度条件和缺少液态水的情况下，直接由气态变成固态晶体，导致冷换设备管束及周边管道发生堵塞。而 NH_4Cl 晶体易从气相中吸收水分，导致垢下腐蚀。NH_4Cl 与 H_2S 共存的情况下会相互促进腐蚀，NH_4Cl 水解生成的 HCl 破坏管壁的硫化亚铁保护膜，生成 $FeCl_2$，$FeCl_2$ 与 H_2S 反应生成 FeS 和盐酸，如此循环，管壁厚度不断减薄，导致腐蚀泄露。

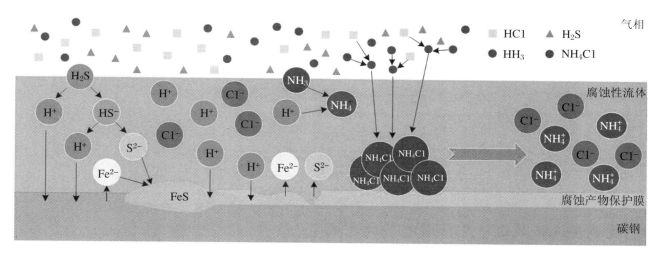

图 2 铵盐结晶沉积腐蚀机理图

2.3 多相流冲蚀机理

为避免铵盐堵塞，通常在空冷器的上游设置注水点以洗涤铵盐，但铵盐吸湿溶解形成腐蚀性多元流体，对管壁形成冲刷腐蚀，该过程中存在铵盐结晶腐蚀向冲刷腐蚀演化的机制，如图 3 所示。

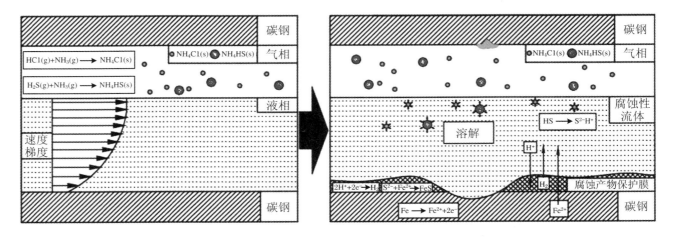

图 3 多相流冲蚀机理图

由图 3 可知,在 NH_3、HCl 和 H_2S 共存的多元流体环境中,铵盐溶于水后,S^{2-} 与 Fe^{2+} 发生反应在近壁面生成腐蚀产物膜 Fe_xS_y,在油、气、水速度梯度和 Cl^- 的联合作用下,流体流动中产生的剪切应力不断冲击腐蚀产物膜,腐蚀产物膜逐渐破裂并露出基体,继而再腐蚀直至管壁穿孔失效。对于加氢空冷系统,因铵盐会溶于水形成碱性腐蚀性溶液,溶液中 H^+ 在对流传热的作用下,会穿越因 Cl^- 破坏的产物膜与管材基体发生氧化还原反应,引起电化学腐蚀。故冲刷腐蚀预测的关键在于:除考虑管道系统中的流体动力学参数外,还要分析 H^+ 的传质系数和近壁面电化学腐蚀速率。其中,传质速率模型表示如下[11]:

$$t_c = \frac{0.023 Re^{0.8} Sc^{0.33} D}{d_h} \tag{3}$$

式中,t_c 为传质系数,单位为 m/s;Re 为雷诺数;Sc 为舍伍德数;D 为溶液中 $H+$ 的扩散系数,单位为 m^2/s;d_h 为水力直径,单位为 m。

近壁面腐蚀速率表示为[12]

$$E_c = 0.0791(f_1 f_2)\left(\frac{Z_{H_2S}}{Z_M}\right)\left(\frac{M_M}{M_{H_2S}}\right)\frac{D_{H_2S} C_{b,H_2S} U_g^{0.7}}{d^{0.3} v_g^{0.344}} \tag{4}$$

式中,E_c 为腐蚀速率,单位为 $kg/(m^2 \cdot s)$;Z_{H_2S} 为 H_2S 转移的电子数;Z_M 为管壁材料转移的电子数;M_m 为管壁材料的摩尔质量,单位为 g/mol;M_{H_2S} 为 H_2S 的摩尔质量,单位为 g/mol;C_{b,H_2S} 为 H_2S 的质量浓度,单位为 kg/m^3;U_g 为气相流体速度,单位为 m/s;d 为管道直径,单位为 m;v_g 为气相运动黏度,单位为 m^2/s;D_{H_2S} 为 H_2S 的扩散系数,单位为 m^2/s;$f_1 = 2/3$;$f_2 = 1.3$。

3 抗流动腐蚀的设计选材制造关键技术

3.1 基于不平衡度的 REAC 优化设计

3.1.1 管道配管方式优化

入口管道出口存在流量、相分率的偏流现象,对 REAC 系统失效影响很大。为避免 REAC 吐口管道由于流体惯性引起的偏流问题,入口管道应采取异面对称的方式,如图 4 所示。出口管道采取与入口管道对应的对称布置方式。对于入口管道、出口管道的三通、弯头等典型管件,应适当延长结构突变前的直管段,防止流体的流动惯性引起分配不均。

REAC 系统多相流体介质组成复杂,包括油、气及注水工艺等,为保证多相流体在进入空冷器前混合均匀,降低管束上、下管排平均流速及液相分率的不平衡度,在 REAC 进口管道总管设静态混合器予以充分混合,安装位置与结构如图 5 所示。

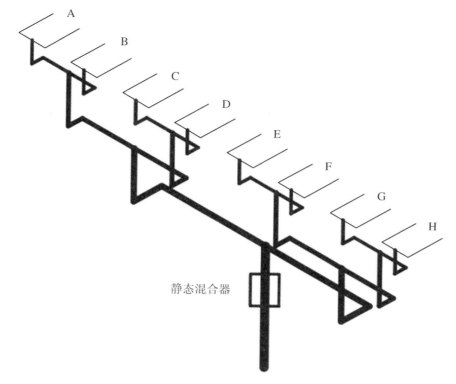

图 4 REAC 系统入口管道结构优化示意图

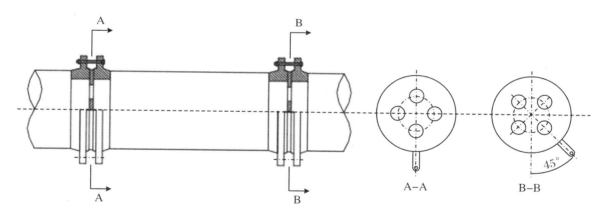

图 5 静态混合器结构示意图

3.1.2 管束系统结构优化

根据管束不平衡度仿真，第一管程上、下排管束流动参数偏差大，流速不均匀系数 v_K 和极不均度 v_θ 分别为 0.3,1.44,且管束平均流速约为 3.6 m·s^{-1},低于 API 提出的碳钢 REAC 管束流速 4.6 m·s^{-1}～6.1 m·s^{-1}范围。因此，为降低上、下排管束不均匀系数 v_K 和极不均度 v_θ,入口管道出口可采取水平流入管箱；在原料油 Cl$^-$ 含量控制小于 1 ppm 的情况下，采用五管程单排管，适当提高管束平均流速，防止流速低引起的铵盐垢下腐蚀。入口管道出口水平流入管箱，五管程单排管结构如图 6 所示。

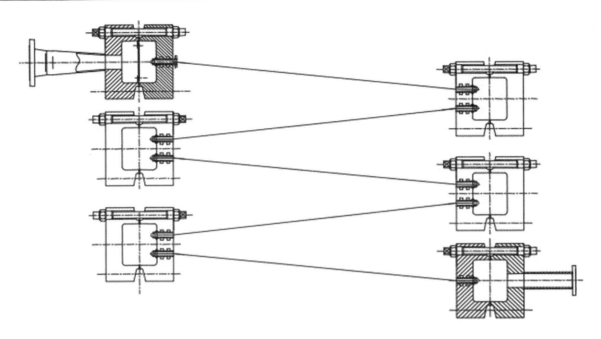

图 6   REAC 管束结构优化图

3.2   耐流动腐蚀 REAC 复核衬管空冷器管束设计

复合衬管空冷器管束三维结构模型如图 7 所示,由内、外两层管层组成,内衬管拟采用耐蚀不锈钢或者合金材料,外管为普通碳钢材料(10♯钢),内、外两层管牢固结合,满足管束耐腐蚀和承载管束内压的要求。衬管与外管之间有一定的过盈配合量(以 δ 表示),连接方式为胀接。在工程实际中,空冷器管束外管为一固定的规格尺寸 Ø25 mm×3 mm,本文中称为基管(下同),而内衬管的材质、厚度、长度等均为可变因素。

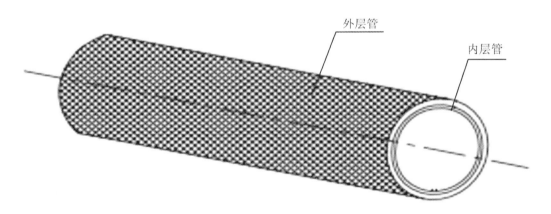

图 7   复合衬管空冷器管束三维结构模型

4   基于流动腐蚀的智能运维平台设计与实现

基于流动腐蚀智能监测和实时诊断预警,采用数据驱动技术,建立流动腐蚀运行状态的动态优化控制方法,研究流动腐蚀状态参数点与流动腐蚀临界特性的边界匹配技术,构建流动腐蚀实时诊断预警模型,形成基于流动腐蚀预测的智能诊断、工艺防护和风险检验等闭环安全运维技术,如图 8 所示。对露点温度、冲蚀速率、剪切应力、传质系数等状态参数进行整合,通过与流动腐蚀失效临界特性数据库进行边界匹配,判断参数与临界特性的关系,以判断结果作为状态输出,系统根据输出做出超标报警、正常运行、优化操作等控制动作。

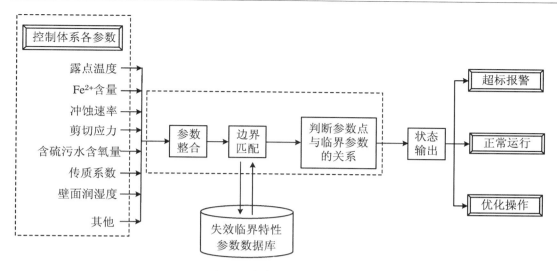

图8　流动腐蚀诊断模型

4.1　基于数据驱动的流动腐蚀智能运维模型

基于深度学习方法对各类流动腐蚀数据进行多源传感信息融合分析,深度学习神经网络结构如图9所示。在流动腐蚀失效预测预警模型中,流动腐蚀失效类型、失效模式以及腐蚀程度等流动腐蚀状态,联合仿真运算、腐蚀应急处理、炼油设备管理等领域的专门知识存放于知识库中;流动腐蚀所需的数据、信息和事实,包括设备设计参数、材料参数、操作参数以及失效案例等存放于事实库中,以神经网络模型驱动的启发式知识存放于规则库中。

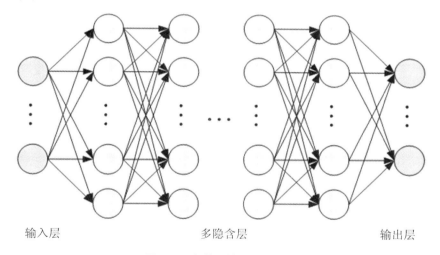

图9　深度学习神经网络结构

鉴于高风险石化系统的流动腐蚀机理复杂、耦合变量众多、过程工况多变、具有非线性等特点,因此,确定流动腐蚀关键影响因素,并对其进行精确建模、预测、监控是关键中的关键。根据DCS实时监测数据和LIMS化验分析数据,把REAC系统的氯离子浓度、酸性水中的铵根离子浓度、酸性气中的氨气含量、空冷器入口温度、空冷器出口温度、空冷器操作压力、酸性水流量、酸性气流量等8个变量作为深度神经网络的输入,以铵盐结晶温度作为输出,采用PLS、BPNN、FLNN、IM-FLNN4种模型对铵盐结晶温度进行预测,预测结果和误差分别如图10和图11所示。从图10和图11中可以看出,4种模型均能较好地实现对铵盐结晶温度进行预测,IM-FLNN模型具有最好的预测精度。

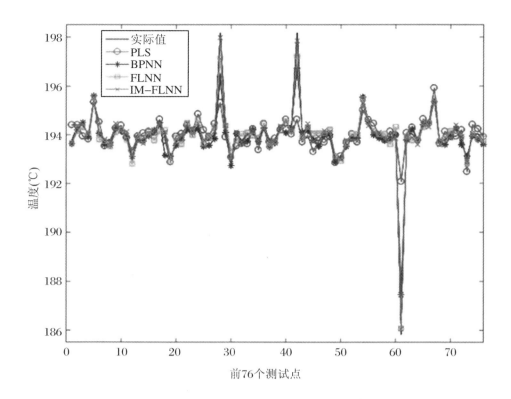

图 10　氯化铵盐结晶温度预测

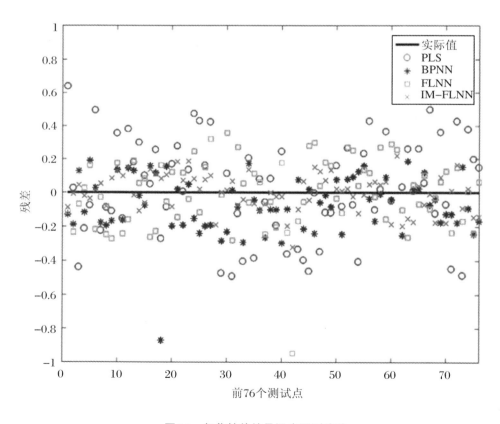

图 11　氯化铵盐结晶温度预测残差

4.2 流动腐蚀智能运维平台设计

4.2.1 流动腐蚀智能运维平台架构

流动腐蚀所有模型和系统全部部署在云平台,主要由位于监测现场前段的腐蚀监测体系、位于云计算中心后端的测试服务软件系统和移动终端设备组成。通过互联网与云平台的对接,前端设备主要由各种在线腐蚀监测传感器和检测仪组成,采集到的腐蚀信息通过网络的传输,经服务器进行数据的接收和处理,然后再存入云端,进行云存储和云计算。在监控中心实施远程监控流动腐蚀情况,当流动腐蚀达到临界状态或出现故障信号时,及时发出预警信号,指导中控中心或相关人员进行应急措施;在移动终端,能够及时获取报警信息,包括传统的组态网络在内的所有功能,云平台完全可实现,其总体架构见图12。

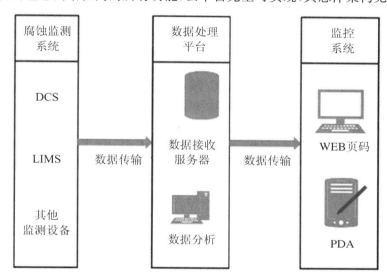

图 12　流动腐蚀智能运维平台架构

利用工业物联网、云存储、云计算等技术,集成与流动腐蚀相关的原料、设备、过程参数和维护参数等数据库,基于实时诊断预警获得的流动腐蚀参数及运行工况,联立工厂实际的装置及操作规章制度,建立高风险石化系统的流动腐蚀智能运维平台。

4.2.2 应用案例

以某石化柴油加氢装置智能防控平台为例,该装置工艺流程如图13所示。从第二加氢反应器出来的反应产物分别与混氢原料油、低分油换热后,进入反应产物空冷器和水冷器冷却后再进入高压分离器,在高压分离器中进行气、油、水三相分离。为防止反应生成的铵盐在低温下结晶堵塞反应产物空冷器管束,在反应产物进入空冷器前注入除盐水以洗去铵盐。高压分离器顶出来的气体进入循环氢脱硫入口分液罐,以除去气体中携带的少量液滴后进入循环氢脱硫塔,经胺洗脱除硫化氢后的循环氢从塔顶出来再进入循环氢压缩机入口分液罐,经分液后进入循环氢压缩机,再经升压后与压缩后的新氢混合,再返回反应系统。高压分离器底油相降压后送至低压分离器油侧进行再次分离,低压分离器顶气相送出至装置外脱硫,罐底低分油先与精制柴油换热,然后与反应产物换热至一定温度后进入分馏塔。高压分离器和低压分离器底含硫铵污水经混合后,送至装置外含硫污水装置处理。

为了对设备情况进行有效防控,开发了流动腐蚀智能运维平台。该平台内嵌 ASPEN 模型、深度学习模型,集数据采集、状态监测、诊断预警、智能防控等功能于一体。用户可通过 PC 段和移动端进行访问,如图14 所示。

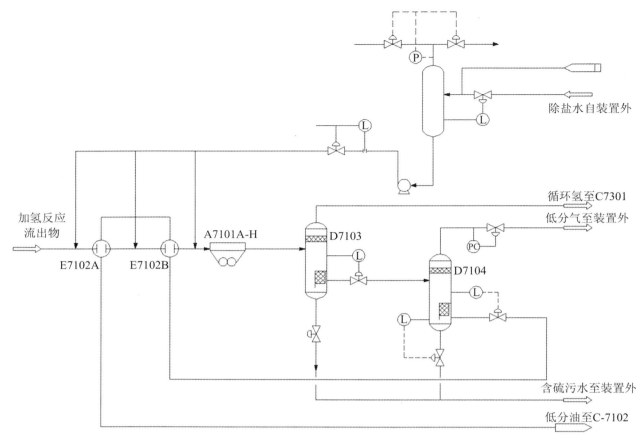

图 13　某石化柴油加氢装置工艺流程图

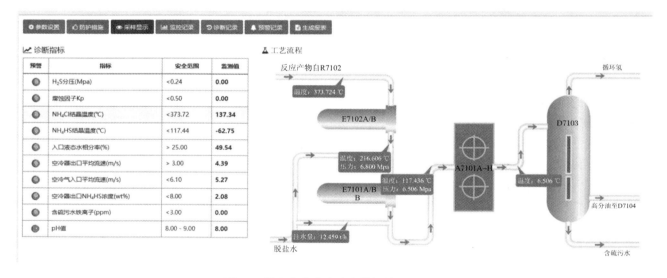

图 14　某石化企业流动腐蚀智能运维平台

该平台能通过石化企业 DCS、LIMS 等系统进行数据通信,获取设备实施工况并及时准确预测流动腐蚀状态信息,与理论分析计算得到的结果基本吻合。该平台能够根据大量的数据对设备进行腐蚀预测预警,并提供有效的防护措施,实现柴油加氢装置长周期安全稳定运行。

5　结论

本文针对加氢装置反应流出物系统,分析了冷换设备存在的流动腐蚀机理,并基于不平衡度分析对

REAC 进行了优化设计,主要包括配管方式优化和静态混合器结构设计。同时,提出了耐流动腐蚀 REAC 复核衬管空冷器管束设计方案。最后开发了数据驱动的流动腐蚀智能运维平台,实现了对加氢装置现场运行工程及设备状态的有效监管。

参 考 文 献

［1］ 刘新阳.加氢反应流出物中铵盐腐蚀及预防[J].石油化工腐蚀与防护,2014,31(2):17-20.

［2］ 王振宇,王征,沈明欢,等.塔河原油中有机氯来源分析和脱除[J].石油炼制与化工,2013,44(4):86-90.

［3］ 孙彦霖,王宽心,偶国富.加氢空冷器 NH_4Cl 流动沉积特性数值模拟[J].炼油技术与工程,2017,47(6):44-49.

［4］ Toba K,Suzuki T,Kawano K,et al.Effect of relative humidity on ammonium chloride corrosion in refineries[J].Corrosion,2011,67(5):1-7.

［5］ Paulo Pio Alvisia,Vanessa de Freitas,Cunha Lins.Acid salt corrosion in a hydrotreatment plant of a petroleum refinery[J].Engineering Failure Analysis,2008(15):1035-1041.

［6］ 偶国富,金浩哲,胡益.反应流出物空冷器现场铵盐沉积实验测试装置:101825589B[P].2011-10-26.

［7］ 偶国富,任海燕,王宽心,等.10#碳钢在 NH_4HS 溶液中的冲蚀规律[J].石油学报(石油加工),2014,30(5):928-933.

［8］ 张建新,管庆超,赫海洋,等.大型加氢空冷器翅片管束的泄漏检测与定位[J].仪器仪表学报,2018,39(2):185-192.

［9］ 胡国呈,董金善,丁毅.余热回收器换热管与管板连接处泄漏失效分析[J].压力容器,2019,36(9):53-62.

［10］ 何昌春,徐磊,陈伟,等.常顶系统流动腐蚀机理预测及防控措施优化[J].化工学报,2019,70(3):1027-1034.

［11］ Zheng D,He X,Che D.CFD simulations of hydrodynamic characteristics in a gas-liquid vertical upward slug flow[J].International Journal of Heat and Mass Transfer,2007,50(21/22):4151-4165.

［12］ Stack M M,Corlett N,Turgoose S.Some recent advances in the development of theoretical approaches for the construction of erosion-corrosion maps in aqueous conditions[J].Wear,1999(233):535-541.

 作 者 简 介

偶国富(1965—),男,汉族,教授,博士,研究方向为流动腐蚀智能防控技术。通信地址:江苏省常州市武进区常州科教城常州大学机械工程学院 317。E-mail:ougf@163.com。

一种大尺寸钛-不锈钢法兰环件爆炸焊接
方法的工艺研究

李超　夏小院　夏克瑞　邢昊　徐宇皓

(安徽弘雷金属复合材料科技有限公司,宣城 242000)

摘要:法兰广泛应用于石化装备行业中,而采用金属复合材料来制作法兰环通常使用整体板坯来进行机加工,此种方法对稀贵金属浪费较多且设备造价较为昂贵。本文针对爆炸复合材料所涉及的炸药爆速、布药方式、起爆雷管放置及其摆放间距进行大量的实验,成功完成了钛-不锈钢法兰环件的爆炸焊接制作,其结合状态、机械性能均可满足相应标准的要求。

关键词:法兰;钛-不锈钢;爆炸焊接

Research on Explosive Welding Process of Large-sized Titanium-Stainless Steel Flange Rings

Li Chao, Xia Xiaoyuan, Xia Kerui, Xing Hao, Xu Yuhao

(Research & Development Department, Anhui Honlly Clad Metal Materials Technology Co., Ltd., Xuancheng, 242000)

Abstract:Flanges are widely used in the petrochemical equipment industry, and the use of metal composite materials to make flange ring usually uses the whole slab for machining. This method wastes a lot of rare and precious metals and the equipment cost is relatively expensive. In this case, a large number of actual experiments are carried out according to the explosive detonation speed, explosive distribution style, detonator placement and placement spacing involved in explosive composite materials. Through experiments, the explosive welding of titanium-stainless steel flange rings has been successfully completed, and its combination status as well as mechanical properties can meet the requirements of corresponding standards.

Keywords:flange;titanium-stainless steel;explosive welding

1 引言

法兰是管件与管件之间相互连接的零件,或用在设备进、出口上,可以用于两个设备之间的连接,其用途非常广泛。在一些石化装备行业中,会采用金属复合材料来制备法兰。目前,传统复合材料的法兰环件多采用整体板坯进行爆炸复合,然后进行机加工,但对于大尺寸的复合材料法兰环,该方法的制造成本昂贵,且对稀贵金属浪费较大,而采用法兰环件板坯爆炸焊接工艺来制备复合金属法兰环可以解决这一问题。但复合法兰环爆炸焊接过程中,在闭合环处安置起爆点均会产生一个爆轰对撞区域,并造成复层因爆轰波对撞而产生大面积的褶皱,且其基体材料及结合界面也会因爆炸载荷较大产生过度的金属熔化,导致爆炸焊接失败。本研究解决了此问题,实现了复合法兰环一次爆炸焊接成型的工艺方案,确保产品使用范围内结合率达到 100%,剪切强度满足标准 NB/T 47002.3 的要求。

2 试验原理

爆炸焊接以炸药为能源,其焊接过程是爆轰波传播过程的一种表现方式。研究表明,爆轰波的传播与光波的传播相似,同样都遵守几何光学的惠更斯-菲涅尔原理。根据这一特点,采用方案1:单点起爆,法兰环的爆炸焊接过程(爆轰波传播过程)如图1所示,必然存在对撞处,根据爆炸焊接原理,在对撞处射流产生堆积,且界面空气排气受阻,将会在结合界面产生更高的压力,超出爆炸焊接窗口,导致爆炸焊接失败。采用方案2:多点起爆,当雷管安置间距过大,将同样产生类似方案1的问题,但采用足够多的雷管同时起爆,理论上即可解决此问题,实现如图2所示的在法兰环上产生类似于中心起爆产生的环形爆轰波,不产生爆轰对撞问题。

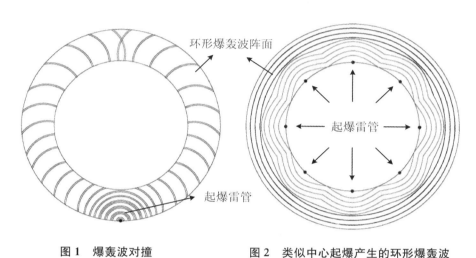

图1 爆轰波对撞   图2 类似中心起爆产生的环形爆轰波

3 试验方案

3.1 试验材料

试验采用矩形板来确认最合理的起爆间距,试验板复层为TA2,规格为:5 mm×850 mm×950 mm;基材为S31603,规格为:30 mm×800 mm×900 mm。基、复层材料均符合国家相应标准规定,炸药为混合添加剂的粉状乳化炸药。

3.2 试验过程

如图3所示,在起爆雷管布置好后,沿雷管边缘布置平行于长度方向的高爆速传爆炸药,以改变爆轰波的传播方向来控制爆轰对撞的长度,并采用不同的起爆间距摸索最合适的雷管间距,同时对爆轰波对撞后产生的问题进行整理分析,并期望形成如图4所示的波阵面。

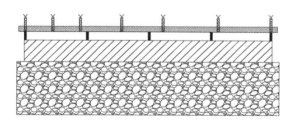

图3 不同起爆距离雷管安装示意图

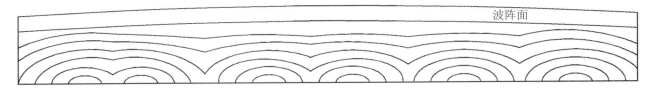

图 4 理想状态的波阵面

根据图 3 方案,板材完成爆炸复合后,外观检测发现其局部区域存在褶皱、击穿情况(图 5),消应力热处理后进行超声波检测,发现当雷管放置距离大于 100 mm 时,两雷管间存在较大面积的未结合,如图 6 所示。

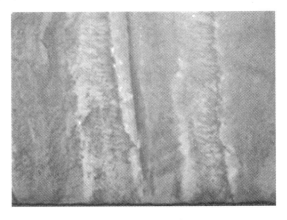

图 5 复层褶皱

图 6 超声波检测未结合区域

剔除复层后,结合界面有过融情况,如图 7 所示。按 100 mm 放置时可以达到较为理想的状态(图 8(a)),当雷管间距为 150 mm 或更大时会出现过融及对撞痕迹(图 8(b))。它们与起爆点间距的关系如表 1 所示。

表 1 不同雷管安置间距下的缺陷长度

序号	起爆点间距(mm)	复层情况	结合状态	对撞痕迹长度(mm)
1	100	完好	结合	50
2	100	完好	结合	70
3	150	褶皱	未结合	410
4	150	凸起	未结合	470
5	200	褶皱	未结合	800

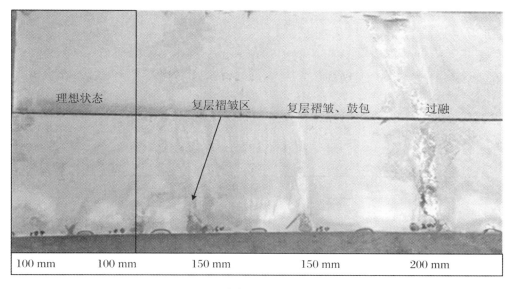

图 7　不同起爆间距对板材的影响

(a) 100 mm

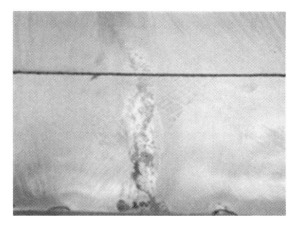

(b) 200 mm

图 8　雷管按不同间距放置结合界面情况

　　因此,将雷管间距控制在 100 mm 时,可在较短距离内控制爆轰波对撞的不利影响,将环形波阵面转化为平面波阵面。

3.3　阶段总结

　　(1) 多点起爆时相临起爆点间将雷管间距控制在 100 mm,可将环形波阵面转化为平面波阵面。

　　(2) 起爆雷管必须保证同时起爆,起爆时间延期较大时,随起爆雷管间距增大产生的影响越严重,可通过更改雷管型号,采用数码电子雷管,来控制雷管延期的不利影响。

　　(3) 图 3 中采用的高速传爆炸药为粉状乳化炸药,爆速约 3500 m/s,与主体炸药的爆速差别可改变初始爆轰波阵面的形态,这个高爆速炸的药爆速越高将更有利于短距离内形成图 4 上部分的平面波阵面,采用民用爆速约为 6000 m/s 的震源药柱(药粉)取代粉状乳化炸药,效果应更好。

4 成果转化

4.1 产品实例

经沟通,此四件板为法兰环,需求尺寸分别为:(6 + 65)×Ø1400/Ø1000 及(6 + 65)×Ø1900/Ø1500,双方协商后同意采用多点起爆的方法,按环件交付(表2)。

表2 需方订货单

客户名	材质	规格(mm)	数量(个)	面积(m²)
NJSD	TA2/S31603	(8 + 70)×Ø1400	2	3.08
		(8 + 70)×Ø1900	2	5.67
制作及验收标准:	NB/T 47002.1—2009 B1			

为取得最佳效果,基材 S31603 按 70×Ø1480/Ø850 和 70×Ø1980/Ø1350 投料,内圆爆炸加工裕量增加150 mm,在环内多点安装瞬发导爆管雷管,并在雷管区附近布置高爆速传爆炸药来消除起爆点之间爆轰对撞夹角的相互影响,具体方案示意图如图9(W:雷管摆放间距;X:环件外圆直径;Y:环件传爆药布药边界;Z:环件内圆直径)所示,施工效果如图10所示。

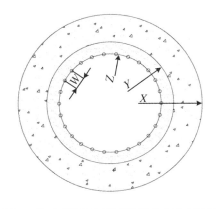

图9 钛-不锈钢法兰环件爆炸复合示意图

图10 施工完成

4.2 爆炸焊接质量

完成爆炸复合后对其外观进行检查,发现环件内径边部传爆药布药区域存在少量的褶皱缺陷,但缺陷范围均控制在传爆药布药范围(100 mm)内,如图11所示,此缺陷在加工裕量充足的情况下,不会影响成品使用。

图11 局部褶皱

对环件进行 100%超声波探伤后,除传爆药布药区域范围内存在缺陷,结合率符合标准 NB/T 47013.3—2015 I级,即 NB/T 47002.3－2019 B1 级。

复合法兰环件进行消应力处理后,分别从板坯四周切取试样进行剪切实验,实验结果满足标准 NB/T 47002.3—2019 中的要求,符合 GB/T 8546—2017 中 0 类要求,实验结果如表 3 所示。

表 3　剪切实验

样品编号	试样尺寸	F(kN)	τ_b(MPa)
1	24.90×4.50	26.56	237
2	24.93×4.49	25.92	232
3	24.55×4.48	25.12	228
4	24.56×4.47	25.58	233

对法兰环切割后,剔复层检查发现,复层钛板褶皱区域(两起爆点中垂线)在结合界面从内径边缘向环内延伸,缺陷小于 100 mm,且无缺陷处焊接波纹形貌一致,波深、波宽均达到理想状态,如图 12 所示。

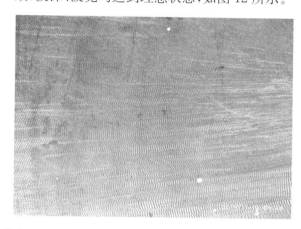

图 12　结合界面对撞痕迹长度及结合界面波纹形貌

5　结论

本文以 8 mm 钛板制作钛-不锈钢法兰环,从其结合状态和机械性能状况来看,法兰环内径增加 100 mm 裕量作为起爆点安置区域后,起爆雷管按 100 mm 间距放置,可实现钛-不锈钢法兰环的一次爆炸焊接成型,且从试验转入实际生产中,通过适当的工艺方案调整也可完成其他规格复合法兰环的一次爆炸焊接成型。

按此方法可实现钛-不锈钢法兰环的一次爆炸焊接成型,并取代以往钛-不锈钢法兰环采用整体板坯进行爆炸复合后再进行机加工的方法,有效地降低了对稀贵金属的浪费和设备制造成本,使复合法兰环在工程应用上有了更高的选择优势。

按此方法,可以保证金属复合法兰环使用范围内 100%的结合,且剪切强度满足标准 NB/T 47002.3—2019 规定的 140 MPa 和 GB/T 8546—2017 规定的 196 MPa。采用此工艺方案,可为特殊板材的爆炸复合提供一定的技术基础。

参考文献

[1]　郑哲敏,杨振声,等.爆炸加工[M].北京:国防工业出版社,1981.
[2]　郑远谋.爆炸焊接和爆炸复合材料[M].北京:国防工业出版社,2017.
[3]　汪旭光.爆炸合材新材料与高效、安全爆破关键科学和工程技术:中国工程科技论坛第 125 场论文集

[M].北京:冶金工业出版社,2011.

[4] 汪旭光.爆炸合成纳米金刚石和岩土安全破碎关键科学与技术[M].北京:冶金工业出版社,2014.

 作 者 简 介 ●

李超(1991—),男,汉族,工程师,从事新产品研发。通信地址:宣城市宣州区经济技术开发区春华路 55 号。E-mail:lc525791543@foxmail.com。

大型超长换热器管束制造及组装技术

姚博贵[1,2]　贾小斌[1,2]　郑维信[1,2]　杜金涛[1,2]

冯尔珺[1,2]　王金霞[1,2]　周彩云[1,2]　王志刚[1,2]

(1. 兰州兰石重型装备股份有限公司,兰州 730314;2. 甘肃省压力容器特种材料焊接重点实验室,兰州 730314)

摘要:介绍了目前我国直径最大、吨位最重、长度最长中间换热器管束的制造难点,结合设备自身结构特点,设计并制造了具有针对性的工装,有效降低了设备的制造难度,顺利完成制造。

关键词:换热器;超长;吨位重;挠度大

Development Technology of Large-scale and Super-long Intermediate Heat Exchanger for Methanol Synthesis

Yao Bogui[1,2], Jia Xiaobin[1,2], Zheng Weixin[1,2], Du Jintao[1,2]

Feng Erjun[1,2], Wang Jinxia[1,2], Zhou Caiyun[1,2], Wang Zhigang[1,2]

(1. Lanzhou Lanshi Casting and Heat Treatment Co., Ltd., Lanzhou 730087;2. Pressure Vessel Special Material Welding Key Laboratory Cultivation Base of Gansu Province,Lanzhou 730314)

Abstract:This paper introduces the manufacturing difficulties of the intermediate heat exchanger with the largest diameter, the heaviest tonnage and the longest length in our country. According to the difficulties in the manufacturing process,through in-depth analysis of the structure characteristics of the equipment itself,we design and manufacture the targeted tooling,effectively reducing the manufacturing difficulties of the equipment, so that the difficulties can be solved and the manufacturing can be completed successfully.

Keywords:heat exchanger;large diameter;overlength;tonnage weight;large deflection

1　引言

我国 2018 年对乙二醇的年需求量达 1546.3 万 t,需求量还在进一步增加中,目前的煤制乙二醇项目还在持续投放,可有效缓解对进口乙二醇[1-4]的高度依赖,市场前景良好。

该项目制造的甲醇合成回路中间换热器,属于乙二醇项目中的核心设备,该换热器解决了中高压、长管束、大直径换热器因管壳程温差引起的管壳程轴向位移不同步的问题,在换热器管壳程温差较大方面有着自己独特的优势,在市场逐步趋向成熟,能够得到广泛应用和推广,所以对该类产品的制造、研发完全顺应目前的市场需求,在产能需要日趋增大、装置趋向大型化的市场前提下,应用前景巨大,可为公司带来较高的经济效益,为社会创造更多价值。

2　设备介绍

我公司为某项目制造的甲醇合成中间换热器(图 1)是目前国内该种类型产品直径、吨位最大,换热管长度最长的换热器。设备总长为 30772 mm,总重为 338 t,管束直径为 Ø2.4 m,长 26022 mm,换热管材质为

S30403,规格为Ø14×2 mm。管束内部浮动管板可有效解决中高压、长管束、大直径换热器因管壳程温差引起的管壳程轴向位移不同步的问题,大幅降低了管板所受轴向应力,同时也保证了设备的安全运行。甲醇合成中间换热器的设备参数见表1。

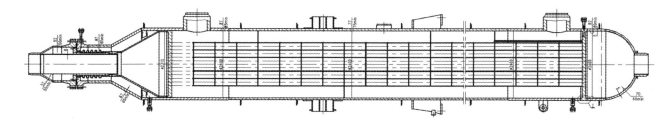

图1　甲醇合成中间换热器简图

表1　设备参数

	壳程	管程
工作压力(MPa)	8.3	8.3
设计压力(MPa)	7.04	6.86
最高允许工作压力(MPa)	8.3	8.3
进/出工作温度(℃)	54.3/250	280.9/84.1
设计温度(℃)	-19.3/280	-19.3/330
介质	水、氢气、一氧化碳、二氧化碳、甲烷、氮气、氩气、甲醇	水、氢气、一氧化碳、二氧化碳、甲烷、氮气、氩气、甲醇

3　管束的制造难点及解决方案

设备管束(见图2)直径为Ø2400 mm,长26022 mm,重184.2 t,换热管规格为Ø14×2,材质为S30403,长24000 mm。换热管中有折流板数量多,折流板间距较小。换热管超长且规格较小,管头容易乱串,穿管难度极大。管束超长,折流板数量多,对整体骨架的直线度、同心度要求极高。[5-7]

针对上述难点,在管束制造中制定了以下详细措施:

第一,为克服管头乱串情况,定制了加长的换热管引头(见图3),普通的引头为铝制件且长度只有120 mm。定制的管头长度为300 mm,材质为Q235B,且引头前端尺寸较长,普通引头前端斜度为1.15,定制引头前端斜度为1:3,增加引头牵引段斜度,提高引头进入折流板孔的可行性。利用引头自重,增加换热管的重量,以此克制管头乱串的情况,使得穿管难度整体降低。

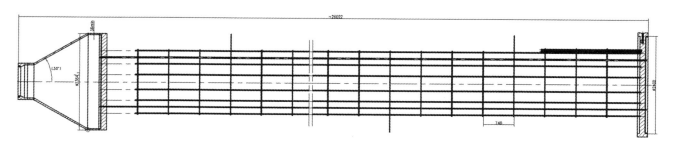

图2　管束简图

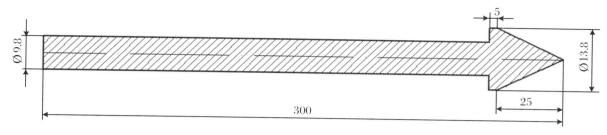

图3 定制引头简图

第二，折流板孔同心度的控制。因折流板数量较多，必须提高其同心度，才能保证换热管的顺利穿入。折流板孔图纸尺寸要求为 $\varnothing 14.7_0^{+0.3}$ mm，在钻孔过程中采用 $\varnothing 14.6$ 的钻头进行钻孔，并对所有折流板孔使用塞规进行逐一检查（见图4），对尺寸小于 $\varnothing 14.7$ mm 的孔，再次进行扩孔，必须大于 $\varnothing 14.7$ mm。最终折流板孔尺寸均在 $\varnothing 14.7 \sim 15$ mm 之间。

单片折流板孔尺寸符合图纸要求，孔距符合图纸要求。并不意味所有折流板的精度一样高，为提高所有折流板的同心度，将所有折流板分为5组，每组厚度小于 150 mm 摞成一摞。四周用定位销进行定位，使用样管对每一摞折流板的同心度进行检查（见图5），对同心度较差的折流板进行绞孔，直至样管可以顺利穿入每摞折流板。

折流板孔尺寸和同心度符合要求后，方可搭骨架（见图6）。

图4 折流板孔逐一检查

图5 折流板同心度检查

图6 管束搭骨架

4　管束与壳体的组装难点及解决方案[8-10]

因管束超长、吨位重,使用传统的吊装方法,必然会因管束超长、自重过大,产生非常大的变形和挠度,在管束部分进入壳体后,稍微操作不慎,就会造成管束折流板变形和换热管损伤,后果非常严重。

为避免上述情况出现,制定了详细方案:

针对管束过重,在自重作用下管束变形过大,在不影响管束强度的情况下,根据管束特点,将管束划区,只在管束外侧进行穿管(见图7),以提高管束自身的强度并有效控制管束自重,既在管束拉入壳体时不会因强度不足发生变形,也不会因管束过重与筒体发生碰撞导致管束损伤。待管束拉入壳体后,再将剩余换热管穿入管束。

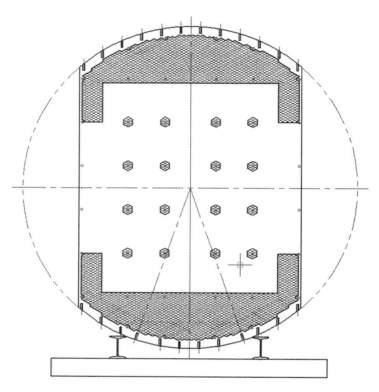

图 7　管束穿管示意图

管束浮动管板侧为锥体封头(见图2),相比球形和椭圆形封头而言,形状不规则,且重心难以判断,管束在拉入壳体时必然会发生沉头或左右摇摆的情况,导致管板与壳体发生碰撞,无法正常拉入情况的出现。壳体内径为 Ø2400 mm,浮动管板外径为 Ø2384 mm,两者理论间隙单边仅为 8 mm(见图8),间隙很小。针对锥形封头特性和浮动管板与壳体间隙很小的情况,在浮动管板连接法兰端口设计并增加了管束牵引导向轮定位装置(见图9)。在导向定位轮装置的作用下,浮动管板侧在进入壳体后,无法左右摇摆、上下倾斜,为管束顺利进入壳体提供了有效的技术支持。

管束中共有旁路挡板和滑道12组,位于管束上下两侧。常规旁路挡板和滑道的组装方式为换热管穿完后,将管束旋转90°,在管束两侧组装并焊接旁路挡板和滑道,若该管束使用传统方式,必然会造成管束整体的直线度、同心度发生较大变化,使得后续的换热管穿管十分困难。因而专门设计并制造了管束增高支架(见图10),既可便捷快速地组装旁路挡板和滑道,又可有效避免因管束转动带来的不利因素。

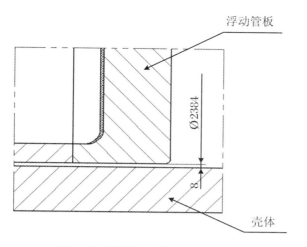

图 8　浮动管板与壳体间隙示意图

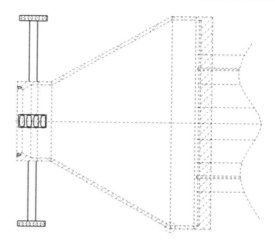

图 9　导向轮定位装置简图

图 10　管束增高支架示意图

管束的组装[11-15]，鉴于其长度超长、吨位重，制定了专业的拉管束方案，普通换热器采用双车配合即可满足吊装要求，但该管束的组装必须多台天车配合使用（见图 11），其中一台车作为牵引车使用，其余天车配合吊起管束。多台天车的配合使用，有效解决了管束超长、吨位重带来挠度大的所有困扰，使得管束的直线度得到了充分的保证，为管束顺利拉入壳体奠定了坚实的基础。管束进入壳体过程中控制活动端管板及折流板与壳体周边间隙均匀，避免折流板与壳程筒体发生摩擦刮伤筒体，天车行进速度控制在 1 m/min 以下，避免万一发生卡顿现象，无法及时修正管束位置，导致管束与筒体卡死的情况出现。

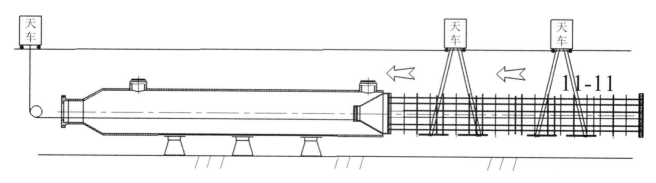

图 11　管束组装天车使用示意图

5　结论

（1）针对换热管规格小、长度超长的情况，必须使用定制引头消除换热管穿管过程中乱串的情况。

（2）折流板整体同心度、直线度的保持，必须通过先控制单片折流板的精度，再控制整体折流板的精度，最终达到预期效果。

（3）管束与壳体组装过程中，避免管束中折流板与壳体发生摩擦擦伤壳体，必须采取必要的工艺措施进行控制，适当控制管束自身强度与自重，设计导向轮定位装置，使管束在拉入过程中，锥体封头侧始终在壳体中心线允许误差范围内前进。

（4）针对管束种组旁路挡板和滑道的组装，为了达到既不影响管束整体直线度和同心度，又可方便快捷地组装旁路挡板和滑道，必须使用管束增高支架才能实现目的。

（5）针对管束长度超长、吨位重的特点，必须制定专业的拉管束方案，即可避免管束超长、吨位重、挠度过大的情况发生，又可保证管束顺利进入壳体，达到最终目的。

参 考 文 献

［1］　魏巍.国内大型换热器的技术进展分析［J］.科技经济导刊，2019，27（12）：97.

［2］　崔海涛，张磊，孙振雷，等.乙二醇合成工艺进展及前景分析［J］.当代化工，2017，46（3）：503-506.

［3］　Valverde C，Ligadas G，Ronda J C，et al. Synthesis and characterization of castor oil-derived oxidation-responsive amphiphilic block copolymers［J］. European Polymer Journal，2020（5）：10-14.

［4］　余良俭，张延丰，周建新.国产超大型板壳式换热器在石化装置中的应用［J］.石油化工设备，2010，39（5）：69-73.

［5］　赵景玉，黄英，赵石军.大型管壳式换热器的设计与制造［J］.压力容器，2015，32（3）：36-44，75.

［6］　傅瑞丽，安震.大型固定管板管壳式换热器制造质量控制要点［J］.硫磷设计与粉体工程，2017（6）：5，32-36.

［7］　徐观石.大型超长型热交换器制造［J］.石油化工设备，2014，43（3）：59-62.

［8］　金岳军.浅谈大型换热器的制造与检验工艺［J］.化学工程与装备，2009（6）：30-32.

［9］　王丽莉，宋利锋，曲晓明.大型立式换热器的制造要点［J］.管道技术与设备，2009（3）：35-36，44.

［10］　夏芝水.浅谈大型换热器制造工艺［J］.杭氧科技，2005（3）：16-18.

［11］　李发林，刘利和.超长换热器管束的制造工艺［J］.机械制造文摘（焊接分册），2016（1）：24-26.

［12］　江发雄，施可敏，秦国安，等.超长列管式换热器制造技术研究［J］.四川化工，2013，16（3）：44-47.

［13］　乐永卓.国内首创的超长大型换热器研制成功［J］.石油化工设备，1990（2）：50.

［14］　楼广治.国内首台超大型换热器的研制及技术难点分析［J］.压力容器，2010，27（5）：26-31，35.

［15］　中华人民共和国国家质量监督检验检疫总局，中国国家标准化管理委员会.热交换器：GB/T 151—2014［S］.北京：中国标准出版社，2015.

作者简介 ●

姚博贵（1987—），男，汉族，工程师，主要从事压力容器制造、维修及其研究工作。通信地址：甘肃省兰州市兰州新区昆仑大道528号兰州兰石重型装备股份有限公司。E-mail：yaobogui@lshec.com.

第一反应器顶部冷凝器关键制造要点解析

牛步娟[1,2]　**周彩云**[1,2]　**姚博贵**[1,2]　**张志敏**[1,2]　**李世甲**[1,2]

（1.兰州兰石重型装备股份有限公司，兰州 730087；2.甘肃省压力容器特种材料焊接重点实验室培育基地，兰州 730087）

摘要：本文从双相不锈钢 S32205 换热管与管板的焊接、贴胀，换热管与管板焊接接头处圆角 R 的加工，两侧管箱内表面抛光等方面介绍了第一反应器顶部冷凝器的关键制造要点，为该类设备的制造提供必要的技术支撑。

关键词：换热器；S32205；管头焊接；机加工；抛光

Analysis of Key Manufacturing Points of the Top Condenser of the First Reactor

Niu Bujuan[1,2], **Zhou Caiyun**[1,2], **Yao Bogui**[1,2], **Zhang Zhimin**[1,2], **Li Shijia**[1,2]

（1. Lanzhou Lanshi Casting and Heat Treatment Co., Ltd., Lanzhou 730087；2. Pressure Vessel Special Material Welding Key Laboratory Cultivation Base of Gansu Province, Lanzhou 730087）

Abstract：This article introduces the dual phase stainless steel S32205 heat exchange tube and tube plate welding, sticking expansion; the processing of the fillet R at the welding joint of heat exchange tube and tube plate. The key manufacturing points of the condenser on the top of the first reactor were introduced in the aspects of surface polishing of the tube box on both sides, which provided necessary technical support for the manufacture of this kind of equipment.

Keywords：heat exchanger；S32205；pipe welding head；machining；polishing

1 引言

为某公司 2020 年大修烯烃 E206 换热器项目制造的第一反应器顶部冷凝器如图 1 所示。该设备属固定管板式换热器，其管程介质为烃类（含细粉），为了便于介质流出方便，设备在设计方面有以下特点：

（1）设备设计成倾斜状，设备安装就位后，设备中心线与基准水平线倾斜 3°，便于介质（含细粉）的流出，如图 1 所示，右侧为物料入口端。

（2）管程物料入口端换热管与管板连接方式采用内缩式结构，且换热管与管板焊接接头采用圆角过渡，表面粗糙度要求达到 Ra0.8～1.6，减少介质（含细粉）在焊接接头处的聚集腐蚀。

（3）两侧管箱整体内表面进行抛光处理，表面粗糙度要求达到 Ra 0.8～1.6，减小介质（细粉）在管箱内表面的黏附。

（4）换热管采用抗点蚀、缝隙腐蚀、应力腐蚀及腐蚀疲劳性能较好的双相不锈钢 S32205，管板采用 SA240 S32205＋16MnⅢ爆炸复合板。

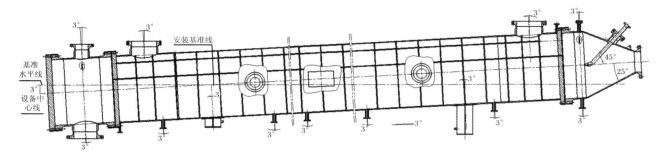

换热管及拉杆与左端管板的连接详图　　　　换热管与右端管板的连接详图

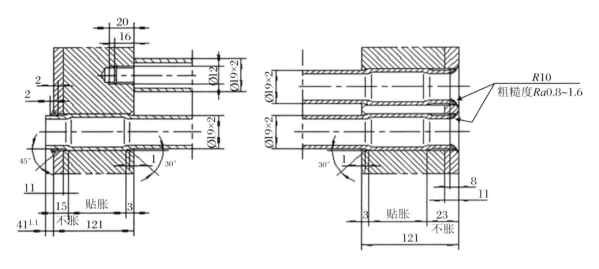

图 1　第一反应器顶部冷凝器结构简图

2　设备简介

第一反应器顶部冷凝器属固定管板式换热器,由两端管箱、壳体、管束等部分组成,管板与壳体采用焊接形式连接,管板与管箱螺栓紧固连接。管箱、壳体材料均为普通 Q345R 和 16Mn 锻件,换热管材质为 S32205,管板材质为 SA240 S32205＋16MnⅢ爆炸复合板。换热管与出口端管板采用外伸角接焊接形式,换热管与入口管板采用内缩式结构,且换热管与管板焊接接头采用圆角过渡,两端内表面均需抛光处理。设备结构见图1,技术特性见表1。

表 1　设备主要设计参数

	壳程	管程
设计压力(MPa·G)	2.78/FV	2.78
最高允许工作压力(MPa·G)	2.78	2.78
设计温度(℃)	80	80
换热器程数	1	1
介质	温水	烃类(含细粉)
介质特性	/	第一组介质(易爆/轻度危害)

3　S32205 换热管与管板焊接及胀接

双相不锈钢 S32205 是一种铁素体-奥氏不锈钢。它综合了铁素体和奥氏体有益的性能,具有很好的抗氯离子应力腐蚀性能及良好的抗硫化物应力腐蚀能力。由于氮和钼的含量提高,焊接和耐蚀性有了进一步的提高。另外由于该钢铬和钼的含量都很高,因此具有极好的抗点腐蚀和均匀腐蚀的能力。同时具备较高的机械强度。

本设备换热管采用抗点蚀、缝隙腐蚀、应力腐蚀及腐蚀疲劳性能较好的双相不锈钢 S32205,管板采用 SA240 S32205 + 16MnⅢ 爆炸复合板,大大提高了设备的使用寿命。设备用 S32205 换热管符合 SA-789 冷拔无缝钢管的规定,SA240 S32205 双相不锈钢钢板符合 ASME SA-240/SA-240M 的要求,并经光亮酸洗(WHITE-PICKLED)处理,抗点蚀当量值 PRE 应大于 35($PRE = \%Cr + 3.3\%Mo + 16\%N$);金相组织应为均匀的奥氏体 + 铁素体双相组织,其中铁素体含量应为 40%～60%。

3.1　换热管与管板的焊接

换热管与入口端管板焊接采用内缩式角接接头形式,换热管与出口管板焊接采用外伸角接接头形式,如图 1 所示,根据材料性能选用合适的焊接材料,S32205 匹配焊丝牌号为 ER2209,根据接头形式选用合理的焊接方法,换热管与入口端管板焊接采用手工钨极氩弧焊,换热管与出口管板焊接采用自动钨极氩弧焊,具体的焊接参数见表 2。

表 2　换热管与管板焊接参数表

换热管管头位置	焊接方法(注)	焊材牌号	直径(mm)	电源类型	焊接电流(A)	焊接电压(V)	焊接速度(mm/min)	氩气流量(L/min)
入口端	手工 TIG	ER2209	Ø2.0	DCEN	120～150	15～17	≥100	8～12
出口端	自动 TIG	ER2209	Ø0.8	DCEN	180～200	9.5～10.5	≥118	8～12

注:① 焊接时将管头分成 8 等份,米字型对称焊接;② 管头端应无毛刺、油锈等脏物,双相钢换热管焊接前丙酮清洗管头,焊接时尽量采用小规范焊接,避免高温下停留;③ 换热管与入口端管板内缩式焊接采用带试样焊接,试样焊接材料及规范与产品工艺一致,共有 5 个试样,焊接后对试样铁素体含量检测。

3.2　换热管与管板贴胀

换热管与两端管板胀接形式均采用液压贴胀形式,贴胀前进行了胀管评定试验,确定胀管参数,并要求设备按照以下要求进行液压胀管:

(1) 管头端口应清除毛刺,保证端口光滑,以免划破液压胀头的袋囊;

(2) 换热管胀管范围内内壁应清理干净,并均匀涂抹 10♯ 或 20♯ 机油进行润滑以利于胀头顺利插入;

(3) 对管头进行液压胀管:每个管头胀一次,胀完后测量胀管部位,换热管 Ø19X2 内径扩大 0.4～0.45 mm 范围内为合格,液压胀管压力为 260～270 MPa。升压、保压、降压时间均为 4 s。

(4) 胀管后应填写胀管记录自检表。

4　换热管与管板焊接接接头处圆角 R 加工

由于管程介质为烃类(含细粉),为了减少介质在换热管与管板焊接接头处的聚集腐蚀,换热管与入口端管板焊接接头采用内缩式结构,且换热管与管板焊接接头采用圆角过渡,圆角半径 $R10$,加工后表面粗糙度要求达到 $Ra0.8～1.6$。

采用数控镗床配置专用加工刀头(钻头)对换热管与管板焊接接头处圆角加工,由于 S32205 材料硬度较高,加工刀头选用具有硬度高、耐磨、强度和韧性较好、耐热、耐腐蚀的优良性能硬质合金材料(见图 2、图 3)。

管板加工时管板孔采用数控深孔钻钻孔,每个管孔均采用数控定位,加工精度很高,管头处圆角加工时在数控镗床上依然采用数控定位,先对其中一根管头进行定位加工,依次进行每根管头的加工。加工后圆角 R 及粗糙度均满足要求(管头加工后成型情况见图4)。

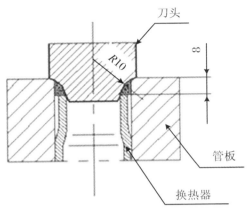

图 2　加工刀头简图

图 3　加工刀头实物图

图 4　管头加工成型后实物图

5　管箱内壁抛光处理

本设备管箱介质含细粉,为了减小细粉介质黏附在管箱内壁,要求管箱内表面进行抛光处理,粗糙度达到 Ra 0.8～1.6。

设备管箱材质为Q345R,若水压试验前对管箱内壁进行抛光,水压试验后内壁表面难免会产生锈点,对抛光效果产生影响。决定在水压试验后对其管箱内表面进行抛光处理。

设备管箱为钢板卷制成型,筒体存在一定椭圆,且入口端管箱为不规则的锥体结构,无法采用刚性机加工方法对其内表面进行光洁度处理,只能对其表面采用手工抛磨方法处理。

抛光工具:使用S1S-FF-150型直向砂轮机(见图5),配置不同目数的千叶轮(见图6)进行抛光处理。

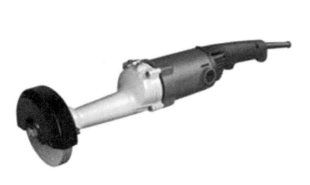

图 5　S1S-FF-150 型直向砂轮机

图 6　抛光用千叶轮

抛光时，分别采用 P120、P320、P600 千叶轮对选定区域进行抛光。使用千叶轮的目数应由低到高，先粗抛除锈，再精抛，避免直接使用高目数千叶轮（效率低、效果差）。每种目数的千叶轮抛光完成后均应由检查员用粗糙度对比试块进行粗糙度测量，记录数据，图 7 为不同目数千叶轮抛光后设备表面的粗糙度情况，根据试样对比，设备抛光后设备表面的粗糙度满足图纸要求，图 8 为粗糙度对比样块。

(a) P120千叶轮抛光后的表面

(b) P320千叶轮抛光后的表面

(c) P600千叶轮抛光后的表面

图 7　不同目数千叶轮抛光后设备表面的粗糙度情况对比图

图 8　粗糙度对比样块

6　结论

（1）分析产品结构特点，选择合理的制造工艺方法，使产品顺利制造完成，各项性能符合标准及技术条件要求，为此类产品的制造积累了丰富的经验。

（2）通过双相钢管的焊接，掌握了双相钢的焊接材料、焊接参数及性能，可应用于生产。

（3）通过双相钢管的胀接试验，掌握了双相钢的胀接工艺参数，可应用于生产。

（4）数控镗床配置专用刀头对换热管与管板管头进行加工，既保证了圆角半径 R，又确保了加工精度。

（5）通过控制抛光设备转速、千叶轮目数，实现大面积手工抛磨在产品中的应用。

参 考 文 献

［1］　中华人民共和国国家质量监督检验检疫总局，中国国家标准化管理委员会.热交换器：GB/T 151—2014［S］.北京：中国标准出版社，2015.

［2］　李卫东，顾永干.双相不锈钢换热器设计制造技术［J］.压力容器，2002，19（8）：27-30.

［3］　吴玖.双相不锈钢［M］.北京：冶金工业出版社，1999.

作者简介 ●

牛步娟（1986—），女，工程师，主要从事压力容器制造及其研究工作。通信地址：甘肃省兰州市兰州新区昆仑大道 528 号兰州兰石重型装备股份有限公司。E-mail：niubujuan@lshec.com。

2507 双相不锈钢在乙丙橡胶装置聚合液中的开裂行为

郑启文[1]　王东[2]　王军[2]　徐占有[2]　郑本和[1]

（1. 哈尔滨焊接研究院有限公司，哈尔滨 150028；2. 中国石油吉林石化公司，吉林 132022）

摘要：本文对采用 2507 超级双相不锈钢制作换热管和管板耐蚀层的乙丙橡胶装置聚合物加热器开裂行为，包括裂纹宏观特征、微观特征、开裂机制、开裂原因、控制措施等做了系列试验分析。指出了包括 2507 在内的双相不锈钢对 Cl⁻ 离子引发的应力腐蚀裂纹并不是免疫的；由焊接或不均匀变形产生的残余应力，焊接冶金和焊接热循环导致的组织变化，特别是敏化效应、Cl⁻ 离子的存在与浓缩，依然是此类设备安全运行的严重隐患。本文对双相不锈钢设备制造与应用有一定参考意义。

关键词：乙丙橡胶装置；2507 超级双相不锈钢；应力腐蚀裂纹；残余应力；敏化效应；控制措施

Cracking Behavior of 2507 Duplex Stainless Steel in Polymerization Liquid of Ethylene Propylene Rubber Device

Zheng Qiwen[1], Wang Dong[2], Wang Jun[2], Xu Zhanyou[2], Zheng Benhe[1]

（1. Harbin Welding Research Institute, Harbin 150028；2. Jilin Petrochemical Co. of PetroChina Co., Ltd., Jilin 132022）

Abstract：In this paper, the cracking behavior of polymer heaters in ethylene-propylene rubber device made of 2507 super duplex stainless steel heat exchange tube and tube plate corrosion resistant layer was analyzed, including the macroscopic and microscopic characteristics of cracks, cracking mechanism, cracking causes and control measures. It is pointed out that duplex stainless steel including 2507 is not immune to Cl⁻ ion induced stress corrosion cracking; residual stress caused by welding or uneven deformation, the microstructure changes caused by welding metallurgy and welding thermal cycling, especially sensitization effect, the presence and concentration of Cl⁻ ions are still a serious hidden danger for the safe operation of such equipment. This article has certain reference significance for the manufacture and use of duplex stainless steel equipment.

Keywords：ethylene propylene rubber device；2507 super duplex stainless steel；stress corrosion crack；residual stress；sensitization effect；control measure

1 引言

　　某厂乙丙橡胶装置多台采用 2507 超级双相不锈钢制作换热管和管板耐蚀层的聚合物加热器相继发生严重开裂问题，造成较大经济损失。为此，对裂纹行为及影响因素开展了系列分析工作。[1-2] 所做的工作表明，包括 2507 在内的双相不锈钢，对 Cl⁻ 离子引发的应力腐蚀开裂并不是"免疫"的[3]，焊接冶金和焊接热循环造成的材质组织变化、敏化效应及残余应力仍然是该类设备安全运行的严重威胁。

　　本文以 C 装置 E1401 聚合物加热器的裂纹分析为重点，来探讨 2507 超级双相不锈钢在乙丙橡胶聚合液中的应力腐蚀开裂行为。为比较，引用部分 E1402 的试验数据。上述加热器为管壳式结构；换热管材质为 SAF2507，规格为 Ø34×2.6 m 和 Ø25×2.0 mm；管板是 16MnⅢ锻件堆焊 2507 耐蚀层（基材厚 155 mm，堆焊层厚实测为 9.48~10.17 mm)。管板堆焊和管口环缝采用 GTAW 焊接方法,焊丝为 ER2509。

E1401 加热器管程工作温度为 70~165 ℃;工作压力为 2.74 MPa,管内介质为聚合液(胶液),其中含少量氯化物(Cl⁻,(10~60)×10⁻⁶);加热器壳程介质为蒸汽,工作温度为 200~210 ℃,压力为 1.4~1.5 MPa。E1402 加热器串接在 E1401 加热器之后,其结构、材料、制造工艺均相同;除管程工作温度提高至 165~200 ℃外,其他运行条件均相同。

2 裂纹宏观特征

几台加热器管板上管口及其附近区域存在大范围裂纹。

从 E1401 加热器管板取下的试块如图 1 所示,尺寸为 205×205×165 mm,有 20 个管口。在该试块 18 个管口上共发现 48 处裂纹。查出的裂纹有以下 3 种形式:

(1) 管端裂纹(20 处):裂纹起源于换热管端部,且不少起源于管端内侧,裂纹沿管壁向下(轴向)扩展,测得的几处管端裂纹向下延伸深度为 4~10 mm,裂纹也沿径向扩展,有的停止在壁厚中间,有的贯穿壁厚,有的延伸至管口环缝(7 处)。

(2) 管口环缝裂纹(17 处),包括管端裂纹延伸至环缝(7 处)及局限于焊缝内的裂纹(10 处,径向)。

(3) 管口环缝热影响区裂纹 18 处(环向 10 处,径向 8 处),热影响区裂纹深度大多在 2~4 mm。部分裂纹示于图 2(a)、(b)中。

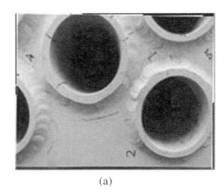
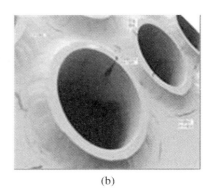

(a)　　　　　　　　　　　　　　　　(b)

图 1　E1401 试块　　　　　　　　　图 2　E1401 裂纹

E1402 开裂的情况比 C-E1401 严重,在图 3(a)所示的范围内(24 个管口),22 个管口存在 96 处裂纹;管端裂纹占绝大多数(80 处),不少从管端内侧启裂,部分延伸至环缝;管口环缝热影响区裂纹更长、更深(有的深度超过 10 mm)。管口环缝及管板堆焊层也有不少裂纹,见图 3(b)、(c)。

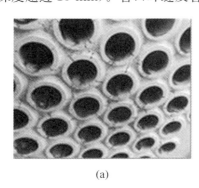
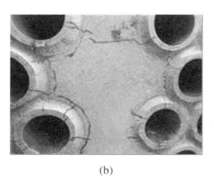
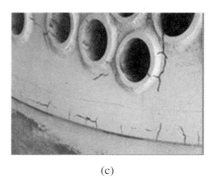

(a)　　　　　　　　　　(b)　　　　　　　　　　(c)

图 3　E1402 裂纹

上述裂纹均出现在与胶液接触的管程侧表面,即为 2507 双相不锈钢材质区;裂纹多源;多分支。对 20 个管口换热管壁厚做了测定,其范围为 2.20~2.32 mm。

硬度测试:换热管 HLB 206~230;管口环缝 HLB 196~207;堆焊层表面 HLB 241~280。换热管化学组成见表 1。

表 1　2507 换热管化学组成（wt%）

	C	Si	Mn	Cr	Ni	Mo	Cu	N	P	S
换热管 2507	0.02	0.52	0.84	24.30	6.37	3.51	0.17	0.30	0.024	0.001
2507（标准）	0.03	1.00	2.00	24.00～26.00	6.00～8.00	3.00～3.50	0.50	0.24～0.32	0.030	0.015

3　裂纹微观特征

3.1　换热管管端裂纹

由图 4 可以看到，裂纹从管端内侧启裂。近内壁的组织示于图 5 中，管端中部组织示于图 6 中。裂纹启裂、扩展及尖端部位分别示于图 4(b)、图 7、图 8 中。由图 5 可以看出，换热管端部内壁侧及中部材料组织形态及分布并无明显变化，基本保持原始状态。但是，由于壁厚仅 2.4 mm，管端及其附近会受到不同程度的焊接热循环作用；且焊接过程中管口环缝凝结与冷却收缩受到大刚度管板的限制，也会受到较大残余应力作用。在熔合区及过热区可见晶粒粗化。观察显示，裂纹在 α 相中或沿 α/γ 相界扩展，如图 4(b) 和图 7、图 8 所示。

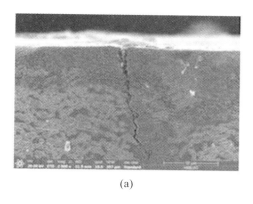

(a)

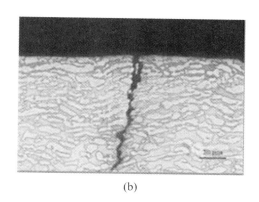

(b)

图 4　管端裂纹启裂区

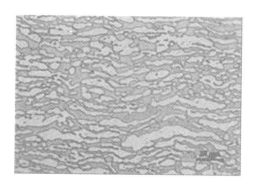

图 5　管端内侧组织

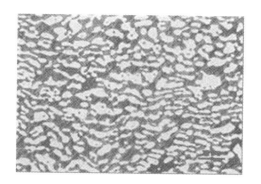

图 6　管端中部组织

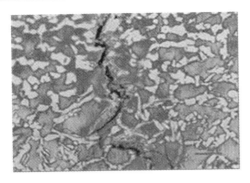 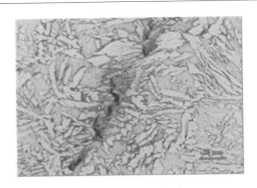

图 7　管端裂纹穿过熔合区　　　　　　　　　　　图 8　管端裂纹尖端

3.2　管口环缝及管板堆焊层裂纹

E1401 试块查出的 50 处裂纹中有 17 处起始或扩展在管口环缝范围，E1402 焊缝区开裂更严重。观察显示，裂纹起始于 α 相或 α/γ 相界，在 α 相中或沿 α/γ 相界扩展，也有沿 γ 周围相界（与 α）或穿过 γ 相扩展的。裂纹起始与扩展区存在大量二次奥氏体（γ_2），如图 9、图 10 所示。

管口环焊缝由两道焊缝组成，打底焊缝、盖面焊缝及其热影响区组织分别示于图 11～图 14 中。显而易见，焊缝组织不均匀，热影响区晶粒粗化，存在大片状铁素体。

E1401 板堆焊层由 4 层焊缝组成，最外层、次外层焊缝金属及其热影响区组织分别示于图 15～图 18 中。由图看出，管板堆焊层表面奥氏体相 γ 占绝对优势；次层焊缝组织更加不均匀；它们的热影响区组织较细，二次奥氏体增多。

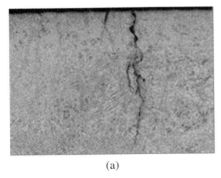 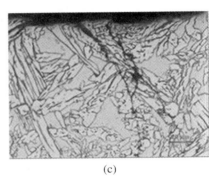

　　　　　　(a)　　　　　　　　　　　　　　　(b)　　　　　　　　　　　　　　　(c)

图 9　堆焊层裂纹

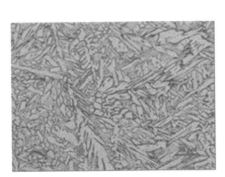 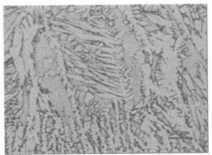 

图 10　堆焊层裂纹尖端　　　　　图 11　管口打底焊道　　　　　图 12　管口打底焊道热影响区

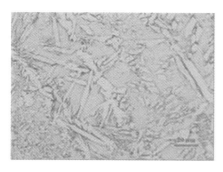

图 13　管口盖面焊道

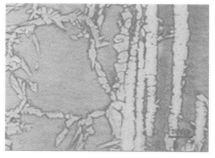

图 14　管口盖面焊道热影响区

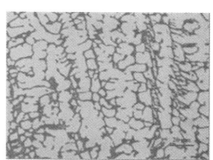

图 15　管板堆焊层最外层焊缝

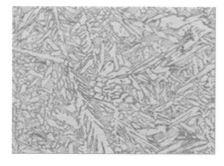

图 16　管板最外层焊缝热影响区

图 17　管板次外层焊缝

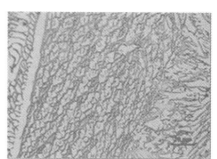

图 18　管板次外层焊缝热影响区

3.3　换热管内壁裂纹

图 19 和图 20 为管口换热管胀接区裂纹及其附近组织。图 21 和图 22 中裂纹发生在存在过胀缺陷的管板背面胀接与非胀接交界处。上述裂纹离焊接区较远，基本不受焊接热循环作用。

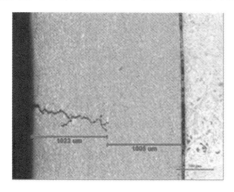

图 19　换热管胀接区裂纹

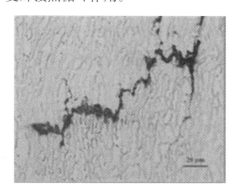

图 20　换热管胀接区裂纹及组织

图 21　换热管过胀区下缘裂纹及组织

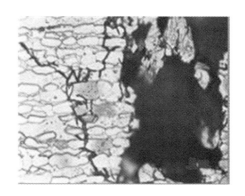

图 22　换热管过胀区下缘裂纹

3.4 相关区域两相比例

利用铁素体测定仪(FERITSCOPE FMP30)对 E1401 试块各部位两相组织含量进行测定,结果列于表 2 中。

表 2 铁素体相含量测定(vt%)

	α 相比例(%)										
堆焊表面	25.6	31.3	23.2	29.3	27.3	26.6	26.7	33.3	35.2	32.3	31.8	32.5
换热管	46.3	44.6	50.5	47.3	44.9	43.0	53.2	42.1	40.5	44.5	43.4	45.1
管口环缝	45.1	49.7	40.2	40.3	42.2	36.2	36.6	43.3			
管板过渡层	6.6	8.0	2.6	6.9	10.6	8.1	2.8	7.2	9.3	12.6	10.5

数据表明,管板堆焊层表面铁素体含量范围为 23.2%～35.2%;管口环焊缝铁素体含量范围为 36.2%～49.7%;管板过渡层铁素体含量范围为 2.6%～12.6%;换热管组织中铁素体含量范围为 40.5%～53.2%。

上述测量结果与金相观察吻合,管板堆焊层表面奥氏体相占据优势地位。

E1402 测定结果为:管板堆焊层表面 α 相比例为 40%～47.8%;管口环焊缝 α 相比例为 35.6%～58.5%。

4 断口与能谱

4.1 断口扫描

裂纹断口形貌见图 23、图 24。断口上覆盖有腐蚀产物,断裂形式为穿晶和沿晶,断口上有二次裂纹。

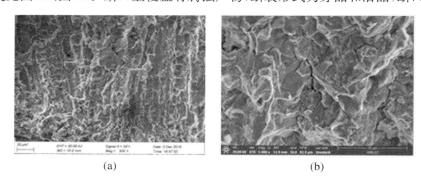

(a) (b)

图 23 E1401 裂纹断口

图 24 E1402 过胀边缘裂纹断口

4.2 管板堆焊层表面合金元素含量测量

金相与铁素体测量表明，E1401 管板堆焊层表面铁素体含量仅占百分之二十几到百分之三十几，为探讨两相比例失衡的影响，特对试样 α 或 γ 单相以及堆焊表面较大面积总体合金含量进行能谱分析，结果列于表 3 中。显然，α 相含较多 Cr、Mo，γ 相含较多 Ni、N。尽管堆焊层表面 α 相偏少，但表面总体主要合金元素含量还属正常，相比例的差异主要不是填充金属成分决定的。

表 3　堆焊层表面 α 相及 γ 相主要合金元素含量(wt%)

	Cr	Ni	Mo	N	Si	Mn	Fe
α	27.28	6.76	4.75		0.43	0.73	60.05
α	27.66	6.97	4.26		0.55	0.79	59.77
α	24.91	5.93	4.51		0.65		51.22
γ	22.47	10.75	2.78	0.26	0.51	1.11	57.06
γ	23.67	9.86	3.23	0.46	0.47	0.76	57.03
γ	23.79	9.89	3.22	0.41	0.41	0.77	56.63
较大面积扫描	25.34	9.49	3.49		0.39	0.75	60.54

4.3 断口覆盖物能谱分析

由于聚合液中含有 Cl^- 离子，含量约为 60 mg/L，有时比这高得多，另外，存在 Cl^- 离子集聚浓缩的条件，致使几台乙丙橡胶装置加热器及其接管较长时间受氯化物应力腐蚀而产生裂纹，还曾更换过几次用材。在 B-E402 接管中，裂纹原始(未经处理)断口附着物中测得的 Cl^- 离子含量超过 10wt%。但所取管口试样，因裂纹较浅，又经无水乙醇浸泡，超声清洗，测得的裂纹断口附着物中 Cl^- 离子，对 C-1402 含量为 0.59 wt%～2.09 wt%；对 C-1401 含量为 0.42 wt%～0.70 wt%。

5　关于裂纹性质与起因的讨论

5.1 裂纹性质

E-1401 加热器失效主要是由管口区换热管、周围环缝及其热影响区开裂、介质泄漏所引起的。从检测、试验可以看到，裂纹均起始于与胶液(含有少量 Cl^- 离子)接触的一面；裂纹多源、多分支；开裂与断裂呈脆性；裂纹间隙腐蚀产物中含有一定量 Cl^- 离子，还可能含有少量 H_2S；加热器运行温度较高(165 ℃，200 ℃)。种种特征显示，上述换热器所出现的裂纹应属 Cl^- 离子引发的应力腐蚀裂纹。

5.2 对 2507 双相不锈钢的评价

从乙丙橡胶 B 套和 C 套装置中若干台聚合物加热器运行情况来看，换热管及管板表面耐蚀层采用 2507 双相不锈钢的，虽也出现裂纹，但其寿命比采用 304 奥氏体不锈钢要长得多。

5.3 裂纹成因

(1) 介质中含有 Cl^- 离子并存在集聚、浓缩的条件，这已为运行经历与能谱分析所证实。

(2) 高残余应力。检测看到，发现的所有裂纹都有一个共同特点，即都处在严重残余应力作用的区域。占数量一半的管端裂纹，大多从管内壁起裂；显然起裂与主要扩展阶段不在焊缝金属，但管端及附近区域在焊接过程中由于管口环缝凝结与冷却收缩受到大刚度管板的限制，将会产生高的残余应力；加热器管板表面堆焊至少 3 层耐蚀层,在大厚度(≥155 mm)管板上堆焊厚度至少 6 mm 的 2507 耐蚀层,其产生的焊接残余应力峰值非常可观,且在几乎整个堆焊层厚度范围内都是拉应力,最大应力位于管板表面和近表面[4-5];至于换热管胀接区裂纹,特别是管孔根部胀接与非胀接交界处裂纹,正是在非均匀变形引起的残余应力峰值位置。[6]

研究指出高应力(特别是残余应力),不仅是引发应力腐蚀开裂的重要条件,而且将改变材料对应力腐蚀开裂的敏感程度。毫不夸张地说,管板堆焊、管口环缝、胀接是引发管口及其附近大范围开裂的关键因素。[7]

在高的焊接残余应力下,加之工作应力和可能的几何应力集中,双相不锈钢,甚至像 2507 这样的超级双相不锈钢,其抗应力腐蚀开裂的能力也将严重下降。[8-10]原因在于:只有在低应力状态下,在含有 Cl^- 离子的中性溶液中,铁素体的电位比奥氏体低,铁素体对奥氏体起着阴极保护作用;裂纹首先在铁素体内或 α/γ 相界形成,并在铁素体相内或沿 α/γ 相界以铁素体侧的溶解而扩展;裂纹绕过岛状奥氏体,奥氏体起着屏障作用,这就是双相不锈钢对应力腐蚀开裂具有更高抗力的重要原因;但在高应力下(残余应力＋工作应力＋几何应力集中),铁素体相对奥氏体相所起的阴极保护作用以及奥氏体相对裂纹的屏障作用都将完全丧失,奥氏体相中也将出现不少阳极面,奥氏体相将因这些阳极面的溶解而产生裂纹,同时裂纹也可穿过奥氏体相而扩展。因此,在高应力下,双相不锈钢对应力腐蚀的敏感程度与奥氏体不锈钢很难分高下,即使未经焊接的基材也会产生 SCC,甚至从起裂到破断的时间比奥氏体不锈钢还短。

(3) 多层多道焊引起的材质组织变化及敏化作用。多层多道焊对堆焊层材质与腐蚀性能的不利影响很大。耐蚀层与管口环缝的每一个焊道位置决定了其冶金特性与相应的焊接热循环。E1401 管板耐蚀层合金成分正常,但铁素体相偏少;管口环缝热影响区组织粗化,说明管板堆焊及管口环缝焊接热输入偏大,冷却速度偏慢。α 相偏少(20%～30%),导致铁素体形成元素 Cr、Mo 更多地集中在 α 相中,有利于 α 相在多次的热过程中析出二次相。断口能谱分析中存在 Cr 41.61wt%,Mo 0.44wt%,Fe 48.66wt% 的组成物就是析出二次相的佐证。金相与能谱显示,堆焊层成分与组织不均匀性增加,还出现大量二次奥氏体相 γ_2。这些材质组织变化,导致焊接区抗应力腐蚀开裂能力剧烈下降。这也被许多试验与运行经历所证实。[1-2,11-12]

类似奥氏体不锈钢存在的敏化现象,双相不锈钢也难逃"敏化"造成的危害。E1401 试块 48 处裂纹中,20 处管端裂纹和 18 处热影响区裂纹都与材料敏化密切相关。大多数管端裂纹起裂与主要扩展阶段不在焊缝金属,由于其壁厚仅 2 mm 多,显然将受到管口环缝焊接热循环的影响;管口环缝另一侧热影响区(堆焊层)同样经历管口环缝焊接热循环的作用,结果导致管端和其他热影响区出现大量裂纹。原因在于,受 1200 ℃ 以上温度作用区,双相不锈钢会出现粗大片状铁素体;950～700 ℃ 温度区间会析出 σ、χ 相(高温敏化);550～350 ℃ 区间,α 相低温分解产生富 Cr 与贫 Cr 相,并析出 Cr_2N(低温敏化),这一过程严重伤害了材料抗应力腐蚀开裂的能力。[13-16]

研究证实,严重损害双相不锈钢耐蚀性能的二次相析出主要发生在铁素体相或 α/γ 相界,可认为这与应力腐蚀裂纹首先在 α 相或 α/γ 相界形核与扩展不无关系。

(4) E1401 管板耐蚀层表面 α 相所占比例为 23.2%～35.2%;E1402 管板耐蚀层表面 α 相比例为 40%～47.8%。

运行相同时间后,相比例更接近平衡的 E1402 管板,耐蚀层表面开裂情况比 E1401 严重得多,显然,E1402 运行温度更高是主要原因(E1401：－70～165 ℃,E1402：－165～200 ℃)。

(5) 控制措施：

① 细化晶粒是提高焊接接头耐蚀性能的重要手段。研究揭示,焊接接头耐蚀性优劣与其组织粗细密切相关。对熔敷金属可采用冶金方法细化晶粒,如加入一定量的 Cu,在高温段,其以面心立方 ε-Cu 弥散析出(比奥氏体的析出速度快),随后的铁素体向奥氏体转变,在细小分散的铜颗粒上形成,且铜颗粒通过钉扎界面也有助于奥氏体的细化。[17-18]

② 采用较小的焊接热输入、较低的层间温度,使热影响区变窄,避免热影响区出现连片 α 相,减少热影响区敏化带来的风险。但根部焊道往往成为薄弱区,易出现大片铁素体和析出 Cr_2N,耐蚀性变得很差,特别对单面焊的管道,焊根接触管内介质,因此根部焊接应采用较大热输入。

③ 焊后固溶处理。

④ 防止缝隙腐蚀诱发应力腐蚀开裂。[19]

⑤ 控制介质中的 Cl⁻ 离子含量，防止其集聚浓缩。

6 结论

（1）换热管及管板耐蚀层采用 2507 超级双相不锈钢制作的几台乙丙橡胶聚合物加热器的失效，应归因于 Cl⁻ 离子引发的应力腐蚀裂纹。

（2）焊接（管板堆焊、管口环缝）与不均匀变形（胀接与过胀）产生的残余应力是引发管口及其附近大范围开裂的关键因素。高应力（特别是残余应力），不仅是引发应力腐蚀开裂的重要条件，而且将改变材料对应力腐蚀开裂的敏感程度。

（3）多层多道焊引起的材质组织变化及敏化过程，是影响双相不锈钢焊接接头耐蚀性的内在因素。与奥氏体不锈钢相似，双相不锈钢也难逃"敏化"带来的损害，只是双相不锈钢发生敏化的温度范围更宽，过程更复杂。

（4）从焊接材料与焊接工艺选择上，确保获得细晶粒接头，窄化热影响区，避免粗大连片铁素体，降低残余应力，避免应力集中，尽量延长其使用寿命。

（5）实例证明，包括 2507 在内的双相不锈钢对应力腐蚀开裂不是免疫的，制造和使用时应考虑它们的适用性与局限性。

参 考 文 献

［1］ 庞勃，贾伟东，周卓明.乙丙橡胶装置裂纹分析与防治技术［J］.压力容器，2015，32（3）：50-58.

［2］ 王军，靳彤，马一鸣.高残余应力下 2507 双相不锈钢应力腐蚀开裂行为［J］.压力容器，2020，37（3）：50-55.

［3］ Tavares S M，Silva V G，Pardal J M. Investigation of stress corrosion cracks in a UNS S32750 superduplex stainless steel［J］.Engineering Failure Analysis，2013，35（15）：88-94.

［4］ Leggatt R H. Computer modeling of transverse residual stress in repair welds［C］.IIW DOC X-1176-88.

［5］ Ueda Y，Kim C，Garatani K. Mechanical characteristics of repair welds in thick plate- distribution of three dimensional welding residual stress and plastic strains and their production mechanisms［C］.IIW DOC X-1155-88.

［6］ 王立辉，李伟.吴喜亮.胀接工艺对镍基合金换热管残余应力的影响［J］.压力容器，2014（5）：36-40.

［7］ 吴玖.双相不锈钢［M］.北京：化学工业出版社，2000.

［8］ 黄建中，左禹.材料的耐蚀性和腐蚀数据［M］.北京：化学工业出版社，2003.

［9］ Pereira H B，Panossian Z，Baptista I P. Investigation of stress corrosion cracking of austenitic，duplex and super duplex stainless steels under drop evaporation test using synthetic seawater［J］.Materials Research，2019，22（2）：485.

［10］ Renton N C，Elhoud A M，Deans W F. Effect of plastic deformation on the corrosion behavior of a super-duplex stainless steel［J］.Materials Engineering & Performance，2011（20）：436-444.

［11］ Hosseini V A，Hurtig K，Karlsson L. Effect of multipass TIG welding on the corrosion resistance and microstructure of a super duplex stainless steel［J］.Materials and Corrosion，2017，68（4）：405-415.

［12］ 高站起，荆洪阳，徐连勇.超级双相不锈钢多层多道焊接接头组织和腐蚀性能［J］.焊接学报，2019（7）：143-148.

［13］ Wang C K,Chin T S. Effect of secondary phase precipitation on the corrosion behavior of duplex stainless steels［J］. Materials,2014(7):52-68.

［14］ Adhe K M,Kain V,Madangopal K. Influence of sigma-phase formation on the localized corrosion behavior of a duplex stainless steel［J］. Materials Engineering and Performance,1996,5（4）:500-506.

［15］ Nowacki J,Aleksander U. Microstructural transformations of heat affected zones in duplex steel welded joints［J］. Materials Characterization,2006,56(4):436-441.

［16］ Hidenori F,Taichi A,Yoshiaki M. Effect of heat-treatment on localized corrosion behavior of duplex stainless steels in 3. 5% NaCl Solution［J］. Materials Science & Engineering,2011（1）:899-906.

［17］ Soylu B,Honeycombe R E K. Microstructural refinement of duplex stainless steels［J］. Material Scienes and Technology,1991(2):137-146.

［18］ 李平瑾,章小浒,卜华全.细晶粒高强度钢在氧气球罐上的应用［J］.压力容器,2002,19(10):13-16.

［19］ Pohjanne P,Scoppio L,Nice P I. Stress level on the crevice corrosion induced ssc of super duplex stainless steel tubing exposed to H_2S/CO_2 sour environment［J］. Corrosion Management,2013(5):47.

作者简介 ●

郑启文(1969—),男,高级工程师,主要从事压力容器及焊接结构损伤分析,焊接与修复技术研究。通信地址:哈尔滨松北区创新路 2077 号。E-mail:zhengqw2005@163.com。

发酵罐不锈钢换热盘管失效原因

赵星波　陈仙凤　余焕伟

（绍兴市特种设备检测院，绍兴 312071）

摘要：通过失效现场情况了解、宏观检查、材质分析、金相检验、电镜观察、能谱分析及冲击断面分析等研究 0Cr18Ni9 发酵罐盘管失效原因。结果显示，由于发酵罐盘管材质存在原始熔炼缺陷，熔炼工艺不恰当，固溶处理不当，局部 Cr、Mn、Si 元素高浓度聚集，成分分布不均匀，冷却循环水中 Cl⁻ 含量超标，焊缝热影响区、管材母材区大面积发生不同程度晶间腐蚀，局部点蚀穿孔。建议对用于设备重要部位或对生产工艺有重大影响且服役环境可能存在晶间腐蚀倾向的不锈钢，应增加耐晶间腐蚀性能检测。

关键词：发酵罐盘管；晶间腐蚀；泄漏失效；0Cr18Ni9

Failure of Stainless Steel Heat Exchanger Coil in Fermentation Tank

Zhao Xingbo，Chen Xianfeng，Yu Huanwei

（Shaoxing Special Equipment Testing Institute，Shaoxing 312071）

Abstract：Failure reason of 0Cr18Ni9 fermenter coiler was analyzed by scene investigation，macro inspection，chemical analysis，metallographic examination，SEM，energy spectrum analysis and fractographic. The result shows that intergranular corrosion and pitting was occurred on the heat affected zone and base metal. Original smelting defects，improper solution treatment，high concentration of Cr，Mn and Si in local area and high content of Cl⁻ are the main reasons. It is suggested to add the test of intergranular corrosion on stainless steel special equipments，which are used in important parts. The authors expect that rapid detection methods of inferior stainless steel need to be strengthened.

Keywords：fermenter coiler；intergranular corrosion；leakage failure；0Cr18Ni9

1　引言

某单位车间内有一批服役近 10 年的 65 吨发酵罐，内部有不锈钢换热盘管，管内通单位内部普通自来水及循环水，主要用于发酵罐的冷却，使用中发现罐内不锈钢换热盘管发生多处泄漏，导致全罐产品受污染而报废，损失较大。排查同一车间 6 只发酵罐，有 5 只罐内盘管已泄漏，宏观检查发现多处孔漏及裂纹。

2　发酵罐及换热盘管基本情况

在生产过程中发酵罐主要用来发酵培养，物料为泡敌、玉米浆、玉米淀粉、黄豆、豆油。

物料进罐后需先消毒，温度为 126 ℃，维持 1 小时左右。消毒过程中蒸汽直通到罐内，工作压力为 0.25 MPa。然后采用 7 ℃ 水冷却到 30 ℃ 左右进行发酵培养，发酵过程中罐内为常压，一个发酵周期是 7～8 天；每批物料生产毕，清洗设备采用 1% 碱水，温度会升到 100 ℃。冷却时盘管内使用的冷却介质为循环水和 7 ℃ 水。循环水多时间段测试 pH7.0 左右，Cl⁻ 含量 28 mg/L，循环水略微发红（结构见图 1，技术参数见表 1）。

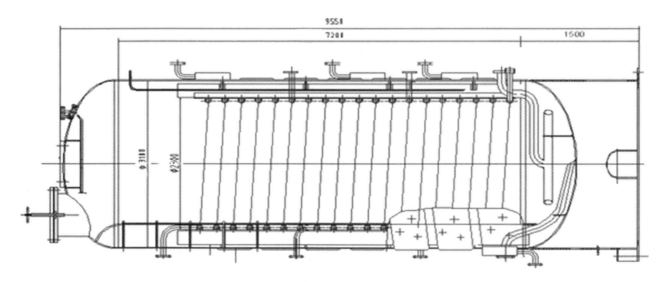

图1 发酵罐及换热盘管结构示意图

表1 发酵罐及换热盘管技术参数

容器类别	参数名称	工作压力（MPa）	设计压力（MPa）	工作温度（℃）	设计温度（℃）	介质	介质特性	材质	腐蚀裕量（mm）	容器规格（mm）
一类	壳程	0.25	0.3	130	150	发酵液、蒸汽	无毒	0Cr18Ni9	0	Ø3100×16×9551
	管程	0.4	0.45	0~130	0~150	冷却水	无毒	0Cr18Ni9	0	Ø57×3.5

3 宏观检验

对换热盘管漏点割管进行宏观检查,外表面光滑圆整有金属光泽,无肉眼可见的腐蚀坑之类的形貌,内表面有一层红褐色附着物,盘管截面无明显减薄,如图2所示。盘管内壁经清洗打磨后有肉眼可见点蚀,局部呈溃疡状坑蚀,如图3所示。

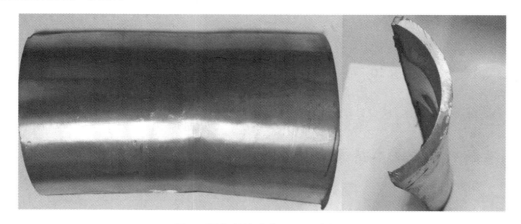

图2 漏点割管外表面及盘管截面

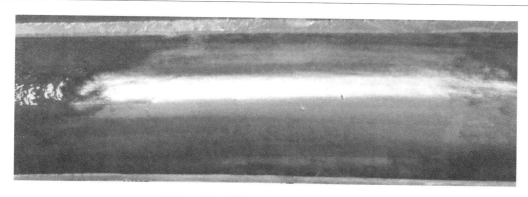

图 3 漏点割管打磨后内表面点蚀形貌

4 换热盘管化学成分分析

对割管的换热盘管进行化学成分分析,结果如表 2 所示。分析结果显示,管子化学成分基本符合《流体输送用不锈钢无缝钢管》(GB/T 14976—2002)对 0Cr18Ni9 化学成分的要求,Ni 和 Cr 元素含量接近标准要求的下限值。

表 2 来样换热盘管光谱分析结果表

成分	C	Si	Mn	P	S	Ni	Cr
参考值	≤0.07	≤1.00	≤2.00	≤0.035	≤0.030	8.00~11.00	17.00~19.00
测定值	0.06	0.57	1.36	0.021	0.023	8.11	18.51

注:参考标准《流体输送用不锈钢无缝钢管》(GB/T 14976—2002)。

5 金相检验

金相检验依据《金属和合金的腐蚀 不锈钢晶间腐蚀试验方法》(GB/T 4334—2008)方法 A－不锈钢 10%草酸浸蚀试验方法。

5.1 换热盘管母材漏点内、外壁金相检验

对图 4 换热盘管母材漏点位置的内、外壁进行打磨、抛光和电解浸蚀,图 5 为漏点内壁显微组织,图 6 为漏点外壁显微组织。金属组织为奥氏体,漏点内壁晶间腐蚀严重,为三类沟状组织,晶粒被腐蚀沟包围,局部晶粒脱落;漏点外壁晶间腐蚀,为三类沟状组织,晶粒被腐蚀沟包围,外壁未泄漏部分未见晶间腐蚀,晶间腐蚀由内壁向外壁发展直至泄漏。

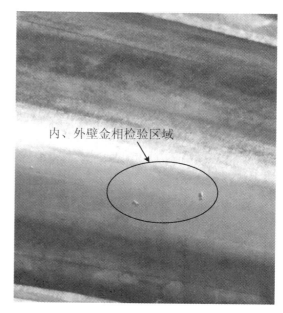

内、外壁金相检验区域

图 4 换热盘管漏点内、外壁金相检验区

 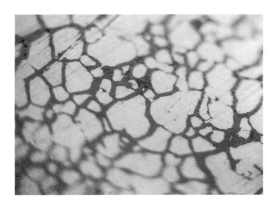

(a) 漏点内壁显微组织(200×)　　　　　　　(b) 漏点内壁显微组织(400×)

图 5　漏点内壁显微组织

 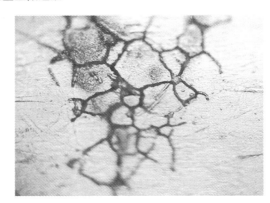

(a) 漏点外壁显微组织(200×)　　　　　　　(b) 漏点外壁显微组织(400×)

图 6　漏点外壁显微组织

5.2　换热盘管未泄漏母材内壁金相检验

对换热盘管未泄漏母材截管取样进行金相检验,结果如图7所示。金属组织为奥氏体,内壁局部存在晶间腐蚀,部分晶粒已被腐蚀沟包围,为三类沟状组织。

 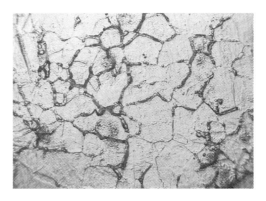

(a) 未泄漏母材内壁显微组织(200×)　　　　　(b) 未泄漏母材内壁显微组织(400×)

图 7　未泄漏母材内壁显微组织

5.3　换热盘管焊缝及近焊缝区域金相检验

换热盘管焊缝金属组织如图8(a)、(b)所示,为奥氏体和少量残留的铁素体,焊缝中心树枝晶明显,焊缝靠近母材区柱状晶明显,焊缝热影响区金属组织如图 8(c)、(d)所示,为奥氏体组织,晶间腐蚀严重,晶粒被腐蚀沟包围,为三类沟状组织。

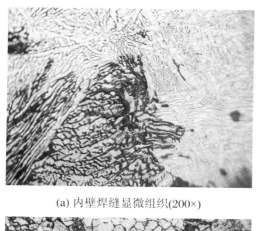

(a) 内壁焊缝显微组织(200×)

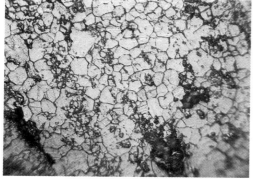

(c) 内壁焊缝热影响区显微组织(200×)

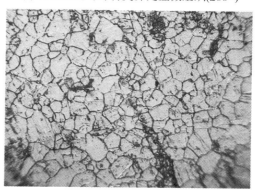

(b) 内壁焊缝与母材交界处显微组织(200×)

(d) 内壁焊缝热影响区显微组织(400×)

图 8 换热盘管焊缝及热影响区显微组织

5.4 未泄漏车间不锈钢发酵罐换热盘管金相检验

该单位另一车间相同材质、工况、参数及使用年限的不锈钢发酵罐换热盘管排查未见泄漏,截取焊缝热影响区盘管对内壁进行金相检验,显微组织如图 9 所示,金属组织为奥氏体,晶界无腐蚀,为一类阶梯组织。经了解,发生泄漏车间与未发生泄漏车间的不锈钢发酵罐制造单位不同。

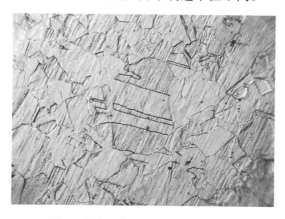

图 9 未泄漏车间换热盘内壁焊缝热
影响区显微组织(200×)

6 扫描电镜及能谱分析

泄漏换热盘管焊缝及近焊缝区域截管线切割取样如图10所示,切割样品经打磨抛光未作浸蚀处理,在酒精中5分钟超声波清洗干燥后进行扫描电镜观察及能谱分析。

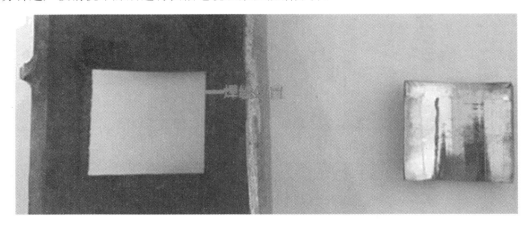

图10 扫描电镜及能谱分析试样

6.1 扫描电镜形貌

对试样扫描电镜形貌观察发现,内壁焊缝及母材存在微裂纹,裂纹呈沿晶分布,横截面上存在垂直于横截面的点蚀孔洞,少量点蚀已贯穿至外壁,如图11(a)~(g)所示,横截面扫描电镜形貌观察存在材质异常区域,如图11(h)所示,呈不规则的河流状曲线,部分呈较大的条块状。

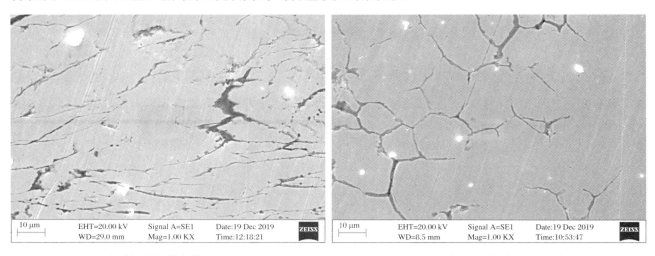

(a) 内壁焊缝扫描电镜形貌　　　　　　　　　　(b) 内壁母材扫描电镜形貌

图11 分析试样扫描电镜形貌

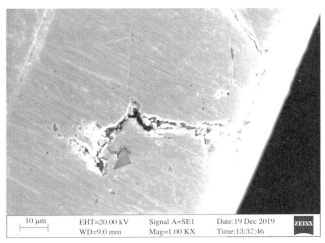

(c) 横截面扫描电镜形貌

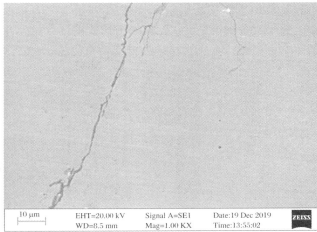

(d) 横截面扫描电镜形貌

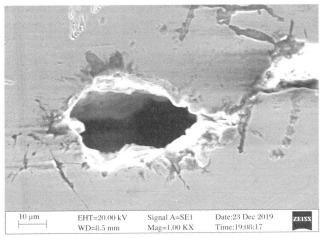

(e) 外壁扫描电镜形貌

(f) 外壁扫描电镜形貌

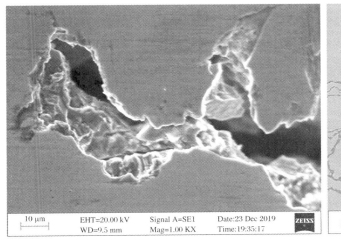

(g) 外壁扫描电镜形貌

(h) 横截面扫描电镜形貌

图 11　分析试样扫描电镜形貌(续)

6.2　能谱分析

对横截面材质异常区域采用能谱点分析及元素面扫分析,检测部位如图 12 所示,结果如表 3 及图 13 所示,表 3 中谱图 1 至谱图 4 为异常材质处能谱点分析,能谱点分析结果显示,Cr 元素平均质量百分比为 30%

～50%；Mn 元素平均质量百分比为 7%～10%；O 元素平均质量百分比为 18%～28%，远高于 0Cr18Ni9 材质的化学成分标准值；Ni 元素的平均质量百分比为 0.3%～4%，远低于 0Cr18Ni9 材质的化学成分标准值。谱图 5 和谱图 6 在正常材质处取能谱点分析，元素平均质量百分比基本与 0Cr18Ni9 化学成分相吻合。

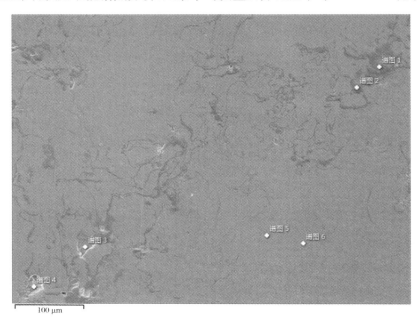

图 12　横截面异常处元素能谱点分析及面扫位置图

表 3　横截面异常区域能谱点分析结果（wt%，已作归一化处理）

元素	谱图 1	谱图 2	谱图 3	谱图 4	谱图 5	谱图 6
O	28.36	26.88	19.64	17.99	–	–
Si	3.86	2.92	0.85	1.35	0.68	0.47
Cr	52.64	44.97	29.87	29.85	18.64	18.39
Mn	8.24	10.18	6.88	6.69	1.50	1.29
Fe	6.57	14.26	38.93	40.18	70.92	72.13
Ni	0.33	0.79	3.83	3.94	8.26	7.72

Fe Kα1

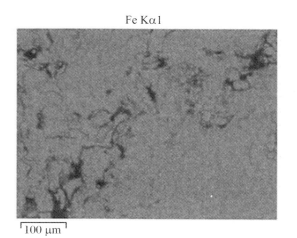

Cr Kα1

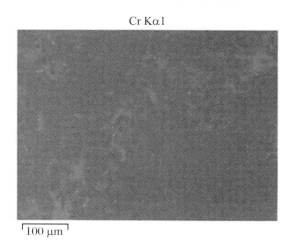

图 13　横截面异常区域元素面分布图

O Kα1

Mn Kα1

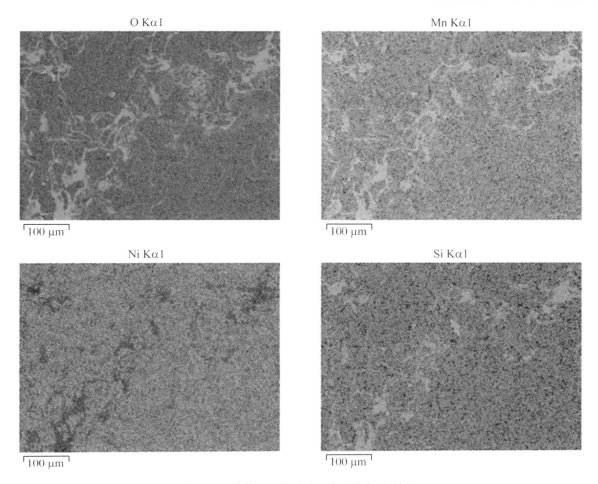

Ni Kα1

Si Kα1

图 13　横截面异常区域元素面分布图(续)

7　冲击断口分析

在换热管内壁沿轴线方向切割一个约 1.5 mm 的 U 形缺口,在管壁外壁通过冲击样品使其从 U 形缺口处裂开,如图 14 所示,选取两处断面进行电镜观察,如图 15(a)所示,断面 1 位于管壁的初始断口上,靠近换热管内壁;断面 2 位于管壁的最终断口上,靠近换热管外壁。图 15(b)和图 15(c)分别为断面 1 和断面 2 的不同倍率的电镜照片。断面 1 处的断口相对平整,微观形貌呈河流花样,存在明显的撕裂棱,呈准解离断裂特征。断面 2 处的断口可观察到大量的韧窝,呈韧性断裂特征。

图 14　换热管冲击样品

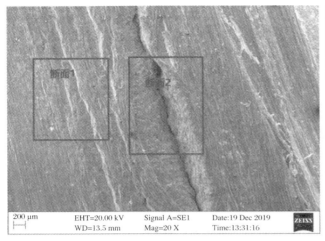

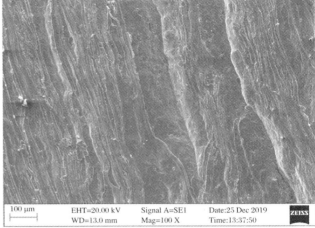

(a) 两个冲击断面电镜部位示意图　　　　　　　　　　(b) 断面1

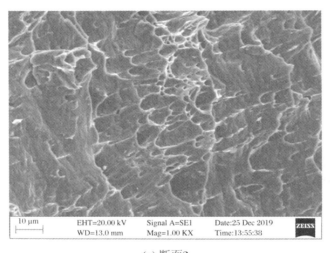

(c) 断面2

图15　换热管冲击样品断面电镜

8　结论及建议

8.1　失效结论

泄漏换热冷却盘管材质存在原始熔炼缺陷,熔炼工艺不恰当,局部 Cr、Mn、Si 元素高浓度聚集。管材化学成分分析 Cr、Ni 含量接近标准下限值,加上元素成分分布不均匀,固溶处理不当,冷却循环水中 Cl^- 含量超标,焊缝热影响区、管材母材区大面积发生不同程度晶间腐蚀,局部点蚀穿孔。

8.2　建议

（1）用于重要部位或对生产工艺有重大影响的,且服役环境可能存在晶间腐蚀倾向的不锈钢,建议增加耐晶间腐蚀性能检测。

（2）采购不锈钢设备时要注意查验设备的出厂检验合格证或质量证明书,同时要注意制造单位的信誉。

（3）快速区别伪劣不锈钢的检测手段亟待增强。

参 考 文 献

[1] 中华人民共和国国家质量监督检验检疫总局.流体输送用不锈钢无缝钢管:GB/T 14976—2002[S].北京:中国标准出版社,2002.

[2] 中华人民共和国国家质量监督检验检疫总局.不锈钢晶间腐蚀试验方法:GB/T 4334—2008[S].北京:中国标准出版社,2009.

[3] 张大同.扫描电镜与能谱仪分析技术[M].广州:华南理工大学出版社,2009.

[4] 施明哲.扫描电镜和能谱仪的原理与实用分析技术[M].北京:电子工业出版社,2015.

[5] 钟群鹏,赵子华.断口学[M].北京:高等教育出版社,2006.

作 者 简 介 ●

赵星波(1964—),男,汉族,高级工程师,绍兴市特种设备检测院副院长兼技术负责人,主要从事承压类特种设备检验管理。通信地址:浙江省越城区斗门街道世纪东街 17 号。E-mail:szhaoxingbo@163.com。

空冷器能效指标不确定度的讨论[①]

鲁红亮[1]　任彬[1]　何爱妮[2]　陈战杨[2]

（1. 上海市特种设备监督检验技术研究院国家热交换器产品质量监督检验中心，上海 200062；2. 上海蓝海科创检测有限公司，上海 201518）

摘要：NB/T 47007—2018《空冷式热交换器》标准中，提出以翅片管的总传热系数确定管束及空冷器的能效等级。本文对外径为 57 mm、翅片高度为 16 mm 的 DR 型翅片管进行了实验研究，结果表明：在空气质量流速 4~10 kg/(m² · s)范围内，翅片管综合传热系数扩展不确定度从 62 W/(m² · K)增加到 69 W/(m² · K)，相对不确定度从 10.7% 逐渐降低到 7.7%；当最窄截面质量风速为 6 kg/(m² · s)时，不确定度和相对值分别为 64 W/(m² · K)、8.8%。按照标准该翅片管为三级能效，但是考虑到扩展不确定度，传热系数的估值区间[661,789] W/(m² · K)中有 46% 的区间低于三级能效下限值，测试真值有较大的可能性低于三级能效。其他能效等级也存在类似情况，宜对其进行清晰的定义并恰当处置，以明确测试数据的分散性，增强能效评价结果的公信力。

关键词：翅片管；传热系数；不确定度；空冷器；能效评价

Uncertainty Discuss on Energy Efficiency Index of Finned Tube for Air Cooled Heat Exchanger

Lu Hongliang[1]，Ren Bin[1]，He Aini[2]，Chen Zhanyang[2]

（1. National Heat Exchanger Quality Supervision and Inspection Center，Shanghai Institute of Special Equipment Inspection and Technical Research，Shanghai 200333；2. Shanghai Lanhai Kechuang Testing Co. ，Ltd. ，Shanghai 201518）

Abstract：In the NB/T 47007—2018 "Air Cooled Heat Exchanger" Standard，it was proposed to determine the energy efficiency rating of the tube bundle and air cooler using the total heat transfer coefficient of the finned tube. In this paper，one DR fin tube with outer diameter of 57 mm and fin height of 16 mm was studied experimentally. The results show that the expanded uncertainty of the overall heat transfer coefficient of the finned tubes increases from 62 W/(m² · K) to 69 W/(m² · K)，and the relative uncertainty gradually decreases from 10.7% to 7.7% in the air mass flow rate range of 4 to 10 kg/(m² · s). The uncertainty and relative values are 64 W/(m² · K) and 8.8%，respectively when the narrowest section mass wind speed is 6 kg/(m² · s). According to the standard，the finned tube is level 3 energy efficiency，but given the expanded uncertainty，the 46% of the range of the estimated value of the heat transfer coefficient[661,789] W/(m² · K) is lower than the lower limit of level 3 energy efficiency. There is a greater possibility that testing true values are below level 3 energy efficiency. Other energy efficiency levels have similar conditions. The uncertainty should be clearly defined and properly handled to clarify the dispersion of test data and enhance the credibility of the energy efficiency evaluation results.

Keywords：finned tube；heat transfer coefficient；uncertainty；air cooled heat exchanger；energy

---

① 项目名称：上海市科委研究项目（项目编号：16DZ0503202）。

efficiency evaluation

1 引言

空冷式热交换器作为节水设备,被列入《节能节水专用设备企业所得税优惠目录(2017 年版)》[1],购置并实际使用该设备的企业享受企业所得税抵免优惠政策。其性能参数符合"耐压、气密性",运转试验符合 NB/T 47007—2010 的要求,无节能要求。板式热交换器作为节能设备,同时被列入目录,能效等级需达到目标值要求。

《空冷式热交换器》(NB/T 47007—2018)[2]中,第 12 章规定了空冷器能效评价方法,分别对空冷器的管束及空冷器的风机进行能效评价,空冷器管束的能效评价以翅片管的总传热系数的能效级别进行评价。对于翅片高度为 16 mm 的 DR 型翅片管,总传热系数分别为 720~800 W/(m² · K),801~880 W/(m² · K),>880 W/(m² · K)时,对应的能效等级分别为 3 级、2 级、1 级。

另一方面,翅片管的总传热系数是按照标准《热交换器及传热元件性能测试方法 第 6 部分:空冷器用翅片管》(GB/T 27698.6—2011)[3]测试得到的,并以量值描述的连续量,应评估测量不确定度。当测量不确定度影响到测量结果的有效性或其使用时,或客户提出要求时,或当不确定度影响到与规定限值的符合性时,应当计算出约 95% 置信水平下的扩展不确定度。[4]一方面便于使用者评定其可靠性,另一方面也增强了测量结果之间的可比性。通常测量结果的好坏用测量误差来衡量,但是测量误差只能表现测量的短期质量。测量过程是否持续受控,测量结果是否能保持稳定一致,测量能力是否符合生产盈利的要求,就需要用测量不确定度来衡量。测量不确定度越大,表示测量能力越差;反之,表示测量能力越强。

2 传热系数的测量模型

翅片管测试时,采用热平衡方法,翅片管管内通入 110 ℃ 的饱和水蒸气,翅片管外侧流入室温空气,两侧达到热平衡后,获得传热量,进而计算得到传热系数。综合传热系数 K、换热量 Q 分别见式(1)、式(2)。

$$K = \frac{Q}{F \Delta t_m} \tag{1}$$

式中,F 为热交换器传热面积;Δt_m 为热交换器对数平均温差。

$$Q = \frac{Q_c + Q_h}{2} = \frac{\rho_c G_c C_c (t_{co} - t_{ci}) + \rho_l G_l (h_s - h_l)}{2} \tag{2}$$

式中,Q、Q_c、Q_h 分别为翅片管的换热量、冷侧吸热量和热侧放热量;ρ_c、ρ_l 分别为热交换器冷侧空气、热侧冷凝液的密度,由流体的平均温度和平均压力确定;C_c、F_c 为热交换器冷侧空气比热、通风截面积,由流体的平均温度和平均压力确定;G_c、G_l 分别为热交换器空气侧流量、热侧冷凝液流量,由流量计得;t_{ci}、t_{co} 分别为热交换器冷侧空气的进口温度、出口温度,由温度计测得;h_s、h_l 分别为热交换器热侧饱和蒸汽、冷凝液的焓值,由温度、压力查表得到。

3 传热系数的不确定度

测量模型中涉及的物理量,均作为不确定度的分量进行计算。测量不确定度是与测量结果关联的一个参数,用于表征合理赋予被测量的值的分散性。它可以用于"不确定度"方式,也可以是一个标准偏差(或其给定的倍数)或给定置信度区间的半宽度。该参量常由很多分量组成,它的表达(GUM)中定义了获得不确定度的不同方法。

翅片管的总传热系数的不确定度是合成的,其分量由 3 项构成,见式(3)。而分量换热量的不确定度则由 9 项合成,见式(4)。分量对数平均温差由 4 项合成,见式(5)。灵敏系数由式(1)、式(2)计算,分量不确定度由测试仪器确定。

$$u_c(K) = \sqrt{\left(\frac{\partial K}{\partial Q}\right)^2 u^2(Q) + \left(\frac{\partial K}{\partial F}\right)^2 u^2(F) + \left(\frac{\partial K}{\partial \Delta t_m}\right)^2 u^2(\Delta t_m)} \tag{3}$$

$$u_c(Q) = \left[\left(\frac{\partial Q}{\partial \rho_c}\right)^2 u^2(\rho_c) + \left(\frac{\partial Q}{\partial C_c}\right)^2 u^2(C_c) + \left(\frac{\partial Q}{\partial G_c}\right)^2 u^2(G_c) + \left(\frac{\partial Q}{\partial t_{co}}\right)^2 u^2(t_{co}) + \left(\frac{\partial Q}{\partial t_{ci}}\right)^2 u^2(t_{ci}) \right.$$
$$\left. + \left(\frac{\partial Q}{\partial \rho_l}\right)^2 u^2(\rho_l) + \left(\frac{\partial Q}{\partial G_l}\right)^2 u^2(G_l) + \left(\frac{\partial Q}{\partial h_s}\right)^2 u^2(h_s) + \left(\frac{\partial Q}{\partial h_l}\right)^2 u^2(h_l) \right]^{\frac{1}{2}} \tag{4}$$

$$u(\Delta t_m) = \sqrt{\left(\frac{\partial \Delta t_m}{\partial t_{co}}\right)^2 u^2 + \left(\frac{\partial \Delta t_m}{\partial t_{ci}}\right)^2 u^2 + \left(\frac{\partial \Delta t_m}{\partial t_{ho}}\right)^2 u^2 + \left(\frac{\partial \Delta t_m}{\partial t_{hi}}\right)^2 u^2} \tag{5}$$

4 翅片管测试结果

对于外径为 57 mm、翅片高度为 16 mm 的 DR 型翅片管,按《热交换器及传热元件性能测试方法 第 6 部分:空冷器用翅片管》(GB/T 27698.6—2011)的标准条件测试,标准测试条件如下:管内介质 110 ℃的饱和水蒸气,空气入口温度为室温,最窄截面质量风速为 6 kg/(m² · s)。翅片管参数如下:基管 Ø25×2.5,材料为碳素钢;翅片间距 2.3 mm,材料为铝。

图1、图2给出了翅片管传热量、综合传热系数随空气侧质量流速增加而变大的结果:在 4~10 kg/(m² · s)流速测试范围内,传热量从约 1200 W 增加到约 1900 W,综合传热系数则从约 575 W/(m² · K)增加到约 900 W/(m² · K);最窄截面质量风速为 6 kg/m² · s 时,翅片管的换热量为 1540 W,综合传热系数则约为 725 W/(m² · K)。

5 测试结果的不确定度

当测量不确定度影响到测量结果的有效性或其使用时,或客户提出要求时,或当不确定度影响到与规定限值的符合程度时,应当计算出约 95% 置信水平下的扩展不确定度。[4]基于一定的工况对应的物性参数,根据式(1)~式(5)分别计算翅片管传热量不确定度和综合传热系数的扩展不确定度。

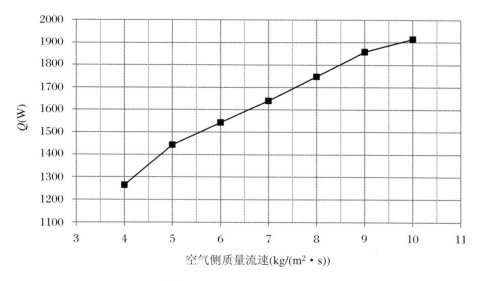

图1 翅片管传热量随空气侧质量流速增加而变化

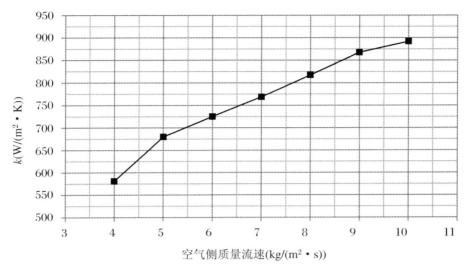

图 2　翅片管传热系数随空气侧质量流速增加而变化

被测量的真值是客观存在的,但是是不确定的,通常用约定真值表示被测量的测量结果;真值按某种统计分布以一定的置信概率(95%)分布在一定的置信区间内。图 3、图 4 给出了翅片管传热量不确定度、综合传热系数扩展不确定度随空气侧质量流速增加而变大的结果:在 4~10 kg/(m² · s)流速范围内,传热量不确定度先变大后减小再增大,从约 65 W 增加到约 71 W,综合传热系数扩展不确定度先变大后减小再增大,从约 62 W/(m² · K)增加到约 69 W/(m² · K),变化幅度较小;最窄截面质量风速为 6 kg/(m² · s)时,翅片管的传热量不确定度约为 66 W,相对不确定度为 4.3%;综合传热系数扩展不确定度则约为 64 W/(m² · K),相对扩展不确定度为 8.8%。

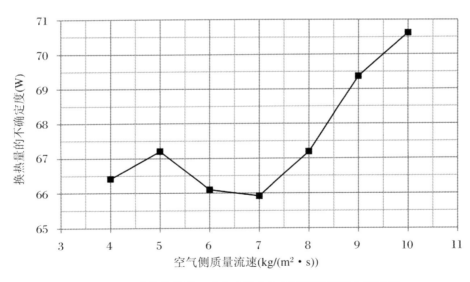

图 3　翅片管传热量不确定度随空气侧质量流速增加而变化

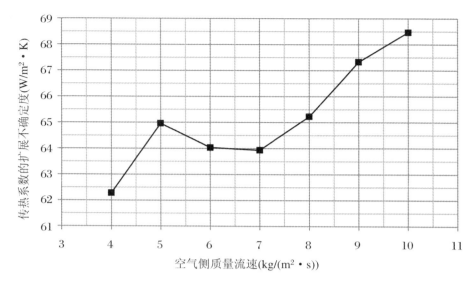

图 4　翅片管传热系数的扩展不确定度随空气侧质量流速增加而变化

图 5 给出了翅片管传热系数相对扩展不确定度随空气侧质量流速增加而逐渐降低的结果:在 4～10 kg/(m²·s)流速范围内,传热系数扩展不确定度较为平缓地逐渐变小,从 10.7% 降低到 7.7%,这与传热系数扩展不确定度绝对值的变化有所不同,说明了相对于传热系数而言,其不确定度的值相对较小。

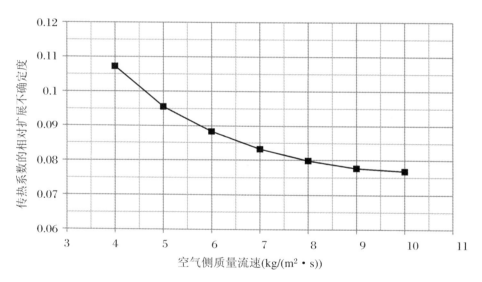

图 5　翅片管传热系数的相对扩展不确定度随空气侧质量流速增加而变化

按照不确定度的定义,被测量的真值按某种统计分布以一定的置信概率(95%)分布在一定的置信区间内;置信区间的半宽度就是被测量结果的不确定度。根据 JJF 1059.1—2012《测量不确定度评定与表示》[5],翅片管综合传热系数的测试结果和不确定度可以表示为式(6),区间[725 − 64,725 + 64] W/(m²·K),即置信区间[661,789] W/(m²·K)包含传热系数真值的概率为 95%。

$$K = (725 \pm 64) \ \text{W/(m}^2 \cdot \text{K)} \tag{6}$$

当最窄截面质量风速为 6 kg/(m²·s)时,综合传热系数约为 725 W/(m²·K),稍高于三级能效的下限值 720 W/(m²·K),按照标准为三级能效。但是,考虑到扩展不确定度 64 W/(m²·K)的话,传热系数的置信区间[661,789] W/(m²·K)中有 46% 的区间低于三级能效下限值;按照不确定度的定义,传热系数的测试结果真值有较大的可能性低于三级能效。这种情况也存在于一级能效、二级能效,显然这是存在争议的。因此,翅片管根据传热系数的测试结果进行能效分级时,如何考虑和处理不确定度,尤其是在接近能效等级边界时,宜进行清晰的定义并恰当处置,以明确测试数据的分散性,增强能效评价结果的公信力。

6 结论

本文对外径为 57 mm、翅片高度为 16 mm 的 DR 型翅片管进行了实验研究,结果表明:在空气质量流速 4～10 kg/(m²·s)范围内,翅片管综合传热系数扩展不确定度从 62 W/(m²·K)增加到 69 W/(m²·K),相对不确定度从 10.7%逐渐降低到 7.7%;当最窄截面质量风速为 6 kg/(m²·s)时,不确定度和相对值分别为 64 W/(m²·K)、8.8%。按照标准翅片管为三级能效,但是考虑到扩展不确定度 64 W/(m²·K)的话,传热系数的置信区间[661,789] W/(m²·K)中有 46%的区间低于三级能效下限值;按照不确定度的定义,传热系数的测试结果真值有较大的可能性低于三级能效。这种情况也存在于一级能效、二级能效,显然这是存在争议的,宜进行清晰的定义并恰当处置,以明确测试数据的分散性,增强能效评价结果的公信力。

参 考 文 献

[1] 关于印发节能节水和环境保护专用设备企业所得税优惠目录(2017 年版)的通知财税〔2017〕71 号[S]. http://hd.chinatax.gov.cn/guoshui/action/GetArticleView1.do? id=813344&flag=1.

[2] 全国锅炉压力容器标准化技术委员会.空冷式热交换器:NB/T 47007—2018[S].北京:新华出版社,2018.

[3] 中华人民共和国国家质量监督检验检疫总局.热交换器及传热元件性能测试方法 第6部分 空冷器用翅片管:GB/T 27698.6—2011[S].北京:中国标准出版社,2011.

[4] 中国合格评定国家认可委员会.声明检测或校准结果及与规范符合性的指南:CNASGL27:2009[S].

[5] 全国法制计量管理计量技术委员会.测量不确定度评定与表示:JJF 1059.1—2012[S].北京:中国标准出版社,2013.

作 者 简 介

鲁红亮(1980—),男,高级工程师,博士,主要从事热交换器能效测试、设计与优化研究。

基于互联网的换热器在线检测系统的研究

李旭　王乃晶　于鹏　王二龙

（四平市热交换产品质量检验中心，四平 136000）

摘要：基于互联网的换热器在线检测系统是以换热器检测实验室为核心，主要以服务换热器相关企业用户、检测换热器产品质量为目标，具有数据采集、数据传输、数据处理、数据存储与查询、异常报警、技术支持、大数据分析等功能的系统。通过数据采集模块、传输模块、处理模块以及计算机软件等的设计主要实现换热器检测实验室能够在线检测换热器的目的。

关键词：换热器；在线检测；电路设计；互联网

Design of On-Line Inspection System for Heat Exchanger Based on Internet

Li Xu，Wang Naijing，Yu Peng，Wang Erlong

（Siping Heat Exchange Product Quality Inspection Center，Siping 136000）

Abstract：The on-line inspection system of heat exchanger based on the Internet is a system with functions of data collection，data transmission，data processing，data storage and query，abnormal alarm，technical support，big data analysis，etc.，which takes the inspection laboratory of heat exchanger as the core，mainly serves the relevant enterprise users of heat exchanger and detects the product quality of heat exchanger. Through the design of data acquisition module，transmission module，processing module and computer software，the purpose of on-line detection of heat exchanger can be realized in the heat exchanger testing laboratory.

Keywords：heat exchanger；on-line detection；circuit design；internet

1　引言

换热器（又叫热交换器）是一种广泛应用于工业生产以及供暖供热等领域的节能设备。冷流体通过换热板片获得热流体的部分热量以达到节约能源的目的。近年来，随着我国生产换热器的种类和数量的快速增长，对换热器性能等方面的检测也越来越受到换热器生产和使用企业的重视，换热器质量不达标会损害换热器使用企业的利益，将严重影响我国换热器相关行业的发展。换热器送样检测存在运输和检测费用高、检测周期长、检测实验室提供的技术服务种类不够多等问题。为了解决这些问题，本文创新性地将互联网技术和理念融入换热器检测系统的设计中，使用户能够在线检测换热器，在检测方式和系统的功能上提出了较大的改进和完善，包括：设计了符合国家标准和车间环境的在线检测装置，对换热器运行时的温度、压力、流量等数据进行采集；利用单片机作为测控单元的核心，进行信号转换、控制，并设计实现具有警报、数据采集等功能的检测单元；通过 RS485 总线模式将数据由检测单元传输到上位机；应用互联网技术使数据实现远程传输；应用服务器数据库存储技术，使换热器检测的数据得到有效的存储和利用，最终组成以用户换热器为节点的检测网络。同时在软件功能上增加了技术支持模块，使企业得到更好的技术服务。硬件平台采用了 STM8S105C6T6 + RS485 通信的解决方案，软件采用 ST Toolset version 4.3.0 + C 语言平台开发，编写了主程序和相关子程序，实现对换热器的实时检测和传输等功能。通过对检测系统软件和硬件的测试分析,证明了在线检测系统在实际运行中是能够稳定可靠运行的。本文设计的换热器在线检测系统为完善换热器检测的方式方法、促进换热器检测行业的高速发展提供了新的思路和解决方案。

2 换热器在线检测系统的设计理念与功能

2.1 换热器在线检测系统的设计理念

我国大多以行业标准《换热器热工性能和流体阻力特性通用测定方法》(JB/T 10379—2002)和《热交换器及传热元件性能测试方法》(GB/T 27698—2011)为依据对换热器的检测系统进行研发和设计。本文选定以 JB/T 10379—2002 为主要依据,依照标准要求以换热器的板片数量、板片厚度、板片波纹深度、板片波纹法相节距、板间距、夹紧尺寸、当量直径、单通道流通面积、热水侧的流通面积、冷水侧的流通面积、单板有效换热面积、总换热面积、每侧介质通道数等为基础信息,检测换热器在标准要求工况下运行的热介质进口温度、热介质出口温度、冷介质进口压力、冷介质出口压力、热介质流量、冷介质流量等。系统网络以检测中心实验室作为中心节点,每一个换热器企业用户相当于一个终端节点,换热器作为他们的终端节点的子结点,构成了一个网络。本系统主要针对这样的一个换热器企业用户节点而设计,以板式换热器为模型,以冷水和热水为流体介质;整个系统分为硬件和软件两个部分,在不改变换热器的主要结构、配置、运行条件等基本要素条件的前提下,实现对换热器在线检测系统的设计、对换热器的运行数据进行检测分析,如图1所示。

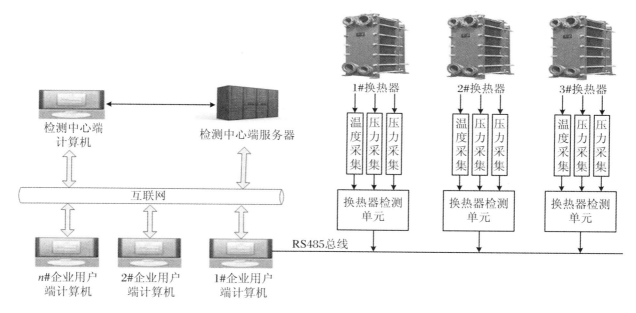

图1 换热器在线检测系统原理图

2.2 换热器在线检测系统的功能

2.2.1 数据采集功能

系统数据的采集分为两部分:基础信息的采集和换热器检测数据的采集。基础信息的采集由企业相关负责人员(通常为质控部门成员),使用企业用户端软件系统将换热器生产和使用企业的名称、企业代码、地址、联系方式、换热器型号规格、换热器编号、换热器的技术数据等录入到在线检测软件系统中。换热器检测数据的采集由系统的检测单元每隔 1 s,使用温度传感器、压力传感器、流量计采集一次冷热介质进出口的温度、压力和进口的流量数据。通过安装在测试段温度采集口上的温度传感器采集温度数据、安装在测试段的压力采集口上压力传感器采集压力数据和安装直管段上的流量计采集换热器运行流量数据,如图 2 所示。

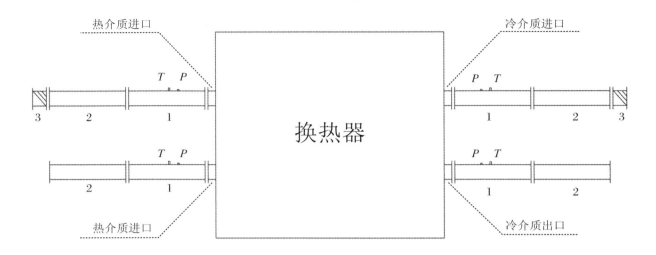

图 2　换热器温度、压力、流量数据采集示意图
1. 测试段;2. 软连接;3. 流量计;T:温度检测口;P:压力检测口

2.2.2　数据的传输功能

对于检测来说,检测数据的准确度是十分重要的,由于换热器的实际工作环境十分恶劣和复杂,经常伴随粉尘和辐射等干扰,为了确保数据精度,系统采用有线传输的形式。系统数据的传输分为两部分:

(1) 系统采用 RS485 总线的形式将检测单元采集到的数据传输到企业计算机的用户端软件。为了保证传输的可靠性,RS485 总线应当采用单点接地的方式;线材采用了标准 RS485 线,这种屏蔽双绞传输线不像网线那样是单股的铜丝,就算有一根小铜丝坏掉也不影响使用。

(2) 计算机通过互联网与检测中心端和服务器进行数据的双向传输,企业可以和检测实验室通过系统的客户端软件进行沟通交流,也可以根据自身权限访问服务器相关数据。系统利用企业现成的网络通信设备连接互联网。

2.2.3　数据的存储功能

系统的存储主要实现两个方面的功能:① 计算机存储从当前日期算起之前 3 个月内的数据信息,采集新数据后自动清除时间段以外的历史数据。② 所有网络节点的换热器数据都实时传输到检测中心服务器上存储起来,企业用户和换热器都以其编号作为节点编号,换热器基础信息数据和实时采集的数据都存储到对应编号下的区域。

2.2.4　系统的报警功能

通过系统软件对数据的分析,对换热器进行检测时,出现数据异常时会发出报警。在系统企业端软件界面会出现醒目提示并且通过计算机音响设备发出声音提示,同时企业检测单元会发出蜂鸣报警,帮助企业及时发现异常并能快速定位出现故障的设备。

2.2.5　实验室中心端对用户的技术支持

工业产品的研发和使用都离不开技术支持,换热器检测中心实验室具有先进的设备和技术能力水平,因此为了利用这一优势更好、更广泛地服务企业,系统设置了技术支持模块,企业用户在遇到换热器选型、相关技术咨询、请求现场检测、故障分析、排除故障等问题时可以通过系统软件相应的功能模块在线请求中心端进行技术支持服务。

2.2.6 实验室中心端对换热器进行大数据分析

企业用户作为网络的节点会将数据都汇总到服务器上,中心端的软件会对服务器数据进行分析、存储,对换热器用户关心的常见问题进行罗列并解答,给出换热器生产企业产品质量的排名,并每个月更新一次,方便用户选择。

3 系统用户终端的硬件设计

系统由单片机控制模块、电源模块、数据采集模块、报警模块、通信模块以及存储模块等组成,硬件系统架构如图3所示。本系统硬件的控制模块采用功能多、价格低的STM8S105C6T6型号的单片机,单片机主要用来实现对信号进行判断、对数据进行处理以及完成通信等功能。压力、温度传感器和流量计等构成了具有实时采集数据功能的数据采集模块;报警模块的作用是在检测数据超出系统预设范围时,播放声音警报;电源模块的作用是为蜂鸣器、单片机、压力传感器、温度传感器等提供所需的直流电压。单片机将数据通过RS-485总线的形式将数据传输到计算机,再由计算机通过互联网传输到服务器。

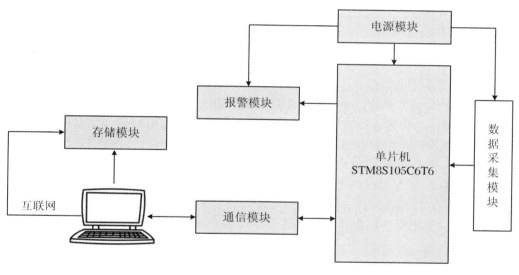

图3 硬件系统架构

4 系统用户终端的软件设计

本系统STM8单片机程序采用ST Toolset version 4.3.0作为开发环境,采用C语言进行开发,其编程界面如图4所示。

4.1 系统主程序的设计

系统的软件程序主要实现对计算机程序命令的应答和处理以及对数据的自动采集功能,具体是指对信号的判断、处理和通信等。通过使用C语言对程序进行编程和调试工作,系统的主程序调用相关子程序实现具体功能,具体流程如图4所示。

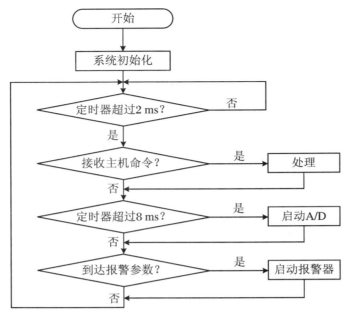

图4 系统主程序的流程图

4.2 关键子程序的设计

依据国家标准,系统检测换热器需要使用两个符合要求的流量计测量冷介质侧和热介质侧的流量数据并采集,4个符合要求的压力传感器对换热器4个测试段内的压力数据信息进行检测和采集,4个符合要求的温度传感器对换热器4个测试段内的温度数据信息进行检测和采集,STM8S105C6T6自带10个A/D转换的通道,编号为0～9,将10个通道分配安排:0～3号接收4个温度传感器的温度数据、4～7号接收4个压力传感器的压力数据,8～9号接收两个流量计的流量数据。传感器实时采集的模拟信号通过A/D转换功能转换成数字信号并发送、存储到单片机上,软件在判断已采集完毕的所有十路通道信息后,使计数器"+1"并返回继续采集。数据采集程序的流程如图5所示,数据处理程序的流程如图6所示。

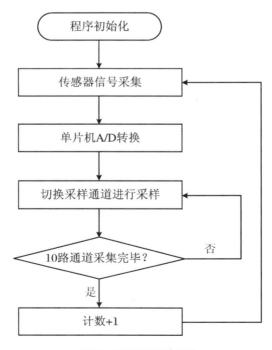

图5 采集程序流程图

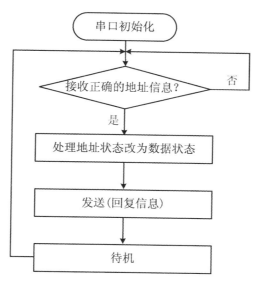

图6 处理程序流程图

5 系统软件功能界面设计

系统应用软件主要实现包括用户登录、信息录入、实时数据显示、历史数据查询、故障报警、技术支持、检测报告申请、大数据分析等功能,其主界面如图7所示。当打开软件经过登录界面完成身份验证登录后,软件程序进入主界面,通过主界面可以进到各个功能模块,使用系统设计要求实现的功能,比如工作人员需要对换热器进行实时检测的时候,可以点击企业实时数据模块,通过对冷/热侧换热器介质的温度、压力、流量、压力降、总传热系数等数据的实时数据进行观测,掌握当前换热器的运行状态;另外,通过界面上的状态提示可以直观地看到,编号为121035、型号为 $pH101BW-1.6/135-83$ 的换热器在工作运行的过程中出现压力过低、超过预警值的问题,管理人员收到报警提示后应该立即通过查看数据信息预判问题,然后前往现场进行具体排查。

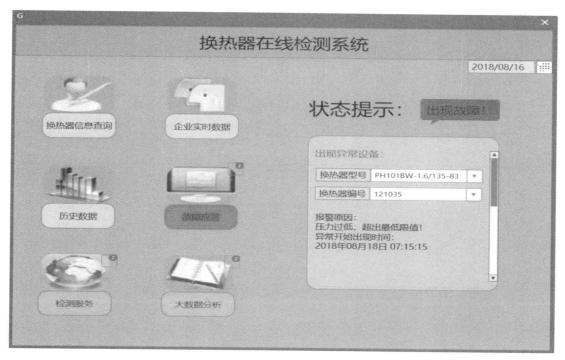

图7 系统应用软件主界面

6 结 论

本文设计的系统以互联网为媒介、以单片机为控制核心,不仅能够实现远程稳定采集换热器通道内的温度、压力、流量等数据,改变了换热器必须现场送检的局限性,还符合企业实际需求,具有制造成本低、安装方便、检测效率高、功能丰富等特点。基于互联网的在线系统的研究为换热器的检测提出了新的发展方向和思路。

参 考 文 献

[1] 山秀娟."互联网+"时代中国制造的转型契机[J].现代营销(下旬刊),2017(12):5.

[2] 方卫峰.温度传感器的设计与研究[J].科技与企业,2016(1):200-202.

[3] 张海泉.板式换热器热工与阻力性能测试及计算方法研究[D].哈尔滨:哈尔滨工业大学,2006.

[4] 郭荣春.板式换热器测试系统的研究[D].哈尔滨:哈尔滨工业大学,2006.

[5] 史美中,王中铮.热交换器原理与设计[M].5版.南京:东南大学出版社,2014:1-35.

[6] 黄庆军,任俊超,苏是,等.中国换热器产业现状及发展趋势[J].石油与化工设备,2010,13(1):5-7.

[7] 支浩,杨慧萍,朱纪磊.换热器的研究发展现状[J].化工进展,2009,28(S1):338-342.

[8] 杨崇麟.板式换热器工程设计手册[M].北京:机械工业出版社,1995.

[9] 魏嘉.焦炭塔应力应变分析[D].北京:北京化工大学,2016.

[10] Clark D F. Plate heat exchanger design and recent development[J]. The Chemical Engineer,1974:275-279.

[11] Hong S W,Duong X Q,Chung J D,et al. Reassessment on the application of the embossed plate heat exchanger to adsorption chiller[J]. Journal of Mechanical Science and Technology,2018,32(3):40-44.

[12] Li L J,Liu X,Du R,et al. Application of big data technology in evaluation of operating status of high-pressure hydrogenation heat exchanger[J]. China Petroleum Processing & Petrochemical Technology,2018,20(3):17-23.

作 者 简 介 ●

李旭(1989—),男,汉族,工程师,检验员,硕士,从事机械设计工作。通信地址:吉林省四平市铁西区兴红路 1588 号。E-mail:lixv317@126.com。

奥氏体不锈钢管对接焊缝超声检测定位误差分析

陈定光　郭少宏　郑若谷　郑文江　邓德津　刘希骥　邓波

（广东省特种设备检测研究院佛山检测院，佛山 528000）

摘要：根据奥氏体不锈钢管对接焊缝与碳钢钢管对接焊缝的声速差异，提出修正方法。用于碳钢钢管对接焊缝的超声检测通道也可用于奥氏体不锈钢管对接焊缝的超声检测。

关键词：奥氏体不锈钢管；折射定律；定位误差

Analysis of Positioning Error of Austenitic Stainless Steel Pipe Butt Weld by Ultrasonic Testing

Chen Dingguang，Guo Shaohong，Zheng Ruogu，Zheng Wenjiang，Deng Dejin，Liu Xiji，Deng Bo

（Guangdong Institute of Special Equipment Inspection and Research Foshan Branch，Foshan 528000）

Abstract：According to the difference of sound velocity between butt weld of austenitic stainless steel pipe and butt weld of carbon steel pipe，a correction method is put forward. The ultrasonic detection channel used in butt weld of carbon steel pipe can be conveniently used for ultrasonic detection of butt weld of austenitic stainless steel pipe.

Keywords：austenitic stainless steel tube；law of refraction；positioning error

1　引言

小口径奥氏体不锈钢管广泛应用于石油化工、核电等行业，其焊缝质量的好坏直接影响到承压类特种设备（锅炉、压力容器、压力管道）的安全性。但由于其具有焊缝组织不均匀、薄壁、大曲率等特点，对其进行超声波检测十分困难。目前对于奥氏体不锈钢管的焊缝质量超声检测工艺及其实施，国内不同的行业各不相同，且普遍水平较低，检测效果较差。这种状况对于开展奥氏体不锈钢管焊接的检验检测工作十分不利。[1]

对小口径碳钢管对接焊缝的超声检测，国内标准 NB/T 47013.3—2005 推荐使用 GS 系列试块。[2]如果能使其应用到小口径奥氏体不锈钢管超声检测，无疑是非常有意义的。要将 GS 系列试块扩展至小口径奥氏体不锈钢管超声检测，需进行超声检测的定位修正，而定位差异主要是由超声波在不同介质中传播时速度发生变化导致的。

本文主要对超声横波在奥氏体不锈钢管对接焊缝中传播时的理论定位误差进行分析并得出定位修正方法，通过自制试块进行检测，验证了该定位修正方法的准确性，为奥氏体不锈钢管对接焊缝实施超声波检测提供了一种可靠的检测方法。[3-5]

2　奥氏体不锈钢管对接焊缝超声定位误差分析

当超声检测仪采用碳钢 GS 系列试块进行调校，对奥氏体不锈钢管进行检测时就会产生水平定位误差、

深度定位误差和 K 值误差,如图 1 所示。

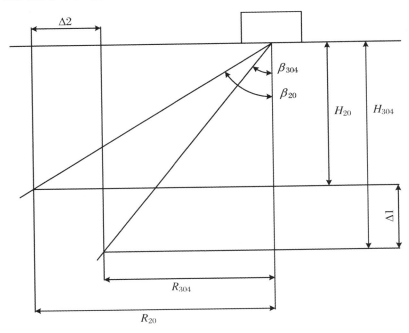

图 1　声速不同导致的定位误差分析

Δ1:声速不同导致的深度定位误差;Δ2:声速不同导致的水平定位误差

3.1　声速变化导致的水平定位误差及修正

当超声波在碳钢、奥氏体不锈钢(如 20、304 钢)传播时,由折射定律可知:

$$\frac{\sin\beta_{20}}{C_{s20}} = \frac{\sin\beta_{304}}{C_{s304}} \tag{1}$$

式中,$\sin\beta_{20}$,$\sin\beta_{304}$ 为 20、304 钢超声波折射角正弦值;C_{s20},C_{s304} 为 20、304 钢超声横波声速。

由上式可知,只要知道碳钢的折射角和奥氏体不锈钢的折射角,即可求出奥氏体不锈钢的横波声速,而奥氏体不锈钢的折射角可由奥氏体不锈钢的试块测出。同理,奥氏体不锈钢(含部分焊缝)的横波声速也可由奥氏体不锈钢的试块(带焊缝)测出。经过实际换算可求得:奥氏体不锈钢的超声横波声速是 3156 m/s,穿过部分焊缝后的 304 钢超声横波声速的是 3040 m/s。

根据正弦公式可知

$$R_{20} = S_{20}\sin\beta_{20} \tag{2}$$

$$R_{304} = S_{304}\sin\beta_{304} \tag{3}$$

式中,R_{20},R_{304} 为 20、304 钢中入射点至缺陷的水平距离;β_{20},β_{304} 为由空气入射到 20、304 钢中的超声横波折射角;S_{20},S_{304} 为 20、304 钢中的超声横波声程。

由式(2)、式(3)可推得

$$\frac{R_{20}}{R_{304}} = \frac{S_{20}\sin\beta_{20}}{S_{304}\sin\beta_{304}} = \frac{C_{s304}}{C_{s304}} \cdot \frac{\sin\beta_{20}}{\sin\beta_{304}} = \frac{3230}{3040} \cdot \frac{\sin\beta_{20}}{\sin\beta_{304}} = 1.06 \times \frac{3230}{3040} = 1.1 \tag{4}$$

由式(4)可知,R_{20} 与 R_{304} 呈线性关系,只需选定板厚深度的某一点(如底波位置),就可对其作水平定位修正。由此可推得

$$R_{304} = K \cdot T/1.1 \tag{5}$$

式中,K 为探头的折射角正切值;T 为管壁厚。

根据式(4)、式(5),可推得不同 K 值探头的超声检测水平定位修正值。其中,$K2.5$ 和 $K2$ 探头的超声检测水平定位修正值见表 1、表 2。

表1　K2.5 探头超声检测水平定位修正值 $\Delta2$(mm)

管壁厚 T	3	4	5	6	7	8	9
R_{20}	7.5	10	12.5	15	17.5	20	22.5
R_{304}	6.8	9.1	11.4	13.6	15.9	18.2	20.5
$\Delta2$	0.7	0.9	1.1	1.4	1.6	1.8	2.0

注：$\Delta2 = R_{20} - R_{304}$。

表2　K2 探头超声检测水平定位修正值 $\Delta2$(mm)

管壁厚 T	3	4	5	6	7	8	9
R_{20}	6	8	10	12	14	16	18
R_{304}	5.5	7.3	9.1	10.9	12.7	14.5	16.4
$\Delta2$	0.5	0.7	0.9	1.1	1.3	1.5	1.6

注：$\Delta2 = R_{20} - R_{304}$。

3.2　声速变化导致的深度定位误差及修正

根据正弦公式可知

$$H_{20} = s_{20}\cos\beta20 \tag{6}$$

$$H_{304} = s_{304}\cos\beta304 \tag{7}$$

式中，H_{20} 为 20 钢中缺陷距焊缝外表面的垂直距离；H_{304} 为 304 钢中缺陷距焊缝外表面的垂直距离。

而 $\cos\beta_{304} = \sqrt{1 - \sin^2\beta r_{304}}$，$\sin\beta_{304} = \dfrac{C_{s304} \cdot \sin\beta_{20}}{C_{s20}}$，故可推得

$$\frac{H_{20}}{H_{304}} = \frac{S_{20}\cos_{20}}{S_{304}\cos\beta_{304}} = 1.1\frac{\cos\beta_{20}}{\sqrt{1-\sin^2\beta_{304}}} = 1.1\frac{\cos\beta_{20}}{\sqrt{1-\dfrac{\sin\beta_{304}C_{s304}}{C_{s20}}}} \tag{8}$$

根据式(8)可推得

$$K=2,\beta=63.4°,\quad \frac{H_{20}}{H_{304}} = 1.1\frac{\cos63.4°}{\sqrt{1-\dfrac{\sin63.4°\times3040}{3230}}} = 1.1\times\frac{0.448}{0.4} = 1.23 \tag{9}$$

$$K=2.5,\beta=68.2°,\quad \frac{H_{20}}{H_{304}} = 1.1\frac{\cos68.2°}{\sqrt{1-\dfrac{\sin68.2°\times3040}{3230}}} = 1.1\times\frac{0.371}{0.36} = 1.13 \tag{10}$$

由式(9)、式(10)可分别算得 $K=2.5$ 和 $K=2$ 的超声检测深度修正值，见表3、表4。

表3　K2.5 探头超声检测深度定位修正值 $\Delta1$(mm)

管壁厚 T	3	4	5	6	7	8	9
H_{20}	3	4	5	6	7	8	9
H_{304}	2.7	3.5	4.4	5.3	5.2	7.1	8.0
$\Delta1$	0.3	0.5	0.6	0.7	0.8	0.9	1.0

注：$\Delta2 = 1 = H_{20} - H_{304}$。

表 4　K2 探头超声检测深度定位修正值 $\Delta 1$(mm)

管壁厚 T	3	4	5	6	7	8	9
H_{20}	3	4	5	6	7	8	9
H_{304}	2.4	3.3	4.1	4.9	5.7	6.5	7.3
$\Delta 1$	0.6	0.7	0.9	1.1	1.3	1.5	1.7

注：$\Delta 2 = 1 = H_{20} - H_{304}$。

3.3　声速变化导致的 K 值修正值 $\triangle 3$

根据正切公式 $K_{304} = R_{304}/H_{304}$，可推得不同 K 值的 K 值修正值 $\triangle 3$，如表5、表6所示。

表 5　K2.5 探头 K 值修正值 $\Delta 3$(mm)

管壁厚 T	3	4	5	6	7	8	9
K_{304}	2.52	2.6	2.6	2.6	2.6	2.6	2.6
$\Delta 3$	0.02	0.1	0.1	0.1	0.1	0.1	0.1

注：$\Delta 3 = K_{304} - K_{20}$。

表 6　K2 探头 K 值修正值 $\Delta 4$(mm)

管壁厚 T	3	4	5	6	7	8	9
K_{304}	2.3	2.2	2.2	2.2	2.2	2.2	2.2
$\Delta 4$	0.3	0.2	0.2	0.2	0.2	0.2	0.2

注：$\Delta 3 = K_{304} - K_{20}$。

4　修正方法及实测验证结果

实际检测中，在仪器某一检测通道打开后，将碳钢材料的数值 + 修正值输入在"入射零位"位置，将碳钢材料的数值 − 修正值输入在"K 值"位置即可，检测时实际深度为仪器读数 + 深度补偿值。

为了验证上述定位误差修正值的准确性，笔者按不同规格的奥氏体不锈钢管分别制作了 7 块焊缝外表面带线切割槽模拟试块和 4 块焊缝带根部未焊透的模拟试块进行检测。模拟试块材料为 304，带线切割槽的模拟试块如图 2 所示，其试验结果见表 7；带根部未焊透的模拟试块如图 3 所示，其试验结果见表 8。

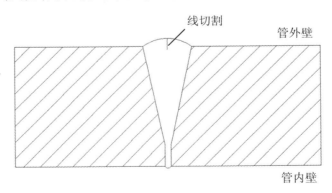

图 2　带线切割槽的模拟试样

表7 带线切割槽的模拟试样——修正后的仪器水平定位值与实测值对照表(mm)

管规格	检测位置	仪器水平读数	实测水平值	Δ
Ø57×3	SR1-1	16.3	16.5	-0.2
Ø57×3	SR1-2	13.5	13.5	0
Ø57×4	SR2-1	15.7	16.5	-0.8
Ø57×4	SR2-2	13.5	14.5	-1.0
Ø76×3	SR3-1	6.7	6.8	-0.1
Ø76×3	SR3-2	7.5	8.0	-0.5
Ø76×4	SR4-1	5.9	6.2	-0.3
Ø76×4	SR4-2	8.3	8.5	-0.2
Ø89×3	SR5-1	11.4	11.0	0.4
Ø89×3	SR5-2	13.0	12.5	0.5
Ø89×4	SR6-1	15.2	15.2	0
Ø89×4	SR6-2	14.4	14.0	0.4
Ø89×6	SR7-1	13.0	13.0	0
Ø89×6	SR7-2	12.2	13.0	-0.8

注:(1) Δ=仪器水平读数-实测水平值。
　　(2) 检测位置:前三位为试样编号,尾数1、2分别为焊缝两侧检测面。

通过对表7中的水平定位比对试验数据进行分析可知,考虑调机时的水平定位误差为±1 mm,表中共有14组数据,均满足要求,其最大误差为1.0 mm,即比对试验结果证明了理论定位误差补偿值的准确性。

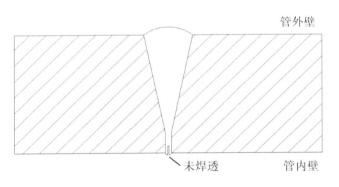

图3 根部未焊透的模拟试样

表8 根部未焊透的模拟试样——修正后的仪器水平定位值与实测值对照表(mm)

管规格	检测位置	重合度	管规格	检测位置	重合度
Ø76×3	S2	-1.0	Ø89×3	S1	-0.2
Ø89×4	S4	-1.0	Ø89×6	S5	-0.2
Ø89×7	5	0	Ø108×8	32	-0.5
Ø108×8	25	-0.4	Ø133×8	9	-1.2

注:(1) 检测位置:试样编号及试样底片中心定位位置。
　　(2) 重合度:同一反射波焊缝两侧检测水平定位的重合程度。重合度为正,则两侧定位过头(焊缝余高反射);重合度为负或0,一般判定为缺陷。

从表 8 中的数据也可以看出,采用第 2 节中的定位误差修正公式对奥氏体不锈钢管对接焊缝内部缺陷的水平定位进行补偿修正后,均能较准确地找到缺陷。

5 结 论

(1) 根据声波的折射定律原理,总结出超声波在奥氏体不锈钢管及其对接焊缝中传播时产生定位误差的规律,并得到理论定位误差修正值。

(2) 通过对奥氏体不锈钢管对接焊缝表面缺陷和根部未焊透进行检测,并利用理论水平定位修正值进行修正,均达到满意的结果。

(3) 实测结果证明,本文采用的修正值精度较高,能满足实际检测要求,只要在定量上给予一定的补偿,就可应用于奥氏体不锈钢管对接焊缝的检测。

本文采用的检测方法在检测时不需制作专用试块,仅需根据管壁厚度计算出相应的修正值进行修正,因此该方法简单实用,值得推广。

参 考 文 献

[1] 谢航,张益成,周礼峰,等.奥氏体不锈钢管道环焊缝的超声相控阵检测[J].无损检测,2017,39(3):23-25,29.

[2] 全国锅炉压力容器标准化技术委员会.承压设备无损检测:NB/T 47013.3—2015[S].北京:新华出版社,2015.

[3] 广东省质量技术监督局.奥氏体不锈钢薄板对接接头超声检测:DB44/T 1852—2016[S].

[4] 邓波,郭少宏,曹福想,等.薄板奥氏体不锈钢对接焊缝超声波探伤方法研究[J].压力容器,2012,29(6):14-18,49.

[5] 郑文江,曹福想,郭少宏,等.不锈钢复合板对接焊缝超声波检测中的定位误差[J].无损检测,2016(38):49-51,78.

作 者 简 介 ●

陈定光(1962—),男,汉族,院长,高级工程师,工学学士,主要从事特种承压设备检验、无损检测工作。通信地址:广东省佛山市禅城区影荫二街 2 号。E-mail:scoohl@163.com。

换热管与管板强度焊接接头的射线检测与结果评定探讨

赵天波[1] **伍砚**[1] **刘昕**[2]

(1. 湖北长江石化设备有限公司,洪湖 433226;2. 中石化武汉分公司,武汉 430000)

摘要:本文介绍了换热管与管板焊接接头(以下简称管头)的焊接质量控制以及接头射线检测方法,由于国内外没有管壳式换热器换热管与管板强度焊接接头的射线检测结果评定标准,本文在实验和实际生产的基础上,探讨并提出了换热管与管板强度焊接接头射线检测结果的评定方法,供换热器设计、制造人员参考。

关键词:强度焊接接头;射线检测;结果评定方法

Radiographic Examination and Result Evaluation for Tube-to-tubesheet Strength Welded Joint

Zhao Tianbo[1], **Wu Yan**[1], **Liu Xin**[2]

(1. Hubei Changjiang Petrochemical Equipment Co., Ltd., Honghu, 433226;2. Wuhan Branch of SINOPEC, Wuhan 430000)

Abstract:The article introduces the welding quality control and the radiographic examination method for tube-to-tubesheet joint (hereinafter referred to as the tube end). There is no criteria for evaluating the radiographic examination results of the strength welded tube-to-tubesheet joint of shell and tube heat exchanger at home and abroad,in this paper,we discuss and put forward the evaluation criteria on the basis of experiments and practical production,for the reference of heat exchanger design and production personnel.

Keywords:welding joints;RT;result evaluation

1 引言

换热器是石化行业中应用最广的设备,承担着热量交换的任务。而换热器的正常操作,能够保证装置的安全运行,换热器的失效会导致装置停产,甚至会造成安全隐患。而在换热器的失效中,换热管与管板的连接接头的失效率最高。如何保证换热管与管板的连接可靠,十分关键。

保证换热管与管板的连接可靠,第一,需要设计合理的连接形式;第二,保证产品的实际制造质量;第三,需要有可靠的检验方法来检验其质量是否可靠。

2 换热管与管板连接接头的射线检测

换热管与管板的接头焊接质量,主要靠磁粉或渗透(MT 或 PT)方法检测,其工艺评定方法主要是 MT或者 PT 检测,接头抛切宏观金相,以及测量焊接高度。但是 MT 或 PT 主要针对的是表面质量的检测,对于一般的换热器是可以满足的,对于一些特殊部位的关键设备换热器,因为无法检测内部质量而不能满足此部位的检测。

目前，针对换热管与管板的焊接接头的检测，采用射线检测也是一种比较好的选择。通常选择采用 γ 射线和 X 射线两种方法。NB/T 47013 标准介绍了这两种检测方法，即向后透照和向前透照。向后透照是底片放置于射线源后方的透照方式（见图 1）。用此法检测时，射线源通过刚性导管从本侧管板导入管子中，射源对中较容易，射源-胶片距离控制较准确，实施照相操作较方便，但需要专用射线机和工装，所用的胶片的中心必须打一个孔。向前透照是底片放置于射线源前方的透照方式，用此法检测时，射线源通过柔性或刚性导管从对侧管板导入管子中，并穿越管子全长到达所需的位置实施照相，可以使用普通 γ 射线机，所用的胶片的中心不需打孔，但操作较麻烦，必须注意射源对中，并注意控制所要求的射源-胶片距离（见图 2）。

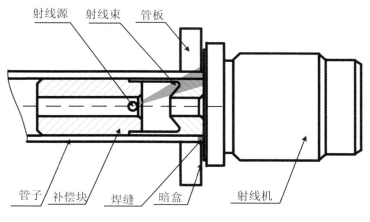

图 1　向后透照示意图

图 2　实际操作示意图

X 射线照相设备采用微焦点棒阳极 X 射线管，由于清晰度更高且方便透照，现在越来越多的人使用这种方法。NB/T 47013 标准中规定，棒阳极射线管焦点尺寸采用小孔法测定。采用向后透照方式所使用的胶片，应在胶片中心加工一个孔，孔的直径应与源棒匹配。

底片评定范围内的黑度应符合下列规定：

A 级：≥1.5～4.5（γ 射线）；≥1.2～4.5（X 射线）；AB 级：≥1.8～4.5（γ 射线）；≥1.5～4.5（X 射线）；B 级：≥1.8～4.5（X 射线）。

3　换热管与管板的射线检测标准介绍

中国 NB/T 47013 标准给出附录 A（资料性附录）《管子-管板角焊缝射线照相技术要求》，本附录适用管壳式列管热交换器和管壳式反应器的管子与管板角接焊接接头的射线检测。被检测的管子内径应在 12～76 mm，厚度在 1.5～5 mm 范围，用于制作焊接接头的金属材料包括钢、钛及钛合金、镍及镍合金、锆及锆合金，焊接型式为密封焊。强度焊角焊缝射线检测也可参照本标准，但灵敏度和缺陷评级应另作规定。

中国 NB/T 47013 附录 A 的 A.6 给出了密封焊的缺陷评定与焊缝质量验收评定标准。

（1）在任何情况下，不允许存在以下缺陷：裂纹、未熔合、条形气孔、虫形气孔、局部密集气孔。

（2）球形气孔、夹渣、夹钨和氧化物夹杂不应超过表 A.4（表 1）的规定。

（3）根部咬边应在记录和报告上注明，其验收标准由合同双方商定。

中国 NB/T 47013 附录 A 的 A.6.3 规定，强度焊角焊缝的缺陷评定与质量验收由合同双方商定。标准中并未给出强度焊的评定规定。由于强度焊相对密封焊种类较多，结构较复杂，结果评定难度较大。

密封焊相对焊缝较薄，其缺陷相当于在一个当量平面中，而强度焊的缺陷是在一个立体空间中的缺陷集合，其 RT 底片是立体空间各当量平面中的缺陷在一个平面下的投影。在实际应用中，密封焊的评定标准并不适合强度焊。

表1 气孔、夹渣和氧化物夹杂最大允许尺寸、数量和间距（NB/T 47013 表 A.4）

管径≤20 mm			管径>20 mm		
缺陷长径（dp）	数量	间距	缺陷长径（dp）	数量	间距
≤0.5 t^a，最大 1 mm	3	≥$2dp^b$	≤0.5 t^a，最大 1 mm	3	≥$2dp^b$
				5	≥$5dp^b$

a. t = 管壁厚度；b. dp = 缺陷长径

4 换热管与管板强度焊接接头评定标准探讨

评定标准与产品重要程度、材料种类、焊接方法、焊接质量、管头结构型式等因素息息相关。

4.1 产品的重要程度的影响

由于换热器在装置中所承担的作用不同，直径大小不同，材料不同，处理的介质不同等等因素，决定了其重要程度不同。

德国巴斯夫公司 WN75-100 金属管与管板焊接标准中基于检验的内容把换热器分为 3 类（表2），分类主要考虑换热器管与管板连接接头泄漏的后果，应力载荷状态等因素。

表2 换热管依据管与管板泄漏时产生的影响而确定的换热器类别等级

应力载荷状态			检验要求		
接头分类	换热器接头工作时应力状态	工作温度和工作压力	假定工作时产生泄漏的影响		
			不影响	在一定期间影响不大	影响极大
			Ⅰ类	Ⅱ类	Ⅲ类
A	静态应力	≤10 bar 和≤200 ℃	E + VT、LT 或 S1 + VT、LT	S2 + VT、LT	S2 + VT、RT、LT、MT/PT、FK
B		>10 bar 或>200 ℃		S2 + VT、LT、FK	S3 + VT、RT、LT、MT/PT、FK
C	压力/温度产生的交变应力				S3 + VT、RT、LT、MT/PT、FK
D	有应力产生的振动	所有压力和所有温度	S1 + VT、LT	S2A + VT、LT、MT/PT、FK 或 S3 + VT、LT、MT/PT、FK	S3A + VT、RT、LT、MT/PT、FK

注：

焊接（最低要求）：S1：t = 1.0～1.4 mm，不少于一层焊缝，t≥1.5 mm，不少于两层焊缝；S2：t≥1.5 mm，不少于两层焊缝；S3：t≥2 mm，不少于两层焊缝。

S2A：S2 焊接加胀接；S3A：S3 焊接加胀接；E：胀接方法为机械胀或液压胀。

检测方法：VT：外观检验；RT：射线检验；LT：气密检验；MT/PT：磁粉/渗透。

FK：制造过程期间检验。

从表2可以看出，巴斯夫公司在选用 RT 检测时较为慎重，仅是在介质泄漏产生极大影响的情况下，采用 RT 检验。但是，随着对换热器设备的制造质量越来越高，以及射线探伤技术的逐渐成熟，探伤机的普遍使用，很多不是这样的情况也要求进行 RT 检验，这种情况下评定的标准与泄漏产生极大影响的评定标准也应该不同。

4.2　换热管与管板焊接接头强度焊评定等级

换热器的重要程度不同,我们应该针对不同的换热器类别,采用不同的评定等级。分为 TⅠ、TⅡ、TⅢ、TⅣ级合格标准,T 代表换热管与管板强度焊接头。TⅠ级最高,TⅣ级最低(见表 3)。

表 3　换热管依据管与管板泄漏时产生的影响而确定的射线检测评定等级

应力载荷状态			检验要求		
接头分类	换热器接头工作时应力状态	工作温度和工作压力	假定工作时产生泄漏的影响		
			不影响	在一定期间影响不大	影响极大
			Ⅰ类	Ⅱ类	Ⅲ类
A	静态应力	≤2.5 MPa 和≤200 ℃	TⅣ	TⅣ	TⅢ
B		>2.5 bar 或>200 ℃	TⅣ	TⅢ	TⅢ
C	压力/温度产生的交变应力	所有压力和所有温度	TⅣ	TⅡ	TⅡ
D	有应力产生的振动		TⅣ	TⅡ	TⅡ

5　换热管与管板焊接接头强度焊各评定等级的要求

(1) 换热管与管板焊接接头强度焊的缺陷按性质可分为裂纹、根部未焊透、未熔合、气孔(条形气孔、虫形气孔、局部密集气孔、球形气孔)、夹渣、夹钨和氧化物夹杂,以及咬边。

(2) 在 RT 检测前应进行 PT 或 MT 检测,不允许存在表面缺陷。

(3) 在评定区 10×10 内缺陷长径≤0.8 mm 的圆形缺陷(裂纹除外),不多于 10 个可不计缺陷点数,多于 10 个评级降一级。换热管与管板焊接接头强度焊各评定等级,如表 4 所示。表 4 的数量不包括缺陷≤0.8 mm 的圆形缺陷的数量。

表 4　换热管与管板焊接接头强度焊具体评定等级要求

评定等级	缺陷种类及大小的合格要求						
	任何直径和壁厚	换热管直径 d≤25 换热管壁厚 t≤3			换热管直径 d>25 换热管壁厚 t>3		
	裂纹	根部未焊透	其他缺陷		根部未焊透	其他缺陷	
			尺寸	数量		尺寸	数量
TⅣ	不允许	允许	长径≤0.8t	4	允许	长径≤t,最大 4	5
TⅢ	不允许	允许小于半径范围	长径≤0.7t	3	允许小于半径范围	长径≤t,最大 3.5	4
TⅡ	不允许	不允许	长径≤0.6t,最大 2	3	不允许	长径≤t,最大 3.5	3
TⅠ	不允许	不允许	长径≤0.6t,最大 2	2	不允许	长径≤0.8t,最大 3	2

6 保证焊接接头的评定等级应采用的措施

例如,某些蒸汽发生器或者是管壳式余热锅炉,存在交变载荷或者存在着较大的振动,易产生泄漏,而一旦泄漏,会造成很大的损失。这时对换热器与管板的焊接接头采用 RT 射线检测是必要的,而且需要按 T Ⅱ 级作为合格标准,T Ⅱ 级中根部不允许未焊透,如图 3 和图 4 所示,如出现根部未焊透,极易因振动或交变载荷而开裂。必须保证根部的焊透,如图 5 和图 6 所示,所以评定标准按 T Ⅱ 级合格。对于气孔来说,由于角焊缝是一个立体空间被射线检测投影到一个平面内,如图 7 所示,缺陷是空间缺陷的几何体,并不是在一个横切面存在这些缺陷,在整个空间内不超过一定的数量是允许的。为了达到 T Ⅱ 级,必须采用合理的焊接坡口和焊接参数才能达到要求。

对于裂纹来说,由于其具有延伸扩展性,在任何情况下都不能允许存在。

图 3　根部未焊透底片

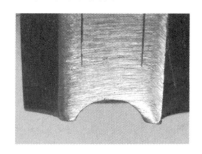

图 4　根部未焊透剖切照片

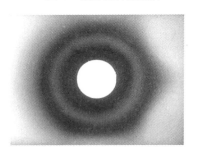

图 5　根部焊透底片

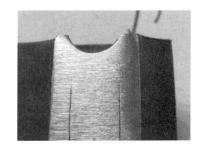

图 6　根部焊透剖切照片

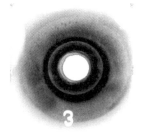

图 7　气孔底片

根部未焊透的危害较大,会因振动和腐蚀等原因导致换热器失效,但是在实际应用中又经常会出现这种缺陷,所以,在比较严格的 T Ⅰ 级和 T Ⅱ 级,不允许存在。

7 结论

随着石化装置的长周期运行,保证换热器换热管与管板焊接接头的焊接质量十分重要,射线检测是保证其质量的有效手段,但是对于换热管与管板强度焊,没有适合目前实际情况的评定标准,本文提出针对不同重要程度的换热器,采用不同的评定合格级别分级评定,并对评定合格级别进行具体规定。根据实际情况,采用分级评定便于操作,也便于根据换热器的重要程度对其质量进行控制。这一方法可能会随着制造水平的提高而有更加严格的要求。

参 考 文 献

[1] 全国锅炉压力容器标准化技术委员会.承压设备无损检测 第2部分 射线检测:NB/T 47013.2—2015[S].北京:新华出版社,2015.

[2] 董家祥,李平瑾,乔伟奇,等.换热器管子与管板的焊接与检验的国外工程标准简介[J].压力容器,22(10):11-14.

[3] 国家能源局.承压设备用焊接工艺评定:NB/T 47014—2011[S].北京:原子能出版社,2011.

[4] 中国国家标准化管理委员会.热交换器:GB/T 151—2014[S].北京:中国标准出版社,2015.

[5] 刘俊伟,赵滨江,李晓陶.ASME、ISO及GB管子管板接头检验探讨[J].化工设备与管道,2013,50(3):74-75.

[6] 李衍.管-管板焊缝的射线检测特殊技术[J].无损检测,2001,5(5):43-46.

作 者 简 介 ●

赵天波(1964—),男,汉族,正高级工程师,总工程师,学士学位,从事石化设备研发和设计。通信地址:湖北省洪湖市府场镇中华路长江工业园。E-mail:zzttbb123@163.com。

IFV 超临界传热试验系统设计

周兵[1]　倪利刚[1]　刘孝根[1]　李翔[2]

（1. 合肥通用机械研究院有限公司，合肥 230031；2. 同济大学，上海 200092）

摘要：设计并制作了具备完整结构的 IFV 样机，建立了传热性能测试系统，以液氮为工作介质，首次实现了实验室条件下 IFV 超临界传热与流动性能试验。结果表明，高压工况下 IFV 各传热单元热平衡误差在允许范围内，IFV 样机及试验系统设计合理。

关键词：IFV；超临界；传热；试验

Design of IFV Supercritical Heat Transfer Experiment System

Zhou Bing[1], Ni Ligang[1], Liu Xiaogen[1], Li Xiang[2]

（1. Hefei General Machinery Research Institute Co., Ltd., Hefei 230031；2. Tongji University, Shanghai 200092）

Abstract：An IFV prototype and a set of heat transfer experiment platform were constructed. Using liquid Nitrogen as the alternative working medium, IFV super critical heat transfer and flow hydraulic inspection was conducted under lab conditions. Results show that the heat transfer quantity difference of each section is within allowable range, and both the prototype and testing system platform are reasonable.

Keywords：IFV；super critical；heat transfer；experiment

作为一类广泛应用于基本负荷气化任务的气化器类型，带中间介质的气化器（IFV）相对开架式气化器（ORV）可以在设计上控制、避免海水结冰，同时拥有更强的海水适应能力，因而也成为海水条件一般的接收站气化器的首选。IFV 技术率先由日本提出，并曾长期形成技术和市场垄断。通过合肥通用机械研究院、江苏中圣压力容器装备制造有限公司等国内多家院所企业持续努力攻关，该设备已完全实现国产化。[1-4]与此同时，国内也较为广泛地开展了 IFV 传热与流动机理、制造及检验技术、试验监测、运营管理等相关技术研究。[5-9]相对而言，试验技术的研究显得较为薄弱，为此本文设计试制了 IFV 样机，搭建了超临界压力维持系统，成功实现了实验室条件下的超临界 IFV 传热试验。

1 IFV 及其超临界试验研究进展

1.1 IFV 工作原理

由于换热流体温度悬殊过大，ORV 管外会发生结冰，歧管与换热管连接处容易产生温度应力集中，给设备结构安全或换热效果工艺均带来不利影响。[6]IFV 通过在极低温的 LNG 和常温海水中间引入一股中间介质，将一级换热变成二级换热，从而有效避免了大温差换热带来的结构和传热削弱。从这方面说，超级开架式气化器相对传统 ORV 的结构创新也是通过引入间隙流，并发挥了类似中间介质的作用。中间介质的选取会直接影响换热面积的大小，应按照相变压力不宜过高、相变温度适中和经济安全性原则，可供选择的中间介质包括丙烷、丙烯、二甲醚、乙二醇水溶液等，在气化器设计实践中一般采用丙烷作为中间介质。[10]

IFV 是一个典型的组合式换热结构(图 1),在功能上分为 3 个相对独立的传热模块,即天然气气化器(E1)、中间介质蒸发器(E2)和天然气调温器(E3),其中 E1 和 E2 上下布置并通过一块异形开孔管板共用一个壳程空间,E2 和 E3 管程介质相通,一般为海水。其工作原理如下:天然气进入 E1 管程,被壳程顶部的中间介质蒸汽加热气化,输出到 E3 壳程,随后被 E3 管程的海水加热到指定温度后输出 IFV,经计量进入管网;海水由 E3 管程进入,加热气化后的天然气进入 E2 管程将中间介质加热至沸腾状态随后排出;中间介质在 E1、E2 的共同壳程形成底部蒸发、顶部冷凝的双向相变传热,将海水热量最终传递给天然气。

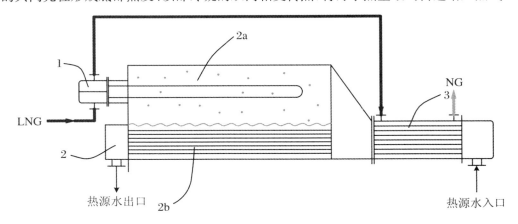

图 1　IFV 结构原理图

1. 天然气气化器(E1);2. 中间介质蒸发器(E2);2a. 中间介质蒸发管束;2b. 中间介质冷凝管束;3. 天然气调温器(E3)

1.2　IFV 试验研究进展

LNG 以甲烷为主要组成部分,同时包含乙烷、丙烷、戊烷、氮气等成分,不同产地的 LNG 成分存在较大差异。为提高气化传热效率,LNG 气化通常都是超临界换热过程,其设计压力可达 10 MPa 以上。超临界换热除了带来换热介质热物性的剧变外,也会造成特殊的传热与流动特性表现。受 LNG 产品特性限制,实验室条件一般以液氮作为 LNG 的替代方案。[11]

国内关于 IFV 的技术研究主要倾向于以数值模拟技术为依托的传热模型分析、超临界换热与流动数值预测分析,这也从侧面反映出当前传热研究领域对计算传热已产生巨大的路径依赖。[12] 受试验条件限制,尤其是同一空间双向相变传热试件设计与制造难度较大,基于 IFV 完整结构的传热试验研究相对空白。少量文献披露了部分 IFV 试验工作,其试验的开展是充分利用了工程中试验的现场调试性条件,其系统建造和运行成本较大,无法满足进一步研究的需求[13-14]。因此开展实验室条件下,以中间介质双向相变为关键特征的 IFV 超临界换热试验研究,可以对现有研究模式进行良好补充,并提供更多方位的设计参考。

2　IFV 试验系统设计

2.1　IFV 传热样机

本文专门设计了具有完整结构的 IFV 比例样机,包括 E1、E2、E3 3 个换热主体,E1、E2、E3 的功能划分如前所述。考虑到实验室空间受限,取消了原始结构中的过渡筒节,采用调温器分离式装配结构,将调温器放置在蒸发器-冷凝器公共壳体的上部。IFV 样机主要结构尺寸如图 2 所示。使用液氮替代 LNG,使用公用系统循环水作为加热热源,设计上保证水加热气化后的氮气出口温度高于 0 ℃。液氮的临界压力为 3.4 MPa,临界温度为 -147 ℃;丙烷在 0.35 MPa 下的相变温度为 -9.6 ℃。表 1 为 IFV 的设计输入条件,满足超临界参数要求。表 2 给出了 IFV 样机的换热管方案,其中 E1 段采用 3 根 U 形管平行布置,E2、E3 采用三角形布管方案。图 3 为 E1、E2 公用的异形管板结构。为了对试验过程进行观察,在设备主体上开设了 3 个视镜,底部两个视镜用于观察丙烷重装和 E2 管束沸腾换热,顶部视镜用于观察 E1 管外冷凝状况。

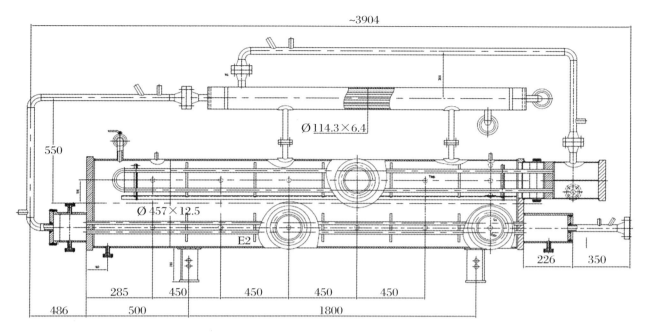

图 2　IFV 样机主要结构尺寸

表 1　IFV 样机设计条件

	E1		E2		E3	
	管程	壳程	壳程	管程	管程	壳程
介质	液氮	丙烷	丙烷	水	水	氮气
设计温度（℃）	65	100	100	100	100	100
设计压力（MPa·G）	6.0	2.5/−0.1	2.5/−0.1	1.0	1.0	6.0
工作温度（进/出）（℃）	−155/−23	−7.0	−7.0	20.0/15.5	20.0/19.5	−25/1
工作压力（MPa·G）	6	0.28	0.28	0.5	0.5	6

表 2　IFV 试验样机换热管规格

	换热管规格	长度	数量
E1	Ø19×2.0	6091	3U
E2	Ø19×2.0	2800	6
E3	Ø19×2.0	2000	7

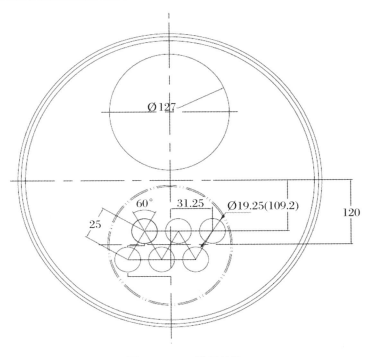

图 3　E1、E2 管板结构

2.1　IFV 试验系统

图 4 给出了 IFV 超临界换热试验系统的组成,主要系统部件包括 IFV 样机、液氮储罐、氮气缓冲罐及泵阀管件。液氮一方面是试验气化对象,同时也是系统管道充装、排气等操作需要的操作介质。液氮处理量的稳定维持对于获取准确的传热性能参数是至关重要的,系统使用一台 2 m³ 的液氮储罐作为冷源输入,可以连续稳定冷源输入,满足试验时长要求。使用一台低温往复柱塞泵将液氮增压至试验压力。为了增加系统的调节性,对进出 IFV 不同传热单元的水管路增加了一条回路,由此可以对流经 E1/E2 和 E3 的水流量进行不同分配,这是有别于常规 IFV 产品设计的。

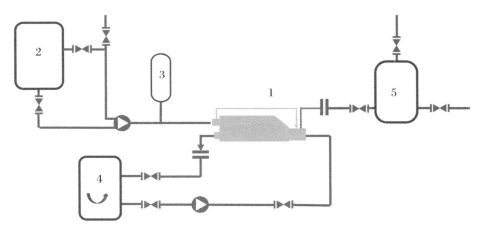

图 4　IFV 超临界试验系统示意图

1. IFV 样机;2. 液氮储罐;3. 缓冲器;4. 循环水调温池;5. 氮气缓冲罐

试验同时关注丙烷侧、液氮侧和水侧的温度和压差表现。重点针对同一空间双向相变传热的丙烷进行温度监测。在壳体上下位置沿壳体长度方向对称均布 6 组共计 12 个温度测点(TⅠ),底部 6 个测点监测液相丙烷的温度。顶部 6 个测点检测气相丙烷的温度。同时在传热单元模块的进出口相应设置了压力(PI)或压差(PD)变送测点,本系统的测点分布如图 5 所示。

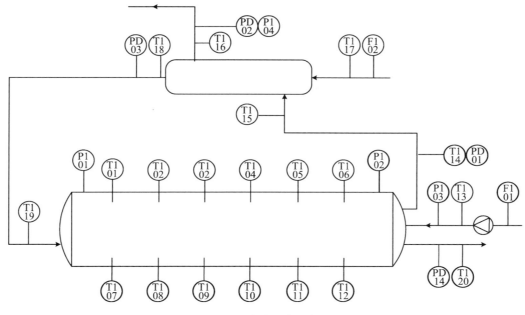

图 5　IFV 试验系统测点分布

3　试验过程

（1）系统抽真空

丙烷重装前需要对 IFV 双向相变壳程进行抽真空，使用一台型号为 2XZ-4 的旋片真空泵。丙烷壳程真空度应控制在 10 Pa 以内，并进行一段时间的保压观察，以检验整体空间的密封性水平。为了充分发挥真空泵的效率，可先按气镇开工作程序抽气，待蒸气抽除后，关闭气镇阀，再按无气镇程序抽气。

（2）丙烷充装

使用瓶装丙烷并利用瓶内的正压进行充装。可以同时打开循环水和液氮流路加速充装进程。经计算管束理论浸没体积为 0.69 m³。通过壳体上设置的目镜可以观察丙烷重装高度，直到管束完全浸没在液相丙烷为止，丙烷应充分淹没管束顶部。

（3）管路试压

样机就位后应先进行氮侧管路连接，管路连接完成后，要进行气压密封试验，试验压力为 6 MPa，试验时应逐级缓慢升压，升压过程中应随时检查管路密封情况，当达到试验压力并停压 10 min 后，采用涂刷中性发泡剂的方法，巡回检查阀门填料函、法兰或螺纹连接处、排污阀等所有密封点有无泄漏。氮侧管路连接完成后，进行样机测量仪表连接及调试，确保测试仪表测量正常。

（4）尾气排放

由于丙烷具有易燃易爆属性，因此实验完成后对丙烷进行谨慎处理。根据图 4 所示的试验系统，通过一个三通管件将 E2 换热单元壳体内的丙烷由充装孔联通到排出管路，该管路通向一个室外的火炬系统，将丙烷充分燃烧后排入环境。为了降低危险，在排放丙烷前先用氮气对管道实施吹扫。

4　试验结果

试验进行中要时刻关注温度监测指示。由于设备本体上了试镜，因此要监测丙烷温度不宜过低，同时应时刻关注样机出口氮温度，确保氮气出口温度不低于 -20 ℃。某稳定试验时间段内的测试数据如表 3 所示。依据液氮压力大小分为低压工况和高压工况，两组数据分别为稳定观测时长 170 秒和 550 秒的平均值。

其中高压工况为本文感兴趣的研究目标。以 E1/E2 段液氮和丙烷、E3 段液氮与水各自进行传热量核算，可以看出其传热量热平衡均低于 5% 的允许范围，表明试验数据可信，试验样机及试验平台设计合理。

对于低压工况,由于小处理量下水侧温降过小,导致水侧热平衡与液氮侧偏差较大,故试验过程产生的低压工况数据仅供参考。

表3　IFV超临界传热性能试验结果

	低压工况					高压工况				
	E1/E2			E3		E1/E2			E3	
	液氮侧	丙烷侧	水侧	氮气侧	水侧	液氮侧	丙烷侧	水侧	氮气侧	水侧
压力(MPa·G)	2.0	0.61	0.1	2.0	0.1	4	0.46	0.1	4	0.1
流量(kg·m³/h)	49.3	—	11.63	49.3	11.63	220	—	5.1	220	10
入口温度(℃)	−164	15*	16.8	−72	17.03	−165	5.3*	14.8	−84	15.3
出口温度(℃)	−72	14**	16.6	13.1	16.93	−84	5.7**	12.5	−5.4	14.8
换热量(kW)	3.4	—	4.05	1.29	1.35	13.9		13.65	5.72	5.8

注:* 表示丙烷气相平均温度,** 表示丙烷液相平均温度。

本文通过试制完全结构的IFV样机,以液氮为工作介质,搭建了一套超临界IFV传热与流动测试平台,成功完成了实验室条件下超临界传热试验,实现了技术研究的突破,为IFV深入研究奠定了基础。

参 考 文 献

[1]　陈永东.大型LNG气化器的选材和结构研究[J].压力容器,2007(11):40-47.

[2]　陈永东,陈学东.LNG成套装置换热器关键技术分析[J].天然气工业,2010(1):96-100.

[3]　黄宇,张超,陈海平.液化天然气接收站关键设备和材料国产化进程研究[J].现代化工,2019,39(4):13-17.

[4]　中圣集团.中圣压力容器承制的中石化"广西液化天然气LNG二期开架式海水气化器(ORV)"顺利通过出厂验收![EB/OL].(2019-10-10).http://www.sunpower.com.cn/news/jtnews-detail-10442.htm.

[5]　裘栋.IFV气化器的胀接工艺及控制[J].化工设计,2012,22(6):14-16.

[6]　张奕,艾绍平,李生怀.LNG接收站开架式海水气化器的运行与维护[J].油气田地面工程,2014,33(10):96-97.

[7]　刘军,章润远.上海LNG接收站冷能利用中间介质气化器研究[J].上海节能,2019(8):692-696.

[8]　陆帅,范广森,王常青.浅谈IFV气化器监造注意事项[J].化工管理,2020(14):125-126.

[9]　陈永东,周兵,吴晓红,等.一种集成式中间流体气化器:CN201710227299.8[P].2019-08-20.

[10]　Xu S Q,Cheng Q,Zhuang L J,et al.LNG vaporizers using various refrigerants as intermediate fluid:comparison of the required heat transfer area[J].Journal of Natural Gas Science and Engineering,2015(2):1-9.

[11]　周兵,倪利刚,崔云龙,等.开架式气化器温度特性实验研究[J].石油化工设备,2017,46(4):1-6.

[12]　张贤福,刘丰,李奇,等.LNG-FSRU再气化模块IFV试验换热器液面晃荡数值模拟研究[J].石油和化工设备,2016,19(1):14-19.

[13]　朱艳艳,贺同强,管西龙,等.IFV低温性能试验装置设计[J].山东化工,2014,43(3):134-136.

[14]　李明.LNG中间介质气化器的中试及工业化应用[J].石油化工安全环保技术,2020,36(3):38-43.

作 者 简 介

周兵(1986—),男,汉族,工程师,工学硕士,主要从事传热技术与装备研究。通信地址:安徽省合肥市长江西路888号。E-mail:ftmqq@163.com。

PRHRS 蛇形翅片管换热器热力性能研究[①]

王严冬　陈永东　吴晓红　邓静

（合肥通用机械研究院有限公司,合肥 230031）

摘要:非能动余热排出系统(PRHRS)是核电站堆芯安全性能的重要保障,可在发生事故无外部动力源的情况下保障堆芯余热安全排出。本文在考虑 PRHRS 位差、密度差等非能动特性的情况下建立钠冷堆 PRHRS 传热模型,并基于系统流动平衡和能量平衡对系统流程进行解析计算,分析蛇形翅片管管程数、管排列方式与翅片节距变化对系统热力参数的影响规律。研究发现,系统中空气热交换器(AHX)随着管程数增加钠侧温度降低趋势逐渐变缓,存在最优管程设计方案;相对于管束顺排布置方式,叉排布置系统传热系数和空气压降分别增加了 32% 和 3%,大幅增加 AHX 换热能力;翅片节距增加对 PRHRS 传热有积极的影响,翅片节距从 4.3 mm 增加至 5.1 mm,AHX 总传热系数增加 5.12%,同时空气压降降低 0.42%。研究结果为钠冷堆 PRHRS 的优化设计和安全运行提供理论依据。

关键词:PRHRS;流动平衡;能量平衡;蛇形翅片管

Thermodynamic Performance Study of Serpentine Finned Tubes Heat Exchanger in the PRHRS

Wang Yandong, Chen Yongdong, Wu Xiaohong, Deng Jing

（Hefei General Machinery Research Institute Co. ,Ltd. ,Hefei 230031）

Abstract:The Passive Residual Heat Removal System (PRHRS) is a guarantee for the safety performance of the nuclear power plant core. The core waste heat could be safely discharged in the event of an accident without an external power source. In this paper,the PRHRS heat transfer model of the sodium-cooled reactor was established considering the passive characteristics such as the position difference and density difference,and the system process was analyzed and calculated based on the flow balance and energy balance,and the influence of the number of tubes passes,tube arrangement and fin pitch of serpentine finned tubes on the thermal parameters of the system are analyzed. The study found that the sodium side temperature decreased gradually the air heat exchanger (AHX) as the number of tube passes increased,and there was an optimal tube pass design scheme. Compared with the in-line arrangement of tube bundles,the heat transfer coefficient and air pressure drop of the cross-arrangement system had increased by 32% and 3% respectively,which greatly increases the heat transfer capacity of the AHX. The increase of the fin pitch had a positive effect on the heat transfer of PRHRS. As the fin pitch increased from 4.3 mm to 5.1 mm,the total heat transfer coefficient of the heat exchanger increased by 5.12%,while the air pressure drop decreased by 0.42%. The research results provide a theoretical basis for the optimal design and safe operation of the PRHRS of the sodium-cooled reactor.

Keywords:PRHRS; flow balance; energy balance; serpentine finned tubes

① 项目名称:安徽省科技重大专项(项目编号:202003a05020025)。

1 引言

2011 年,日本福岛第一核电站发生核泄漏事故,核电系统的安全性问题再次被提升到一个空前的高度。[1-2]而早在美国三哩岛核事故后就提出了核电固有安全性的概念,所谓固有安全性指的是当反应堆出现异常情况时,不依赖人为操作和外部系统强制干预,而仅依赖反应堆本身的惯性、位差、密度差等非能动特性使反应堆趋于正常运行或安全停闭的能力。与传统设计方法相比,非能动安全取代了传统反应堆依赖外部动力源和人员干预的特点,不必设计大量冗余安全措施,同时设计原理简单,易于被公众接受。目前具有非能动安全性的四代堆和小型堆,是未来核电的首选发展方向。

非能动余热排出系统(PRHRS)的冷却方式主要有水冷和空冷两种,相对于水冷方式,空冷方式以空气为冷却介质,不受地理位置的限制,方便缺水地区的核电设施建设。同时,空气可看作无限大热阱,使系统的总排热能力不受限制。因为这些优势,近年来对于空冷式 PRHRS 的研究逐渐深入。陈炳德等[3-4]对 AC600 二次侧 PRHRS 进行了一系列实验研究,通过对 166 组稳态实验数据进行分析,总结出通过自然循环带走堆芯衰变功率的环境温度,冷热芯高差及风速条件。李晓伟等[5-6]通过热工水力的方法对模块高温气冷堆 PRHRS 进行研究,总结了不同工况、管排数和环境温度下系统的运行参数,并分析了环境风和挡风板对通风塔造成的影响。李静等[7]运用 CFD 软件对中国实验快堆空气热交换器内的自然循环流动进行了详细计算,给出各种工况下空气热交换器内空气速度分布和温度分布,总结出空气热交换器的排热能力随室外温度以及钠管温度的变化规律。Vinod 等[8-10]对印度原型快增殖推(PFBR)中的钠-空气热交换器进行了强制通风实验,结果表明钠-空气热交换器传热系数主要由空气侧热阻大小决定。Mochizuki 等[11]在对日本文殊(Monju)钠冷快堆和常阳(Joyo)堆实验研究的基础上发现,在自然对流情况下流体方向上的热传导作用可以忽略,同时总结了蛇形翅片管钠和空气侧平均传热系数的经验关联式。目前,对三代堆和四代堆 PRHRS 的研究多采用实验和数值研究方法,实验中为了操作方便,均采用强制对流方法来模拟自然对流情况。所得结果并不完全反应自然对流的热力规律。同时数值研究受限于计算机计算能力,只能反应 PRHRS 中某一设备的流场分布情况。

因此,本文基于自然循环中流动平衡和能量平衡原理建立了钠冷堆 PRHRS 传热模型,通过公式推导得到通用的钠冷堆 PRHRS 热力方程,采用 matlab 软件对系统流程进行解析计算并获得相关热力参数,探究 PRHRS 空气热交换器中蛇形翅片管管程数、管排列方式和翅片节距变化对系统传热与流动的影响规律,真实反应钠冷堆 PRHRS 在不同工况下的设备运行情况,为系统的优化设计和安全运行提供重要技术支撑。文章中使用的字母及含义见表1。

2 钠冷堆 PRHRS 传热与流动模型

图 1 为钠冷堆 PRHRS 的系统模型示意图,该系统主要是由空气热交换器(AHX)、独立热交换器(DHX)及拔风烟囱和风门组成。系统包括 3 个自然循环部分,热钠池中独立热交换器和堆芯构成了一回路自然循环,独立热交换器和空气热交换器构成了中间回路自然循环,位于拔风烟囱中的空气热交换器和外部环境构成了空气冷却自然循环。事故发生时,一回路自然循环将堆芯热量转移至独立热交换器中,热量通过独立热交换器经中间回路传递至空气热交换器,最终依靠拔风烟囱中空气冷却循环将热量转移至大气中。钠侧的自然循环驱动力为独立热交换器之间的温差和位差,空气侧自然循环驱动力为拔风烟囱产生的抽力。

字母	含义	字母	含义
A_o	单位长度翅片管管外表面积(m^2/m)	q_c	烟囱与外部环境热耗散(W/m)
A_f	单位长度翅片管翅片表面积(m^2/m)	Re	雷诺数
A_{o*}	单位长度翅片管基管外表面积(m^2/m)	S	通道截面面积(m^2)
D_i	拔风烟囱内径(m)	r	污垢热阻($m^2 \cdot K/W$)
d_o	翅片管基管圆外径(m)	T	温度(℃)
d_i	翅片管基管圆内径(m)	y	翅片节距(m)
f	阻力系数	ρ	密度(kg/m^3)
G_{max}	管束间空气最大质量流率($kg/(m^2 \cdot s)$)	μ	黏度($Pa \cdot s$)
g	重力加速度(m/s^2)	cp	比热($J/kg \cdot K$)
H_f	翅高(m)	λ	导热系数($W/m \cdot K$)
L_A	蛇形翅片管单程长度(m)	β	翅化比
m	质量流量(kg/s)	η	翅片壁面总效率
N_s	钠侧流体弯头数	ζ	局部阻力系数
N_w	拔风烟囱烟道弯头数	ε	进出口阻力系数
N_p	蛇形翅片管管程数	φ	对数平均温差修正系数
N_r	蛇形翅片管管排数	a	空气
ns	管根数	s	钠
P_t	管束横向管间距(m)	c	拔风烟囱
P_l	管束纵向管间距(m)	w	管材料
Q_o	系统总传热量(W)	e	环境

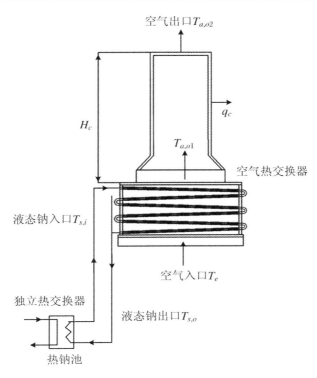

图 1　钠冷堆 PRHRS 模型示意图

空气热交换器采用蛇形翅片管型式，空气以环境温度 T_e 通过风门进入拔风烟囱，在空气热交换器中与液态钠换热，温度从温度从 T_e 变为 $T_{a,o1}$。在空气侧热压差的驱动下，以温度 $T_{a,o2}$ 从拔风烟囱出口排出。同时，空气热交换器中钠进出口温度分别为 $T_{s,i}$，$T_{s,o}$。因此忽略空气热交换中的热量损失，由能量守恒可以得到

$$m_s cp_s (T_{s,i} - T_{s,o}) = m_a cp_a (T_{a,o1} - T_e) \tag{1}$$

管束分为三角形错列和正方形直列两种布置方式，参照横掠翅片管束的施密特(Schmidt)传热关联式[11]，正三角形错列时空气侧努赛尔数为

$$Nu_a = 0.45 \left(\frac{G_{max} d_o}{\mu_a} \right)^{0.625} \left(\frac{A_o}{A_o^*} \right)^{-0.375} \left(\frac{cp_a u_a}{\lambda_a} \right)^{1/3} \tag{2}$$

正方形直列时空气侧努塞尔数为

$$Nu_a = 0.30 \left(\frac{G_{max} d_o}{\mu_a} \right)^{0.625} \left(\frac{A_f}{A_o^*} \right)^{-0.375} \left(\frac{cp_a u_a}{\lambda_a} \right)^{1/3} \tag{3}$$

蛇形翅片管管内为液态钠冷却过程，对均匀热流边界条件，液态金属流动的努塞尔数为[12]

$$Nu_s = 4.82 + 0.0185 Pe_s^{0.8} \tag{4}$$

翅片管外空气的对流传热系数 h_a 可以通过式(2)、(3)求得，管内液态钠对流传热系数 h_s 可以通过式(4)求得，因此空气热交换器总传热系数为

$$K = \left[\frac{\beta}{h_i} + r_i \beta + \frac{A_o}{2\pi \lambda_w} \ln \left(\frac{d_o}{d_i} \right) + \frac{r_o}{\eta} + \frac{1}{h_o \eta} \right]^{-1} \tag{5}$$

最终得到 PRHRS 空气热交换器的总传热量为

$$Q_o = \varphi K n_s N_p L_A A_o \Delta T_m \tag{6}$$

其中，空气热交换器对数平均温差为

$$\Delta T_m = \frac{(T_{s,i} - T_{a,o1}) - (T_{s,o} - T_e)}{\ln \left[(T_{s,i} - T_{a,o1})/(T_{s,o} - T_e) \right]} \tag{7}$$

在拔风烟囱通道内，高度为 H_c 的烟囱对通道内空气的浮升力为

$$F_a = \int_0^{H_c} (\rho_e - \rho_{a,om}) g \, \mathrm{d}h \tag{8}$$

其中，$\rho_{a,om}$ 为烟道内密度平均值，该值基于烟道内烟气平均温度 $T_{a,om}$

$$T_{a,om} = T_{a,o1} - \frac{q_c H_c}{2 m_a cp_a} \tag{9}$$

式(8)中 ρ_e 为环境温度下空气密度，$\rho_{a,om}$ 为空气热交换器出口温度和烟囱出口温度平均值 $T_{a,om}$ 时的空气密度，由于烟囱高度不可忽略，其中存在热耗散 q_c，$T_{a,om}$ 可通过公式(9)得到。空气侧总压力降为

$$\Delta P_a = f_a N_p N_r \frac{(G_{max})^2}{2\rho_{a,m}} + f_c \frac{(m_a/S_c)^2}{2\rho_{a,om}} \frac{H_c}{D_i} + \xi_c N_w \frac{(m_a/S_c)^2}{2\rho_{a,om}} + \varepsilon_c \frac{(m_a/S_c)^2}{2\rho_{a,om}} \tag{10}$$

式(10)中，第一项为空气热交换器的空气侧压力降，后三项分别为烟囱内沿程压降、局部压降和进出口压降。f_a 为蛇形翅片管管外阻力系数，根据翅片管束三角形错列或正方形直列排列方式，可通过式(11)和(12)得到，$\rho_{a,m}$ 为空气热交换器管外空气平均密度。空气热交换器蛇形翅片管管外阻力系数为，正三角形错列时，

$$f_a = 37.86 \left(\frac{G_{max} d_o}{\mu_a} \right)^{-0.316} \left(\frac{S_1}{d_o} \right)^{-0.927} \left(\frac{P_t}{P_l} \right)^{0.515} \tag{11}$$

正方形直列时，

$$f_a = 3.68 \left(\frac{G_{max} d_o}{\mu_a} \right)^{-0.120} \left(\frac{y}{H_f} \right)^{-0.196} \left(\frac{P_t}{d_o} \right)^{-0.823} \tag{12}$$

因为管路与环境的热损失较小，可忽略管路的热损失，空气热交换器到事故热交换器热中心高度 H_s，因此钠侧浮升力为[13]

$$F_s = \int_0^{H_s} (\rho_{s,o} - \rho_{s,i}) g \, \mathrm{d}h \tag{13}$$

式(13)中，$\rho_{s,i}$ 为独立热交换器出口钠密度，$\rho_{s,o}$ 为空气热交换器出口钠密度，H_s 为两热交换器之间的热中

心高度差。管内阻力损失为

$$\Delta P_s = \sum_{i=1}^{n} \left(f_{s,i} \cdot \frac{\rho_{s,i} v_{s,i}^2}{2} \cdot \frac{L_{s,i}}{d_{s,i}} + \xi_{s,i} N_{s,i} \cdot \frac{\rho_{s,i} v_{s,i}^2}{2} \right) \tag{14}$$

式(14)中,管内压力损失分为两部分,一部分是空气热交换中的沿程压力损失和局部压力损失,另一部分是空气热交换器和独立热交换器之间管路的沿程压力损失和局部压力损失。液态钠阻力系数 $f_{s,i}$ 可通过式(15)获得

$$f_{s,i} = \begin{cases} 64/Re_{s,i} & Re_{s,i} \leqslant 2000 \\ 0.316 Re_{s,i}^{-1/4} & 2000 < Re_{s,i} \leqslant 2 \times 10^4 \\ 0.184 Re_{s,i}^{-1/5} & Re_{s,i} \geqslant 2 \times 10^4 \end{cases} \tag{15}$$

由于热压是驱动空气内部流动的主要动力,所以烟囱内部增加的热压应该与烟囱整体的压力损失相等。结合式(8)和式(10),可以发现 PRHRS 空气热交换器通风质量流量影响因素众多,质量流量大小和环境温度,烟囱几何参数,翅片管几何参数以及烟囱与外界环境的热量损耗均有关系。

3 钠冷堆 PRHRS 系统计算流程

在建立钠冷堆 PRHRS 传热与流动模型并得到相关热力方程后,可基于 Matlab 软件对系统进行解析计算。图 2 为钠冷堆 PRHRS 系统循环计算流程图,流程主要分为三个计算模块,包括两个流动平衡计算模块和一个能量平衡计算模块,每个模块均要进行一次平衡判定。设定好系统设计传热量、环境温度、蛇形翅片管及烟囱结构参数后:

(1)在空气侧流动平衡计算模块中,进口温度为环境温度,预设空气侧出口温度,根据设计传热量,确定空气侧质量流量,各温度点下空气热物性及摩擦系数等热力参数,根据式(8)计算空气侧浮升力 F_a,式(10)计算空气侧总阻力降 ΔP_a。判断两者相对误差,如果误差在 1% 之内,则认为空气侧流动平衡,进入系统能量平衡计算,反之则返回调整空气侧出口温度。

(2)在钠侧流动平衡计算模块中,预设钠侧进出口温度,由设计传热量和物性计算模块确定液态钠的质量流量,各温度点热物性及摩擦因子等热力参数,由式(13)计算钠侧提升力 F_s,式(14)计算总阻力降 ΔP_s。判断两者相对误差,如果误差在 1% 之内,则认为钠侧流动平衡,进入系统能量平衡计算模块,反之,则返回调整钠侧进出口温度。

(3)在系统能量平衡模块中,根据两侧流动平衡计算结果得到两侧的膜传热系数,进而获得空气热交换器的总传热系数 K 及对数平均温差 ΔT_m,通过式(6)得到系统计算传热量 Q_o。判断计算传热量与设计传热量 Q 的相对误差,如果两者相对误差在 1% 之内,认为系统能量平衡输出系统热力参数,反之则返回流动平衡模块调整两侧进出口温度。

最终,在系统流动平衡和能量平衡都确定后,调整翅片管的物理特性参量、拔风烟囱高度和内径参数,得到最优化系统热力参数。

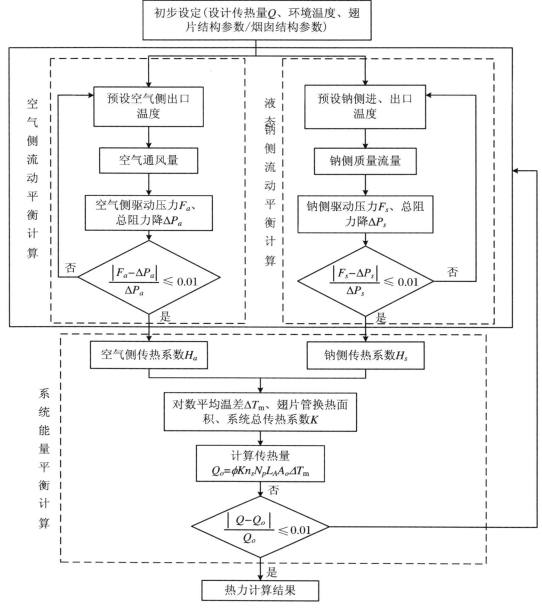

图2　钠冷堆 PRHRS 系统循环计算流程图

4　钠冷堆 PRHRS 计算结果分析

表2列出了钠冷堆 PRHRS 的设计传热量、蛇形翅片管和拔风烟囱主要结构参数,蛇形翅片管采用顺排,单排22根翅片管布置方式。经过对非能动循环系统的计算,当设计传热量2 MW时,空气热交换器进出口温度随管程数的变化关系如图3所示,系统热力参数随管程数变化如图4所示。从图3可以看出,随着管程数增加,空气出口温度增加,液态钠入口温及出口温度降低,钠侧温度降低趋势逐渐变缓。而根据图4,从6管程增加到14管程,系统总传热系数降低4.29%,空气阻力降增加5.48%。这是因为管程数的增加,增加了翅片管总表面积,换热面积的大幅增加使得空气热交换器两侧流体换热更为充分,钠侧进出口温度降低,同时空气阻力降增加导致空气侧入口质量流量降低,空气侧出口温度上升。从图中还可以观察到,随着管程数增加,钠侧温度降低趋势逐渐变缓,这是因为管程数的增加使得空气与钠侧的温度差不断减小,削弱了两侧的热驱动力,导致系统换热效率不断降低,在10管程后,增加管程数对流体温度变化影响很小,因此10管程是系统的最优设计管程。

表 2　PRHRS 设计传热量及主要结构参数[7]

设计参数	数值	设计参数	数值
设计传热量（MW）	2	每排管数	22
翅片管基管内径（mm）	32.9	管排方式（°）	30/45
翅片管基管外径（mm）	38.1	环境温度（℃）	40
管束横向间距（mm）	85	烟囱内径（m）	1
翅高（mm）	13	烟囱高度（m）	30
翅片厚度（mm）	1.22	热交换器间高度差（m）	41.5
翅片节距（mm）	5.1059	管材	316

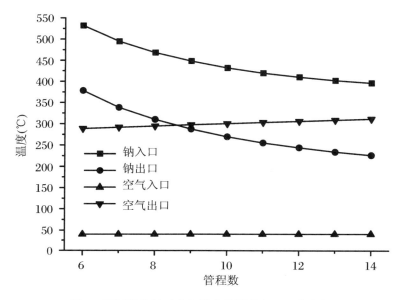

图 3　不同管程数时空气热交换器进出口温度变化

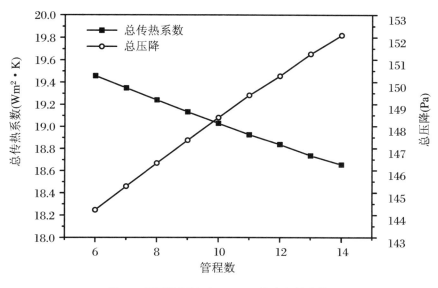

图 4　不同管程数时 PRHRS 热力参数变化

　　改变蛇形翅片管排列方式，管束采用 2 排管，每排管 3 管程布置型式，当顺排布置（正方形直列）和叉排布置（正三角形错列）时，同时调整翅片管节距，使其从 4.3 mm 到 5.1 mm 变化，所得系统热力参数变化如

图 5 所示。从图中可以发现,叉排布置相对于顺排布置方式,平均传热系数和平均压降分别增加了 32% 和 3%。叉排布置在强化系统传热能力的同时,空气侧压降略微增加,因此相对于顺排布置方式,叉排布置可有效地强化钠冷堆 PRHRS 单位压降下换热能力。此外,随着翅片节距增加,顺排和叉排均表现为传热系数增加,压降降低,当翅片节距从 4.3 mm 每增加 0.2 mm,叉排布置系统总传热系数依次增加 1.42%,1.18%,1.30%,1.22%;空气侧压降依次降低 0.1%,0.1%,0.11%,0.11%,基本呈线性变化趋势。因此在满足翅片管设计标准的前提下,设计计算中翅片管节距取较大值,系统具备更好的换热能力。

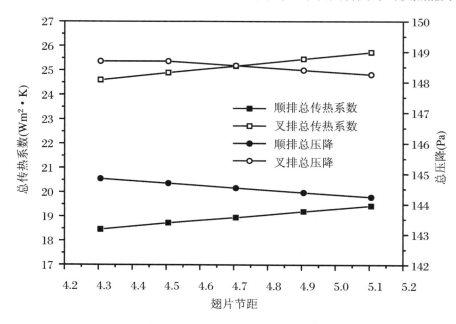

图 5 不同管束排列方式、翅片节距时系统热力参数变化

5 结论

本文建立了钠冷堆 PRHRS 系统热力模型,并给出了系统自然循环流程计算方法,得到了 PRHRS 空气热交换器中蛇形翅片管不同管程数、管排列方式和翅片节距下系统运行热力参数,结果表明:

(1) 随着蛇形翅片管管程数增加,热交换器空气出口温度增加,液态钠入口温及出口温度降低,同时钠侧温度降低趋势逐渐变缓,在 10 管程后,管程数增加对空气热交换器影响很小,设计中存在最优设计管程。

(2) 相对于翅片管束顺排布置方式,叉排布置传热系数和空气压降分别增加了 32% 和 3%,叉排布置可大幅增加 PRHRS 空气热交换器单位压降传热能力,设计中应优先考虑。

(3) 翅片管节距增加对 PRHRS 传热有积极的影响,翅片节距从 4.3 mm 增加至 5.1 mm,热交换器总传热系数增加 5.12%,同时空气压降降低 0.42%。在满足翅片管设计标准的情况下,选用较大的翅片节距,可增强 PRHRS 空气热交换器的传热效果。

参 考 文 献

[1] 叶奇蓁.从"福岛第一核电站事故"看我国核能利用的核安全[J].物理,2011(7):427-433.
[2] 邹树梁,邹旸.日本福岛第一核电站核事故对中国核电发展的影响与启示[J].南华大学学报(社会科学版),2011,12(2):1-5.
[3] 陈炳德,肖泽军,卓文彬.AC600 二次侧非能动余热排出系统热工水力特性实验研究[J].中国核科技报告,1998(9):17-21.
[4] 陈炳德,肖泽军.AC600 二次侧非能动系统余热排出特性研究[J].工程热物理学报,1999,20(1):

17-21.

［5］ 李晓伟,吴莘馨,张丽,等.模块式高温气冷堆非能动余热排出系统分析与研究[J].原子能科学技术,
2011,45(7):790-795.

［6］ 李晓伟,张丽,吴莘馨,等.高温气冷堆余热排出系统空冷塔内流场数值计算[J].核动力工程,2011,32
(3):58-62.

［7］ 李静.中国实验快堆空气热交换器热工流体力学研究[J].核科学与工程,2009,29(1):62-66.

［8］ Vinod V,Pathak S P,Paunikar V D,et al. Experimental evaluation of sodium to air heat exchanger
performance[J]. Annals of Nuclear Energy,2013,58(8):6-11.

［9］ Vinod V, et al. Performance assessment of sodium to air finned heat exchanger for FBR[C].
International Conference on Nuclear Engineering. Vol. 42436. 2006.

［10］ Choi C W,Ha K S. Validation of the finned sodium:air heat exchanger model in MARS-LMR[J].
Annals of Nuclear Energy,2016(94):213-222.

［11］ Mochizuki H,Takano M. Heat transfer in heat exchangers of sodium cooled fast reactor systems
[J]. Nuclear Engineering and Design,2009,239(2):295-307.

［12］ 钱颂文.换热器设计手册[M].北京:化学工业出版社,2002.

［13］ 杨世铭,陶文铨.传热学[M].北京:高等教育出版社,2006.

作者简介 ●

王严冬,男,汉族,工程师,工学博士,主要从事传热传质及高效换热器研究。通讯地址:
合肥市长江西路 888 号。E-mail:can0101@163.com。

管壳式蒸发器内分流板的均分性能研究[①]

宋哲　陈振乾

（东南大学能源与环境学院，南京 210096）

摘要：换热器内支管间制冷剂的分配不均会导致其制冷能力的下降。本文建立了管壳式蒸发器和分流板三维模型，模拟研究了分流板的位置、开孔大小、开孔数量和开孔结构对 R410A 均分性能的影响。模拟结果表明，分流板各参数对制冷剂均分效果有显著影响。在不同入口流速工况下，不均匀度随分流板向蒸发器入口端的移动而下降且降幅逐渐变缓；不均匀度随开孔直径的增大而上升，随开孔数量的增大而下降并达到稳定；经优化分流板开孔结构，上下小孔结构的均分性能相比等圆结构可提高 21.4%。搭建了蒸发器流量分配试验台，通过实验验证了模拟得出的流量分配规律以及加设分流板对均分性能的提升，根据流量分布特点优化分流板开孔结构能有效提升均流效果。

关键词：蒸发器；均匀分配；不均匀度；分流板

Study on Distribution Characteristics of Splitter Plate in Shell and Tube Evaporator

Song Zhe，Chen Zhenqian

（School of Energy and Environment，Southeast University，Nanjing 210096）

Abstract：We established a three-dimensional model to simulate the effect of the splitter plate on the refrigerant R410A flow distribution in the shell and tube evaporator. The results show that the parameters of the splitter plate have a significant effect on the uniform distribution of evaporator. When the inlet flow velocity is lower than 1.7 m/s，the nonuniformity increases with the flow diversion plate moving towards the inlet，but it is the opposite when the flow velocity is higher than 1.7 m/s. The unevenness increases with the diameter of the opening，decreases with the number of opening and reaches stability，and the pressure drop is related to the inlet flow velocity and porosity. The evenness performance of the lower holes and the upper-lower pinholes are higher than that of the isocircle structure by 22.9% and 38.9% respectively. The authors suggest optimizing the diffluent plate structure according to the flow distribution can effectively improve the uniform distribution effect.

Key words：evaporator；uniform distribution；unevenness；splitter plate

1　引言

在制冷系统中，两相制冷剂被分配到各并联支路对蒸发器的效率有至关重要的影响。国内外研究表明，蒸发器各管间制冷剂分配不均是制约其换热性能提升的主要原因，使换热器效率损失 25% 以上[1]，且两相流分布不均导致蒸发器传热性能的降幅高于冷凝器。[2]蒸发器内支管供液量偏小使得制冷剂迅速蒸发，无法充分利用换热面积，支管供液量偏高会使压缩机吸气带液，两相制冷剂尤其是液相分配不均会导致制冷系统性能恶化。[3-4]因此，国内外学者对蒸发器内的流动分配均匀性进行研究。

---

①　项目名称：中设集团开放基金项目。

目前,蒸发器制冷剂分配均匀性的研究集中于分流器和分配结构两个方向[5-6],学者们对蒸发器分配结构的影响因素进行了研究[7-9],同时发现在集箱等分配结构内增设多孔挡板可提高支管流量的分配效果。Shi 等[10]提出在集管内安装分流板的方法改善微通道蒸发器内的流量分配均匀性,实验结果表明结构合理的分流板可提高蒸发器的换热效率。Wang 等[11]研究了多孔挡板改善管壳式换热器管程流动分布的效果,结果表明多孔挡板显著改善了流动的均匀性,通过数值方法提出了最佳挡板形状和挡板孔的最佳分布。刘巍等[12-13]以制冷剂 R134a 为工质,实验研究分流板的开孔数量和位置对平行流蒸发器的均分性能的影响,认为内部阻力随分流板开孔面积增加而减小进而提高制冷量,但开孔面积增大到一定值之后,阻力系数的减小速度变缓而不均匀度增大,得出分流板的开孔面积存在一个最佳值。秦晓柯等[14]研究干式管壳蒸发器制冷剂均分性能,分析了分流板位置对分配均匀性的影响,且支管的分流率可直接影响其换热系数。袁培等[15]在平行流换热器内部设计了分流板结构,模拟结果表明分流板可使通道流量分布的均匀性能提高 4%～20%。高志成等[16]模拟研究不同孔径分流板结构对蒸发器流体分配均匀性的影响,得出各分流板结构比无分流板换热器的不均匀度降低 50% 以上,其中三孔对称型分流板的效果最好且压降的增幅最大。Wu 等[17]结合模拟和实验研究了不同分流板结构对空气－水两相流分配的影响,确定了分流板的最佳开孔结构形式和总开孔面积。Wu 等[18]针对微通道换热器提出了新型嵌入式隔板分配器,实验测试表明,在垂直、倾斜和水平安装时的不均匀度比传统的圆筒型分流管降低 40% 以上。

目前,蒸发器分流板的研究主要针对微通道平行流换热器,关于管壳式蒸发器分流板的研究很少。为准确研究干式蒸发器内流量分配特性,本文建立蒸发器三维模型,以两相制冷剂作为模拟工质,考虑出口管箱流体汇集和蒸发压力对均分性能的影响。通过模拟全面探究分流板的位置、开孔大小、开孔数量和开孔结构对制冷剂均分性能的影响规律,并采用流量分配实验对模拟结果进行验证。

2 模型和方法

2.1 数值模拟方法

2.1.1 蒸发器模型建立

为研究蒸发器入口分配结构内的流动分布特性和流量分配均匀度,建立管壳式蒸发器管程的三维模型。如图 1 所示,蒸发器内的圆形分流板覆盖了入口管箱的整个纵截面,为减小计算量和便于分析,对模型进行适当简化,本文采用以 XOZ 为对称面的单管程蒸发器二分之一模型。基础模型的结构尺寸参数如表 1 所示。对模型中的支管分层并依次编号,换热管编号如图 2 所示。

为简化计算,对模型做以下假设:(1)各项材料视为各向同性且热物理性质均匀,假设流体流动和传热过程稳定;(2)设定气相和液相工质为连续且不可压缩流体;(3)忽略模型管壁粗糙度的影响。

表 1   蒸发器模型结构参数

结构参数	参数值
管箱内径/mm	200
管箱长度/mm	80
换热管规格/mm	15.9×0.89
换热管长度/mm	1000
换热管数量/根	37
换热管间距/mm	25
分流板孔径/mm	6
分流板开孔间距/mm	10

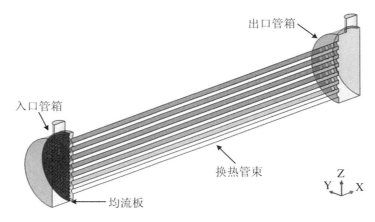

图 1　管壳式蒸发器模型

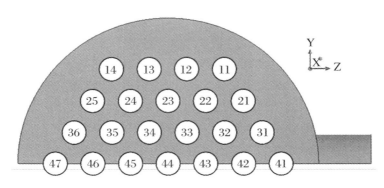

图 2　换热管编号示意图

图 3(a)～(d)分别为基于等圆分流板结构改进的四种分流板结构,各模型分流板以外的结构参数和入口参数均保持不变,分流板开孔大小和开孔数量的设计参数与孔隙率分别如表 2 和表 3 所示。

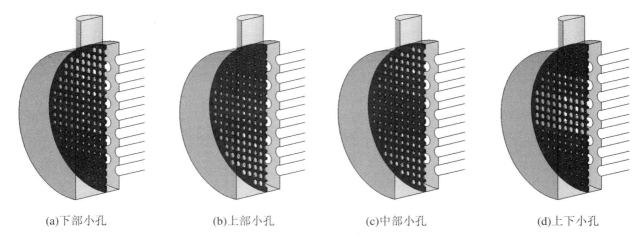

(a)下部小孔　　　(b)上部小孔　　　(c)中部小孔　　　(d)上下小孔

图 3　分流板开孔结构

表 2 分流板开孔尺寸

孔数	孔径(mm)	开孔面积(mm²)	孔隙率
277	4	3480.9	0.111
277	4.5	4405.5	0.140
277	5	5438.9	0.173
277	5.5	6581.0	0.210
277	6	7832.0	0.249
277	7	10660.2	0.339
277	8	13923.5	0.443
277	9	17622.0	0.561

表 3 分流板开孔数量设计

孔数/个	孔径(mm)	开孔面积(mm²)	孔隙率
277	5	5438.9	0.173
193	6	5456.9	0.174
141	7	5426.3	0.173
97	8.4	5375.5	0.171
69	10	5419.2	0.172
45	12.4	5434.3	0.173

2.1.2 边界条件与计算方法

使用 GAMBIT 建立模型并进行网格划分,利用 ANSYS 19.2 进行数值模拟,使用 FLUENT 3D 双精度求解器进行求解。

本研究以 R410A 为工质,在材料物性参数中准确设置气液相的物性参数。开启能量方程,湍流模型选用标准 k-ε 模型。蒸发器的数值模拟涉及两相流的流动传热,选择 Mixture 多相流模型;计算区域入口边界条件为速度入口,设定入口流速 1.5 m/s,入口干度为 0.2,出口边界条件为压力出口,设置蒸发压力为 0.8 MPa。制冷剂入口温度为 0 ℃,换热管壁温为 12 ℃。设 XOZ 面为 symmetry 的对称边界条件,Z 方向重力取 -9.8 m/s²。求解控制采用稳态数值计算,松弛因子设置为 10^{-5},梯度分离格式为 Green-Gauss,压力速度耦合相为 SIMPLE,各物理量的收敛标准为二阶迎风差分格式。

数值计算的准确度与网格数量有关,以普通管板模型为例,入口流速为 1.5 m/s 时,分别计算网格数为 55.2 万、70.8 万、90.5 万和 124.4 万 4 种条件下的标准方差,结果表明误差分别为 3.1%、1.2%、0.5%,综合考虑计算量和模拟结果的准确性,模型选用 90.5 万左右网格数进行计算。

2.1.3 实验装置和方法

流量分配实验的目的是,研究管壳式蒸发器内的单相流分布特性,通过对比分析实验数据与数值模拟结果,验证模拟计算的准确性以及分流板对流体均配的提升效果。通过实验测试可不必将所有的计算模型转化为实体,从而大大降低实验成本和时间成本。搭建流量分配实验台进行测试研究,本实验根据表 1 中的蒸发器结构参数制作实验装置,模型包括等圆孔、上下小孔两种分流板和干式蒸发器,采用亚克力材料以便于可视化观测。分流板的安设位置距离入口管板 15 mm,采用双头螺栓固定管箱、分流板和管板。

本实验系统如图 4～图 5 所示,实验系统由空气系统、水系统和流量测量系统组成。空气系统中,通过空气压缩机对空气进行过滤压缩;水系统中,水箱中的水通过潜水泵输送至系统中循环流动;测量系统则包括气体流量计、量杯和称重显示器。

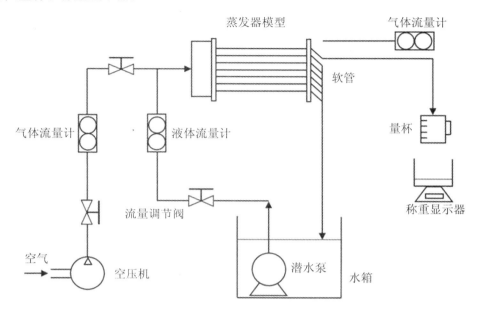

图4 实验系统示意图

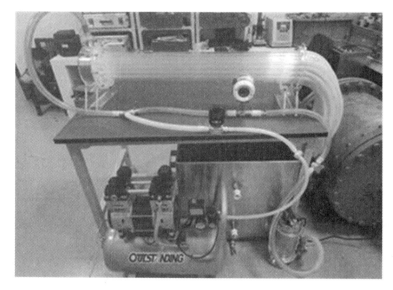

图5 实验台实物图

在本实验中,空气和水作为单相工质分别进行流量分配测试,通过流量调节阀的开闭实现切换。为实现支管流量的测量,在实验前卸下出口管箱,将支管末端接入软管再接回水箱上端。在实验过程中,流体的体积流量与数值模拟参数保持一致,并控制工质的流量不变(见表4)。

表4 实验测量参数范围和精度

测量仪器	测量范围	测量精度
气体流量计	0~200 L/min	±2.5%
液体涡轮流量计	0.7 m³/h~7 m³/h	±0.5%
称重显示器	0~15 kg	±0.005 kg
量杯	0~5000 mL	10 mL

实验测试过程中,模型入口流量和支管出口流量分别存在测量误差,采用多次测量取均值的方法减小手动测量误差。基于误差分析结果,可以确定本次实验测量值误差不超过 3%。

3 结果与讨论

3.1 评价方法和结果分析

在数值模拟和实验中,为分析和评价支管的流量分配性能,采用单管均分率 ω 和标准方差 STD 衡量制冷剂分配的均匀度[19],表达式如下:

$$\omega_i = \frac{m_i \cdot n}{\sum_{i=1}^{n} m_i} = \frac{m_i \cdot n}{m} \tag{1}$$

$$STD = \sqrt{\frac{1}{n-1} \sum_{i=1}^{n} (\omega_i - 1)^2} \tag{2}$$

式中,n 为并联支管总数;m_i 为单根支管的质量流量,单位为 kg/s;m 为蒸发器的总质量流量,单位为 kg/s。STD 表示各支管的流量与平均流量的离散程度,STD 越小,ω 越接近 1,表明流量分配越均匀。

首先针对蒸发器的基础模型进行模拟,确定管壳式蒸发器支管间的制冷剂分配特征,并为后续的比较分析提供参照。图 6 为基础模型各支管的均分率和相对压力的计算结果。由图可知,下侧支管流量较大,上侧次之,中部支管流量最小,支管流量分配和入口相对压力分布具有中间低、上下侧高的特点,各支管均分率范围为 0.54～1.69,相对压力为 288.68～322.78 Pa。出现上述规律的原因在于,入口流体在惯性和重力作用下直接冲击管箱下端,部分液相制冷剂聚集后沿侧壁面向上回流于入口管箱的上端,而中部支管入口前端的流体运动方向与管轴相垂直,使得上下侧的支管流量偏高而中部偏低。此外,支管入口处的相对压力和质量流量呈现完全相同的变化趋势,同时入口管箱中心流道的两侧出现较大的涡流区,使得中间区域的流道被挤压。由此可见,入口管箱内压力分布不均和涡流区影响了蒸发器支管的流量分配。

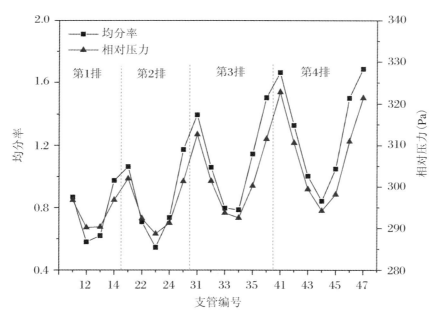

图 6 支管均分率和入口相对压力

3.2 模拟结果分析

3.2.1 分流板位置对均分性能的影响

图 7 为标准方差 STD 随分流板位置的变化。由图可知,在分流板向入口管板平移的过程中,不同入口工况下的不均匀度均呈上升趋势,在靠近管板位置处的变化幅度较大,且在 5 mm 位置的 STD 值均为 0.19 左右。在入口流速为 1.5 m/s 时,标准方差比未加入分流板时的 0.326 下降 40.8%～76.7%。因此,分流板的作用是减小涡流区造成的纵向流速不均的影响,可有效降低上下侧支管入口处的局部压力和质量流量。由图可知,在入口流速低于 1.2 m/s 时,流量分配均匀度随流速的增大而显著降低;而入口流速高于1.2 m/s 时,不同位置分流板的 STD 受流速影响很小,高于 1.5 m/s 时流速的影响可忽略不计,同时不均匀度随分流板向蒸发器入口端的移动而下降并逐渐达到稳定。

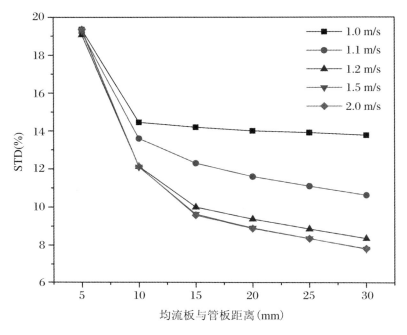

图 7 STD 随分流板位置的变化

图 8 为入口流速 1.5 m/s 工况下不同分流板位置的制冷剂流场分布。由图可知,在未加入分流板时,整个入口管箱内的流体形成较大的涡流区,支管入口处的流体大多垂直于管轴方向流动,造成中部支管前端产生涡流区。分流板的移动一方面影响了板左侧纵向流体冲击强度,分流板与入口中心流线水平距离的增加有利于降低高速流体对分流板的冲击强度,进而提高均分效果;另一方面影响了板右侧缓冲区的大小,经过分流板后混流区长度的增大有利于降低支管分配不均,二者共同影响制冷剂在入口管箱内的流动特性。本文研究模型中,显然分流板右侧的缓冲区对均分效果的影响更大,可减小入口管箱内纵向涡流区的宽度,降低支管入口处的压力分布不均,进而提高均分效果。

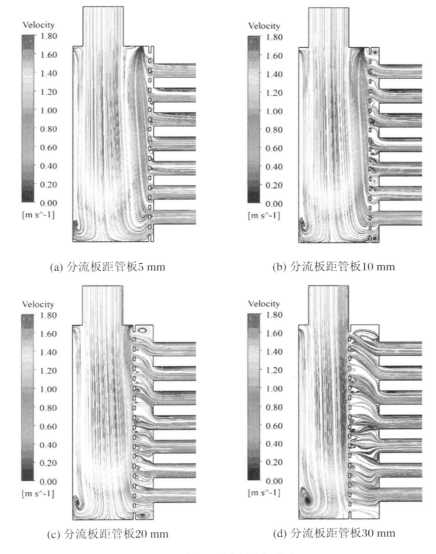

(a) 分流板距管板5 mm　　　　　　　(b) 分流板距管板10 mm

(c) 分流板距管板20 mm　　　　　　　(d) 分流板距管板30 mm

图 8　对称面制冷剂流场分布

3.2.2　分流板开孔大小对均分性能的影响

　　为了研究分流板开孔大小对均分性能的影响,保持分流板置于距入口管板 25 mm 位置处,开孔间距、数量等其他参数不变,分别计算孔径为 4~9 mm 时的标准方差 STD 和压降,结果如图 9 所示。

　　依据图 9,开孔数量和开孔间距不变时,STD 随开孔直径的增大而上升,在孔径大于 6 mm 时呈线性增大趋势,而在孔径小于 5 mm 之后,STD 稳定在 0.07 左右。当孔径从 4 mm 扩大到 9 mm 时,孔隙率从 0.111 增至 0.561,压降从 500.98 Pa 降至 374.82 Pa,表明内部阻力减少了 25.2%,同时流量分配不均匀度增大了 1.19 倍,说明减小均流孔径可以降低不均匀度和提高内部阻力,但阻力过大会影响动力设备的能耗。开孔大小对制冷剂均分性能影响规律的主要原因是,流体经过均流孔时的通道越狭窄,内部阻力越大,避免了高速流体的冲击造成的不均匀分布,管箱内压力不均更难传递到支管入口处。说明分流板的开孔总面积和孔隙率决定了管箱的内部阻力系数,可显著地影响流体的均分性能,但同时也应重视均流孔径对蒸发器内部阻力的影响,在避免压降大幅波动的前提下尽可能降低制冷剂分配的不均匀度。

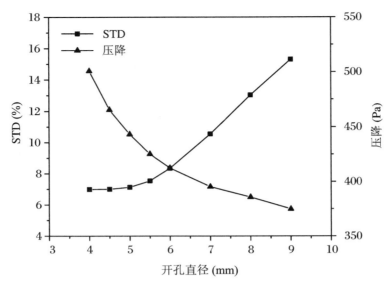

图 9　STD 和压降随开孔直径的变化

3.2.3　开孔数量对均分性能的影响

为了研究分流板开孔数量对均分性能的影响,保持开孔总面积恒定和均匀布孔的原则,开孔数量设计如表 3 所示,分别计算了孔数为 45~277 时的标准方差 STD 和压降,结果如图 10 所示。

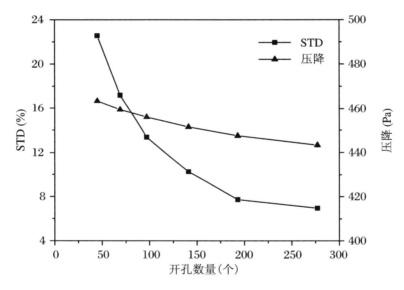

图 10　STD 和压降随开孔数量的变化

由图 10 可知,在分流板开孔面积和孔隙率不变时,STD 随开孔数量的增大先迅速下降,然后逐渐达到平稳,在孔数大于 193 之后 STD 稳定在 0.07 左右;开孔数量从 45 增至 277,蒸发器的总压降略有降低,其变化范围为 443.27~463.40 Pa 降幅仅有 20 Pa,但同时不均匀度降低了 69.0%,由此可见,孔隙率一定时分流板的开孔数量可显著影响其均分性能,并且对内部阻力的影响较小。开孔数量对制冷剂均分性能影响规律的主要原因是,在开孔总面积不变时孔数越多单个孔径越小,使得流体通道更为狭小且密集,入口管箱内的纵向流速分布不均就越小,同样地,管箱内压力不均也更难传递到支管入口处。此外,压降范围的微小变化证明内部阻力主要取决于开孔面积和孔隙率,适当增加开孔数量可在一定范围内提高蒸发器的均分性能和降低流动阻力。

3.2.4 分流板开孔结构对均分性能的影响

为研究分流板开孔结构对均分性能的影响,保持开孔数量为277,基于等圆孔分流板分别设计了上部、中部、下部小孔和上下小孔的分流板结构,各结构标准方差STD和压降计算结果如图11所示。

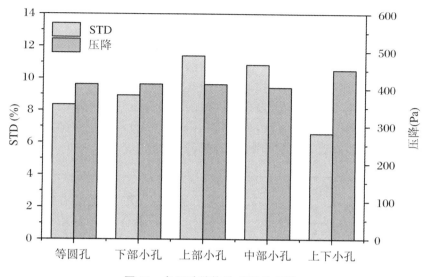

图 11 各开孔结构的 STD 和压降

等圆分流板孔径为6 mm,四种改进分流板结构的孔径均在4~8 mm之间,其中上下小孔结构的下侧孔径略小于上侧孔径,各结构总开孔面积基本保持一致,孔隙率为0.25左右。由图11可知,下部、上部和中部小孔结构相比等圆孔结构的STD值分别增大了7.0%、36.5%和30.0%,仅有上下小孔结构的STD值降低了21.4%。等圆孔、下部和上部小孔结构对应的压降为412 Pa左右,验证了内部阻力主要受孔隙率的影响,但中部小孔和上下小孔的压降变化表明,内部阻力对管箱上下侧高速流域孔径的敏感度较高。通过比较各分流板结构的STD值得出上下小孔结构的均分性能最佳、上部小孔结构最差,说明在流量偏大的支管前缩小均流孔大小,可以有效提高流体均匀度,相反则会恶化流体分配。

图12为各分流板结构支管均分率比较,由图可知等圆孔和其他4种改进分流板结构的均分率范围存在

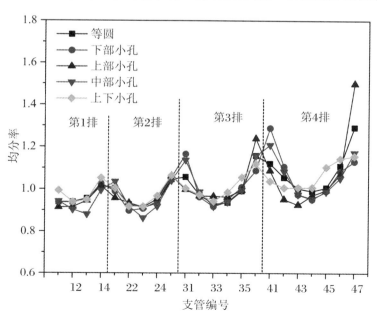

图 12 开孔结构和均分率

差异,上部小孔结构的均分率为 0.913～1.500,而均分性能最佳的上下小孔结构仅为 0.912～1.150,后者的均分率变化范围仅为前者的 40.6%、等圆结构的 62.5%。由图可知,分流板开孔设计的关键在于下部孔径,下侧孔径偏大会恶化蒸发器的流量分配,反之则会降低不均匀度,其次的敏感因素是上部孔径,而中间位置孔径影响的敏感度最小。因此,针对性设计的上下小孔结构显著降低了不同支管间的流量偏差,提高了蒸发器制冷剂的均分性能。

3.3 实验结果分析

结合干度为 0.2 的 R410A 模拟结果,对不同分配结构下的单相流流量分布实测值和两相流模拟值进行比较,得出结果如图 13 所示。实验测试和模拟计算下的支管流量呈相同变化规律,即上部和下部支管流量偏大、中部支管流量偏小,表明实验结果与数值模拟得出的流量分配规律基本吻合,验证了数值模拟结果的有效性和准确性。此外,在观测过程中可发现,入口管箱内的大部分流体直接冲击至底端,随即沿侧壁面向上流动,在入口管轴向的两侧形成较大的半圆形纵向涡流区。

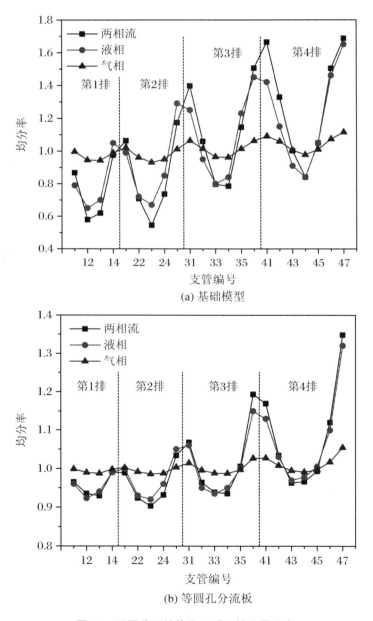

图 13　不同分配结构和工质下的流量分布

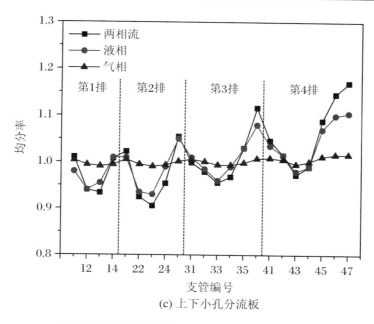

(c) 上下小孔分流板

图 13　不同分配结构和工质下的流量分布(续)

由图可知,在三种模型内的流量分布规律基本一致,两相流与液相的流量分布特征较为相近,且两相流的均分率变化范围均大于单相流的实测结果。其中,液相工质均分率范围分别为两相流的 87.6%、89.9% 和 66.2%,气相工质均分率范围仅为两相流的 16.1%、15.4% 和 9.7%;通过分析实验和模拟结果可知,无论采用何种流体工质,分流板的设置都能够大幅缩小支管间的流量差距。

通过计算上述数据的标准方差,结果如图 14 所示。由图可知,实验工况下三种模型的液相 STD 值分别为气相的 5.69、5.76 和 6.64 倍,而两相制冷剂的模拟结果表明,其不均匀度同时高于液相或气相的单相流测试结果,主要由于惯性和重力作用下,离散相液滴向入口管箱的高流速区域聚集,液相集中于管箱上下端和侧壁面附近而气相集中于涡流区内,产生的两相分布不均使得蒸发器并联支管的质量流量不均匀度增大。对比实验和模拟结果可知,加设分流板后的 STD 相比基础模型显著降低,表明分流板可通过缩小纵向涡流区范围和减小压力分布不均,实现了均分性能的大幅提升。因此,在入口管箱内加设优化设计的多孔档板结构均分性能最好,根据流量分布特点调整支管前端对应区域均流孔径的方法是可行的。

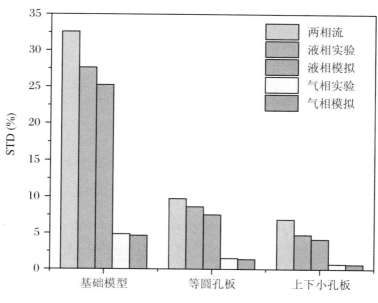

图 14　各模型 STD 值比较

4 结论

本文研究了蒸发器分流板对流体均分性能的影响规律,通过实验对模拟结果进行验证。主要结论如下:

(1) 分流板可以使蒸发器内制冷剂分配的不均匀度降低 40%~80%,在入口流速高于 1.2 m/s 后 STD 受流速影响很小,且随分流板向蒸发器入口端的移动而下降。表明分流板右侧的缓冲区可显著影响均分效果。

(2) STD 随开孔直径的增大而上升,随开孔数量的增大先下降再逐渐达到稳定,说明缩小单个均流孔尺寸有利于提升分流板的均分性能,而内部流动阻力与分流板的开孔面积和孔隙率有关;上下小孔结构分流板可使 STD 降低 21.4%,说明根据流量分布调整均流孔径,可以有效提高流体均匀度。

(3) 将分流板应用于管壳式蒸发器进行流量分配实验,结果表明实验与数值模拟得出的流量分配规律基本吻合,加设分流板可提升均分性能且上下小孔结构分流板效果最佳,验证了数值模拟结果的有效性和准确性。

本研究针对干式蒸发器内的流量分配特性展开研究,在管壳式蒸发器的结构优化方面具有一定的意义。

参 考 文 献

[1] Lalot S, Florent P, Lang S K, et al. Flow maldistribution in heat exchanges[J]. Applied Thermal Engineering, 1999, 19(8): 847-863.

[2] Lee W, Lee H, Jeong J H. Numerical evaluation of the range of performance deterioration in a multi-port mini-channel heat exchanger due to refrigerant mal-distribution in the header[J]. Applied Thermal Engineering, 2021(10): 185.

[3] Kim N, Han S. Distribution of air-water annular flow in a header of a parallel flow heat exchanger [J]. International Journal of Heat and Mass Transfer, 2008, 51(5): 977-992.

[4] Ablanque N, Oliet C, et al. Two-phase flow distribution in multiple parallel tubes[J]. International Journal of Thermal Sciences, 2010(49): 909-921.

[5] Wang D, Liu C, Yu D, et al. Influence factors of flow distribution and a feeder tube compensation method in multi-circuit evaporators[J]. International Journal of Refrigeration, 2017(73): 11-23.

[6] Wang C C, Yang K S, Tsai J S, et al. Characteristics of flow distribution in compact parallel flow heat exchangers, part I: Typical inlet header[J]. Applied Thermal Engineering, 2011(31): 3226-3242.

[7] Mohammadi K, Malayer M. Parametric study of gross flow maldistribution in a single-pass shell and tube heat exchanger in turbulent regime[J]. International Journal of Heat and Fluid Flow, 2013(44): 14-27.

[8] Mahvi A J, Garimella S. Two-phase flow distribution of saturated refrigerants in microchannel heat exchanger headers[J]. International Journal of Refrigeration, 2019(104): 84-94.

[9] 孙文卿, 屈静, 鹿世化. 干式管壳式蒸发器内新型分液器的数值模拟[J]. 制冷学报, 2017, 38(3): 56-62.

[10] Shi J, Qu X, Qi Z, et al. Investigating performance of microchannel evaporators with different manifold structures[J]. International Journal of Refrigeration, 2011, 34(1): 292-302.

[11] Wang K, Tu X, Bae C, et al. Optimal design of porous baffle to improve the flow distribution in the tube-side inlet of a shell and tube heat exchanger[J]. International Journal of Heat and Mass Transfer, 2015(80): 865-872.

[12] 刘巍, 朱春玲. 分流板结构对微通道平行流蒸发器性能的影响[J]. 化工学报, 2012, 63(3): 761-766.

［13］ 刘巍,朱春玲.分流板开孔面积对微通道平行流蒸发器性能的影响［J］.制冷学报,2014,35(3):58-64.

［14］ 秦晓柯.干式壳管蒸发器制冷剂分配均匀性及传热性能优化研究［D］.郑州大学,2017.

［15］ 袁培,常宏旭,李丹,等.微通道平行流换热器流量分配均匀性研究［J］.低温与超导,2019,47(3):44-48.

［16］ 高志成,孟浩,王燕令,等.平行流换热器内变孔径分流板分流特性研究［J］.低温与超导,2018,46(5):44-48.

［17］ Wu X,Gao Z,Meng H,et al. Experimental study on the uniform distribution of gas-liquid two-phase flow in a variable-aperture deflector in a parallel flow heat exchanger［J］. International Journal of Heat and Mass Transfer,2020(150):44-47.

［18］ Wu G,Yan Z,Zhuang D,et al. Design method and application effects of embedded-clapboard distributor on refrigerant distribution among multi-tubes of micro-channel heat exchangers［J］. International Journal of Refrigeration,2020(119):420-433.

［19］ Chin W,Raghavan V R. On the adverse influence of higher statistical moments of flow maldistribution on the performance of a heat exchanger［J］. International Journal of Thermal Sciences,2011(50):581-591.

作者简介 ●

陈振乾,男,教授,博士,研究方向为传热传质强化、微重力流体物理、建筑环境与节能、暖通空调系统优化等。通信地址:江苏省南京市玄武区四牌楼2号。E-mail:zqchen@seu.edu.cn。

宋哲,男,硕士研究生,研究方向为换热器强化传热。E-mail:461663066@qq.com。

超临界二氧化碳在蛇形微通道内冷却传热特性的数值模拟研究[①]

雷雨川　陈振乾

（东南大学能源与环境学院，南京 210096）

摘要：本文对超临界二氧化碳在蛇形微通道内的冷却换热特性进行了数值模拟研究。目的是为跨临界二氧化碳系统的气体冷却装置的优化提供了参考。管道长为 500 mm，水力直径为 1 mm，水平放置。本文分析了不同进口质量流量、壁面热流密度和管道结构对换热系数，浮力效应及速度场的影响。分别计算 9 种不同端流模型的传热系数，并与实验结果相对比，其中 Lam-Bremborst 模型与实验结果的吻合性最好。数值结果表明：模拟结果表明蛇形微通道内超临界二氧化碳的传热性能优于传统直通道；传热系数随质量流量的增加而增大；壁面流量对似液体区的传热系数几乎没有影响，在似气体区传热系数随壁面流量的增加而略有增大。密度差引起的浮力效应在蛇形微通道内更明显，蛇形微通道内相比直通道出现明显的二次流，强化壁面附近的传热。

关键词：超临界二氧化碳；浮力效应；微通道；冷却传热；数值模拟

Numerical Simulation of Supercritical Carbon Dioxide Cooling Heat Transfer in Serpentine Micro-channels

Lei Yuchuan，Chen Zhenqian

(School of Energy and Environment，Southeast University，Nanjing 210096)

Abstract：This study explores computationally cooling heat transfer characteristics of supercritical carbon dioxide in serpentine micro-channels. We attempt to provide a reference for gas cooler optimization design in trans-critical carbon dioxide applications. The computational domain consist of a horizontal channel having hydraulic diameter 1 mm and length 500 mm. For comparison purposes we present the effects of inlet mass flux，wall heat flux and channel geometry on heat transfer coefficient，buoyancy force and velocity field distribution. Different nine turbulence models were validated by comparing the numerical heat transfer coefficient with the experimental data，and a relatively better prediction was achieved by Lam and Bremhorst model. Our results suggest that serpentine micro-channels are shown to fare much better than straight micro-channels in terms of heat transfer coefficient. With the increased inlet mass flux or wall heat flux，heat transfer coefficient increases with the mass flux in whole region，while almost independent with the wall heat flux in liquid-like region and marginal increase in gas-like region. Buoyancy effect induced by density difference performs more prominent in serpentine micro-channels，evidenced by significantly distinct second flow at peaks and troughs，which could enhance the heat transfer near the wall.

Key words：supercritical carbon dioxide；buoyance effect；micro-channels；cooling heat transfer；numerical simulation

① 项目名称：东南大学优秀博士学位论文培育基金项目（项目编号：YBPY1901）。

1 引言

二氧化碳是一种无毒无味、不可燃、经济环保性高的天然工质,它的临界温度较低(30.98 ℃,7.38 Mpa),绝热指数和单位容积制冷量较高,在较小尺寸的空调、热泵等的冷却器部件中具广阔的应用前景[1-2]。跨临界二氧化碳空调和热泵系统与传统的空调系统不同,散热过程发生在超临界压力下,吸热过程则发生在亚临界压力下。由于其较低的临界温度,二氧化碳在跨临界系统中经历气体的冷却过程,而非冷凝过程。由于冷却过程沿着超临界等压线进行,很小的温差都会导致物性参数的剧烈变化,尤其在临界点附近,如图1所示。微通道内超临界二氧化碳的冷却收到越来越多的关注,由于传热机理复杂,许多相关问题还没有得到充分的解释,如何提高换热器的换热性能是二氧化碳制冷系统面临的巨大挑战,因此超临界二氧化碳的冷却传热和压降特性研究对换热器的发展有很重要的意义。

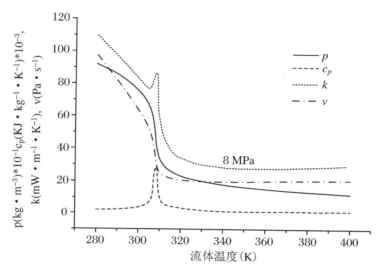

图1 二氧化碳在超临界压力下的物性参数随温度变化图

近些年,超临界二氧化碳在微通道内的冷却传热特性的实验研究有了很大进展。正如 Cheng 和 Mewes[3]指出,3 mm 被作为工业设备中大通道与微通道的临界值。Liao 和 Zhao[4]实验研究了水平和竖直微通道内的超临界二氧化碳传热特性,并指出水力直径是影响传热的主要因素。同时他们提出了适用于微通道的传热关联式。Huai 和 Koyama[5-6]等人测量了并行通道内的超临界二氧化碳的冷却传热系数和压降,并研究了操作条件对传热特性的影响。Bruch 等人[7]对超临界二氧化碳在竖直微细管道内的湍流流动与传热特性进行了实验研究,并建立了传热关联式。结果表明:浮升力对超临界二氧化碳的对流换热具有重要影响。

相比超临界二氧化碳在微通道内的冷却传热特性的实验研究,数值模拟的研究相对较少。Yang 等人[8]采用数值方法研究了超临界二氧化碳在直径为 0.5 mm,长为 1000 mm 的不同倾斜角的直管内的冷却换热特性。结果表明:水平管具有最好的换热效果。Zhao 等人[9]通过模拟的方法研究了操作条件对超临界二氧化碳在微通道内的冷却传热特性的影响。Han 等人[10]提出超临界二氧化碳的冷却传热关联式。Dang 和 Hihara[11]通过实验的手段研究了圆管内超临界二氧化碳的冷却传热特性,并提出了新的传热关联式。

由于工厂设备增大散热量的迫切需求,许多被动式强化传热的方法已经得到很大关注,比如蛇形通道易于制造且性价比高,可以增大比表面积,强化传热。目前,关于超临界二氧化碳在正弦微通道内的实验和模拟研究十分有限。Xu 等人[12]分析了不同操作条件对超临界二氧化碳的冷却传热的影响,指出正弦微通道的传热特性高于传统直通道。

文献中已经报道许多微通道内超临界二氧化碳流动传热特性的实验研究成果,但数值研究相对较少,且主要集中于传统直通道,对于蛇形管道内的冷却传热特性研究仍有很大的不足,然而此种类型的强化管具有较广的工业应用,需要详细研究其内部的冷凝流动特性。本文通过 Fluent 软件对水平管内的超临界二氧化碳的冷却换热特性进行模拟研究,分析了进口质量流量、壁面热流密度和管道结构对冷却传热特性的影响,为进一步理解超临界二氧化碳在蛇形微通道内流动与换热机理提供了理论依据。

2 数值模型

2.1 数学模型

连续性方程:

$$\frac{\partial}{\partial x_i}(\rho \vec{u}_i) = 0 \tag{1}$$

动量方程:

$$\frac{\partial}{\partial x_j}(\rho \vec{u}_i \vec{u}_j) = -\frac{\partial P}{\partial x_i} + \frac{\partial}{\partial x_j}\left[\mu\left(\frac{\partial \vec{u}_i}{\partial x_j} - \rho \overline{u'_i u'_j}\right)\right] + \rho \vec{g} \tag{2}$$

能量方程:

$$\frac{\partial}{\partial x_i}(\vec{u}_i \rho h) = \frac{\partial}{\partial x_i}\left(\lambda_e + \frac{c_p u_t}{Pr_t}\frac{\partial T}{\partial x_i}\right) + \Phi \tag{3}$$

湍流脉动动能方程:

$$\frac{\partial(\rho u\kappa)}{\partial x} + \frac{\partial(\rho v\kappa)}{\partial y} = \frac{\partial}{\partial x}\left[\left(\eta + \frac{\eta_t}{\sigma_\kappa}\right)\frac{\partial \kappa}{\partial x}\right] + \frac{\partial}{\partial y}\left[\left(\eta + \frac{\eta_t}{\sigma_\kappa}\right)\frac{\partial \kappa}{\partial y}\right] + \eta_t G - \rho\varepsilon \tag{4}$$

湍流耗散率方程:

$$\frac{\partial(\rho u\varepsilon)}{\partial x} + \frac{\partial(\rho v\varepsilon)}{\partial y} = \frac{\partial}{\partial x}\left[\left(\eta + \frac{\eta_t}{\sigma_\varepsilon}\right)\frac{\partial \varepsilon}{\partial x}\right] + \frac{\partial}{\partial y}\left[\left(\eta + \frac{\eta_t}{\sigma_\varepsilon}\right)\frac{\partial \varepsilon}{\partial y}\right] + \frac{\varepsilon}{\kappa}c_1 f_1 \eta_t G - c_2 \rho \frac{\varepsilon^2}{\kappa}f_2 \tag{5}$$

$$\eta_t = c_\mu f_\mu \rho \frac{\kappa^2}{\varepsilon} \tag{6}$$

式中,ρ 为流体密度,单位为 kg/m³;c_p 为流体比热容,单位为 J·kg⁻¹·K⁻¹;λ 为流体导热系数,单位为 MPa;μ 为流体粘度,单位为 Pa·s;g 为重力加速度,单位为 m·s⁻²;T 为流体温度,单位为 K;u 为速度矢量,单位为 m/s;κ 为湍流脉动动能,单位为 m²·s⁻²;ε 为湍流耗散率,单位为 m²·s⁻³;η_t 为湍流粘度,单位为 Pa·s。

低雷诺数湍流模型系数见表1,低雷诺数湍流模型阻尼函数见表2。

表 1 低雷诺数湍流模型系数表

低雷诺数模型	c_μ	c_1	c_2	σ_κ	σ_ε
Abid（AB）	0.09	1.45	1.83	1.0	1.4
Lam and Bremhorst（LB）	0.09	1.44	1.92	1.0	1.3
Launder and Sharma（LS）	0.09	1.44	1.92	1.0	1.3
Yang and Shih（YS）	0.09	1.44	1.92	1.0	1.3
Abe Kondoh Nagano（AKN）	0.09	1.5	1.9	1.4	1.4
Chang Hsieh Chen（CHC）	0.09	1.5	1.9	1.4	1.4

表 2 低雷诺湍流模型阻尼函数表

低雷诺数模型	f_μ	f_1	f_2
AB	$\tanh(0.008Re_y)\left(1+\dfrac{4}{Re_t^{3/4}}\right)$	1	$1-\dfrac{2}{9}\exp\left(1-\dfrac{Re_t^2}{36}\right)\left[1-\exp\left(-\dfrac{Re_y}{12}\right)\right]$
LB	$[1-\exp(-0.0165Re_y)]^2\left(1+\dfrac{20.5}{Re_t}\right)$	$1+\left(\dfrac{0.05}{f_\mu}\right)^3$	$1-\exp(-Re_t^2)$
LS	$\exp\left[-2.5/(1+Re_t/50)\right]$	1	$1-0.3\exp(-Re_t^2)$
YS	$1-0.01\exp(-0.0215Re_y)^2\left[1/(1+Re_t^{-2})\right]$	$0.095+0.05\dfrac{P_\kappa}{\tilde{\rho\varepsilon}}$	$1/(1+Re_t^{-2})$
AKN	$\left(1+\dfrac{5}{Re_t^{0.75}}e^{-(Re_t/200)^2}\right)(1-e^{-y^*/14})^2$	1	$\left\{1-0.3\exp\left(1-\left(\dfrac{Re_t}{6.5}\right)^2\right)\right\}[1-\exp(-y^*/3.1)]^2$
CHC	$[1-0.01\exp(-0.0215Re_t^2)]^2[1+31.66Re_t^{-1.125}]$	1	$[1-0.01\exp(-Re_t^2)]^2[1-0.0631\exp(-0.0631Re_y)]$

2.2 物理模型

图 2 为蛇形微通道三维物理模型的示意图。微通道截面是正方形,水力直径为 $D = 1$ mm,长为 $L = 500$ mm,壁面振幅和波长分别为 $\lambda = 0.05$ mm 和 $A = 23$ mm,水平放置。管道四周壁面采用恒定热流密度的方式对管内的二氧化碳进行冷却,壁面边界条件为光滑无滑移。进口边界给定质量流量、温度以及湍流强度。由于出口的流体状态未知,因此出口边界采用自由流动出口。

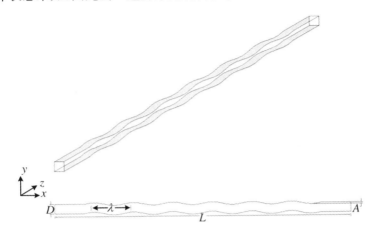

图 2 蛇形微通道的结构尺寸图

2.3 求解方法

本模拟设置基于压力的求解器,稳态求解,压力-速度耦合方程求解算法选择 SIMPLEC 格式,动能及能量方程的求解格式为 QUICK 格式,湍流动能及湍流耗散率的求解格式为一阶迎风格式,梯度插值选择基于格林-高斯基于单元体,压力插值选择 PRESTO!,计算过程精细调节松弛因子促进计算收敛。

2.4 网格独立性验证

为保证计算的收敛性,边界条件设置的合理性以及计算结果的准确性,首先对模型进行网格独立性分析。为了提高对管内流体壁面附近速度及温度梯度的精确计算,对管道临近壁面处的边界层进行局部加密。选择 3 种不同的网格单元尺寸对管道内部进行网格划分。系统压力 8 MPa,进口温度为 320 K,质量流量 $G = 100$ kg·m^{-2}·s^{-1},热流密度 $q = 10$ kW·m^{-2}。图 3 表明随着网格单元尺寸变小,壁面平均温度的值逐渐增大,Case 2 和 Case 3 中的传热系数平均误差仅为 0.71%,可以满足计算时间和结果的要求。

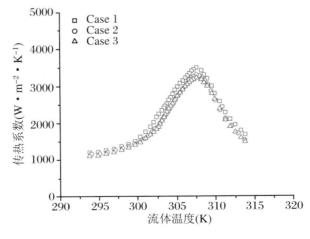

图 3 不同网格尺寸对传热系数的影响

3 结果与讨论

3.1 模型比较与选择

为了研究超临界二氧化碳在微通道中的传热特性,首先需要验证 9 种不同的湍流模型在本文物理模型和边界条件下的准确性。图 4 为相同操作条件下不同低雷诺数湍流模型中直管道的整体温度变化的传热系数系统压力。边界条件为操作压力 8 MPa,进口温度 320 K,质量流量 100 kg·m^{-2}·s^{-1},热流密度 10 kW·m^{-2}时。9 种模型的计算结果均与相同边界条件下的 Huai 等人[5]的实验结果进行比较。由图 4 可知,9 种湍流都可以定性的重现超临界二氧化碳在管内冷却的传热特性,尤其能良好的预测临界点附近区域的传热变化。其中,LB 模型与 YS 模型与实验结果比较接近,其它 7 种模型与实验结果的偏差较大。LB 模型在临界点处与实验结果基本吻合,在远离临界点的区域稍有偏差。由于 LB 模型的提出是基于充分发展的湍流,半层流和层流区域,二氧化碳在超临界条件下物性参数随温度发生剧烈变化,管内流动不会达到充分发展状态,LB 模型适用于变密度的流体。

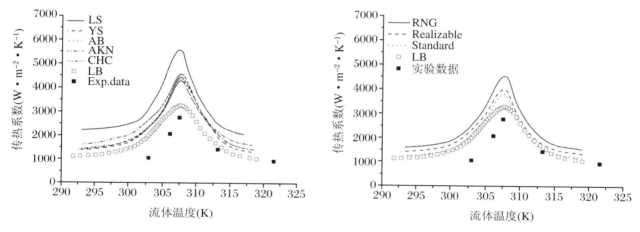

图 4　九种湍流模型下的模拟传热系数与实验结果对比图

3.2 模型验证

图 5 是数值模拟传热系数与不同经验关联式计算结果的对比图,边界条件为进口压力 8 MPa,进口温度 320 K,壁面热流密度 9 kW·m^{-2},进口质量流量 127.1 kg·m^{-2}·s^{-1}。

由图 5(a)可见,所有的关联式都能定性地重现超临界二氧化碳换热特性的趋势,其中数值模拟结果与 Krasnoshchekov 等人[13]提出的关联式计算结果基本重合;Petrov 和 Popov[14]提出的关联式计算结果略低于数值模拟结果;Liao 和 Zhao[4]提出的关联式计算结果在似气体区域与数值模拟结果吻合得很好,而在似液体区域略大于数值模拟结果;Yoon 等人[15]基于大通道提出的关联式远远高于数值模拟结果。

如图 5(b)所示,除了 Yoon 等人提出的关联式,数值模拟结果与其他经验关联式的偏差都在 25% 之内,由于上述关联式的提出都分别基于不同的物理模型及工况条件,在一定范围内有可接受的偏差是合理的。因此上述模型验证了本文采用的数值模拟方法适用于超临界二氧化碳在微通道内冷却传热特性的模拟研究。

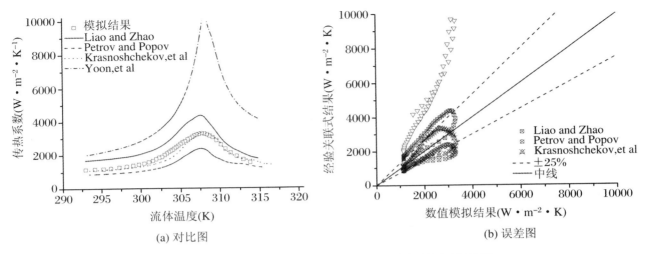

(a) 对比图   (b) 误差图

图 5　数值模拟传热系数与经验关联式的(a)对比图和(b)误差图

3.3　传热系数

二氧化碳传热系数方程为：

$$h = \frac{q}{T_b - T_w}$$

(10)

式中，T_w 为局部壁面温度，单位为 K；T_b 为局部流体温度，单位为 K；q 为管壁面热流密度，单位为 $kW \cdot m^{-2}$；h 为管内局部传热系数，单位为 $W \cdot m^{-2} \cdot K^{-1}$。

图 6(a)显示传热系数在不同质量流量条件下随流体温度变化情况。由图可知，三个质量流量都描述了跨临界二氧化碳在管内冷却的传热趋势，且在临界区域得到了一个峰值。超临界二氧化碳在直通道和蛇形微通道内的传热系数呈现出相似的趋势，且蛇形为通道内相比直通道呈现出更好的传热性能，尤其在临界点附近这个现象更加明显。随着质量流量的增大，传热系数增大，在临界区域附近最为明显。一方面，进口质量流量的增大导致边界层内的雷诺数增大，粘性底层的厚度减小，湍流扩散率增大，传热热阻减小，从而强化传热。另一方面，进口质量流量的增大导致壁面附近的定压比热容和导热率增大，从而强化换热。

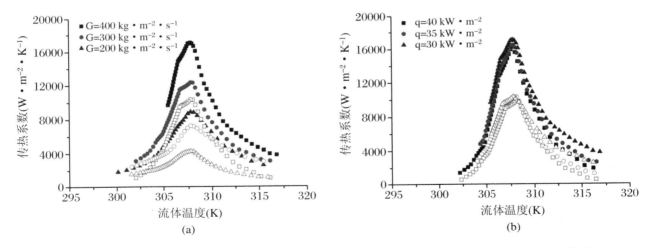

(a)   (b)

图 6　直通道和蛇形微通道内理查逊数在不同(a)质量流量和(b)壁面热流密度下随流体温度的变化图

图 6(b)显示传热系数在不同壁面热流密度下随流体温度变化情况。由图可知，三个壁面热流密度都描述了跨临界二氧化碳在管内冷却的传热趋势，并且在临界区域得到了一个峰值。超临界二氧化碳在直通道和蛇形微通道内的传热系数呈现出相似的趋势，且蛇形为通道内相比直通道呈现出更好的传热性能，尤其在临界点附近这个现象更加明显。在小于准临界温度的区域，即似液体区，由于流体温度的降低导致比热

容和导热率减小,换热系数几乎不受壁面热流密度的影响。在大于准临界温度的区域,即似气体区,由于流体温度的降低导致比热容和导热率增加,换热系数随着壁面热流密度的增加而略有增大。

3.4 浮力效应

超临界二氧化碳的物性参数随温度会发生剧烈的变化,尤其在临界点附近。壁面附近的流体因为壁面冷量的施加温度低密度大,而管中心的流体温度高密度小,形成密度梯度,从而引发浮力效应的产生,导致壁面附近的冷流体向下运动,管道中心的热流体向上运动,此时混合对流传热将代替管内强制对流传热,因此浮力效应对超临界二氧化碳的冷却传热特性有很大影响。理查逊数 Ri 是判断浮力效应的指标。当理查逊数大于等于 0.01 时,需要考虑浮力效应对管内流体传热特性的影响,其计算公式为:

$$Ri = \frac{Gr}{Re_b^2} \tag{11}$$

其中,Gr 是格拉晓夫数,计算公式为:

$$Gr = \frac{(\rho_w - \rho_b)\rho_b g D_h^3}{\mu_b^2} \tag{12}$$

图 7 分析了在直通道和蛇形微通道内不同进口质量流量和壁面热流密度对理查逊数的影响,理查逊数随着流体温度的增加逐渐增加,在临界点附近达到顶峰,之后随着流体温度的增加而减小。由图 7(a)可知,蛇形微通道内的理查逊数高于直通道,随着质量流量的增加,这个现象更加明显。理查逊数随着进口质量流量的增加而减小,当 $G = 400$ kg·m⁻²·s⁻¹ 时,理查逊数小于 0.01,此时浮力效应可以忽略;当 $G = 300$ kg·m⁻²·s⁻¹ 时,理查逊数在似气体区小于 0.01,在似液体区大于 0.01;当 $G = 200$ kg·m⁻²·s⁻¹ 时,理查逊数大于 0.01,此时自然对流不可忽略。与图 5 对比可知,理查逊数与传热系数呈现相似的趋势,且随着质量流量的减小,传热系数恶化。如图 7(b)所示,理查逊数随着壁面热流密度的增加而增加,本模拟选定的三种热流密度条件下,理查逊数均小于 0.01,浮力作用可以忽略。

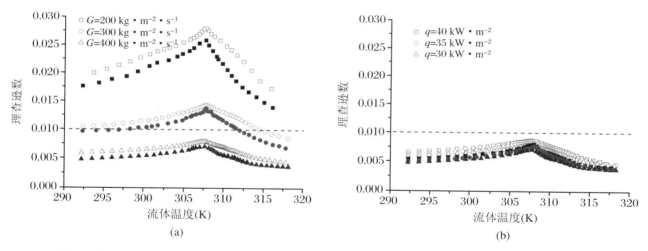

图 7　直通道和蛇形微通道内理查逊数在不同(a)质量流量和(b)壁面热流密度下随流体温度的变化图

3.5 流场分布

图 8 是直通道和蛇形微通道内速度场沿轴向变化的分布图,分别选取蛇形微通道内波峰、波谷及三个平衡点处一个周期内的速度场截面图,对应直通道内沿流动方向相同位置的速度场截面图。计算边界条件为:进口压力 8 MPa,进口温度 320 K,壁面热流密度 9 kW·m⁻²,进口质量流量 127.1 kg·m⁻²·s⁻¹。如图 8 所示,在流体速度随着流动方向逐渐减小,并由管道中心向冷却壁面逐渐降低,速度梯度在壁面附近发生剧烈变化,不同截面的最大速度沿流动方向逐渐从流体中心向上壁面移动。相比直通道,蛇形微通道内在波峰波谷处出现更加明显的二次流。由 2.4 节讨论到的密度差引起的浮力作用,导致截面二次流的出现,从而增强壁面附近的换热,尤其在临界点附近,密度及比热容变化剧烈,传热系数达到最大值。

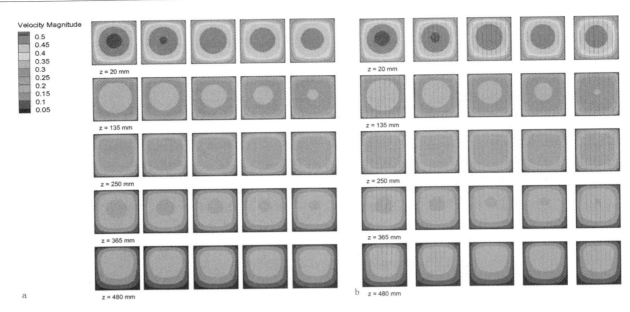

图8 (a)直通道和(b)蛇形微通道内速度场分布图

4 结论

本文研究了超临界二氧化碳在蛇形微通道内的冷却换热特性,管道长为 500 mm,水力直径为 1 mm,水平放置。分析了不同进口质量流量、壁面热流密度及管道结构对超临界二氧化碳冷却传热特性的影响。结论如下:

(1)9种湍流模型都能定性地重现热传递特性的趋势,且 LB 模型与实验数据的吻合性最好。

(2)数值模拟结果与实验数据及文中提到的经验关联式具有很好的吻合度,验证了模型的可靠性。

(3)超临界二氧化碳在蛇形微通道内相比直通道呈现出更好的传热性能,在临界点附近这个现象更加明显。

(4)超临界二氧化碳的传热系数随质量流量的增加而增大;在似气体区传热系数随壁面流量的增加而略有增大,壁面流量对似液体区的传热系数几乎没有影响。

(5)由于密度差引起的浮力作用随着进口质量流量的增大而减小,随着壁面热流密度的增大而增大。

(6)蛇形微通道相比直通道在波峰波谷处出现更加明显的二次流,可以增强壁面附近的换热,尤其在临界点附近,密度及比热容的剧烈变化导致传热系数达到最大值。

参 考 文 献

[1] 马飙,冀兆良.二氧化碳制冷剂的应用研究现状及发展前景[J].Refrigeration,2012,31(3):36-43.

[2] 丁国良,黄冬平,张春路,等.跨临界循环二氧化碳汽车空调研究进展[J].制冷学报,2000(2):7-13.

[3] Cheng L,Mewes D. Review of two-phase flow and flow boiling of mixtures in small and mini channels [J]. Int. J. Multiph. Flow,2006(32):183-207.

[4] Liao S M,Zhao T S. Measurements of heat transfer coefficients from supercritical carbon dioxide flowing in horizontal mini/macro channels [J]. J. Heat Transfer,2002,124(3),413-419.

[5] 淮秀兰,Koyama S,微通道内超临界二氧化碳的压降与传热特性[J].工程热物理学报,2004,25(5):843-845.

[6] Huai X L,Koyama S,Zhao T S. An experimental study of flow and heat transfer of supercritical carbon dioxide in multi-port mini channels under cooling conditions [J]. Chem. Eng. Sci. ,2005

(60):3337-3345.

［7］ Bruch A,Bontemps A,Colasson S. Experimental investigation of heat transfer of supercritical carbon dioxide flowing in a cooled vertical tube ［J］. Int. J. Heat Mass Transfer,2009(52):2589-2598.

［8］ Yang C Y,Xu J L,Wang X D,et al. Mixed convective flow and heat transfer of supercritical CO_2 in circular tubes at various inclination angles ［J］. Int. J. Heat Mass Transfer,2013(64):212-223.

［9］ Zhao Z X,Che D F,Wu J. Numerical investigation on conjugate cooling heat transfer to supercritical CO_2 in vertical double-pipe heat exchangers ［J］. Numer. Heat Transfer,2016,69(5):512-528.

［10］ Han S H,Choi Y D,Shin J K,et al. Turbulent heat transfer of supercritical carbon dioxide in square cross-sectional duct flow ［J］. J. Mech. Sci. Technol. 2008(22):2563-2577.

［11］ Dang C B,Hihara E. In-tube cooling heat transfer of supercritical carbon dioxide ［J］. Int. J. Refrig. ,2004 (27):736-747.

［12］ Xu R N,Luo F,Jiang P X. Experimental research on the turbulent convection heat transfer of supercritical pressure CO_2 in a serpentine vertical mini tube ［J］. Int. J. of Heat and Mass Transfer,2015(91):552-561.

［13］ Krasnoshchekov E A,Kuraeva I V,Protopopov V S. Local heat transfer of carbon dioxide under supercritical pressure under cooling conditions ［J］. High Temp. 1969(7):922-930.

［14］ Petrov N E,Popov V N. Heat transfer and resistance of carbon dioxide being cooled in the supercritical region ［J］. Therm. Eng. ,1985(32):131-134.

［15］ Yoon S H,Kim J H,Hwang Y W,et al. Heat transfer and pressure drop characteristics during the in-tube cooling process of carbon dioxide in the supercritical region ［J］. Int. J. Refrig. ,2003(26):857-864.

 作 者 简 介 ●

陈振乾(1964—),男,汉族,教授,博导,博士,主要从事传热传质强化、微重力流体物理、建筑环境与节能、制冷与暖通空调系统优化、系统热控制、干燥技术以及化学热物理协同特性等研究。通信地址:江苏省南京市四牌楼 2 号。E-mail:zqchen@seu. edu. cn。

雷雨川(1992—),女,汉族,博士研究生,主要从事微通道内流体冷却传热的研究。通信地址:江苏省南京市四牌楼 2 号。E-mail:yuchuanlei@seu. edu. cn。

LNG 气化器两相流体诱发振动研究[①]

夏春杰　陈永东　吴晓红　程沛　闫永超

（合肥通用机械研究院有限公司,合肥 230031）

摘要:对两相流体诱发管束振动的机理和主要参数进行了总结,以正在运行的一台气化器为例对 E2 中 U 形管的固有频率进行模态分析,与解析值进行了对比,结果表明:模态分析与解析值误差为 2.3%,验证了数值模拟的可靠性。另对 E2 段进行了全面的振动分析,为 IFV 两相流体诱发管束振动计算提供参考。

关键词:气化器;两相流;振动;数值模拟;U 形管

Study on Induced Vibration of Two-Phase Fluid in LNG Gasifier

Xia Chunjie, Chen Yongdong, Wu Xiaohong, Cheng Pei, Yan Yongchao

（Hefei General Machinery Research Institute Co. ,Ltd. ,Hefei 230031）

Abstract:The mechanism and main parameters of tube bundle vibration induced by two-phase fluid are summarized. The modal analysis of the natural frequency of the U-tube in E2 is performed by taking an IFV as an example and comparing it with the analytical value. The results show that the modal analysis and analytical calculation error is 2.3%,which verifies the reliability of numerical simulation. A comprehensive vibration analysis of the E2 section was carried out to provide a reference for the calculation of the IFV two-phase fluid induced tube bundle vibration.

Keywords:gasifier;two-phase flow;vibration;numerical simulation;U-tube

1 引言

近些年,随着人们对清洁高效能源认识的不断提高,天然气(NG)受到广泛关注,是继石油和煤炭后的第三大一次能源。由于天然气组分较纯,完全燃烧后的产物是二氧化碳和水,对环境污染较小,并且鉴于其还具有高热值、安全等优点,天然气如今已被应用于车用燃料、城市冬季供暖燃气以及发电等多个重要领域,成为我国能源消费市场的主力军。我国天然气储量约 252 亿 m³,经济发达的东部沿海地区储备相对不足,而中西部地区和海洋中储备充足。近年来我国的天然气消费量呈不断上升趋势,国内开采的天然气量处于供不应求的状态。为了满足当下能源需求,我国必须靠进口天然气来解除资源禀赋的制约,而且对外依存度也在逐年增加。在天然气应用的诸多环节中,LNG 接收站扮演着重要的角色。

LNG 气化器是天然气供应流程中的重要设备,中间介质式气化器(IFV)属于管壳式气化器的一种,是大型 LNG 接收站常用的基本负荷型气化器,具有效率高、安全性高、运行费用低、易操作和维护等优点。IFV 由气化段和过热段两部分组成,其工作原理如图 1 所示。低温 LNG 流经 E2 管程,被管外丙烷蒸汽加热升温后发生相变,进入 E3 壳程空间进一步被加热,海水流经 E3 管程加热气态天然气后,进入 E1 管程加热液态丙烷使其气化,丙烷在 E1 壳程内蒸发,在 E2 壳程内冷凝,E2 壳程空间与 E1 壳程空间既相互独立又相互依存。

---

① 项目名称:合肥通用机械研究院有限公司青年科技基金项目(项目编号:2019010368);"十三五"重点研发计划(项目编号:2016YFC0801902)。

近年来,国内外学者对 IFV 的研究主要集中在传热和结构方面[1-3],两相流振动的研究较少,且主要针对水-水蒸气的固定管板式换热器。[4-6]本文对两相流体诱发管束振动的机理和主要参数进行总结,以正在运行的一台 IFV 为例对气化段 E2 中 U 形管的固有频率进行数值模拟研究,与解析值进行了对比,并对 E2 进行全面振动分析,为更全面地考察 IFV 的工作性能提供参考。

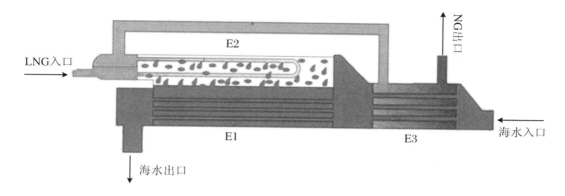

图 1　中间流体式气化器工作原理图

2　振动机理及主要参数计算

2.1　两相流体诱发管束振动机理

2.1.1　周期性漩涡脱落

两相流体管束内部存在周期性的漩涡已得到实验证明[7-8],当漩涡频率与管子频率足够接近,就会发生显著的振动,通常认为当体积含气率 $\varepsilon_g < 0.15$ 时,才考虑周期性脱落的漩涡。

（1）漩涡脱落频率计算：

$$f_s = St_{TP} \frac{V_G}{d} \tag{1}$$

式中,St_{TP} 为两相流中的斯特罗哈数[7-9];V_G 为两相流在管间隙中的流速,单位为 m/s;d 为管外径,单位为 m。

（2）漩涡脱落振幅计算：

一端固定、一端自由的管子见式(2)[7],两端简支管子见式(3)。[10-11]最大振幅应小于 $0.02d$。

$$Y(x) = C_L \rho_{TP} d V_G^2 / (5.11\pi \delta_1 f_1^2 m) \tag{2}$$

$$Y(x) = \frac{C_L \rho_{TP} d V_G^2}{2\pi^2 \delta_1 f_1^2 m} \tag{3}$$

式中,$Y(x)$ 为最大振幅,单位为 m;C_L 为升力系数[7-9];ρ_{TP} 为两相流平均密度,单位为 kg/m³;δ_1 为对数衰减率;f_1 为管子一阶固有频率,单位为 Hz;m 为单位长度管子总质量,单位为 kg/m。

2.1.2　湍流抖振

湍流会使管子表面的流场压力产生随机性脉动,当湍流脉动的主频率与管子的固有频率足够相近时,就会产生显著振动。由于湍流引起的振动是非常不规律的,故可以用振幅来判断管束是否受到破坏[12],见式(4)：

$$Y(x) = \sqrt{\frac{C_1 S_F(x)}{8\pi^2 \delta_1 f_1^3 m^2}} \tag{4}$$

式中,$Y(x)$ 为最大振幅,单位为 m;$S_F(X)$ 为激振力功率谱密度,单位为 $(N/m)^2 \cdot s$;C_1 为系数,取决于管子固定方式及位置,一端固定一端自由 $C_1 = 0.613$,一端固定一端简支 $C_1 = 0.4213$。

工程计算中,根据已知的体积含气率,根据式(5)计算出 NPSD[13],代入式(6)得出 $S_F(X)$,将 $S_F(X)$ 值代入式(4)可计算出管子振幅。

$$NPSD = 10^{(0.03\varepsilon_g - 5)} \tag{5}$$

$$NPSD = \frac{S_F(x)}{(W_G d)^2} \tag{6}$$

式中,$NPSD$ 为规范化功率谱密度,单位为 m^2/s;W_G 为两相流体的质量速度,单位为 $kg/(m^2 \cdot s)$。

2.1.3 流体弹性振动

流体弹性不稳定性是诱发管束振动的最危险因素,当速度超过临界值时振幅就会突然增加,管束间相互碰撞,既会造成换热管的磨损破坏,也会产生很大的噪音。两相流的临界流速可用 Connors 提出的半经验公式(7)确定:[14]

$$v_c = Kfd \left(\frac{\delta_1 m}{\rho_{TP} d^2} \right)^n \tag{7}$$

式中,f 为换热管的固有频率,单位为 Hz;n 为指数;K 为不稳定系数。

经过大量实验数据总结[15],当节径比 $P/d \geqslant 1.47$,$K = 3$;当 $1.22 < P/d < 1.47$ 时,$(P-d)/d$ 与 K 值的关系见图2。[16]

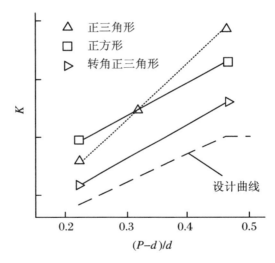

图2 两相横流时,节径比对 K 值的影响

2.2 主要参数计算

(1)两相流的流型判定

两相流体诱发管束振动比单相流复杂的主要因素之一是含气率,在研究两相流振动时含气率是基础参量。通过大量实验发现,两相流横向流过水平错列管束时,换热器壳程流体中只存在细泡型、间歇型、雾型[7-8],如图3所示。

在图3中横坐标为参数 X:

$$X = \left(\frac{1 - \varepsilon_g}{\varepsilon_g} \right)^{0.9} \left(\frac{\rho_1}{\rho_g} \right)^{0.4} \left(\frac{\mu_1}{\mu_g} \right)^{0.1} \tag{8}$$

式中,ε_g 为体积含气率;ρ_g 为气体密度,单位为 kg/m^3;ρ_1 为液体密度,单位为 kg/m^3;μ_g 为气体黏度,单位为 $Pa \cdot s$;μ_1 为液体黏度,单位为 $Pa \cdot s$。

纵坐标为无因次气体流速 U_g,其表达式为

$$U_g = W_{g,G} / [d_h g \rho_g (\rho_1 - \rho_g)]^{0.5} \tag{9}$$

式中,$W_{g,G}$为管间隙处的气相质量流速,单位为 kg/(m²·s);d_h为水力直径,单位为 m;g为重力加速度,单位为 m/s²。

在定义各参数时均假设两相流体是混合均匀的。

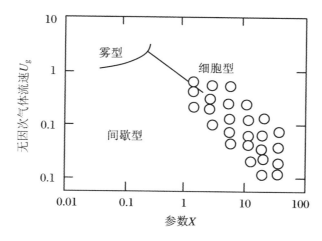

图3　换热器壳程内流型区图

（2）体积含气率：

$$\varepsilon_g = \frac{Q_g}{Q_g + Q_L} = \frac{Q_g}{Q} \tag{10}$$

式中,Q_g,Q_l与Q依次为每秒通过流道截面积的气相,液相与两相流体的体积,单位为 m³/s。

（3）质量含气率：

$$\alpha = \frac{w_g}{W_g + W_l} = \frac{W_g}{W} \tag{11}$$

式中,W_g,W_l与W依次为每秒通过流道截面积的气相,液相与两相流体的质量,单位为 kg/s。

（4）两相流体的平均密度：

$$\rho_{TP} = \rho_g \varepsilon_g + \rho_l(1 - \varepsilon_g) \tag{12}$$

式中,ρ_g,ρ_l依次为气体与液体的密度,单位为 kg/m³。

（5）两相流的质量流速：

$$W_G = \rho_{TP} V_G \tag{13}$$

式中,V_G为两相流在管间隙中的流速,单位为 m/s。

（6）气相、液相在管间隙中的质量流速：

$$W_{g,G} = \alpha W_G, \quad W_{l,G} = (1 - \alpha) W_G \tag{14}$$

3　U形管固有频率计算

换热管作为换热器的弹性部件,更易产生振动,其振动都是在固有频率下进行的。当换热管处于最低固有频率（基频）时,处于最不利条件,最可能发生振动,所以确定换热管的基频,对于预测换热器的振动情况具有很大的现实意义。

本案例基于"天津一期 LNG 项目"IFV 气化器进行计算,E2 段管板结构如图4所示,U形管结构如图5所示。994 根钛管呈正三角形排列,管子规格为 Ø16×1.6 mm,管间距为 21 mm,支持板数量为 11,支持板间距为 805 mm,具体结构参数见表1。管板距第一块支持板距离为 1035 mm,弯管端部与相邻支持板的距离为 100 mm。最外排的 U形管具有较低的固有频率,对于流体诱导振动的破坏比内排弯管更明显,故选取最外排的 U形管进行计算,弯管段半径 $R = 479$ mm。

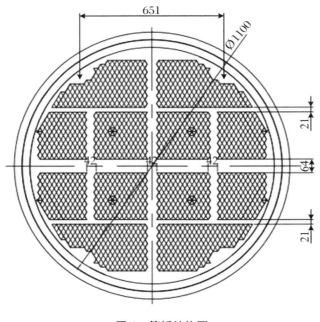

图 4　管板结构图

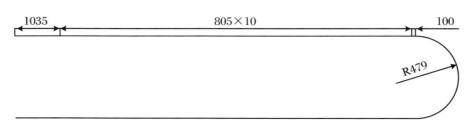

图 5　U 形管示意图

表 1　U 形管结构参数

管子规格	管子数量	管子材料	管间距	布管方式	支持板数量	支持板间距
Ø16×1.6 mm	994	TA2	21 mm	30°	11	805 mm

3.1　U 形管摸态分析

本文基于 Modal(ANSYS workbench)模块,对 U 形管进行模态分析,材料为 TA2。建立三维模型并进行网格划分,网格数为 104205,节点数为 1729510,已满足计算需求。在支持板方向上用线进行分割,以便施加边界条件。两端面约束 x, y, z 方向的位移,支持板处约束 x, y 方向的位移。

模拟结果如图 6 所示,从图中可以看出 U 形管弯管处最敏感,变形最大,弯管处放大如图 7 所示,固有频率计算结果如图 8 所示。从图中可以看出一阶固有频率为 20.678 Hz。

A: Modal (ANSYS)
Total Deformation 2
Type: Total Deformation
Frequency: 20.678 Hz

2018/9/13 11:21

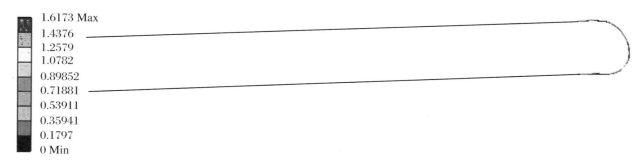

图6　U形管模态分析结果

A: Modal (ANSYS)
Total Deformation 2
Type: Total Deformation
Frequency: 20.678 Hz

2018/9/14 10:23

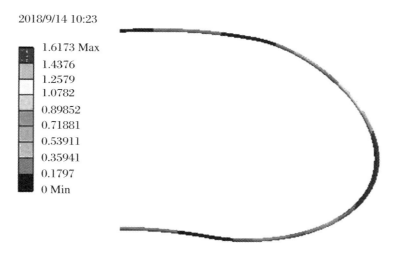

图7　弯管处放大示意图

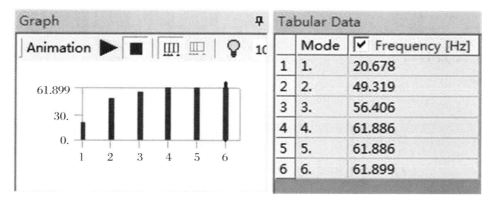

图8　U形管固有频率计算结果

3.2 U 形管固有频率解析计算

对于支撑结构较规律、直管段中间跨距相同的 U 形管最低固有频率按下式计算：

$$f_n = 35.3\lambda_n \sqrt{\frac{E(d_o^4 - d_i^4)}{ml^4}} \tag{15}$$

式中，d_o 为换热管外径，单位为 m；d_i 为换热管内径，单位为 m；E 为弹性模量，单位为 MPa；λ_1 为阶频率常数 3.3；l 为折流板间距 0.805 m；m 为单位长度换热管质量 0.612 kg/m。

计算得 $f_1 = 20.21$ Hz。

由计算结果可知：模态分析和解析计算误差为 2.3%，验证了模态分析的可靠性，对于其他复杂支撑结构的 U 形管，如直管段各跨距不同，弯管段增加多处支撑板或支撑条等，查阅文献均未给可参考的解析公式，此时模态分析可为其固有频率计算提供参考。

4 计算示例

以"天津一期 LNG 项目"IFV 气化器为例，对其两相流体诱发的振动情况进行计算。U 形管按正三角形排列，管子外径 $d = 16$ mm，内径 $d_i = 12.8$ mm，管间距 $P = 21$ mm，折流板厚度 $t = 12$ mm，管板内径 $D = 1100$ mm，壳程丙烷达到液-气动态平衡，蒸发（冷凝）的质量流量相等，$W_g = W_L = 207208.428$ kg/h，工作温度为 -7 ℃，对应饱和压力为 0.353 MPa，物性见表 2。单位长度换热管质量 $m = 0.612$ kg/m，对数衰减率 $\delta_1 = 0.103$，经第 2 节计算管子的一阶固有频率 $f_1 = 20.21$ Hz。

表 2 丙烷物性

温度(℃)	密度 ρ(kg/m³)	比热 C_p(kJ/(kg・K))	导热系数 λ(W/(m・K))	黏度 μ(Pa・s)
-7（液）	536.38	2.726	0.112	0.000162
-7（气）	8.48	1.745	0.000008	0.01

4.1 两相流体流型

（1）体积含气率：

由式(10)得，$\varepsilon_g = 98\%$。

因 $\varepsilon_g > 15\%$，故可不考虑周期性漩涡脱落诱发的振动。

（2）参数 X：

由式(8)得

$$X = \left(\frac{1-0.98}{0.98}\right)^{0.9}\left(\frac{536.38}{8.48}\right)^{0.4}\left(\frac{0.000162}{0.01}\right)^{0.1} = 0.083$$

（3）两相流体的密度：

由式(12)得

$$\rho_{TP} = 8.48 \times 0.98 + 536.38 \times (1-0.98) = 16.7 \text{（kg/m}^3\text{）}$$

（4）两相流体质量流速：

U 形管弯管半径：$R = 479$ mm。

最小流通截面积：

$$A = 2\left[\left(\frac{D^2}{4} - R^2\right)^{0.5} - \frac{nd}{2}\right](L - lt)$$

其中，n 为进口处第一排换热管根数 18；L 为流体横向冲刷管束的长度 9185 mm；l 为折流板个数 11。

计算得，$A = 2.287$（m²）。

液体流速：$V_l = W_l/(\rho_l A) = 0.047$（m/s）；气体流速：$V_g = W_g/(\rho_g A) = 2.968$（m/s）。

两相流对管子的冲刷速度：$V = V_g - V_l = 2.921$（m/s）。

两相流在管间隙中的质量流速，由式（13）得，$W_G = 48.775$（kg/m² · S）。

气体质量流速，由式（14）得，$W_{g,G} = 24.387$（kg/m² · S）。

（5）无因次气体流速：

水力直径：$d_h = 2(P-d) = 0.01$（m）。

由式（9）得，$U_g = 1.17$。

由图查得两相流处于间歇型流动状态。

4.2 振幅计算

管子正三角形排列：

系数 $C_1 = 0.4213$，管子总质量：$m = 0.612$（kg/m）。

由式（5）得，规范化功率谱密度 $NPSD = 8.7 \times 10^{-3}$；

由式（6）得，功率谱密度 $S_F(x) = 0.0053$（(N/m)² · s）。

管子振幅由式（4）得，$y(x) = 0.29 \times 10^{-3}$（m）；

$0.02d = 0.32 \times 10^{-3}$（m）；$y(x) < 0.02d$。

满足规定要求。

4.3 临界速度计算

U 形管固有频率：$f_1 = 20.21$ Hz，

$$v_c = K f_1 \left(\frac{2\pi \zeta m}{\rho_{TP} d^2} \right)^b$$

因 $\varepsilon_g = 98\%$，指数 $b = 0.5$，$(P-d)/d = 0.3125$，查得 K 值为 3.5，故可求得，$V_c = 3.76$（m/s）。

实际流速 $V = 2.92$ m/s $< V_c$，满足规定要求。

故此台气化器不会发生两相流体诱发管束振动。

5 结论

通过以上分析，本文主要得出以下结论：

（1）总结了两相流体诱发管束振动机理及主要参数的计算，为进一步研究两相流振动提供参考。

（2）对"天津一期 LNG 项目"IFV 气化器的 U 形管固有频率进行模态分析，与解析值进行了对比，结果表明：模态分析和解析计算误差为 2.3%，验证了数值模拟的可靠性，为复杂支撑结构的 U 形管固有频率计算提供参考。

（3）对"天津一期 LNG 项目"IFV 气化器 E2 段，进行了详细的两相流振动分析，结果表明不会产生两相流体诱发管束振动，验证了其结构设计的合理性，计算过程为其他两相流振动计算提供参考。

参 考 文 献

［1］ 宋坤，衣鹏.LNG 中间介质气化器换热分析[J].化学工程与装备，2012(10):75-77.

［2］ 陈永东.大型 LNG 气化器的选材和结构研究[J].压力容器，2007(11):40-47.

［3］ 王博杰，匡以武，齐超，等.中间介质气化器中超临界 LNG 换热过程分析[J].化工学报，2015,66(2):220-225.

［4］ 陈斌，郭烈锦，张西民，等.管束间气液两相流动特性研究进展[J].化工机械，1999(2):45-49,64.

［5］ 刘刚，王跃社，何仁洋，等.气液两相环状流诱发管道振动模型研究[J].应用力学学报，2017,34(6):1120-1125,1222.

[6] 谭蔚,聂清德,段振亚.横向流中两相流体诱发的振动[J].化工设备与管道,2005(5):14-20.

[7] Pettigrew M J,Yaylor C E. Two phase flow lnduced vibration:an overview[J].Journal of Pressure Vessel Technology,1994(116):233-253.

[8] 林宗虎,等.气液两相流漩涡脱落特性及工程应用[M].北京:化学工业出版社,2001.

[9] Mc Quillan K W,Whalley P B. Flow patterns in vertical two phase flow[J]. International Journal of Multi phase Flow,1985(11):161-175.

[10] Sandifier J B. Guidelines for flow induced vibration prevention in heat exchangers[J]. WRC Bulletin,1992(372):1-27.

[11] Standards of TEMA[S].8th ed.2007.

[12] Pettigrew M J,Taylor C E,et al. Vibration of tube bundles in two phase cross flow[J].Journal of Pressure Vessel Technology,1989(111):466-499.

[13] Taylor C E,Pettigrew M J,et al. Random excitation forces in tube bundles subjected to two phase cross flow[J].Journal of Pressure Vessel Technology,1996(118):265-277.

[14] 钱颂文,岑汉钊,曾文明.换热器流体诱导振动[M].北京:烃加工出版社,1989.

[15] Pettigrew M J,Taylor C E. Vibration analysis of shell-and-tube heat exchangers:an overview[J]. Journal of Fluids and Structures,2003,18(5):469-489.

[16] Pettigrew M J,Taylor C E,et al. The effects of bundle geometry on heat exchanger tube vibration in two phase cross flow[J].Journal of Pressure Vessel Technology,2001(123):414-420.

作者简介 ●

夏春杰(1989—),女,工程师,硕士研究生,主要从事压力容器设计分析工作。E-mail:xchjie2008@163.com。

大型 U 形管式热交换器防振设计

王玉

(沈阳仪表科学研究院有限公司,沈阳 110168)

摘要:U 形管式热交换器是一种常用的管壳式换热器结构,因其拥有诸多优点被广泛使用。当设备直径较大时,弯曲段不受支撑的空间变大,易导致管束振动损伤,为此,标准对最大无支撑跨距进行了限定。虽然通过对弯曲部位增加支撑能解决问题,但设计、制造都颇为困难。笔者认为,支撑措施并非唯一可选方案,尚可采用热工选型、结构设计等措施在一定程度加以解决。在不得已使用支撑措施时,有多种方案可供选择。根据笔者的实践经验,提出了对一些结构问题的处理办法,介绍、评价了相关技术进展和专利情况,可供设计、制造时参考。

关键词:U 形管式热交换器;防振;方案;最大无支撑跨距;弯管部位支撑

Anti-vibration Design of Large U-tube Heat Exchanger

Wang Yu

(Shenyang Academy of Instrumentation Science Co., Ltd., Shenyang 110168)

Abstract:The U-tube heat exchanger is a commonly used shell-and-tube heat exchanger structure and is widely used because of its many advantages. When the diameter of the device is large, the space in which the curved section is not supported increases, which is liable to cause vibration damage of the tube bundle. For this reason, the standard limits the maximum unsupported span. Although it is possible to solve the problem by adding support to the curved portion, it is difficult to design and manufacture. The author believes that the support measures are not the only options, and can be solved to a certain extent by measures such as thermal selection and structural design. There are a variety of options to choose when you have to use support measures. Based on abundant practical experience, the author proposes ways to deal with some structural problems, and introduces and evaluates relevant technological progress and patents, which can be used for reference in design and manufacturing.

Keywords:U-tube heat exchanger; vibration proof; program; maximum unsupported span; bent pipe support

1 引言

在管壳式热交换器[1]几种类型中,U 形管式热交换器是一种常用的结构形式。典型的结构是仅有一块管板,U 形管两端均与该管板连接,每根 U 形管都可以自由伸缩,热补偿性好;密封部位少、结构紧凑、管束可抽出,便于安装检修和清洗。[2]在高温、高压场合几乎是唯一可选用的结构。[3-6]

当 U 形管式热交换器直径变大,弯曲段不受支承的空间变大,易导致管束振动损伤,因而 GB/T 151—2014 对结构尺寸进行了严格限定,如图 1 所示。GB/T 151—2014 要求 $A + B + C$ 不得超过标准规定的最大无支撑跨距,否则应在弯管部分加支撑。[1]

当然加支撑可以避免管束振动损伤,但设计、制造相当困难,在可能的情况下,应采用其他方案加以解决,当穷尽了其他方案时,再选用此方案。

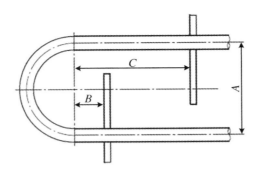

图 1　U 形管尾部支撑

2　调整工艺方案

2.1　变更换热管规格

表 1 是摘录于标准[1]的部分数据,不难发现,在其他条件相同的情况下,管外径大的,允许的最大无支撑跨距也大。因此,在工艺设计阶段,就应引起重视,如果某一规格刚刚过允许值,最简单的办法就是选用稍大规格的换热管,当然,还要统筹考虑换热效率和经济性。

表 1　常用规格换热管直管最大无支撑跨距

换热管外径(mm)	换热管材料及金属温度上限	
	碳素钢和高合金钢 400 ℃ 低合金钢 450 ℃	铜和铜合金(在标准允许的温度范围内) 钛和钛合金(在标准允许的温度范围内)
	换热管直管最大无支撑跨距(mm)	
19	1500	1300
25	1850	1600
32	2200	1900
38	2500	2200

2.2　并联方案

当工艺介质处理量较大,使得 U 形管式热交换器直径变大,弯管部分不得不加装支撑时,为降低设计、制造难度,可选用 2 台并联方式加以解决。

2.3　串联方案

热工工艺计算表明,当冷流体出口温度接近热流体出口温度时,所需换热面积急剧增大。此时,可采用重叠的结构形式,一方面避免了加装支撑的困难,另一方面还可提高换热效率。

3　结构设计

3.1　合理调整 $A + B + C$

从图 1 可以看出,当最后一块折流板能移至弯管部位与直管交汇处,此时 $B = 0$,原 $A + B + C$ 变成 $A + C$,有效地降低了无支撑跨距。

3.2　窗口处不布管

为避免加装支撑,大型 U 形管式热交换器还常采用另一种处理办法,即窗口处不布管。

这时,按图1,最后两块折流板中间部分(C - B),已处于支撑状态,无支撑部分变成 A + 2B,如 B = 0,最大无支撑跨距仅为 A,这是最理想状态。为避免漏流,可设挡板加以解决。

3.3 改变最后一块折流板结构形式

图2是笔者曾经设计过的一台换热器,型号为 AJU1100-4.0/4.0-490-6/19-4 I,折流板采用双弓形结构(为叙述方便,含一块称 I 型,含两块称 II 型),折流板间距 456 mm,最后一块折流板到直管段与弯管部位相交处(即图1所示 B)距离为 110 mm。换热管外径为 19 mm,材质为 10 号钢,弯曲平面位于水平面。按表1最大无支撑跨距为 1500 mm。如果最后一块折流板采用 I 型,根据切口位置(从中心数第 13 排,换热管弯曲半径 375 mm),可以计算出最大无支撑跨距为 2×375 + 2×(456 + 110) = 1882(mm),大于标准规定的 1500 mm。如果弯管部位不加支撑,必须改变最后一块折流板结构。

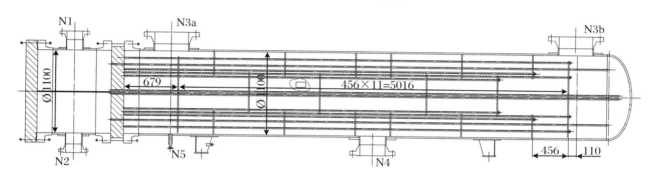

图 2 AJU 型换热器(双弓形折流板)

满足最大无支撑跨距的 A = 1500 - 2×(456 + 110) = 368(mm)。为此,作者采用整圆布管,在上部开矩形口,既满足了介质流通面积要求,也符合标准最大无支撑跨距限定,按本设计得到的最终无支撑跨距值为 350 + 2×(456 + 110) = 1482(mm)。图3为最后定稿的折流板图纸。为保证两端介质进口的平衡,第一块折流板和最后一块完全一致。

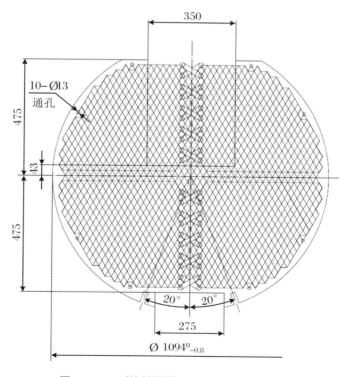

图 3 AJU 型换热器最后一块折流板结构图

4 尾部支撑

当上述方案因各种原因无法实施时，只能在弯管部位加装支撑来解决。

董玉群[7]提出了两种支撑设计：圆钢隔离法和支撑板法。圆钢隔离法不足之处是制造成本高，换热管长度不好定尺寸；支撑板法加工制造繁琐，精度要求高。

张静等[8]除介绍上述结构外，还介绍了其他几种设计方案，但设计、制造难度均较大。

Edward[9]发明了用带有多个等径圆弧的杆，相互隔开换热管的结构，可实现弯管部位支撑。但用一定直径的杆，来弯曲一致的等径圆弧困难不小，安装时也不好定位。

Gentry[10]发明了用杆隔离换热管结构，类似于管壳式热交换器中的折流杆布置，可实现对正方形和正三角形布管的弯管部位支撑。总体来讲，耗料较多，制造复杂，制造成本相对较高。

为了改进现有技术不足，笔者发明了适于正三角形、正方形布管的弯管部位通用支撑装置[11]，具有较好的经济性、可靠性、先进性，如图4、图5所示。

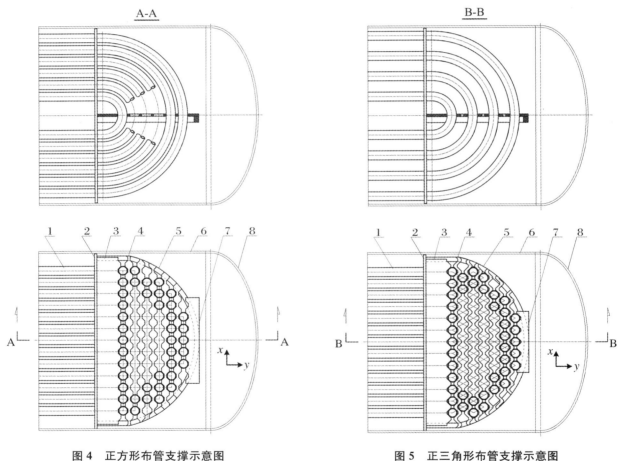

图4 正方形布管支撑示意图
1. U形管束；2. 支持尾板；3. 内端隔板；4. V型隔板；
5. 腰带板；6. 筒体；7. 外端隔板；8. 封头

图5 正三角形布管支撑示意图
1. U形管束；2. 支持尾板；3. 内端隔板；4. V型隔板；
5. 腰带板；6. 筒体；7. 外端隔板；8. 封头

U形管束弯管部位通用支撑装置，主要包括U形管束、支持尾板、内端隔板、V型隔板、腰带板、筒体、外端隔板、封头等组成。其特征在于U形管束各个换热管被内端隔板、V形隔板、外端隔板限位；而内端隔板、V形隔板、外端隔板又分别与支持尾板、腰带板焊接，形成稳定的框架结构，防止U形管束在 x 和 y 方向上的移动，起到对换热管相互隔离和限位的作用。

隔板选用板料厚度一般应大于或等于U形管束折流板（支持板）的厚度。根据换热管布管形式，分别选用适于正方形或正三角形布管的内端隔板、V型隔板、外端隔板。

本发明具有如下优点:每根换热管采用 2 个 V 型槽对夹,不存在间隙,且有 4 点定位,完全限制了换热管在 x 和 y 方向上的移动,而其他的发明明显存在间隙,定位点又少,不易完全约束换热管移动;V 形隔板槽开口角采用 90°设计,且上下底边相等,不存在废料,特别对贵重材料,经济性好;对于换热管中心距为管外径 1.25 倍的标准布管,如先期制造出内端隔板、V 形隔板、外端隔板,可以大幅减少装配时间。短 V 形隔板可以拼接成长的,这使得材料利用率几乎可达到 100%。

建议各类隔板水刀或线切割加工,加工精度高,可保证对管束的可靠支撑。

5 结论

为降低设计、制造难度,大型 U 形管式热交换器应尽量采用其他措施解决振动问题,如工艺措施中的增加换热管外径,串、并联等方案;还有结构设计中的合理调整 $A+B+C$ 之和、窗口不布管、改变最后一块折流板结构等。

不得已采用弯曲部位支撑方案时,可参照文中介绍的具有工程实践的处理方法解决。

参 考 文 献

[1] 中华人民共和国国家质量监督检验检疫总局,中国国家标准化管理委员会.热交换器:GB/T 151—2014[S].北京:中国标准出版社,2015.
[2] 朱聘冠.换热器原理及计算[M].北京:清华大学出版社,1987.
[3] 王金光.大型高温高压螺纹锁紧环式双壳程换热器的设计[J].压力容器,2002,19(4):8-10.
[4] 尤培兄.高压 U 形管式换热器的设计[J].石油和化工设备,2016,19(6):10-13.
[5] 刘晓凤,高春华,胡文波.ASME 高压 U 形管换热器管束的设计[J].炼油与化工,2010,21(5):21-23.
[6] 李春会,刘德时.按 ASMEⅧ-1 规范设计高压 U 形管换热器[J].一重技术,2013(4):26-29.
[7] 董玉群.U 形管换热器尾部支撑结构的应用[J].石油化工设计,2009,26(1):53-54.
[8] 张静,王荣贵,冯磊.U 形换热器尾部防振结构的设计[J].化肥设计,2013,51(6):18-21,24.
[9] Edward V,Carpenter S J. Heat exchanger tube anti-vibration structure:US3199582[P].1965-08-10.
[10] Gentry C C. Heat exchanger U-bend tube support:US5005637[P].1991-04-09.
[11] 王玉,任文远,孙志涛,等.U 形管束弯管部位通用支撑装置:201510318099.4[P].2016-09-14.

作 者 简 介

王玉(1960—),男,汉族,教授级高级工程师,主要从事压力容器设计与管理。通信地址:沈阳市浑南区浑南东路 49-29 号。E-mail:wangyu_yby@126.com。

换热器管束流体诱导振动破坏研究[①]

周浩楠[1,2]　**潘建华**[1,2]

（1. 合肥工业大学工业与装备技术研究院，合肥 230009；2. 合肥工业大学航空结构件成形制造与装备安徽省重点实验室，合肥 230009）

摘要：某管壳式换热器在使用过程中出现管束泄漏和断裂。通过对管材样品的化学成分分析、金相组织分析、室温拉伸实验、形貌观察等方式研究了该型号换热器失效的原因。另外，根据该换热器的设计工况，针对其换热管振动时漩涡脱落、湍流抖振和流体弹性不稳定性的机理，对换热管振动做了详细的分析。结果表明：管材的化学成分和机械性能符合相关标准。同时对振动机理的研究发现：该换热器的工况处在流体弹性不稳定区域，流体弹性不稳定性使管束发生振动，在交变应力的作用下使管束发生疲劳破坏。同时对于 3 种不同类型的挡板进行了研究，以确定它们的数量如何影响流体的横流速度，提出了防止管壳式换热器管束振动的建议。

关键词：交变应力；湍流抖振；流体弹性不稳定性

Fluid Induced Vibration Failure of Tube Bundle of Heat Exchanger

Zhou Haonan[1,2], **Pan Jianhua**[1,2]

（1. Institute of Industry & Equipment Technology, Hefei University of Technology, Hefei 230009；2. Anhui Province Key Lab of Aerospace Structural Parts Forming Technology and Equipment, Hefei University of Technology, Hefei 230009）

Abstract：The tube bundle leakage and fracture occurred in the use of a heat exchanger. The failure reason of this type of heat exchanger was studied by chemical composition analysis, metallographic structure analysis, tensile test at room temperature, morphology observation. Besides, according to the heat exchanger's design condition, the heat exchange tube's vibration is analyzed in detail given the mechanism of vortex shedding, turbulent chattering, and fluid elastic instability. The results show that the chemical composition and mechanical properties of the pipes meet the relevant standards. Simultaneously, the vibration mechanism study shows that the heat exchanger's working condition is in the region of fluid elastic instability, and the fluid elastic instability causes vibration of the tube bundle. Fatigue damage of the tube bundle occurs under the action of alternating stress. Three different types of baffles are also studied to determine how their number affects the fluid's cross-flow velocity. Suggestions to prevent vibration of tube bundle of shell and tube heat exchanger are put forward.

Keywords：alternating stress；turbulent chattering；fluid elastic instability

1 引言

管壳式换热器因其结构简单、传热面积大、能承受高压和高温，操作管理方便，又具有高度的可靠性与广泛的适应性，在化工、石油化工、动力及核能等工业中得到普遍的应用。但是随着流速的提高和换热器尺

---

① 项目名称：中央高校基本科研业务费专项资金资助（项目编号：JZ2020YYPY0106）。

寸大型化的发展,使得换热器振动与破坏的事故越来越多。[1-2]流体诱发振动机理主要有涡旋脱落、紊流抖振、流体弹性不稳定性和声共振。因此人们这方面做了很多工作,取得了一些成果。[3-4]

换热管是换热器中最容易发生失效的部位。跨距大的换热管或壳程流速高的区域的换热管在长时间的连续振动下会造成破坏。[5]另外在腐蚀和振动的联合作用下,使得在管板孔处、折流板管孔处和U形弯管部位的换热管因不断反复振动摩擦致疲劳而断裂[6],造成换热器内漏而局部失效甚至整体报废。因此,探究流体诱导管束振动具有重大意义。换热器结构简图如图1所示。换热器设计参数见表1。

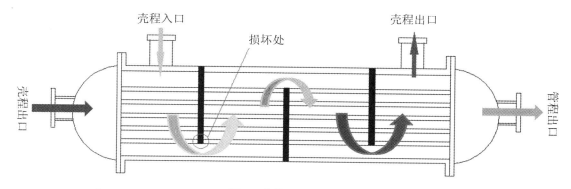

图1 换热器结构简图

表1 换热器设计参数

名称	单位	参数
换热管外径	mm	25
换热管壁厚	mm	2.5
换热管根数	根	5267
换热管间距	mm	32
换热管材质		00Cr19Ni10
换热管跨数		3
折流板厚度	mm	24
折流板间距	mm	1910
换热管排列方式		正三角形
壳程介质		冷却水
管程介质		工艺介质

目前在已发表的类似文献中多是从裂隙腐蚀[7]、热疲劳腐蚀[8]、点蚀[9]、应力腐蚀开裂[10](SCC)等方面探究失效的机理。但是实验及相关数据表明流体引起的换热管振动也是造成换热器疲劳失效的重要原因。为此国内外出台了很多标准,TEMA标准[11]、ASME锅炉压力容器规范[12]及GB/T 151—2014标准[13]是最常见的3种标准。本文以某厂管壳式换热器为研究对象,采用目视检验、化学分析、金相和断口研究,初步确定换热器失效的原因。随后对其振动机理进行了系统的分析研究。最终发现流体弹性不稳定性是造成换热器在短时间内失效的主要原因。某石油化工厂在试车时发生了严重的换热管泄漏,多根换热管断裂,从壳程出口进入设备检查发现,折流板上表面处整排换热管均有损伤,断管处管板孔没有倒角,边缘比较锋利。

2 实验和结果

2.1 化学成分

对管材进行取样进行化学成分分析,分析结果见表2。根据《钢的成品化学成分允许偏差》(GB/T 222—2006)中规定:对碳元素含量在0.010～0.030 wt%范围内的不锈钢,4次取样碳含量值均不超过0.030,都满足《锅炉、热交换器用不锈钢无缝钢管》(GB 13296—2007)标准对00Cr19Ni10的碳含量的要求。

表2 换热管化学成分(wt%)

取样编号	C	Si	Mn	P	S	Cr	Ni
1	0.030	0.382	0.85	0.035	0.0009	18.38	8.14
2	0.028	0.390	0.83	0.031	0.0057	18.12	8.26
3	0.029	0.385	0.86	0.037	0.0062	18.27	8.17
4	0.027	0.387	0.86	0.036	0.0009	18.48	8.12
GB 13296—2007 00Cr19Ni10	≤0.030	≤1.00	≤2.00	≤0.035	≤0.030	8.00～12.00	18.00～20.00

2.2 金相观察

对管材取样,分析纵截面显微组织。图2给出了换热管横截面显微组织照片。由图可见,换热管纵向显微组织为形变奥氏体和长条状分布的a铁素体。

图2 换热管纵截面显微组织(400×)

2.3 室温拉伸试验

从换热管截取全管段试样2件,进行室温拉伸试验,其结果见表3。由表可见,所取样换热管材质的屈服强度为270 MPa,抗拉强度为620 MPa,断后伸长率为64.0%,室温拉伸性能满足《锅炉、热交换器用不锈钢无缝钢管》(GB 13296—2007)中对00Cr19Ni10材质无缝钢管的室温拉伸性能要求。

表3 换热管室温拉伸试验结果

试样编号	$R_{p0.2}$(MPa)	R_m(MPa)	$A_{5.65}$(%)
SL-1	270	615	64.0
SL-2	275	620	64.5
平均值	270	620	64.0
GB 13296—2007 00Cr19Ni10	≥175	≥480	≥35.0

2.4 形貌观察

图3给出了换热管断口宏观照片。由图可见,断口平齐,约1/2周长有摩擦挤压的痕迹,且在外壁靠近断口的部位色泽白亮。

图3 换热管断口宏观照片

图4给出了换热管断口微观形貌照片。由图可见,断口具有典型疲劳贝纹线征,大都呈平行分布,沿着换热管周向扩展,根据图4中微观观察可见,疲劳辉纹间距为0.1～1 mm,该疲劳辉纹扩展较快。

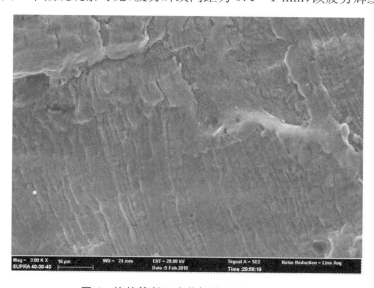

图4 换热管断口疲劳辉纹形貌(3000×)

3 振动机理

3.1 旋涡激振

由于卡曼涡街现象的存在,在管子背面两侧产生周期性的反对称漩涡尾流,尾流的交替产生与脱落产生于流向的激振力,当脱落的频率接近换热管的固有频率时,将会引起管束机械性的共振现象。涡旋脱落频率可以通过无量纲参数斯特劳哈尔数来表征,并且与横向流速有关:

$$f_s = S_t \frac{V}{d_o} \tag{1}$$

3.2 湍流激振

湍流流体与管子表面进行接触,流体中一部分动量转换为脉动压力,当湍流脉动的主频率与管子的抖动频率在一定的区间范围内时,管子就会发生抖振现象。管子在随机脉动力的作用下,随机振动。管子振幅较小,因此不会在短时间内遭到破坏。湍流激振主频率多采用经验公式计算:

$$f_t = \frac{V d_0}{LT} \left[3.05 \left(1 - \frac{d_0}{T} \right)^2 + 0.28 \right] \tag{2}$$

3.3 流体弹性不稳定性

流体弹性不稳定性会造成换热管振幅大幅度增加,使得管子在短时间内发生疲劳破坏。流体弹性不稳定性主要取决于临界横流速度。换热器振动计算结果见表4。管束发生流体弹性不稳定时的临界横流速度V_c按下式计算:

$$V_c = K_c f_n d_o \delta_s^b \tag{3}$$

表4 换热管振动计算结果

振动模式	位置	计算参数	计算值	标准值	结果
涡旋脱落	进口	f_{v1}/f_n	0.473	<0.5	否
	折流板	f_{v3}/f_n	0.498	<0.5	否
湍流抖振	进口	f_{t1}/f_n	0.786	<0.5	是
	折流板	f_{t3}/f_n	0.748	<0.5	是
流体弹性不稳定性	进口	V_1/V_c	2.244	<1	是
	折流板	V_2/V_c	2.136	<1	是

3.4 换热管微动磨损损坏评估

流体力引起的管束振动会导致换热管与折流板发生摩擦磨损,可以使用以下修改的Archard方程估算微动磨损:

$$W_N = 16\pi^3 f^3 m l y_{max}^2 \zeta \tag{4}$$

式中,W_N是正常的工作速率;m是每单位长度管的总质量;y_{max}和f分别是最差模式下管的最大均方振动幅度和固有频率。给定区域的最差模式被定义为具有正常工作率项最高值的振动模式。ζ是阻尼比。

微动磨损率计算:

$$V = K_{FW} W_N \tag{5}$$

式中，V 为体积微动磨损率；K_{FW} 是微动磨损系数。工作速率是管和支撑之间动态相互作用中可用的机械能，是预测微动磨损的适当参数。可以通过对在其支撑内振动的多跨换热器管进行非线性时域模拟来计算工作率。

磨损深度计算：

$$d_w = \frac{2T_s V}{\pi d l} \tag{6}$$

式中，d_w 是磨损深度；T_s 是微动磨损连续发生总时间；V 是体积微动磨损率；d 是换热管外径；l 是换热管长度。经计算得，$T_s = 5.98$ 年。

由表 4 可以看出，在当前工况下，湍流抖振和流体弹性不稳定性均有可能引起换热管的失效。但是对于两者具体是哪一种机理占据主要因素尚不明确，因此本文接下来做了换热管的微动磨损评估以确定具体的失效机理。另外从表 4 中可以看出，无论是涡旋脱落、湍流抖振，还是流体弹性不稳定性，在失效的危险系数方面均是：进口处大于折流板处。这也与观测到的换热管失效位置相同（换热器的入口处和折流板缺口处均出现了换热管的泄漏）。这与 3 个位置处的横流速度有关。

4　讨论

4.1　案例失效原因分析

因为换热器内部结构复杂，工作环境比较严苛。换热器有可能发生多种形式的失效。在过往的案例中对于换热器失效原因的探究中，研究者更喜欢从应力腐蚀（SCC）、点蚀、晶间腐蚀和热疲劳等方面进行分析。

本文通过对失效样品进行化学分析发现：样本中各种元素含量符合标准。室温拉伸实验表明失效样本能满足 00Cr19Ni10 材质无缝钢管的室温拉伸性能要求。

金相检验结果表明失效样本的微观结构是正常的。换热管断口宏观照片显示断口平齐，约 1/2 周长有摩擦挤压的痕迹，且在外壁靠近断口的部位色泽白亮。说明换热管与折流板发生了剪切作用。换热管断口微观形貌照片显示断口具有典型疲劳贝纹线征，大都呈平行分布，沿着换热管周向扩展，并且疲劳辉纹扩展速率较快。这是疲劳失效的典型证据。所以判定换热器在流体力的作用下发生了振动破坏。但是对于振动的机理并不明确。旋涡激振、湍流激振和流体弹性不稳定性是流体诱发换热器管束振动的三大机理。笔者分别对其进行了分析研究。

对换热器振动机理进行研究发现：换热器管束有可能发生湍流激振和流体弹性不稳定性。但是经过微动磨损分析后发现湍流激振引起的管束振动导致冷凝器疲劳破坏需要 5.98 年，而实际上该管壳式换热器在试车的时候就发生了破坏，所以湍流激振引起的微动磨损并不是造成换热器短期内破坏的原因。因此，导致该换热器管束疲劳破坏的主要原因是流体弹性不稳定性。

4.2　防振措施研究

采用 HTRI 软件对影响换热管振动的结构参数进行分析，并且得到一些结果。

从图 5 可以看出，管壳式换热器中的折流板间距对换热管的固有频率有很大影响，随着折流板间距的减小（折流板数目增加），换热管的固有频率逐渐增大。因为当壳程流体产生的湍流抖振主频率或者是旋涡脱落频率与换热管的固有频率一致时就会使换热管振动失效，所以换热管固有频率对流体诱导管束振动有直接的影响。

从图 6 可以看出，无论是单弓形折流板、双弓形折流板，还是 NTIW 型折流板，随着折流板数量的增多（管跨距的减小）横流速度逐渐增大。但是不同类型的折流板对横流速度的影响不同。在相同的折流板数目下，用双弓形折流板代替单弓形折流板将使横流速度大约降低 40%。总体来说，双弓形折流板的横流速度最低，NTIW 型折流板次之，单弓形折流板的换热器横流速度最高。

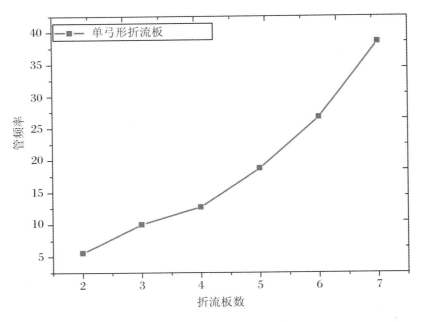

图 5 折流板数量与管频率

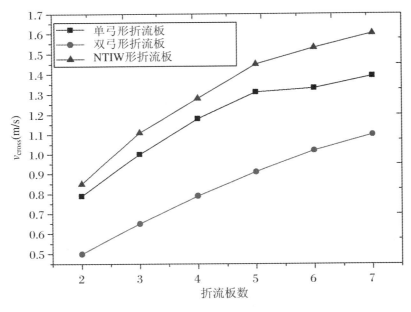

图 6 折流板数量与横流速度

从图 7 可以看出,折流板数量对临界流速和横流速度均有较大影响。折流板数量增加导致换热管跨距减小,临界流速和横流速度均出现增长。但是两者的增长幅度不同,临界流速的增长幅度明显大于横流速度的增长幅度。当临界流速大于横流速度时就可以避免流体弹性不稳定性的发生。从而避免换热管因振动失效。

从图 8 可以看出,入口和出口连接管的大小对横流速度有很大影响。随着入口和出口连接管尺寸的增大,横流速度迅速减小。但是,入口和出口的连接管的大小不能尽可能大。最好的方法是根据换热器的设计标准来选择它的尺寸。

综上所述,提高换热管的固有频率和降低壳程流速可以防止流体诱导管束振动的发生。适当缩短换热管跨距和加强对换热管的支撑是避免管束振动的最有效的措施。

基于基于上述讨论结果和换热器的失效原因,可以采取以下措施将失效的风险降至最低:

(1)缩短换热管的跨度,提高换热管的固有频率。

（2）采用双弓挡板代替单弓挡板，以降低横流流速。

（3）增大入口和出口连接管的尺寸，以降低入口和出口处的横流速度。

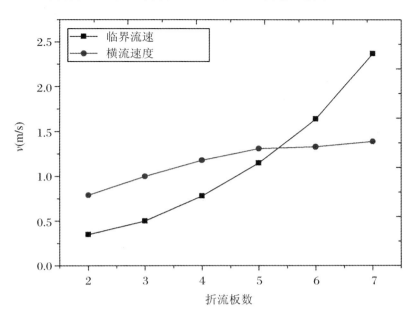

图7　折流板数量对临界流速和横流速度的影响

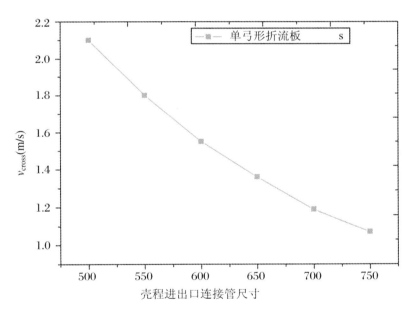

图8　壳程进出口连接管尺寸对横流速度的影响

5　结论

通过对换热器管束的检测我们发现管材的化学成分和机械性能符合相关国家标准；样品断口处出现大量的疲劳贝纹线呈平行分布，沿着换热管周向扩展。这说明管束周期性振动导致疲劳破坏的发生，经理论计算发现该换热器的工况处在流体弹性不稳定区域，所以流体弹性不稳定性是导致管束振动的重要原因。因此我们得出结论：在当前工况下，换热器管束在流体周期力的作用下使得换热器管束发生疲劳破坏。同时提出适当缩短换热管跨距和加强对换热管的支撑以避免换热管振动失效。这项研究为换热器设计制造提供了宝贵的经验，以防止再次发生类似的工业事故。

参 考 文 献

［1］ Chen S S. Flow-induced vibration of circular cylindrical structures［J］. Research Supported by AEC,ERDA and DOE,1987(63):47-56.

［2］ 聂清德.压力容器技术进展［J］.压力容器,1986(6):83-86.

［3］ Pettigrew M J,Taylor C E. Vibration analysis of shell-and-tube heat exchangers:an overview—Part 1:flow, damping, fluidelastic instability［J］. Journal of Fluids & Structures, 2004, 18(5): 469-483.

［4］ Pettigrew M J,Taylor C E. Vibration analysis of shell-and-tube heat exchangers:an overview—Part 2:vibration response, fretting-wear, guidelines［J］. Journal of Fluids & Structures, 2004, 18(5):485-500.

［5］ Cao X,Du W J,Cheng L. Analysis on flow and heat transfer performance and entropy generation of heat exchanger with continuous helical baffles［J］. CIESC Journal,2012,63(8):2375-2378.

［6］ Jin Z H,Jin W,Wang W J. Application of vibration analysis in the design of tubular heat exchangers［J］.Journal of Shenyang Institute of Chemical Technology,2001,15(1):57-60.

［7］ Corleto C R,Argade G R. Failure Analysis of Dissimilar Weld in Heat Exchanger［J］.Case Studies in Engineering Failure Analysis,2017(9):36.

［8］ Usman A,Khan A N. Failure analysis of heat exchanger tubes［J］.Engineering Failure Analysis, 2008,15(1):118-128.

［9］ Hu S M,Wang S H,Yang Z G. Failure analysis on unexpected wall thinning of heat-exchange tubes in ammonia evaporators［J］.Case Studies in Engineering Failure Analysis,2015(3):52-61.

［10］ Xu S,Wang C,Wang W. Failure analysis of stress corrosion cracking in heat exchanger tubes during start-up operation［J］.Engineering Failure Analysis,2015(51):1-8.

［11］ Standards of TEMA［S］.9th ed.2007.

［12］ 1998 & 2010 ASME Boiler and Pressure Vessel Code,An International Code,Section Ⅲ,Division 1-Appendices,Rules For Construction of Nuclear Power Plant Components.

［13］ 中华人民共和国国家质量监督检验检疫总局,中国国家标准化管理委员会.热交换器:GB/T 151—2014［S］.北京:中国标准出版社,2015.

作 者 简 介 ●

周浩楠(1994—),男,硕士,研究方向为压力容器疲劳分析。通讯地址:安徽省合肥市屯溪路 193 号。E-mail:13156500381@163.com。

获取固定管板换热器管板一次弯曲应力的一种方法及其应用

高炳军　张祥杨　余雏麟　董俊华

（河北工业大学化工学院,天津 300130）

摘要:利用载荷分解施加,提出一种构建固定管板换热器管板一次结构、获取一次弯曲应力的方法,一次结构中可保留筒体对管板转动的有利多余约束。以一台甲醇合成塔为例,结合非一次结构法设计存在的问题,利用所提出的方法进行了有限元设计计算。计算表明,该方法给出的许用载荷与极限载荷分析法给出的许用载荷相当,方法可行。值得注意的是,如果应力评定线位于管板的换热管管孔,应充分考虑换热管与管板孔共节点简化对计算结果的影响,一般可乘以一个合适的应力强度增大系数。

关键词:固定管板换热器;管板;分析设计;一次弯曲应力;有限元

A Method to Obtain Tube-sheet Primary Bending Stress of Fixed Tube-sheet Heat Exchanger and Its Application

Gao Bingjun, Zhang Xiangyang, Yu Chulin, Dong Junhua

（School of Chemical engineering, Hebei University of Technology, Tianjin 300130）

Abstract:With the aid of applying decomposed loads, a method is suggested to construct primary structure and obtain the primary bending stress for the tube-sheet of fixed tube-sheet heat exchanger. The favorable redundant rotation constraint of the cylinder to the tube-sheet can be remained in the primary structure. Taking a methyl alcohol synthetic reactor as example, the mentioned method is used in the FEA to solve the problem without primary structure analysis. It is founded that the allowable load yielded by the mentioned method is comparative to that by direct limit load analysis, which indicates the feasibility of the mentioned method. It should be noted that the conode simplication of the tube and the tube hole are generally non-conservative. If the stress intensity evaluation line is located on the tube hole, a suitable stress intensity enlargement factor should be employed.

Keywords:fixed tube-sheet heat exchanger; tube-sheet; design by analysis; primary bending stress; finite element method

1　引言

固定管板换热器在介质压力作用下,管板最大应力经常出现在管板与壳程或管程筒体相连接的非布管区以及紧邻非布管区的布管区。然而利用应力分类法对该区域进行应力分类时,却存在无法获取一次弯曲应力的问题。如果把这些位置的薄膜加弯曲应力都归属为一次弯曲应力,则会出现应力强度校核不能通过的现象。

陆明万等[1-2]早在 1996 年就提出了一次结构法用于解决此类问题,认为结构的约束分为基本约束与多余约束,多余约束分为有利的和不利的。可利用基本约束与有利的多余约束构建一次结构,获取结构的一次弯曲应力。

桑茹苞等[3-5]系统地阐述了固定管板式换热器管板一次弯曲应力的计算方法,认为管束对管板的支撑是基本约束,其他构件对管板转动约束或所有约束是多余的不利约束。周耀等[6]、陈孙艺[7]基于这种方法实现了薄管板的分析设计。

实际上,对管板的轴向约束而言,无论是管束还是壳程(及管程)筒体,对管板的约束都是基本约束。对管板的转动约束而言,由于换热管的刚度有限,对管板的转动约束有限,设计计算时一般予以忽略。壳程(及管程)筒体对管板转动的约束程度取决于筒体与管板的厚度比,厚度比越大,约束作用越大。从横向均布载荷作用下圆平板的应力状况看,周边筒体对圆平板的转动约束有利于降低圆平板中心的弯曲应力,但会提高圆平板边缘的弯曲应力。因此从支撑角度而言,筒体等构件对管板转动的约束是有利的多余约束,在一次结构法中是可以予以保留的。那么该位置不利的多余约束是什么呢?无论是壳程筒体还是管程筒体(管板与管程筒体焊接时),内压作用下筒体的径向变形会受到管板的约束,变形协调过程中会产生边缘应力,是二次应力,显然这种约束是多余的。然而分析计算中尤其是有限元分析计算中保留筒体对管板有利的轴向及转动约束,去掉不利的径向位移约束是很难做到的。笔者[8-9]曾提出利用叠加原理的方法解决此类问题,即将载荷依次施加在结构的不同部位,使结构在某个方向的约束作用的影响降至最低,近似获取结构的一次弯曲应力。计算表明,这一方法对平板封头、壳体接管等得到的结构承载能力与极限载荷法得到的承载能力吻合,是可行的。为此,笔者以某甲醇合成塔为例,探讨这种方法在固定管板换热器管板设计计算中的适用性。

2 甲醇合成塔参数、管板有限元分析及应力强度评定存在的问题

2.1 甲醇合成塔的设计参数及材料性能参数

甲醇合成塔为立式固定管板换热器,管板锻件与壳程筒体及管程筒体焊接。管板管程侧及管箱筒体与球形封头内侧堆焊镍基合金625。甲醇合成塔的设计参数见表1。材料性能见表2与表3。

表1 主要设计参数

设计规范	GB/T 151—2014
内径(mm)	4000
管程/壳程设计压力(MPa)	9.6/5.5
管程/壳程设计温度(℃)	280/275
管/壳程数	1/1
换热管温度(℃)	251.29
管程/壳程碳钢腐蚀裕量(mm)	3/3
管程筒体、封头材料	14Cr1MoR
壳程筒体材料	20MnMoNi55
壳程接管材料	20MnMo 锻件
管板材料	14Cr1Mo 锻件
换热管材料	S22053
换热管外径×壁厚×长度(mm×mm×mm)	44×2×9000
换热管根数	4759

表2 材料性能

部件	材料	温度(℃)	Sm(MPa)	密度(kg/m³)
换热管	S22053	280	235.8	7930
管板	14Cr1Mo 锻件	280	149.4	7850
管程筒体	14Cr1MoR	280	151	7850
壳程筒体	20MnMoNi55	275	189	7850
壳程接管	20MnMo 锻件	275	192.4	7850

表3 不同温度下的材料性能

温度(℃)	弹性模量(×10³ MPa)		
	低铬钼钢	奥氏体铁素体双相钢	锰钼钢、镍钢
150	197	190	193
200	193	186	190
250	190	183	187
300	186	180	183

2.2 有限元模型

2.2.1 模型简化与网格剖分

根据结构的对称性,选择结构的 1/12 建模,模型中忽略了封头接管、远离管板的壳程筒体上的接管、堆焊层。有限元建模中管板壳程侧考虑了 3 mm 的腐蚀裕量,壳程筒体及壳程接管考虑了 3 mm 的腐蚀裕量,钢板负偏差取为 0.3 mm。

管板及管板内换热管采用实体(SOLID185)建模,管板之外换热管采用壳单元(SHELL181)建模,有限元模型如图 1 所示。共剖分实体单元 1148334 个,壳单元 1145040 个。

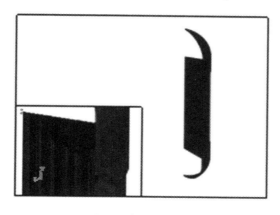

图 1 有限元模型

2.2.2 位移边界条件

模型 0°位置和 30°位置施加对称约束,壳程筒体的耳座支撑位置施加轴向约束,约束情况如图 2 所示。

2.2.3 温度边界条件

实体建模部分(除管板外换热管)进行传热计算,管板及实体换热管与管程介质接触的表面、管程筒体内表面均施加温度 251.29 ℃,管板与壳程介质接触的表面、壳程筒体与接管内表面均施加 248 ℃,热分析时采用 Solid 70 单元。

热应力分析时,实体单元的温度通过热分析的结果文件读入,管板外换热管温度直接施加 251.29 ℃。位移约束如图 2 所示,温度载荷如图 3 所示。

图 2　位移约束　　　　　　　　　　　　　图 3　温度载荷

2.2.4　机械载荷边界条件

管板及换热管与管程介质接触的表面、管程筒体内表面均施加管程压力 9.6 MPa,管程压力施加情况如图 4(a)所示。管板及换热管与壳程介质接触的表面、壳程筒体与接管内表面均施加壳程压力 5.5 MPa,接管端面施加轴向平衡载荷,壳程载荷施加情况如图 4(b)所示。接管端部面载荷按下式计算:

$$P_c = \frac{P_s}{K^2 - 1} \tag{1}$$

式中,K 为接管的径比。

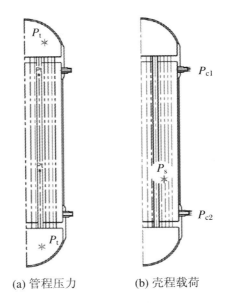

(a) 管程压力　　　　　(b) 壳程载荷

图 4　压力载荷

2.2.5 分析计算工况

分析计算工况见表4。

表4 工况及计算条件

工况	壳程设计压力（P_s）	管程设计压力（P_t）	温度载荷
LS11	×	√	×
LS12	×	√	√
LS13	√	×	×
LS14	√	×	√
LS15	√	√	×
LS16	√	√	√

2.3 有限元分析结果及应力强度评定存在的问题

LS11工况结构应力强度云图如图5（a）～（c）所示。最大应力强度值（383.576 MPa）发生在管程筒体与上管板非布管区连接处。管板布管区最大应力强度值（305.089 MPa）发生在外围换热管与管板连接位置。对图6设定的路径，应力强度评定结果见表5。可见对于路径4，如果把薄膜加弯曲应力规定为一次应力，不能满足应力强度评定条件。其他工况的计算结果应力强度评定均满足要求，详情忽略。

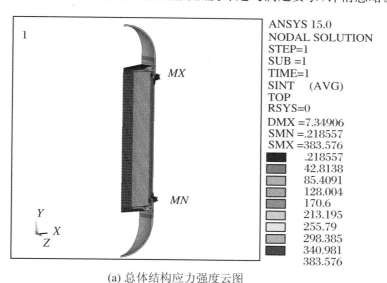

(a) 总体结构应力强度云图

图5 LS11分析计算结果

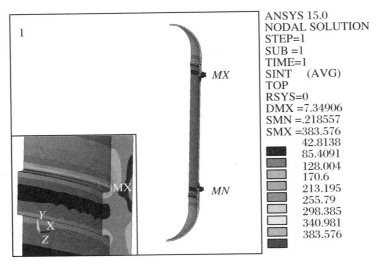

(b) 除管板布管区外结构的应力强度云图

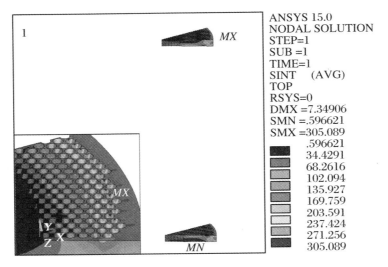

(c) 管板布管区应力强度云图

图 5　LS11 分析计算结果(续)

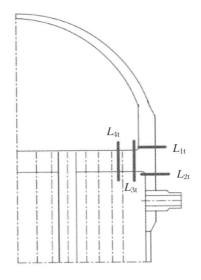

图 6　应力强度评定路径示意图

表 5　LS11 工况应力强度评定结果

路径位置	应力强度类型	应力强度计算值(MPa)	应力强度允许值(MPa)
L_{1t}	S_{III}	212.0	$1.5S_m = 224.1$
L_{2t}	S_{III}	131.5	$1.5S_m = 224.1$
L_{3t}	S_{III}	107.2	$1.5S_m = 224.1$
L_{4t}	S_{III}	307.2	$1.5S_m = 224.1$

3　利用载荷分解施加法分离结构中的一次弯曲应力

3.1　利用载荷分解施加法构建一次结构以及 S_{III} 与 S_{IV} 的计算

由于压力容器分析设计是根据弹性计算结果依据塑性失效准则进行评定的设计方法,对于大部分压力容器构件,进行弹性小变形计算是可行的,那么叠加原理是适用的,即载荷的施加顺序不会影响计算结果。

首先将管程压力仅施加在管板及换热管与管程介质接触的表面上,但不施加在管箱筒体及封头的内表面上。这样管箱筒体就不会产生由于内压引起的径向位移,就不会产生与管板沿径向变形协调造成的边缘应力,近似等效地解除了径向位移约束。但筒体对管板转动的有利约束得以保留。因此,此时提取相关路径中的弯曲应力即为结构的一次弯曲应力。

将壳程压力施加在介质接触的所有表面,即管板、换热管以及管程筒体与封头内表面均施加管程压力,提取该路径上的一次薄膜应力,并与前面所提取出的一次弯曲应力进行叠加,进而确定 $P_L + P_b$,应力强度值即可作为 S_{III}。壳程压力施加在介质接触的所有表面,所得到该路径上的薄膜应力加弯曲应力则可计入 $P_L + P_b + Q$,应力强度值可作为 S_{IV}。对图 6 设定的路径,应力强度评定结果见表 6。

表 6　应力强度评定结果

路径位置	应力强度类型	应力强度计算值(MPa)	应力强度允许值(MPa)
L_{1t}	S_{III}	67.99	$1.5S_m = 224.1$
	S_{IV}	212.0	$3S_m = 448.2$
L_{2t}	S_{III}	98.76	$1.5S_m = 224.1$
	S_{IV}	131.5	$3S_m = 448.2$
L_{3t}	S_{III}	70.78	$1.5S_m = 224.1$
	S_{IV}	107.2	$3S_m = 448.2$
L_{4t}	S_{III}	157.95	$1.5S_m = 224.1$
	S_{IV}	307.2	$3S_m = 448.2$

3.2　工况 LS11 一次结构法计算结果与应力强度评定

LS11 工况按一次结构法计算结构应力强度云图如图 7(a)~(c)所示。最大应力强度值(143.028 MPa)发生在内侧换热管的下端处,除管板布管区及换热管外结构最大应力强度值(131.297 MPa)发生在上管板与上壳程筒体连接处。管板布管区最大应力强度值(95.3001 MPa)发生在上管板的上表面。

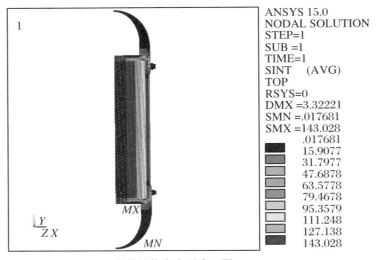

(a) 总体结构应力强度云图

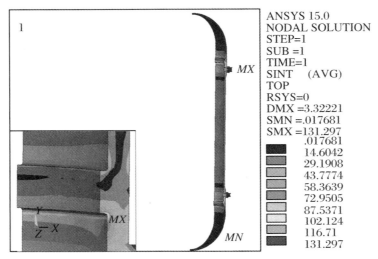

(b) 除管板布管区外结构的应力强度云图

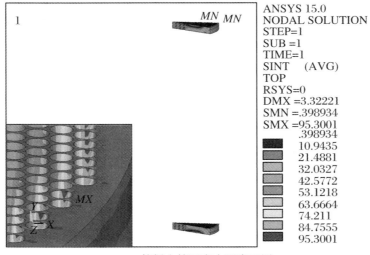

(c) 管板布管区应力强度云图

图 7　LS11 工况一次结构法分析计算结果

按 3.1 节所述方法对 4 条路径进行处理并计算,应力强度评定结果见表 6。可见结构满足强度要求。

4 分析讨论

为了说明上述方法的可行性,对 LS11 工况进行了极限载荷分析。分析采用理想弹塑性模型[10-11],对结构进行非线性有限元计算,结构的塑性变形如图 8 所示,最大塑性应变发生在紧邻管板非布管区的换热管管孔处。最大塑性应变点处载荷随塑性应变的变化曲线如图 9 所示,得到极限载荷 $P_{lim} = 18.2$ MPa。

许用载荷按式(1)计算:

$$[P] = \frac{P_{lim}}{n_s} \tag{1}$$

式中,$n_s = 1.5$,得$[P] = 12.13$ MPa。

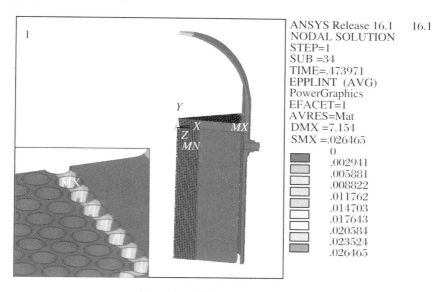

图 8 极限载荷下的塑性应变云图

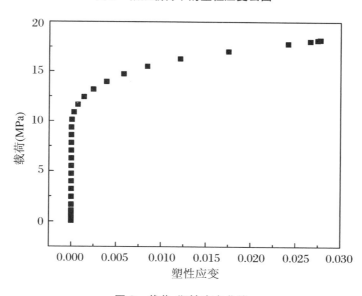

图 9 载荷-塑性应变曲线

按 3.1 节所述方法,根据表 6 应力强度评定结果,结构的许用载荷可按式(2)确定:

$$[P]_{S_{\mathrm{III}}} = \min\left(\frac{1.5S_m}{S_{\mathrm{III}}^i}\right) \times P_t = \frac{1.5S_m}{S_{\mathrm{III}}^{L_t}} \times P_t \tag{2}$$

将路径 L_{4t} 的结果代入式(2),计算得到$[P]_{S_{\mathrm{III}}} = 13.62$ MPa。

比较两者得到的许用载荷,3.1节所述方法给出的结果约大12.3%。这主要是因为该应力处理线位于管板的换热管管孔位置,而有限元建模时并未建出换热管与管板连接的真实结构。对于强度焊加贴胀的管板与换热管连接结构,有限元建模时通常将换热管的外壁与管孔内壁处理为共节点,但利用子模型建出换热管与管板的详细连接结构进行对比计算就会发现,简化计算得到的应力强度值约低15%。[12]为此根据路径 L_{4t} 得到的许用载荷应降低15%,即实际许用载荷为11.6 MPa,与极限载荷法得到的许用载荷相比是相当且偏于保守的,是可行的。

5 结 论

利用载荷的分解施加可构建固定管板式换热器管板的一次结构,得到结构的一次弯曲应力,一次结构中可保留与管板连接结构对管板转动的有利多余约束。基于该方法得到的结构许用载荷与极限载荷分析法的许用载荷相当,是可行的。

当应力强度评定路径位于管板的管孔位置时,应充分考虑管板与换热管的实际连接结构。如果计算模型将换热管与管板进行了共节点简化处理,应在简化计算结果的基础上乘以相应的应力强度增大系数。

参 考 文 献

[1] Lu M W,Li J G. Primary structure-an important concept to distinguish primary stresses[J]. Seismic Engineering,American Society of Mechanical Engineers,Pressure Vessel and Piping,1996(340): 357-363.

[2] 陆明万,陈勇,李建国.分析设计中应力分类的一次结构法[J].核动力工程,1998(4):43-51.

[3] 桑如苞."一次结构法"在薄管板换热器应力分析设计中的应用[J].石油化工设备技术,1999(1): 23-28.

[4] 杨良璀,桑如苞,周耀,等.板壳理论在压力容器强度设计中的经典应用之六:我国换热器管板计算方法在工程设计中拓展运用的回顾与展望[J].石油化工设备技术,2018,39(2):1-4,17-18.

[5] 周耀,桑如苞,夏少青,等.板壳理论在压力容器强度设计中的经典应用之一:四种换热器管板强度设计技术分析[J].石油化工设备技术,2016,37(6):4-5,19-24.

[6] 周耀,林少波,万兴,等.特殊结构柔性薄管板的工程计算方法[J].石油化工设备技术,2010,31(6):4-8,23.

[7] 陈孙艺.基于一次结构法的挠性管板强度计算新方法[J].石油化工设备技术,2016,37(5):3,6-12.

[8] 高炳军,杨国政,董俊华,等.从压力容器有限元分析结果中分解一次弯曲应力的一种方法[J].机械强度,2008(2):239-243.

[9] Gao B J,Chen X H,Shi X P,et al. An approach to derive primary bending stress from finite element analysis for pressure vessels and applications in structural design[J]. Journal of Pressure Vessel Technology,2010,132(6):1-8.

[10] 沈鋆.极限载荷分析法在压力容器分析设计中的应用[J].石油化工设备,2011,40(4):35-38.

[11] 陆明万,寿比南,杨国义.压力容器分析设计的塑性分析方法[J].压力容器,2011,28(1):33-39.

[12] 刘斌.基于子模型法大型固定管板换热器有限元分析[D].天津:河北工业大学,2018.

作者简介 ●

高炳军,男,河北工业大学教授,主要从事压力容器强度分析与结构优化教学与科研工作。通讯地址:天津市红桥区光荣道8号。E-mail:bjao@hebut.edu.cn。

不同防冲结构型式对管壳式热交换器性能影响数值模拟

杨晓楠　杨良瑾

(中国石化工程建设有限公司,北京 100101)

摘要:采用 ANSYS Fluent 对一种穿孔式防冲板结构进行了研究,并与其他 3 种型式(无防冲板、普通防冲板、防冲杆)进行对比,数值模拟时只改变壳程入口流速,其余条件不变。结果表明,采用穿孔式防冲板,换热器传热性能优于普通防冲板,略低于防冲杆结构,但穿孔式防冲板对流体的均布性更好,流体对管束的冲击作用更小,防冲效果优于防冲杆结构。因此,本文提出的穿孔式防冲板完全满足换热器的设计要求,对于换热器防冲板结构的设计可提供有益的参考。

关键词:穿孔式防冲板;管壳式热交换器;传热特性;流场特性;数值模拟

Numerical Simulation of the Influence of Different Structure Types of Impingement on the Performance of Shell-and-tube Heat Exchanger

Yang Xiaonan, Yang Liangjin

(Sinopec Engineering Incorporation, Beijing 100101)

Abstract:The structure of a perforated impingement plate is studied by using ANSYS CFX 18.0, and compared with other three types (no impingement plate, common impingement plate and impingement bar). The inlet velocity of shell side is changed, while other conditions remain unchanged. The results show that the heat transfer performance of heat exchanger with perforated impingement plate is better than that of common impingement plate and slightly lower than that of impingement bar. However, perforated impingement plate is better than impingement bar on the performance of fluid distribution and anti-punching. Therefore, the perforated impingement plate proposed in this paper fully meets the design requirements of heat exchanger, and provides necessary reference for the design of the structure of the perforated plate of heat exchanger.

Keywords:perforated impingement plate; shell-and-tube heat exchanger; heat transfer characteristics; flow field characteristics; numerical simulation

1 引言

　　管壳式热交换器具有结构简单、操作可靠、设计加工成熟等优点,在石油、化工、冶金、核能、制药等领域具有十分广泛的应用。[1-2]据统计,目前国内市场 70%左右的换热器都属于管壳式热交换器,由于其在高耗能行业中所占有的重要地位,多年以来一直是众多研究人员关注的焦点。[3]

　　管壳式热交换器属于间壁传热设备,冷热流体分别在管、壳程内流动,通过管壁进行对流传热。对于壳程内的流体,为了防止入口处流体对换热管直接冲击而造成的冲蚀和振动,同时也为了避免换热管不均匀受热而产生的热应力,通常需要在壳程入口处设置防冲结构,以起到保护换热管的作用。目前常用的防冲板结构型式主要是普通的防冲板和防冲杆结构,对于普通防冲板结构,壳程流体压力损失较大;对于防冲杆结构,壳程流体对管束的冲击较大,制造安装较复杂。基于此,笔者提出了一种新型穿孔式防冲板结构,即在普通防冲板结构的基础上开孔,既能起到均布流体的作用,又不会导致压力损失太大。

本文采用 CFD 数值分析技术,借助流体分析软件 ASNSYS Fluent,对不同防冲板结构形式下管壳式热交换器的性能进行对比,以期获得相关规律和经验,为管壳式热交换器的结构设计和优化提供相关参考。

2 材料与方法

2.1 控制方程组

换热器内部流体的流动须满足质量守恒定律、动量守恒定律和能量守恒定律。控制方程就是这些守恒定律的数学描述,包括以下 3 个方程[4-5]:

(1) 连续性方程

$$\frac{\partial u}{\partial x} + \frac{\partial v}{\partial y} + \frac{\partial w}{\partial z} = 0 \tag{1}$$

式中,u,v,w 分别为流体在 X 向、Y 向和 Z 向的速度分量;x,y,z 分别为流体在 X 向、Y 向和 Z 向的坐标值。

(2) 动量方程

$$\frac{\partial(\rho u)}{\partial t} + \mathrm{div}(\rho uU) = \mathrm{div}(\mu \,\mathrm{grad} u) - \frac{\partial P}{\partial x} + S_u \tag{2}$$

$$\frac{\partial(\rho v)}{\partial t} + \mathrm{div}(\rho vU) = \mathrm{div}(\mu \,\mathrm{grad} v) - \frac{\partial P}{\partial y} + S_v \tag{3}$$

$$\frac{\partial(\rho w)}{\partial t} + \mathrm{div}(\rho wU) = \mathrm{div}(\mu \,\mathrm{grad} w) - \frac{\partial P}{\partial z} + S_w \tag{4}$$

式中,U 为流体速度矢量;μ 为流体动力黏度;S_u,S_v,S_w 为三个动量守恒方程的广义源项;ρ 为流体密度;t 为时间变量。

(3) 能量方程

$$\frac{\partial(\rho T)}{\partial t} + \mathrm{div}(\rho UT) = \mathrm{div}\left(\frac{\lambda}{C_p} \,\mathrm{grad} T\right) + S_T \tag{5}$$

式中,P 为流体压力;T 为流体温度;C_p 为流体比热容;S_T 为黏性耗散项。

2.2 几何模型及网格划分

本文所研究的换热器几何模型为工程中常用的管壳式热交换器,换热器结构为单管程、单壳程和单弓形折流板。由于换热器结构相对复杂,在建立模型时作相应简化。假设换热器模型仅由管板、管束、壳体和接管组成,忽略折流板与换热管、折流板与筒体的间隙,同时不考虑拉杆、定距管等结构对壳程流场的影响。具体几何模型如图 1 所示,相关尺寸参数如表 1 所示。

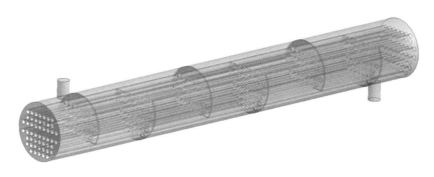

图 1 换热器几何模型

表 1　换热器几何尺寸

壳体内径（mm）	壳体长度（mm）	壳体进出口接管直径（mm）	换热管管径×壁厚（mm）	换热管根数/根	换热管排列方式	换热管间距（mm）	折流板厚度（mm）	折流板间距（mm）
250	1900	50	19×2	51	正方形	25	6	300

为了更好地对比防冲结构对换热器性能的影响,设置4种不同的结构型式,分别为无防冲(Model 1)、普通防冲板(Model 2)、穿孔式防冲板(Model 3)及防冲杆(Model 4)结构,其余结构尺寸保持不变,具体模型如图2所示。

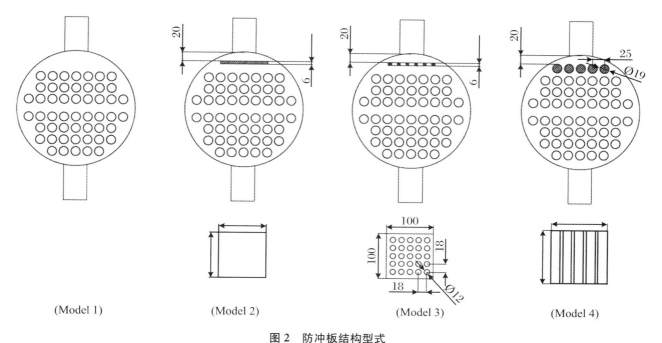

(Model 1)　　　(Model 2)　　　(Model 3)　　　(Model 4)

图 2　防冲板结构型式

本文采用 ICEM CFD 对换热器模型进行网格划分,鉴于几何结构的复杂性,为简化计算,对模型整体采用四面体网格划分。通过对网格无关性分析及计算时间综合考虑,最终网格数量均控制在380万左右,网格具体划分结果如图3所示。

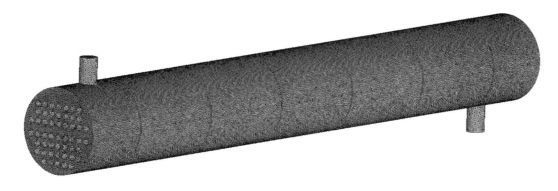

图 3　网格划分模型

2.3　计算方法及边界条件

换热器壳程流体介质为水,流体性质为不可压缩的牛顿型流体。壳程入口边界条件采用速度入口,入口速度 u_{in} 设置为 0.5 m/s,2 m/s,4 m/s,6 m/s,对应质量流量为 0.98 kg/s,1.96 kg/s,3.92 kg/s,

7.84 kg/s。壳程出口边界条件采用压力出口,入口流体温度为 20 ℃,换热管管壁设置为 105 ℃恒定壁温,折流板壁面条件设置为绝热、无滑移。湍流模型采用标准 k-ε 模型方程,压力和速度耦合采用 SIMPLE 算法,对流项采用二阶迎风格式和非耦合稳态隐式格式求解。[1]收敛定义为残差绝对值小于 1×10^{-5}。壳程流体的物性参数如表 2 所示。

表 2　换热器壳程流体物性参数

比热容 c_p(J/kg·K)	黏度 μ(Pa·S)	导热系数 λ(W/m·K)	密度 ρ(kg/m³)
4189.9	1004×10^{-6}	0.5985	998.2

2.4　性能评价指标

本研究主要从流场特性和传热特性两方面进行性能评价。其中,流场特性的评价指标包括速度矢量、速度分布和流线,上述指标与壳程入口流体的均布性及流体对管束的冲刷作用息息相关;传热特性的评价指标包括传热系数 k、压降 Δp 和综合性能因子 η,主要考察不同防冲结构下换热器的综合传热性能。

需要说明的是,综合性能因子 η 定义为[6-7]:

$$\eta = \left(\frac{Nu}{Nu_0}\right) \Big/ \left(\frac{f}{f_0}\right)^{\frac{1}{3}} \tag{6}$$

式中,Nu 为努赛尔数,$Nu = \dfrac{kd}{\lambda}$,d 为壳程当量直径,Nu_0 为无防冲时的努赛尔数;f 为流动特性因子,$f = \dfrac{\Delta p}{0.5\rho u_m^2}$,$u_m$ 为壳程流体平均速度,f_0 为无防冲时的流动特性因子。

3　计算结果与分析

3.1　传热特性分析

图 4 所示为换热器传热系数随壳程流体流量的变化。由图可知,随着流体流量的增大,流体流速提高,流体流动的湍流效果增强,动量、能量交换加剧,换热效果得以强化,因此,传热系数逐渐增大。相同的流体流量下,在 4 种模型中,传热系数由大到小依次为:Model 4、Model 3、Model 2 和 Model 1。这是因为 Model 1 中壳程入口至管板间和 Model 2 中防冲板下存在死区,流体均布性较差,换热不够充分。相比之下,Model 4 和 Model 3 由于流体均布性较好,换热较为充分,因此传热系数较高。由于采用防冲杆结构时流体湍流程度更高,因此,Model 4 传热系数要高于 Model 3。

图 5 所示为换热器壳程进出口压降随壳程流体流量的变化。可以看出,随着流体流量的增大,流体与壳程筒体、换热管管壁以及折流板等壁面之间的摩擦、碰撞作用逐渐加剧,由此导致壳程流体压力损失随之增大。在相同的流体流量下,4 种模型中压力损失由大到小依次为:Model 2、Model 3、Model 4 和 Model 1,这与防冲板结构对流体造成的阻力有关。可知在无防冲板时,壳程入口处流体流动阻力最小,因此压力损失最小;普通防冲板结构对流体的阻力最大,导致其压力损失最大;对于穿孔式防冲板与防冲杆结构,相对于普通防冲板,由于流体能够从其中间的空隙穿过,流动阻力相对较小,使得二者的压力损失都相对较小。

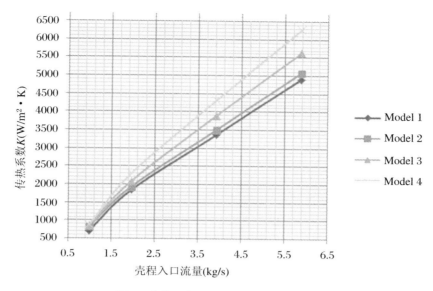

图 4　传热系数随壳程入口流量的变化

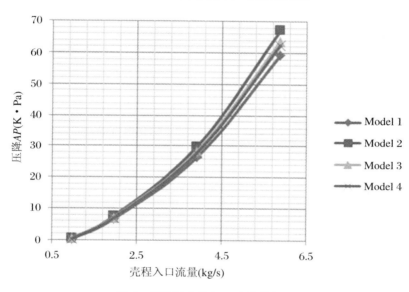

图 5　压降随壳程入口流量的变化

从换热器优化设计的角度出发,采用传热系数 k 和压降 Δp 换热器性能进行评价还不够全面,因此对于换热器的研究,常常需要引入综合性能因子 η 作为评价标准,η 值越大,表示综合传热性能越高。表 3 所示为壳程入口流速为 2 m/s 时不同防冲结构下的综合性能因子数据比较。可以看出,综合性能因子从大到小依次为:Model 4、Model 3、Model2 和 Model 1,说明采用防冲杆结构时综合传热效果最佳,其次是穿孔式防冲板,普通防冲板结构和无防冲时综合传热效果最差。然而对于换热器的设计,不应只关注传热性能,还应结合流场特性进行综合考虑。

表 3　不同防冲结构下综合性能因子(u_{in} = 2 m/s)

	Model 1	Model 2	Model 3	Model 4
Nu	705.44	741.12	799.43	880.95
Nu/Nu_0	1.00	1.05	1.13	1.25
f	1039.71	1173.01	1116.49	1083.35
f/f_0	1.00	1.13	1.07	1.04
η	1.00	1.01	1.10	1.23

3.2 流场特性分析

图 6 所示为壳程流体流速为 2 m/s 时壳程入口附近区域的速度云图。可以看出,无防冲板(Model 1)时,壳程入口来流直接作用于管束上,将对管束造成较大的冲击,并且入口靠近管板处有很大一部分死区,流体均布性很差;普通防冲板结构(Model 2)有效抑制了流体对管束的直接冲击作用,防冲效果好,然而在平板的背风面存在死区,大部分流体从管束与边壁之间的区域流走,管束中间区域没有得到有效的利用,流体均布性同样较差;对于穿孔式防冲板(Model 3)和防冲杆结构(Model 4),入口来流受到阻挡,只能先从空隙中穿过,然后进入到管束区域,增大了流体的停留时间,既削弱了流体对管束的冲击作用,又能使流体较为均匀地流到管束区域,充分地进行换热。

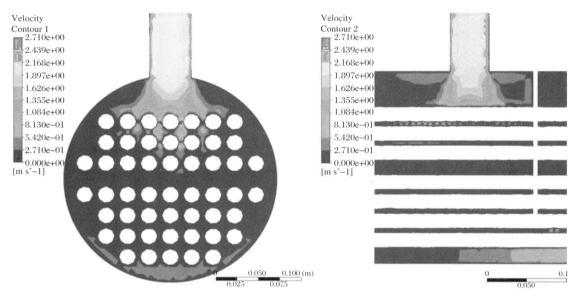

Model 1

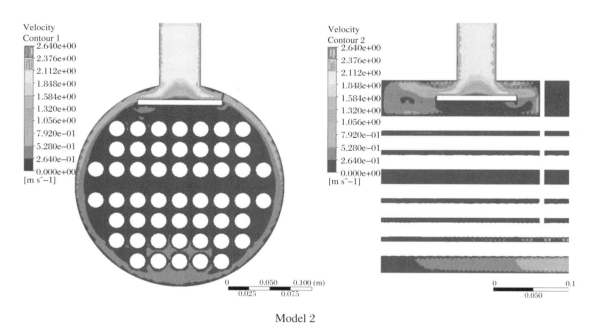

Model 2

图 6 u_{in} = 2 m/s 时 $X - Y$ 平面与 $Y - Z$ 平面速度云图

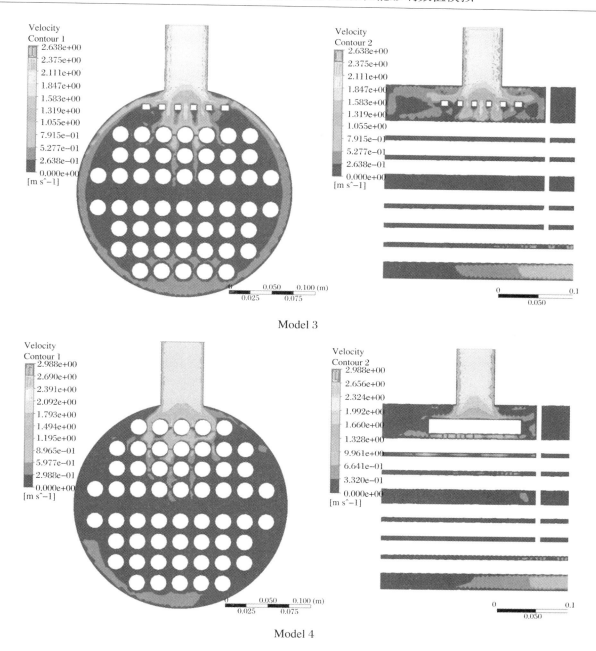

图 6　u_{in} = 2 m/s 时 X - Y 平面与 Y - Z 平面速度云图(续)

为了进一步对比穿孔式防冲板(Model 3)与防冲杆结构(Model 4)的性能,图 7 展示了壳程流体流速为 2 m/s 时壳程入口附近区域的流体迹线图。可以看出,采用 Model 4 结构时,流体迹线较为集中,流体对于管束的冲击更加剧烈。结合图 8 壳程流体速度矢量图可以看出,由于 Model 4 的横截面为圆形,表面光滑,流体更容易从空隙中穿过,另外由于杆与杆之间的空隙为渐缩渐扩型,从而使流体流过空隙后速度较大,作用于管束上的动量也较大。而采用 Model 3 结构时,由于筛孔的作用,使流体流动更加分散,流体速度更小,作用于管束上的动量更小,对管束的冲击作用更弱,从而使防冲效果更好。

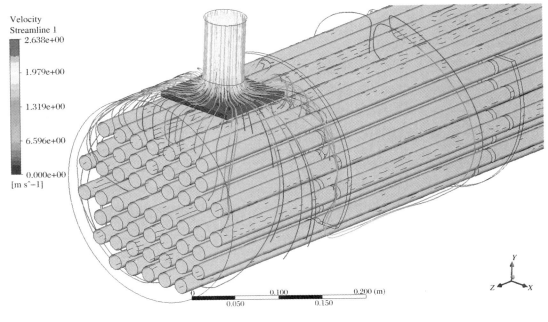

Model 3

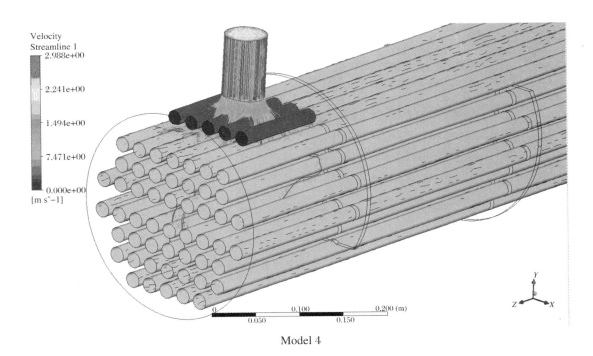

Model 4

图 7　u_{in} = 2 m/s 时壳程流体迹线图

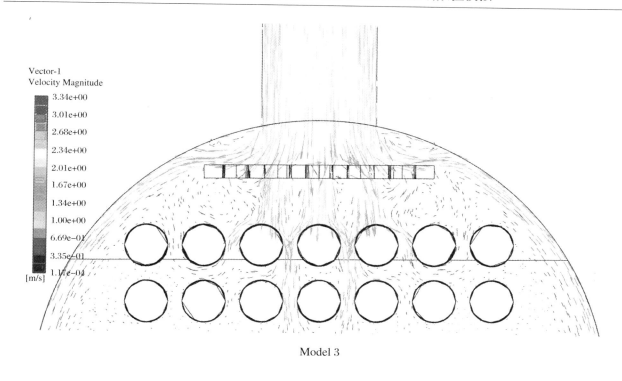

Model 3

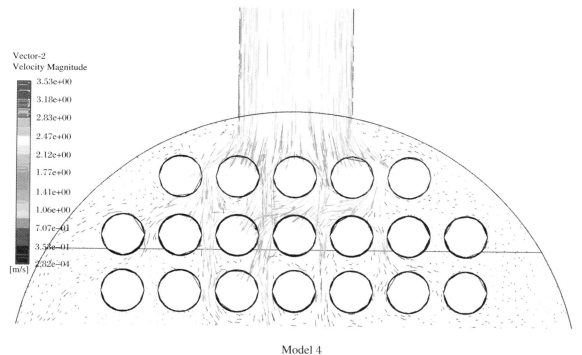

Model 4

图 8 $u_{in} = 2$ m/s 时壳程流体速度矢量图

4 结论

本文对比研究了不同防冲结构对管壳式热交换器传热特性、流场特性的影响,通过分析得出以下结论:

(1) 在壳程入口附近设置防冲结构能有效地削弱流体对管束的冲击,与普通防冲板结构相比,采用穿孔式防冲板和防冲杆结构时,由于流体能从中间缝隙穿过,既降低了压力损失,又改善了流体的均布性,从而使换热器综合性能更佳。

（2）从传热角度考虑,采用防冲杆结构时,其综合传热性能要优于穿孔式防冲板。但从流场角度分析后发现,采用穿孔式防冲板结构时流体流过后更加分散,均布性更好,流体速度更小,防冲效果更好。

（3）本文提出的穿孔式防冲板结构完全能够满足换热器的设计要求,能够在不影响传热性能的前提下,使流场更加优化,减小流体对管束的冲击作用,与防冲杆相比,还具有加工制造简单、成本低的优势。这对于管壳式热交换器防冲板结构的型式提供了有效的补充。

参 考 文 献

[1] 邓斌,陶文铨.管壳式换热器壳侧湍流流动的数值模拟及实验研究[J].西安交通大学学报,2003(9):889-893,924.

[2] 付磊,曾燚林,唐克伦,等.管壳式换热器壳程流体流动与传热数值模拟[J].压力容器,2012,234(5):36-41.

[3] 罗再祥.管壳式换热器传热对比研究与数值模拟[D].武汉:华中科技大学,2008.

[4] 王艳云,李志安,刘红禹.FLUENT软件对管壳式换热器壳程流体数值模拟方法可行性的验证[J].管道技术与设备,2007,82(6):46-48.

[5] 王晨,桑芝富.1/4椭圆螺旋折流板换热器性能的数值模拟[J].过程工程学报,2007(3):425-431.

[6] 徐国想,邓先和,许兴友,等.换热器传热强化性能评价方法分析[J].淮海工学院学报(自然科学版),2005(2):42-44.

[7] 李静,余美玲,刘建勇,等.三种不同结构换热管管外传热特性的数值模拟[J].太阳能学报,2012,33(5):839-845.

作者简介

杨晓楠,男,工程师,硕士,主要从事化工设备设计。通信地址:北京市朝阳区安慧北里安园21号。E-mail:yangxiaonan@sei.com.cn。

带排液孔波形膨胀节疲劳寿命有限元分析

王玉

（沈阳仪表科学研究院有限公司，沈阳 110168）

摘要：压力容器波形膨胀节是一种柔性元件，常用在固定管板式换热器结构中。在换热器卧式布置时，波形膨胀节波峰位于最底端，因排液需要常在该处安装排液口。从耐疲劳的角度来说，不希望膨胀节因排液口而降低疲劳寿命。但膨胀节的补偿功能决定了带排液口与否，膨胀节都会产生疲劳现象，因此对带排液口的膨胀节寿命预测是有积极意义的。作者选择了两种常用规格的整体成形大波高膨胀节，通过有限元模拟，厘清了排液口结构对膨胀节疲劳寿命的影响。有限元分析表明，其寿命仅为不带排液口膨胀节的35.0%和27.9%。验证了疲劳场合不得选用带排液口膨胀节的标准规定。

关键词：波形膨胀节；疲劳；排液孔；丝堵；有限元

Finite Element Analysis of Fatigue Life of Bellows Expansion Joints with Drainage Hole

Wang Yu

（Shenyang Academy of Instrumentation Science Co. , Ltd. , Shenyang 110168）

Abstract：The pressure vessel wave expansion joint is a flexible element that is commonly used in fixed tube plate heat exchanger constructions. When the heat exchanger is horizontally arranged, the wave expansion joint peak is at the lowest end, and the liquid discharge port is often installed there because of the liquid discharge. From the perspective of fatigue resistance, it is not desirable for the expansion joint to reduce the fatigue life due to the discharge port. However, the compensation function of the expansion joint determines whether the drainage joint will be fatigued or not, so the expansion joint life prediction with the liquid discharge port is positive. The author selects two general-purpose large-wave high expansion joints of common specifications, and through finite element simulation, clarifies the influence of the liquid discharge port structure on the fatigue life of the expansion joint. Finite element analysis shows that the lifespan is only 35.0% and 27.9% without the expansion joint of the drain port. It is verified that the standard of the expansion joint with the drain port should not be selected for fatigue occasions.

Keywords：bellows expansion joints；fatigue；drain hole；plug；finite element

1 引言

压力容器波形膨胀节[1-2]是含有波纹管柔性元件，用于吸收热胀冷缩等原因引起的设备（或管道）等尺寸变化的承压装置。

在固定式换热器管板[3-4]计算中，需要根据有温差的各种工况，逐一算出壳体的轴向应力、换热管轴向应力、换热管与管板之间的连接拉脱力，如果其中一个不满足校核条件时，就需要设置膨胀节。

如果安装有膨胀节的换热器卧式放置，则膨胀节波峰常处于壳程最底端，如图1所示。

由于排液的需要,必须在最底端设置排液口,实现排液功能的丝堵已标准化。按 GB/T 16749—1997 规定,公称直径 DN 150～350 mm,用 G1/4″;公称直径 DN 400～2000 mm,用 G1/2″。

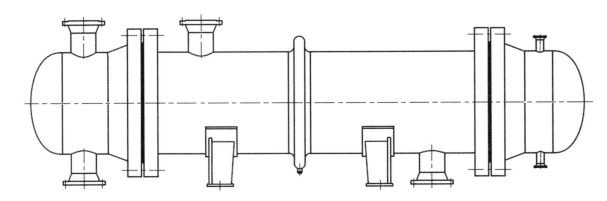

图 1 带排液口膨胀节的卧式固定管板换热器

丝堵与膨胀节的连接部位会产生应力集中,降低膨胀节的疲劳寿命,因而 GB/T 16749—1997 中规定,有疲劳设计要求的膨胀节不允许含丝堵。即使带丝堵的膨胀节用在非疲劳场合,但操作时压力、温度波动,开、停车等不可避免的因素还是存在的,疲劳引起的损伤依旧存在。因此,开展此项研究仍有积极因素。

压力容器波形膨胀节主要以 U 形膨胀节为主,故本文以常用的两种规格,借助有限元分析软件 ANSYS Wokbench 17.0 中的 Fatigue Tool 进行具体分析模拟。

膨胀节工作时,局部应力常超过弹性范围,故本文采用低周疲劳分析模型。

2 膨胀节结构参数与性能指标

2.1 结构参数

考虑到实际使用的普遍性和计算资源的消耗程度,选定的两种规格[1]为:ZDW(A)500-2.5-1×7×1(T);ZDW(A)1000-2.5-1×12×1(T)。为叙述方便,前者简称为 ⅠA(不带排液口简称 ⅠB),后者简称为 ⅡA(不带排液口简称ⅡB),具体结构尺寸如表 1 所示。带丝堵的膨胀节见图 2;丝堵详图见图 3。丝堵与膨胀节同材质。

表 1 ⅠA、ⅡA 结构参数

规格	波根外径 D_O(mm)	波高 h(mm)	圆弧半径 R(mm)	膨胀节长度 L(mm)	壁厚 S(mm)	丝堵规格 DN(in)
ⅠA	514	85	30	155	7	G1/2″
ⅡA	1024	150	45	240	12	G1/2″

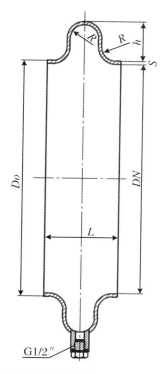

图2 带丝堵的整体成型大波高膨胀节

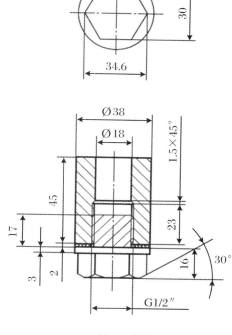

图3 丝堵

2.2 性能指标

膨胀节主要有3项性能指标:耐压能力、补偿范围、疲劳寿命。重要性能参数为刚度值。考虑技术进步和插值的需要,本文所有工程公式出自 GB/T 16749—2018,其中波纹管的有效厚度按文献[5]给出的修正后公式。材料数据按文献[6]提供的实验数据,均在室温(20 ℃)环境下计算。得到的刚度值和疲劳寿命如表2所示,疲劳寿命安全系数按 $n_f = 15$ 选用。耐压能力和补偿范围参照 GB/T 16749—1997 规定。

表2 ⅠB、ⅡB的性能指标

规格	补偿范围 e_1(mm)	有效厚度 S_P(mm)	单波刚度 K_1(N/mm)	疲劳寿命 (N)	材料统一数字代号
ⅠB	5.0	6.4754	63299	12284	S30408
ⅡB	8.4	11.1927	103208	8353	S30408

3 有限元模拟

3.1 仿真参数选择与设定

3.1.1 几何参数的设定

为了更真实地反映波纹管成型后的壁厚变化,波纹管的各处厚度按文献[5]给出的修正公式修正。其余参照 GB/T 16749—1997 规定。

3.1.2 材料参数的选择

具体数值如下:弹性模量 $E = 2.04 \times 10^5$ MPa;泊松比 $\mu = 0.285$;疲劳强度系数 $\sigma_f' = 1100$ MPa;疲劳强

度指数 $b = -0.119$;疲劳延性系数 $\varepsilon'_f = 0.340$;疲劳延性指数 $c = -0.490$;循环强度系数 $k' = 1429.7$ MPa;循环应变硬化指数 $n' = 0.243$。k' 和 n' 由关系式[8] $K' = \sigma'_f / (\varepsilon'_f)^{b/c}$,$n' = b/c$ 导出。[6-7]

材料模型采用适于大应变的多线性等向强化材料模型,数据出自文献[9]S304 的真实拉伸试验数据。

3.1.3 几何模型和网格划分的依据

ⅠB、ⅡB 采用整波面体模型;ⅠA、ⅡA 采用 1/8 实体模型,并且为了划分高质量网格的需要,将其分割为 5 个部分:丝堵、焊接接头、连接焊接接头部位的波纹管局部及波纹管其余 2 部分。ⅠA 分割后模型如图 4 所示,ⅡA 与此类似。

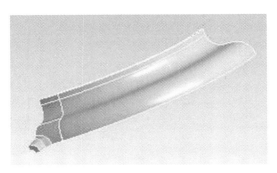

图 4　ⅠA 模型分解图

网格密度小,有利于得到较为精确的结果,但密度过小,会过度消耗计算资源。笔者认为,当有限元结果逼近波纹管的某一敏感参数,如工程公式计算得出的刚度值时(误差<5%),即可认为网格密度满足分析要求,得到的分析结果即具有真实性。为此,对ⅠB 面体,ⅠA 丝堵、焊接接头、连接焊接接头波纹管局部部位,网格密度设为 0.5 mm,波纹管其他部位由程序控制;对ⅡB 面体,ⅡA 丝堵、焊接接头、连接焊接接头波纹管局部部位,网格密度设为 1.2 mm,波纹管其他部位也由程序控制。ⅠA 排液口附近网格划分如图 5 所示,ⅡA 与此类似。

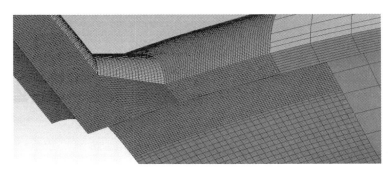

图 5　ⅠA 网格划分(排液口局部)

3.1.4 疲劳强度降低系数 k_f 和平均应力模型的选择

疲劳强度降低系数主要反映理想情形与真实状况的差异,通常是一个小于 1 的值。本文分析案例中的寿命值,是基于工程公式给出的结果,当 k_f 调整到逼近工程公式计算结果的某一数值时(误差<5%),即认为可真实地反映疲劳寿命(对称循环次数)。此时ⅠB、ⅡB 对应的 k_f 分别是 0.42,0.38,ⅠA、ⅡA 依此沿用。采用不考虑平均应力影响模型。

3.1.5 丝堵焊接接头的处理

丝堵采用如图 3 所示标准结构。ⅠA、ⅡA 焊脚高度为 6 mm,符合 GB/T 150.1～150.4—2011 规定。

3.2 仿真要素的设定和分析结果

3.2.1 有限元模型选择

ⅠB、ⅡB采用面体模型；ⅠA、ⅡA采用1/8实体模型。

3.2.2 载荷与边界条件施加

内表面施加压力载荷2.5 MPa,对称面施加 Frictionless 支承,丝堵端面施加集中力158.97 N(内压产生的等效盲板力的1/4),膨胀节端部施加位移约束(根据模型不同,选总位移的1/2或1/4)。

3.2.3 分析结果

参考相关文献[11-13]的处理办法,分别得到ⅠB、ⅡB的力-位移曲线,疲劳寿命等数值,经与工程公式得出数值比较,通过调整 k_f 数值,使其数值与工程公式计算结果基本一致。在此基础上,获得了ⅠA、ⅡA的疲劳寿命。

因本文着重点在膨胀节的疲劳寿命,因此不做详尽的应力应变分析,只给出与本文相关的分析结果。ⅠB、ⅠA的分析结果见图6～图8;ⅡB、ⅡA的分析结果见图9～图11。

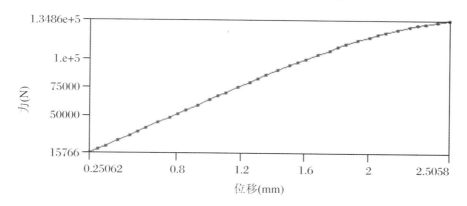

图6　ⅠB力-位移关系曲线

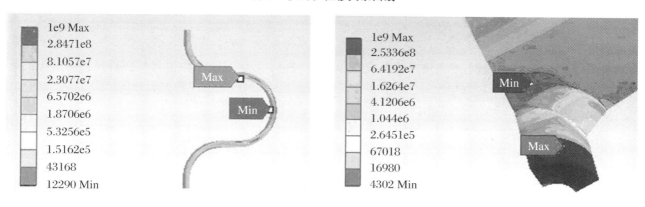

图7　ⅠB疲劳寿命模拟值　　　　　　　图8　ⅠA疲劳寿命模拟值

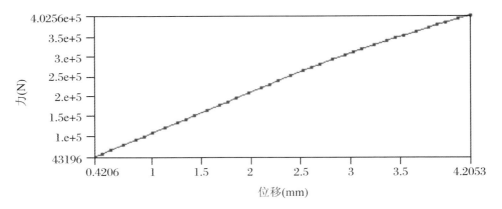

图 9　ⅡB 力-位移关系曲线

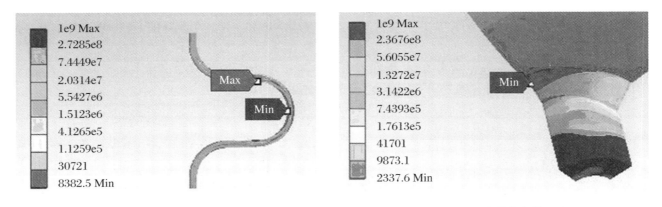

图 10　ⅡB 疲劳寿命模拟值　　　　　　　图 11　ⅡA 疲劳寿命模拟值

4　工程公式计算与有限元模拟结果分析比较

有限元分析表明,ⅠB、ⅡB 刚度曲线显示,在位移量不超过某数值时(ⅠB 约为 1.6 mm、ⅡB 约为 2.8 mm)表现为线性,在此之后由于波纹管局部发生塑性变形,已经呈非线性。表 3 给出的数值为经数学线性处理后的平均刚度。

另外,对于ⅠB、ⅡB,最小寿命位置均在波峰处;对于ⅠA、ⅡA,最小寿命位置均在焊接接头外表面处,具体位置略有差异。为了更好地比较工程公式解与数值模拟结果,汇总前述数据和分析结果于表 3 中。

表 3　工程公式解与有限元模拟结果分析比较

规格	参数及说明	工程公式解	数值模拟解	误差
ⅠB	刚度(N/mm)	63299	61810	−2.4%
	寿命(无排液口)	12284	12290	+0.0005%
ⅠA	寿命(有排液口)	−	4302	−
ⅡB	刚度(N/mm)	103208	106379	+3.1%
	寿命(无排液口)	8353	8383	+0.004%
ⅡA	寿命(有排液口)	−	2338	−

从表 3 可以看出,由于排液口的影响,使膨胀节疲劳寿命下降很多。ⅠA 仅为ⅠB 数值模拟解的 35.0%,ⅡA 仅为ⅡB 数值模拟解的 27.9%。

5 结论

对ⅠA、ⅡA有限元的分析结果表明,由于排液口的增加,使膨胀节的疲劳寿命大体下降65%和72.1%。因此,标准规定在疲劳场合不准使用带排液口的规定是合理的。

鉴于上述原因,疲劳工况又要使用膨胀节,立式布置是唯一可行的方式。

如果不允许采用立式布置,还可选用具有自身补偿功能的换热器,如U形管式和浮头式,推荐选用U形管式。毕竟使用膨胀节就存在一定风险,其应力峰值偏高,始终是换热器结构中的薄弱部位。[14]

参 考 文 献

［1］ 国家技术监督局.压力容器波形膨胀节:GB/T 16749—1997[S].北京:中国标准出版社,1997.

［2］ 国家市场监督管理总局,中国国家标准化管理委员会.压力容器波形膨胀节:GB/T 16749—2018[S].北京:中国标准出版社,2018.

［3］ 中华人民共和国国家质量监督检验检疫总局,中国国家标准化管理委员会.热交换器:GB/T 151—2014[S].北京:中国标准出版社,2015.

［4］ 李小梅,冯延忠.膨胀节的设计要点[J].化工设备与管道,2011,48(4):6-7.

［5］ 鲍乐.波纹管成形减薄后壁厚的计算[J].压力容器,1988,5(1):82-84.

［6］ 《机械工程材料性能数据手册》编委会.机械工程材料性能数据手册[M].北京:机械工业出版社,1995.

［7］ 陈友恒,段玫.U形波纹管疲劳寿命有限元分析[J].材料开发与应用,2013,28(1):62-66.

［8］ 杨新华,陈传尧.疲劳与断裂[M].武汉:华中科技大学出版社,2018.

［9］ 杨瑞成,夏渊,胡天雷,等.几种不锈钢的拉伸应变硬化行为[J].兰州理工大学学报,2011,37(1):5-8.

［10］ 中华人民共和国国家质量监督检验检疫总局,中国国家标准化管理委员会.压力容器:GB/T 150.1～150.4—2011[S].北京:中国标准出版社,2012:293.

［11］ 付稣昇.ANSYS Workbench 17.0 数值模拟与实例精解[M].北京:人民邮电出版社,2017.

［12］ 浦广益.ANSYS Workbench 基础教程与实例详解[M].2版.北京:中国水利水电出版社,2013.

［13］ 许京荆.ANSYS Workbench 工程实例详解[M].北京:人民邮电出版社,2015.

［14］ 王玉.管壳式热交换器设计中容易忽略的几个问题[J].化工设备与管道,2018,55(6):26-30.

作 者 简 介 ●

王玉(1960—),男,汉族,教授级高工,学士,主要从事压力容器设计与管理。通信地址:沈阳市浑南区浑南东路 49－29 号。E-mail:wangyu_yby@126.com。

挠性管板应力分析[①]

陈绍庆　魏宗新　胡庆均

（中石化洛阳工程有限公司设备室,洛阳 471003）

摘要:挠性管板是余热锅炉等化工设备的常用部件,本文采用有限元法对温度和压力载荷作用下挠性管板受力状况进行了应力分析,其结果符合标准要求,为挠性管板的设计计算提供了方法。

关键词:压力容器;挠性管板;应力分析;有限元

Stress Analysis of Flexible Tubesheet

Chen Shaoqing，Wei Zongxin，Hu Qingjun

（Equipment Department，Sinopec Luo Yang Engineering Co.，Ltd.，Luoyang 471003）

Abstract:Flexible tubesheet is a common component of boiler and other mechanical equipments in petroleum and chemical industries. In this paper，the finite element method is used to analyze the flexible tubesheet experiencing thermal and pressure loads and the results meet the requirements of the standard，which provides a method for the calculation of flexible tubesheet.

Keywords:pressure vessel;flexible tubesheet;stress analysis;FEA

1 引言

某硫磺回收装置废热锅炉,其管板采用的是挠性管板。本文提供了一种通过有限元应力分析对其进行强度计算的思路,有限元计算采用 ANSYS 软件。管板结构示意图如图 1 所示。

2 载荷分析

2.1 壳、管程介质及操作条件

2.1.1 壳程介质及操作条件

壳程介质:热水及水蒸气;壳程操作温度:进口 126.1 ℃,出口 156 ℃,壳程平均温度 142 ℃;壳程设计温度:180 ℃;壳程操作压力:0.45 MPa;壳程设计压力:0.63 MPa;壳体名义厚度:20 mm;腐蚀裕量:4 mm。

2.1.2 管程介质及操作条件

管程介质:SO_2、CO_2、蒸汽、硫等;管程操作温度:进口 1050 ℃,出口 315 ℃;管程设计温度:370 ℃;管程操作压力:0.047 MPa;管程设计压力:0.35 MPa;换热管厚度:4.5 mm;管板名义厚度:34 mm;腐蚀裕量:4 mm。

————————————

① 项目名称:陕西省重点研发计划(项目编号:2017ZDXM-GY-017);陕西省科技创新团队(项目编号:2019TD-039)。

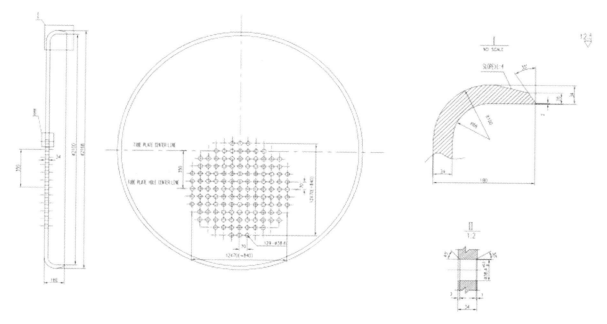

图 1 管板的结构示意图

2.2 设备主体材质

设备主体材质:壳程材质:SA-516-60;换热管材质:SA-179;管板材质:SA-516-60。

2.3 计算条件

(1)本设备的计算压力及温度见表1。

表 1 本设备的计算压力及温度

工况	管程		壳程	
	温度(℃)	压力(MPa)	温度(℃)	压力(MPa)
设计工况	370	0.35	180	0.63
试验工况	20	0.49	20	0.82

(2)本设备的材料力学性能见表2。

表 2 本设备的材料力学性能

SA-516-60/SA-179	S_m(MPa)	118
	E(MPa)	1.86×10^5
材料	热传导率(W/(m·℃))	
SA-516-60	52.1(平均值)	
保温材料	1.33(平均值)	

(3)在设计/试验温度下材料的应力强度:SA-516-60:$S_m = 118$ MPa。

3 分析模型

根据管板的结构特点,进行管板以及换热管整体建模,如图2所示。设计工况模型的温度边界条件示意

271

图见图3,温度边界条件数值见表3。

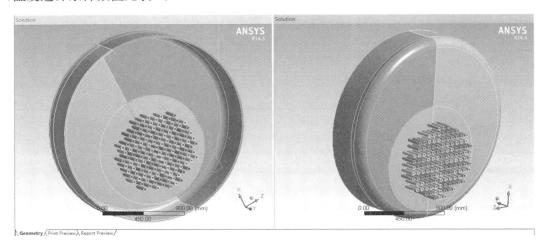

图2 管板模型图

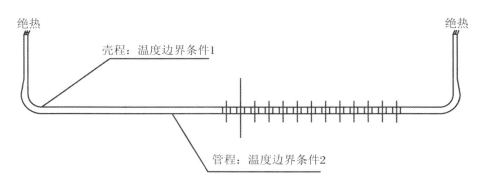

图3 温度边界条件示意图

表3 温度边界条件数值

温度边界条件	热交换系数(W/(m²·℃))	环境温度(℃)
1(壳程)	1180	142
2(管程)	11	1050

此模型的载荷和位移边界条件示意图见图4。设计工况壳程承压 0.63 MPa,管程承压 0.35 MPa;试验工况壳程承压 0.82 MPa,管程承压 0.49 MPa;沿设备轴向位移约束为0。

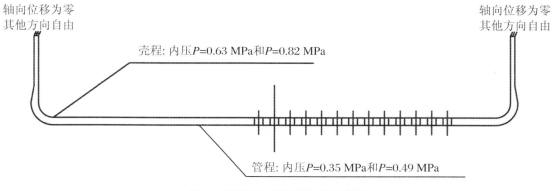

图4 载荷和位移边界条件示意图

4 应力分析

本模型进行了如下载荷工况计算:① 设计工况:内压载荷工况、内压加温度载荷工况;② 试验工况。有限元分析采用二十节点六面体单元,网格节点数为 530577 个,单元数为 78814 个,网格示意图见图 5,设计工况在内压载荷作用下的应力强度分布见图 6,温度分布见图 7,在内压和温度载荷作用下的应力强度分布见图 8,试验工况下的应力强度分布见图 9。

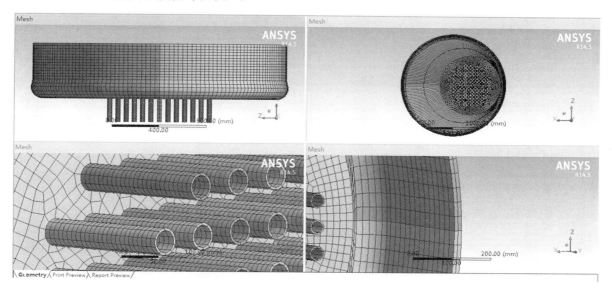

图 5　网格示意图

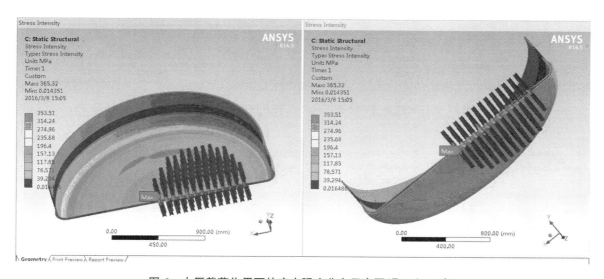

图 6　内压载荷作用下的应力强度分布示意图(取 1/2 示意)

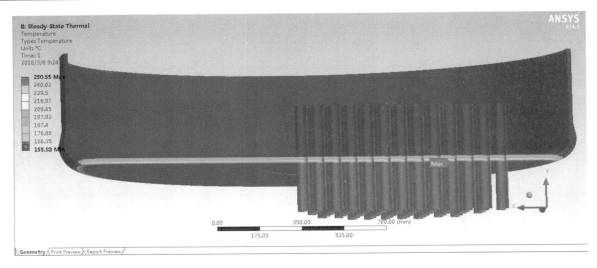

图 7　温度分布示意图(取 1/2 示意)

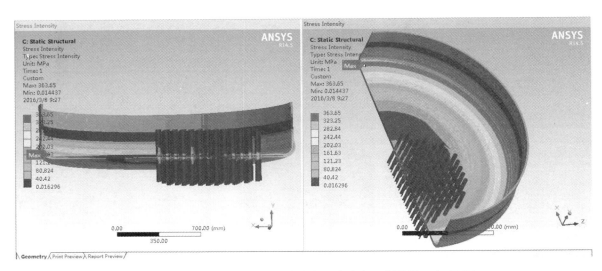

图 8　内压和温度载荷作用下的应力强度分布示意图(取 1/2 示意)

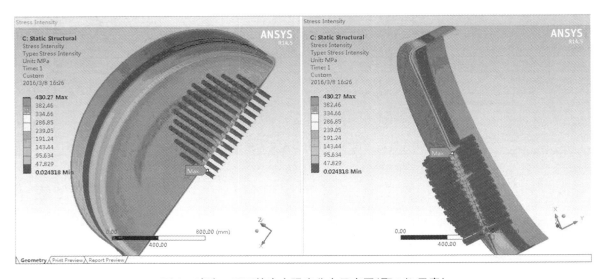

图 9　试验工况下的应力强度分布示意图(取 1/2 示意)

　　根据管板结构特点,取管板 3 个切面 A-A,B-B,C-C 上 20 个位置(见图 10～图 13),对其进行应力线性化拟合,并按 JB 4732 进行评定。评定结果见表 4、表 5 及表 6。

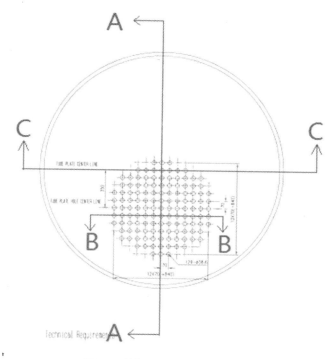

图 10　管板应力评定切面示意图

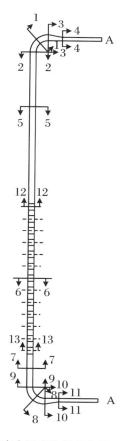

图 11　管板应力评定路径示意图 A-A 切面

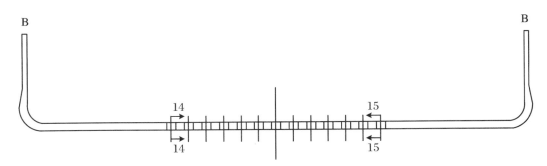

图 12　管板应力评定路径示意图 B-B 切面

图 13　管板应力评定路径示意图 C-C 切面

表 4　设计工况内压载荷作用下的应力评定（$K = 1$）

路径	存在的应力种类及组合	整体模型上应力强度（MPa）	设计应力强度的许用极限		评定结果
			强度限制（MPa）	许可值（MPa）	
路径 1	P_L	21.038	$1.5KS_m$	177	合　格
	$P_L + P_b + Q$	192.96	$3S_m$	354	合　格
路径 2	P_L	7.2614	$1.5KS_m$	177	合　格
	$P_L + P_b + Q$	203.5	$3S_m$	354	合　格
路径 3	P_L	44.325	$1.5KS_m$	177	合　格
	$P_L + P_b + Q$	132.53	$3S_m$	354	合　格
路径 4	P_L	48.36	$1.5KS_m$	177	合　格
	$P_L + P_b + Q$	90.389	$3S_m$	354	合　格
路径 5	P_L	12.517	$1.5KS_m$	177	合　格
	$P_L + P_b + Q$	113.89	$3S_m$	354	合　格
路径 6	P_L	29.95	$1.5KS_m$	177	合　格
	$P_L + P_b + Q$	120.39	$3S_m$	354	合　格
路径 7	P_L	12.206	$1.5KS_m$	177	合　格
	$P_L + P_b + Q$	175.21	$3S_m$	354	合　格
路径 8	P_L	19.131	$1.5KS_m$	177	合　格
	$P_L + P_b + Q$	181.22	$3S_m$	354	合　格
路径 9	P_L	6.8372	$1.5KS_m$	177	合　格
	$P_L + P_b + Q$	175.51	$3S_m$	354	合　格

路径	存在的应力种类及组合	整体模型上应力强度（MPa）	设计应力强度的许用极限		评定结果
			强度限制（MPa）	许可值（MPa）	
路径 10	P_L	31.512	$1.5KS_m$	177	合 格
	$P_L + P_b + Q$	153.1	$3S_m$	354	合 格
路径 11	P_L	43.49	$1.5KS_m$	177	合 格
	$P_L + P_b + Q$	82.516	$3S_m$	354	合 格
路径 12	P_L	11.312	$1.5KS_m$	177	合 格
	$P_L + P_b + Q$	176.04	$3S_m$	354	合 格
路径 13	P_L	21.486	$1.5KS_m$	177	合 格
	$P_L + P_b + Q$	85.904	$3S_m$	354	合 格
路径 14	P_L	16.188	$1.5KS_m$	177	合 格
	$P_L + P_b + Q$	182.89	$3S_m$	354	合 格
路径 15	P_L	22.981	$1.5KS_m$	177	合 格
	$P_L + P_b + Q$	178.81	$3S_m$	354	合 格
路径 16	P_L	13.064	$1.5KS_m$	177	合 格
	$P_L + P_b + Q$	138.15	$3S_m$	354	合 格
路径 17	P_L	36.645	$1.5KS_m$	177	合 格
	$P_L + P_b + Q$	178.51	$3S_m$	354	合 格
路径 18	P_L	23.003	$1.5KS_m$	177	合 格
	$P_L + P_b + Q$	198.47	$3S_m$	354	合 格
路径 19	P_L	46.583	$1.5KS_m$	177	合 格
	$P_L + P_b + Q$	143.22	$3S_m$	354	合 格
路径 20	P_L	55.336	$1.5KS_m$	177	合 格
	$P_L + P_b + Q$	121.23	$3S_m$	354	合 格

表 5　设计工况内压和温度载荷作用下的应力评定（$K = 1$）

路径	存在的应力种类及组合	整体模型上应力强度（MPa）	设计应力强度的许用极限		评定结果
			强度限制（MPa）	许可值（MPa）	
路径 1	P_L	82.127	$1.5KS_m$	177	合 格
	$P_L + P_b + Q$	310.14	$3S_m$	354	合 格
路径 2	P_L	79.127	$1.5KS_m$	177	合 格
	$P_L + P_b + Q$	326.9	$3S_m$	354	合 格
路径 3	P_L	31.639	$1.5KS_m$	177	合 格
	$P_L + P_b + Q$	210.11	$3S_m$	354	合 格
路径 4	P_L	92.08	$1.5KS_m$	177	合 格
	$P_L + P_b + Q$	155.6	$3S_m$	354	合 格

路径	存在的应力种类及组合	整体模型上应力强度（MPa）	设计应力强度的许用极限		评定结果
			强度限制（MPa）	许可值（MPa）	
路径 5	P_L	9.9305	$1.5KS_m$	177	合 格
	$P_L + P_b + Q$	70.843	$3S_m$	354	合 格
路径 6	P_L	14.14	$1.5KS_m$	177	合 格
	$P_L + P_b + Q$	27.928	$3S_m$	354	合 格
路径 7	P_L	13.117	$1.5KS_m$	177	合 格
	$P_L + P_b + Q$	273.74	$3S_m$	354	合 格
路径 8	P_L	53.731	$1.5KS_m$	177	合 格
	$P_L + P_b + Q$	289.87	$3S_m$	354	合 格
路径 9	P_L	76.108	$1.5KS_m$	177	合 格
	$P_L + P_b + Q$	286.16	$3S_m$	354	合 格
路径 10	P_L	14.7	$1.5KS_m$	177	合 格
	$P_L + P_b + Q$	251.26	$3S_m$	354	合 格
路径 11	P_L	83.998	$1.5KS_m$	177	合 格
	$P_L + P_b + Q$	183.76	$3S_m$	354	合 格
路径 12	P_L	12.654	$1.5KS_m$	177	合 格
	$P_L + P_b + Q$	187.5	$3S_m$	354	合 格
路径 13	P_L	30.404	$1.5KS_m$	177	合 格
	$P_L + P_b + Q$	85.234	$3S_m$	354	合 格
路径 14	P_L	17.015	$1.5KS_m$	177	合 格
	$P_L + P_b + Q$	88.83	$3S_m$	354	合 格
路径 15	P_L	12.38	$1.5KS_m$	177	合 格
	$P_L + P_b + Q$	66.178	$3S_m$	354	合 格
路径 16	P_L	16.925	$1.5KS_m$	177	合 格
	$P_L + P_b + Q$	38.358	$3S_m$	354	合 格
路径 17	P_L	78.841	$1.5KS_m$	177	合 格
	$P_L + P_b + Q$	282.79	$3S_m$	354	合 格
路径 18	P_L	69.99	$1.5KS_m$	177	合 格
	$P_L + P_b + Q$	307.48	$3S_m$	354	合 格
路径 19	P_L	22.544	$1.5KS_m$	177	合 格
	$P_L + P_b + Q$	234.6	$3S_m$	354	合 格
路径 20	P_L	94.342	$1.5KS_m$	177	合 格
	$P_L + P_b + Q$	239.66	$3S_m$	354	合 格

表 6　试验工况下的应力评定($K = 1.25$)

路径	存在的应力种类及组合	整体模型上应力强度（MPa）	设计应力强度的许用极限		评定结果
			强度限制（MPa）	许可值（MPa）	
路径 1	P_L	24.369	$1.5KS_m$	221.25	合　格
	$P_L + P_b + Q$	228.24	$3S_m$	354	合　格
路径 2	P_L	8.6225	$1.5KS_m$	221.25	合　格
	$P_L + P_b + Q$	240.55	$3S_m$	354	合　格
路径 3	P_L	50.575	$1.5KS_m$	221.25	合　格
	$P_L + P_b + Q$	154.69	$3S_m$	354	合　格
路径 4	P_L	53.323	$1.5KS_m$	221.25	合　格
	$P_L + P_b + Q$	101.87	$3S_m$	354	合　格
路径 5	P_L	14.969	$1.5KS_m$	221.25	合　格
	$P_L + P_b + Q$	134.0	$3S_m$	354	合　格
路径 6	P_L	35.469	$1.5KS_m$	221.25	合　格
	$P_L + P_b + Q$	142.2	$3S_m$	354	合　格
路径 7	P_L	14.56	$1.5KS_m$	221.25	合　格
	$P_L + P_b + Q$	207.13	$3S_m$	354	合　格
路径 8	P_L	22.089	$1.5KS_m$	221.25	合　格
	$P_L + P_b + Q$	214.39	$3S_m$	354	合　格
路径 9	P_L	7.8884	$1.5KS_m$	221.25	合　格
	$P_L + P_b + Q$	207.49	$3S_m$	354	合　格
路径 10	P_L	36.221	$1.5KS_m$	221.25	合　格
	$P_L + P_b + Q$	181.31	$3S_m$	354	合　格
路径 11	P_L	47.582	$1.5KS_m$	221.25	合　格
	$P_L + P_b + Q$	92.598	$3S_m$	354	合　格
路径 12	P_L	13.479	$1.5KS_m$	221.25	合　格
	$P_L + P_b + Q$	208.11	$3S_m$	354	合　格
路径 13	P_L	25.469	$1.5KS_m$	221.25	合　格
	$P_L + P_b + Q$	139.32	$3S_m$	354	合　格
路径 14	P_L	24.607	$1.5KS_m$	221.25	合　格
	$P_L + P_b + Q$	108.34	$3S_m$	354	合　格
路径 15	P_L	20.624	$1.5KS_m$	221.25	合　格
	$P_L + P_b + Q$	95.337	$3S_m$	354	合　格
路径 16	P_L	15.637	$1.5KS_m$	221.25	合　格
	$P_L + P_b + Q$	162.58	$3S_m$	354	合　格

续表

| 路径 | 存在的应力种类及组合 | 整体模型上应力强度（MPa） | 设计应力强度的许用极限 | | 评定结果 |
			强度限制（MPa）	许可值（MPa）	
路径 17	P_L	42.485	$1.5KS_m$	221.25	合　格
	$P_L + P_b + Q$	211.21	$3S_m$	354	合　格
路径 18	P_L	26.796	$1.5KS_m$	221.25	合　格
	$P_L + P_b + Q$	234.64	$3S_m$	354	合　格
路径 19	P_L	53.665	$1.5KS_m$	221.25	合　格
	$P_L + P_b + Q$	169.61	$3S_m$	354	合　格
路径 20	P_L	61.986	$1.5KS_m$	221.25	合　格
	$P_L + P_b + Q$	138.92	$3S_m$	354	合　格

5　结论

根据上述应力分析的评定结果,管板满足 JB/T 4732—1995 的要求。

参 考 文 献

[1]　中华人民共和国国家质量监督检验检疫总局,中国国家标准化管理委员会.热交换器:GB/T 151—2014[S].北京:中国标准出版社,2015.

[2]　中华人民共和国工业和信息化部.石油化工管壳式余热锅炉:SH/T 3158—2009[S].北京:中国石化出版社,2010.

[3]　中华人民共和国机械工业部.钢制压力容器分析设计标准:JB/T 4732—1995[S].北京:中国机械工业出版社,1995.

作者简介 ●

陈绍庆(1982—),男,主要从事石化静设备设计研究。E-mail:chensq. lpec@sinopec. com。

平板型光伏-光热系统高效换热数值模拟研究[①]

张亮[1]　魏进家[1]　张高明[2]　毕宜鑫[1]

（1. 西安交通大学化学工程与技术学院，西安 710049；2. 西安交通大学动力工程多相流国家重点实验室，西安 710049）

摘要：针对光伏-光热（PV-T）系统管板换热结构传热性能差、电池层温度分布不均匀的问题，采用管板连接处增加机械加固的形式强化管板导热接触，同时提出蛇形管、单向螺旋形和双向螺旋形 3 种换热通道分布结构，通过数值模拟方法对比不同结构的系统热性能，随后在流量、辐照度、入口水温等多工况条件下分析换热性能的变化。结果显示，系统在流量 90 L/h、辐照度 800 W/m² 的时候呈现换热性能最佳的状态，热效率能达到 71.5%；管道具体排布方式对热效率和电池层平均温度的影响不大，而双向螺旋管将冷热管交替布置，较单向螺旋管和蛇形管结构能明显提高电池层温度分布的均匀性，温度分布不均匀度最高可降低 37.5%。

关键词：平板 PV/T 系统；机械加固；单向螺旋形换热通道；双向螺旋形换热通道；多工况模拟

Numerical Investigation on High-Efficiency Heat Transfer of Plate Photovoltaic-Thermal Systems

Zhang Liang[1]，Wei Jinjia[1]，Zhang Gaoming[2]，Bi Yixin[1]

（1. School of Chemical Engineering and Technology，Xi'an Jiaotong University，Xi'an 710049；2. State Key Laboratory of Multiphase Flow in Power Engineering，Xi'an Jiaotong University，Xi'an 710049）

Abstract：The traditional PV/T system has been reported with poor heat transfer performance and non-uniform PV temperature distribution respectively. In this study，the pipe-plate structure in PV/T collector was employed with mechanical reinforcement to reduce the thermal resistance at the junction. Three kinds of absorber pipe layouts including coiled pipe，unidirectional spiral pipe and bidirectional spiral pipe were proposed and evaluated with numerical simulation under various working conditions. The results showed that the system exhibited the best thermal behavior at a flow rate of 90 L/h and solar radiation of 800 W/m² and the thermal efficiency can reach 71.5%. Different absorber pipe layouts had little effect on the thermal efficiency and PV average temperature. However，the bidirectional spiral pipe in which the cold and hot flows were alternately arranged can significantly improve the uniformity of PV temperature distribution，and the maximum temperature non-uniformity of PV can be reduced by 37.5%.

Keywords：plate PV/T system；mechanical reinforcement；unidirectional spiral pipe；bidirectional spiral pipe；CFD under various working conditions

1　引言

可再生能源的利用已作为应对未来能源危机以及减轻长期使用传统化石燃料所造成的环境污染的途

---

①　项目名称：陕西省重点研发计划（项目编号：2017ZDXM-GY-017）；陕西省科技创新团队（项目编号：2019TD-039）。

径。预计到 2050 年,非化石能源占比将提高到 36%。[1]太阳能资源作为未来新能源的重要发展方向,既可以通过光伏发电获得电能,也可以通过光热系统获得热能。光伏光热系统在光伏组件的基础上加入换热器,将无法转化为电能的部分利用起来,同时起到降低电池温度、提高电池发电效率的作用。通常,当光伏电池温度下降 1 ℃时,转换效率提高约 0.5%。[2]因此,作为组件中的核心部分之一,换热器已采用各种结构和流体介质来减小集热器的热阻、提高吸热效率。

换热结构主要有管板式、铝盒式、微通道等结构。Kianifard 等[3]采用阳极氧化铝板直接与晶硅电池贴合并采用半圆管作为换热通道,以减小系统传热热阻,实验表明可获得 70% 的热效率和高于 11.5% 的电效率,与常规模型相比,提出的模型的热效率高 10%~13%,电效率高 0.4%~0.6%。Zhou 等[4]在太阳能间接膨胀式热泵系统引入微通道平板光伏光热系统,用来提高内部工作流体的传热率和太阳能电池板的能源效率,同时建立系统光电模型并与实验进行验证。Fudholi 等[5]采用网状流、直流以及螺旋流 3 种管板式结构的换热通道,并建模分析多工况下的系统效率变化,结果表明螺旋流通道在 800 W/m² 的太阳辐射水平和 0.041 kg/s 的质量流率下表现出最高的性能。

PV/T 系统是具有成本效益的太阳能应用,目前已经有很多的创新结构。[6-9]但还必须进行更多的研究,尤其是在新型换热结构的设计上。如今大多数研究的换热通道采用方便加工圆管的直管型通道或者蛇形管通道,一方面管板接触面积过小且传热热阻大导致热效率较低,另一方面单向的管分布结构导致电池层温度分布极其不均匀,电效率会因此而下降。

本文采用管板连接处增加机械加固的形式强化管板导热接触,同时提出蛇形管、单向螺旋形和双向螺旋形 3 种换热通道分布结构,建立系统 CFD 模型并实验验证其有效性,通过数值模拟方法探究流量、辐照度、入口水温多工况下系统热性能的变化,并对其进行对比。

2 系统结构

平板光伏光热组件主要由光伏组件、换热结构、保温棉、边框等组成,整体采用层压一体化的制造工艺,本系统中换热器采用管板结构。

2.1 机械加固式组件结构

本平板光伏光热组件从下向上包括背板、保温层、金属换热通道、吸热板、光伏层压组件,整体通过四周边框固定,如图 1 所示。光伏压层组件从上向下由光伏玻璃、光伏电池封装胶膜(EVA)、光伏电池板、EVA 与聚氟乙烯复合膜(TPT)布置后高温层压而成。各部分参数如表 1 所示。

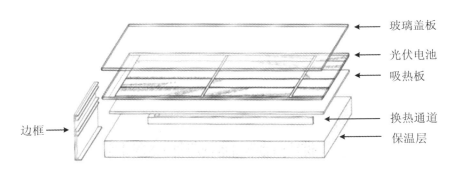

图 1 平板 PV/T 组件结构图

传统吸热板与换热通道连接方式大多使用导热胶直接连接或直接焊接,尽管前者导致装置寿命有限,后者应用在层压一体化中层压时产生的热应力会部分破坏焊缝。因此,本文提出机械加固式的管板连接方式。机械固定的方式如图 2 所示,吸热板冲压压铆螺钉形成机械固定的支点。组件与吸热板层压完成后预涂导热硅脂,通过鞍型固定件与螺母将管板连接在一起。

表 1　组件各部分材料情况

组件部分	尺寸	材料	导热系数 (W/(m·K))	密度(kg·m⁻³)
玻璃盖板	0.98 m×1.14 m×3.2 mm	光伏玻璃	0.7	$2.5×10^3$
光伏电池	156.75 mm×78.375 mm×0.21 mm 6×14 排布	多晶硅	148	$2.33×10^3$
层压胶膜	0.98 m×1.14 m×0.3 mm	EVA	0.35	$0.946×10^3$
背板	0.98 m×1.14 m×0.2 mm	TPT	0.614	$1.39×10^3$
吸热板	0.98 m×1.14 m×2 mm	铝合金	237	$2.7×10^3$
换热器	10×10×1 mm 方管	铝合金	237	$2.7×10^3$
保温层	0.98 m×1.14 m×25 mm	聚氨酯	0.024	$0.427×10^3$

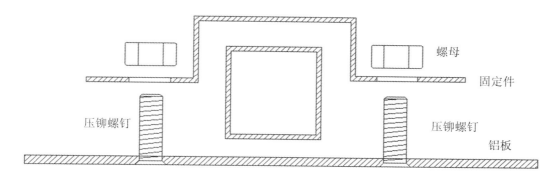

图 2　机械固定结构示意图

采用管板间添加机械加固点来强化吸热器管板的导热接触,解决组件层压工艺问题。在提高板管导热性能、简化装配工艺的同时,不仅解决了导热胶使用寿命的问题,又避免了管板焊接结构对层压的不良影响。

2.2　不同结构的换热通道改进换热结构

3 种不同流道如图 3 所示,图 3(a)为蛇形直管流道,图 3(b)为单向螺旋形流道,图 3(c)为双向螺旋形流道,在相同的间隔条件下设计其尺寸。经过合理的间隔设计,纵向间隔设置为 270 mm,横向间隔设置为 230 mm。

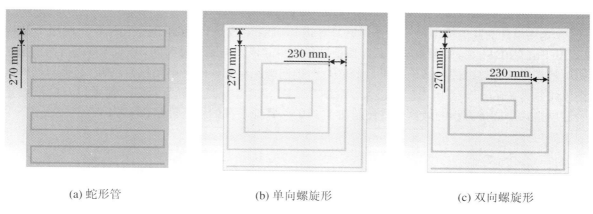

(a) 蛇形管　　　　　(b) 单向螺旋形　　　　　(c) 双向螺旋形

图 3　3 种不同结构的换热通道结构示意图

3 数值模拟条件

对 PV/T 组件的热性能进行数值模拟,模拟时首先对系统做出以下假设:

(1) 由于实验过程电路中仅仅间隔一段时间采集数秒的数据,大部分时间电路处于断路状态而没有电能输出,因此假定能量传递中并没有电能输出与电阻损耗。

(2) 忽略晶硅电池间距,模型中将电池层设定为整体层,其厚度为多晶硅电池厚度 0.21 mm[10],其面积尺寸设为吸热板有效尺寸。

(3) 假定电池为均匀热源层,将面分布能量输入等效于电池层作为热源提供系统所需能量,其热流密度为辐照度×电池总面积×光伏玻璃透过率×电池表面吸收率/电池层体积。

(4) 除光伏玻璃顶部外其余外部边界均为绝热条件。

3.1 基本方程和边界条件

本文中所计算的流动模型采用 k-ε 湍流模型。模拟计算时采用 Fluent 2019R3 进行。

仅电池层设定为均匀热源域,其热流密度为辐照度×电池总面积×光伏玻璃透过率×电池表面吸收率/电池层体积,光伏玻璃采用压花超白玻璃,其透过率为 0.98;电池表面吸收率取 0.9。[11]

光伏玻璃表面设置自然对流和辐照边界条件。光伏玻璃与外界空气的自然对流系数与外界环境风速有关[12-13],其表达式如下:

$$h_{c-a} = 2.8 + 3.0 u_w \tag{1}$$

式中,h_{c-a} 为光伏玻璃与外界环境之间的对流换热系数;u_w 为外界环境风速,单位为 m/s。

光伏玻璃与天空的辐射换热系数及天空温度的表达式[12-13]如下:

$$h_{c-sky} = \sigma\varepsilon_c (T_c^2 + T_{sky}^2)(T_c + T_{sky}) \tag{2}$$

$$T_{sky} = 0.0552 T_{air}^{1.5} \tag{3}$$

式中,h_{c-sky} 为光伏玻璃与天空之间的辐射换热系数;σ 为黑体辐射常数,取值为 5.67×10^{-8} W/(m² · K⁴);ε_c 为光伏玻璃发射率,取值为 0.94[14];T_{sky} 为天空温度,单位为℃。

模拟中外界环境参数取环境温度 $T_{air} = 297.15$ K,环境风速 $u_w = 0.036$ m/s。

其余与空气接触的外部表面设置无滑移绝热边界条件,换热管内固液接触面采用无滑移边界条件。流体入口采用速度入口,入口温度为 293.15 K,出口为压力出口,流道流体为水介质。

管板间以导热硅脂为间隙介质,在模型中将其接触热阻假定为厚度为 1 mm 的导热硅脂层,其导热系数为 2 W/(m · K)。

3.2 网格生成与数值方法

光伏/光热组件的几何模型由三维建模软件 Solidworks 生成,形成多层网络化结构。网格为结构化网格,采用 ICEM CFD 生成,如图 4 所示。为保证结果的可靠以及缩短计算时间,对本网格进行网格独立性验证。蛇形管式光伏光热组件网格单元数为 2810426,单向螺旋形组件网格单元数为 29771110,双向螺旋形组件网格单元数为 29778536。压力耦合压力速度耦合采用 SIMPLE 算法进行,动量、能量以及湍流因子均使用二阶迎风格式。能量方程的计算残差控制在 1×10^{-8},其他参数的残差控制在 1×10^{-4}。

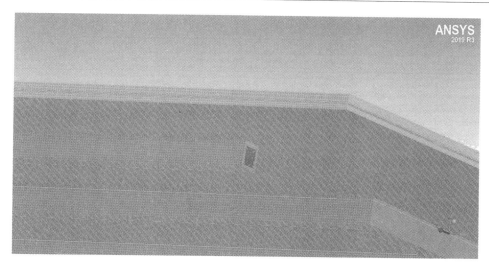

图 4　蛇管式光伏/光热组件网格模型

4　数值模拟有效性验证

为验证模拟结果的有效性，在西安交通大学教学二区实验楼楼顶(108.95°E,34.27°N)搭建蛇形管 PV/T 实验台进行实验验证。在蛇形管结构实验验证无误后，进而后续采用该 CFD 模型模拟不同换热结构在不同工况下的热性能。系统结构与装置如图 5 和图 6 所示。

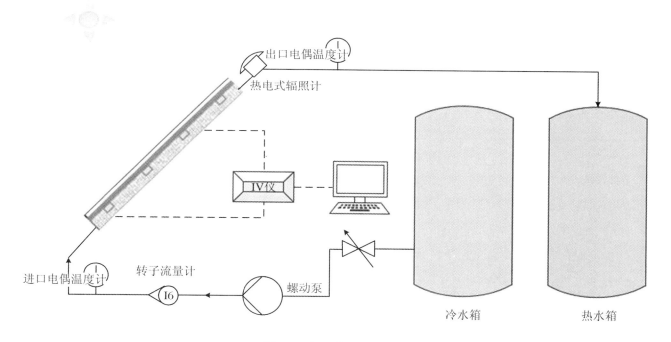

图 5　平板光伏光热系统结构

图 6　实验装置图

实验台各设备具体参数见表 2。电路中由 Ⅳ 曲线测试仪间隔性测试组件电能输出,数据采集保存至电脑中,由红外热成像仪来测量电池表面温度;水路中为单向开式水路,由冷水箱提供稳定的冷源,经组件换热后形成热源储存在热水罐中以供使用;测量系统中热电偶测量进出口水温以及环境温度,转子流量计测量水流量,热电式辐射计测量太阳光辐照度,采集数据经由数据采集卡传输至室内的测量软件中显示并保存。

表 2　实验台各设备参数

组件名称	型号	参数
Ⅳ 曲线测试仪	JDSGC-8FZ 型	$V_{max} = 160$ V,$I_{max} = 66$ A,测量误差≤±1%
热电式辐射计	TBQ -2 型	光伏范围 $0.28 \sim 3.0$ μm,响应时间≤30 s,误差≤5%
红外热成像仪	E50 型	热灵敏度<0.05 ℃,温度误差为±2%,测温范围为 $-20 \sim 250$ ℃
热电偶	TT-T-30-SLE 型	$-200 \sim 260$ ℃/年,稳定性<±3 μV
流量计	SC-LZ-DN15	测量误差±5%,测量范围 $10 \sim 110$ L/h
蠕动泵	KHL-SZ-S35 型	流量范围 $78 \sim 108$ L/h

在 2019 年 11 月进行实验。选取过程中较为稳定的工况,在不同时刻以太阳辐照度 G(W/m²)、环境温度 T_{air}(℃)、环境风速 v_{air}(m/s)、入口水温 T_{in}(℃)、流量 m(L/h)作为模型的输入量,改变数值模拟中输入量的值与实际工况相同,通过数值模拟方法计算模型稳态结果,得到模拟热性能,包括出口水温 T_{out}(℃)、光热效率 η_t、电池层平均温度以及温度分布不均匀度等。

光热效率 η_t 计算方法如下:

$$\eta_t = \frac{3.6 c_w m (T_{out} - T_{in})}{G \cdot A} \tag{4}$$

式中,A 为组件受光面积,经计算为 1.032 m²;c_w 为常温下水的比热容,取 4.2 kJ/(kg·℃)。

电池层平均温度是求晶硅电池域的体平均温度,在 Ansys 软件中由 cfd-post 直接求得。该温度分布不均匀度由在电池域的最高温度与平均温度的差值所表示。

最后将模拟结果与实验所得数据统计至表 3 中进行对比,同时将红外热成像仪测得电池表面温度分布图与模拟结果进行对比,如图 7 所示。结果显示,模拟所得光热性能与实验数据吻合良好,证明了模型的可靠性。

表 3　实验数据与模拟结果对比

日期	11 月 10 日				11 月 13 日			
时间	12:30	13:30	14:30	15:30	12:30	13:30	14:30	15:00
辐照度(W·m^{-2})	1066.32	1039.04	814.71	605.54	895.04	970.83	752.59	664.65
环境温度(℃)	25.50	25.19	21.50	23.29	20.49	19.80	19.70	20.90
入口水温(℃)	18.59	19.80	21.50	16.40	18.20	18.70	19.20	20.20
流量(L/h)	49.18	47.71	48.19	48.27	28.04	28.06	28.56	28.01
实验出口水温(℃)	31.49	32.41	30.42	23.37	35.80	37.36	32.59	32.19
模拟出口水温(℃)	32.02	33.02	30.81	23.84	36.42	38.37	33.50	32.87
实验热效率(%)	67.24	65.43	59.62	62.83	62.33	60.98	57.45	57.14
模拟热效率(%)	70.05	68.62	62.24	67.07	64.54	64.28	61.33	60.36
模拟误差(%)	4.00	4.64	4.21	6.32	3.42	5.14	6.32	5.32

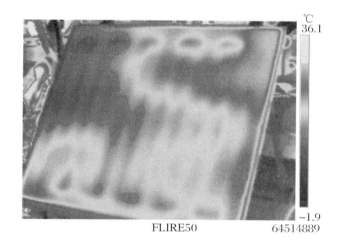 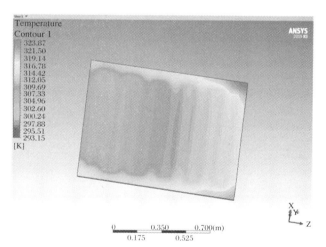

图 7　电池表面温度分布情况实验与模拟的结果对比

光热效率的模拟误差最大为 6.32%,平均误差为 4.92%,出现偏差的主要原因为:① 模拟中对物理模型和边界条件进行简化,忽略板背面以及四周的散热;② 由于太阳辐照度的不断改变,实验数据并不稳定;③ 管板间界面接触热阻无法精准测定。

5　结果与讨论

换热结构的不同将直接导致换热器的换热效率、晶硅电池表面平均温度以及温度分布不均匀性等方面性能有所改变。其中,本文对 3 种换热通道的系统进行数值模拟,分析不同结构的换热性能在不同工况下的改变。不同工况的改变均是基于环境温度 20 ℃、入口水温 20 ℃、辐照度 1000 W/m² 、流量 100 L/h 的标准环境下改变某一种工况(辐照度、流量、入口水温)所作出的变化。

5.1 不同流量下的热性能对比

3 种换热通道结构的换热性能在不同流量下的变化如图 8 所示。由图 8 可见,流量增大可在有效提高系统热效率、降低电池层平均温度的同时,降低晶硅层温度分布的不均匀性,且随着流量的增大,3 种热性能指标的变化趋势均逐渐减小,在流量大于 90 L/h 后基本保持不变,热效率最高保持在 71.5%。

还可以看到,3 种结构在不同流量下的系统热效率与电池层平均温度基本相同,而双向螺旋形结构可有效降低温度不均匀度,最高可降低 5 ℃。在流量大于 75 L/h 后,蛇形管与单向螺旋管的温度不均匀度趋于一致,双向螺旋管较前两者可降低温度分布不均匀度为 37.5% 左右。

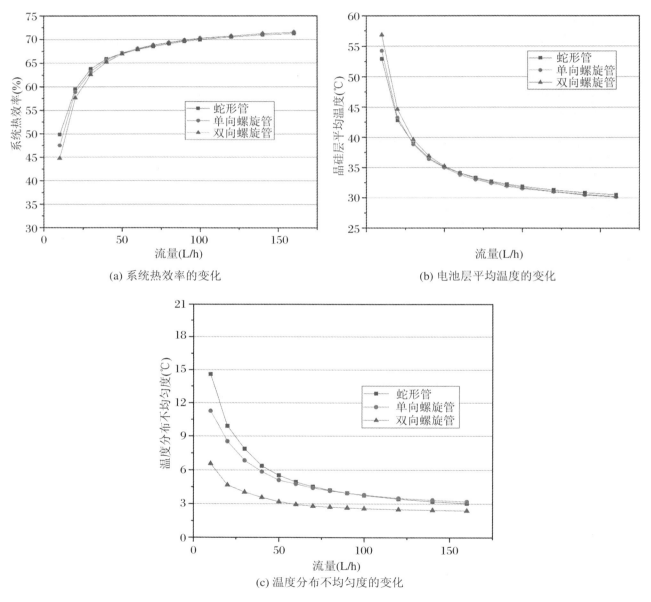

(a) 系统热效率的变化　　　　　　　　　　(b) 电池层平均温度的变化

(c) 温度分布不均匀度的变化

图 8　不同流量下 3 种换热结构的换热性能对比

5.2 不同辐照度下的热性能对比

3 种换热通道结构的换热性能在不同辐照度下的变化如图 9 所示。辐照度在模型中相当于系统唯一输入热源的大小,其变化将显著影响系统的热性能。3 种结构的系统热效率均随着辐照度变大而变大且增大趋势逐渐变缓,在辐照度大于 400 W/m² 后热效率变化急剧变缓,当辐照度大于 800 W/m² 后基本保持不变。电池层平均温度和温度分布不均匀度均与辐照度呈正相关线性关系。

同时可以看到 3 种结构的热效率与电池层平均温度在不同辐照度下基本相等,就温度分布不均匀度而言,蛇形管与单向螺旋管结构基本相同,且显著高于双向螺旋管,最大差值可达 1.4 ℃ 且差值随着辐照度的降低而线性降低,双向螺旋管较其余两者可最高降低温度分布不均匀度为 37.5% 左右。当辐照度低于 100 W/m² 后,系统输入能量过低而导致整体温度保持 20 ℃ 的初始状态,温度分布不均匀度为零。

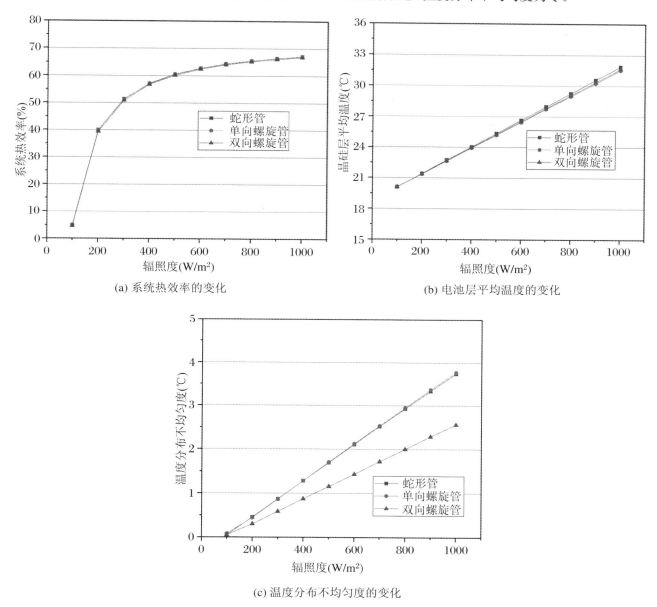

(a) 系统热效率的变化

(b) 电池层平均温度的变化

(c) 温度分布不均匀度的变化

图 9　变辐照度工况下 3 种换热结构的换热性能对比

5.3　不同入口温度下的热性能对比

3 种换热通道结构的换热性能在不同入口水温下的变化如图 10 所示。3 种性能指标在入口水温 10～30 ℃ 的范围内呈线性相关关系,随着入口水温的提升,晶硅层温度也逐渐上升,与外界环境换热损失增加,导致系统热效率逐渐下降。温度分布不均匀度也随着入口水温的上升而逐渐上升。

同时可以看到 3 种结构的热效率与电池层平均温度无论在何种不同工况下均基本相等,说明热效率和电池层平均温度仅与管板接触热阻的大小、管板接触面积的大小等有关,而管道具体排布方式对其影响不大。

同时结合以上讨论,可知管板结构的 PV/T 系统热效率基本在流量达到 90 L/h、辐照度为 800 W/m²、入口水温为 15 ℃ 时保持 71.5% 的最高状态,在此状态下增大流量或辐照度对热效率的提升作用较小。

蛇形管与单向螺旋管结构中均是单向冷流体向热流体温度升温的过程,其在发展中冷热流体并没有交互传热的过程,因此,这两种结构的温度分布不均匀度基本保持一致。而双向螺旋管结构将冷热流体交叉排布,使得冷热流体得以有效地相互传热,大大降低了温度分布不均匀度,如图 10 所示,双向螺旋管结构在不同入口温度下均能稳定地将电池层温度分布不均匀度降低 1.25 ℃,较其余两者降低 37.5% 左右。

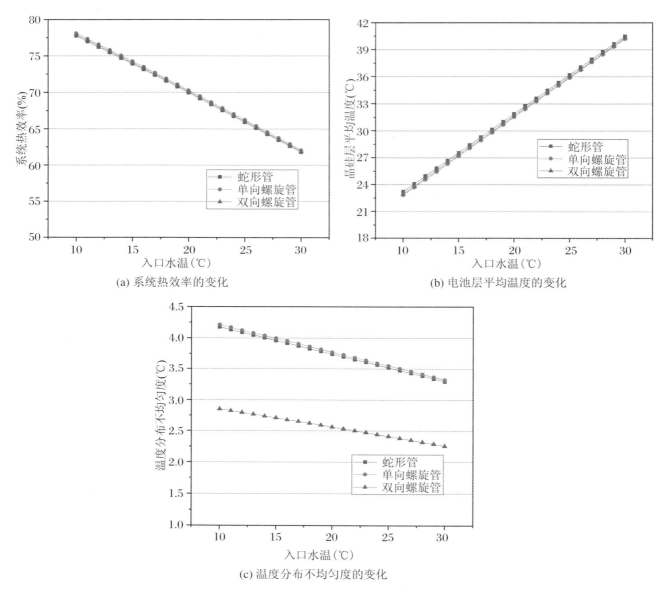

(a) 系统热效率的变化

(b) 电池层平均温度的变化

(c) 温度分布不均匀度的变化

图 10　不同入口温度下 3 种换热结构的换热性能对比

6　结论

本文采用管板连接处增加机械加固的形式强化管板导热接触,针对此新型结构的换热通道结构,提出蛇形管、单向螺旋管、双向螺旋管 3 种结构,建立系统 CFD 模型并实验验证其有效性,采用数值模拟方法分析 3 种结构在多工况下的换热性能并进行对比,所得结论如下:

(1) 随着流量增大,3 种结构热性能指标的变化趋势均逐渐减小,在流量大于 90 L/h 后基本保持不变,热效率最高保持在 71% 左右。

（2）系统热效率均随着辐照度变大而变大且增大趋势逐渐变缓，在辐照度大于 400 W/m² 后热效率变化急剧变缓，当辐照度大于 800 W/m² 后基本保持不变。电池层平均温度和温度分布不均匀度均与辐照度呈正相关线性关系。

（3）管道具体排布方式对热效率和电池层平均温度的影响不大，而双向螺旋管将冷热管交替布置，其与单向螺旋管和蛇形管相比，能明显提高吸热板温度分布的均匀性，温度分布不均匀度最高可降低 37.5%。

参 考 文 献

［1］ 国家电力.全球能源分析与展望 2019［R］.北京：国网能源研究院，2019.

［2］ 杨金焕，于化丛，葛亮.太阳能光伏发电应用技术［M］.北京：电子工业出版社，2009.

［3］ Kianifard S，Zamen M，Nejad A A. Modeling，designing and fabrication of a novel PV/T cooling system using half pipe［J］.Journal of Cleaner Production，2020（2）：253-255.

［4］ Zhou J，Zhu Z，Zhao X，et al. Theoretical and experimental study of a novel solar indirect-expansion heat pump system employing mini channel PV/T and thermal panels［J］. Renewable Energy，2020（151）：674-686.

［5］ Fudholi A，Sopian K，Yazdi M H，et al. Performance analysis of photovoltaic thermal（PVT）water collectors［J］.Energy Conversion and Management，2014（78）：641-651.

［6］ Das D，Kalita P，Roy O. Flat plate hybrid photovoltaic-thermal（PV/T）system：a review on design and development［J］. Renewable and Sustainable Energy Reviews，2018（84）：111-130.

［7］ Maadi S R，Khatibi M，Ebrahimnia-B E，et al. Coupled thermal-optical numerical modeling of PV/T module-Combining CFD approach and two-band radiation DO model［J］. Energy Conversion and Management，2019（198）：81-84.

［8］ Xiao L，Shi R，Wu S Y，et al. Performance study on a photovoltaic thermal（PV/T）stepped solar still with a bottom channel［J］.Desalination，2019（471）：114-129.

［9］ Zhang H，Liang K，Chen H，et al. Thermal and electrical performance of low-concentrating PV/T and flat-plate PV/T systems：a comparative study［J］.Energy，2019（177）：66-76.

［10］ 葛新石，叶宏.PV/T 电、热联产系统在理想条件下的性能简化分析［J］.太阳能学报，2006，27（1）：30-35.

［11］ 刘仙萍，饶政华，廖胜明.太阳能光伏/管热负荷集热器能量转化性能的数值模拟［J］.中南大学学报（自然科学版），2013，44（6）：2554-2560.

［12］ Duffie J B W. Solar Engineering of Thermal Processes［M］.4th ed. New York：John Wiley & Sons Inc.，2013.

［13］ 张鹤飞.太阳能热利用原理与计算机模拟［M］.2 版.西安：西北工业大学出版社，2004.

［14］ 杨世铭，陶文铨.传热学［M］.4 版.北京：高等教育出版社，2015.

 作 者 简 介 ●

张亮（1996—），男，汉族，研究生，主要从事太阳能光伏/光热高效利用研究。通信地址：陕西省西安市碑林区西安交通大学兴庆校区。E-mail：alvin0311@126.com。

基于特征结构的套片式油冷器传热
与压降性能研究

顾宇彤[1]　**刘雪东**[1,2]　**刘文明**[1,2]　**宣颖**[1]　**彭涛**[1]

（1. 常州大学机械工程学院，常州 13164；2. 江苏省绿色过程装备重点实验室，常州 213164）

摘要：针对套片式油冷器中套片数量多、尺寸差别大的特点，选取包含折流板的一组换热单元作为特征结构，对其传热和压降特性进行了数值模拟和实验研究，并将模拟结果与实验数据进行对比分析，研究壳程流量变化及套片间距变化对油冷器内传热及压降特性的影响。结果表明，壳程流量增大，传热系数及压降均增大，且当壳程流量为 1.6 m³/h 时，综合传热效果最好；套片间距为 4 mm 时，通道流量分配最为均匀，传热效果最佳。拟合得出了套片式油冷器壳程 Nu 数和 Re 数的关系曲线，用以探究多层小间距套片结构内部的流场及换热情况，对优化其内部结构具有指导意义。

关键词：油冷器；特征结构；壳程流量；套片间距

Research on Heat Transfer and Pressure Drop Performance of Plant Fin-and-Tube Oil Cooler Based on Characteristic Structure

Gu Yutong[1]，**Liu Xuedong**[1,2]，**Liu Wenming**[1,2]，**Xuan Ying**[1]，**Peng Tao**[1]

（1. School of Mechanical Engineering，Changzhou University，Changzhou 213164；2. Jiangsu Key Laboratory of Green Process Equipment，Changzhou University，Changzhou 213164）

Abstract：Aiming at the characteristics of the large number of sets and large size differences in the plant fin-and-tube oil cooler，a set of heat exchange units including baffles is selected as the characteristic structure，and the heat transfer and pressure drop characteristics are numerically simulated and experimentally studied. The simulation results are compared with the experimental data to study the effects of changes in shell-side flow rate and sleeve spacing on the heat transfer and pressure drop characteristics in the oil cooler. The results show that the shell-side flow rate increases，the heat transfer coefficient and pressure drop increase. When the shell-side flow rate is 1.6 m³/h，the comprehensive heat transfer effect is the best；when the sleeve spacing is 4 mm，the channel flow distribution is the most uniform，and the heat transfer effect is the best. The fitting obtained the relationship curve between Nu number and Re number of the shell side of the plant fin-and-tube oil cooler. It is used to explore the flow field and heat transfer inside the multi-layer small-pitch sleeve structure，which is instructive for optimizing its internal structure.

Keywords：oil cooler；characteristic structure；shell-side flow；plant spacing

1 引言

套片式油冷器是管翅式换热器的一种，广泛地运用于注塑机、压铸机以及油压机等各类液压机械润滑油的冷却过程中。[1]油冷器中管程介质为冷却水，壳程介质为润滑油。多层小间距的壳程套片结构能够扩大传热面积，强化传热，同时保持介质纵向流动，实现管壳程流体完全逆流。[2]因此，套片式油冷器具有结构紧凑，传热效率高，流动阻力小等特点，能够有效处理润滑油这类黏度较大、流动能力较差[3]的热介质。

目前,国内外学者对套片式油冷器进行了大量的实验研究和数值模拟。实验方面[4-5],Hosseini 等[6]人研究了光管、波纹管和翅片管 3 种不同管束油冷却器的传热特性和阻力性能,发现翅片管油冷器的壳程 Nu 数最大,传热效果最好,波纹管传热效果最差;Chen 等[7]人研究了具有不同几何形状的 3-D 翅片管束换热器的流动和传热性能,发现 3-D 翅片管束能够减小壁面与热空气的温差从而强化传热,同时提出该类换热器在设计过程中可以选择较小的纵向管间距和较低的翅片高度以保证设备的整体性能。模拟方面[8-12],徐文强[13]对百叶窗翅片圆管换热器的单层翅片结构进行数值模拟,从二次流角度分析百叶窗翅片的换热机理;Aytunc 等[14]人对 10 种不同尺寸的单翅片通道进行建模,发现翅片间距对压力降有较大的影响,而提高换热管椭圆度能强化传热,同时减小压降;梁帅等[15]人通过模拟单通道间壳程流体的流动情况,拟合得出了叠片式换热器的传热系数和压降公式,并将其与经验公式进行比较分析。

前人对套片式换热器的数值分析主要以单套片通道为研究对象,没有考虑连续套片通道中的相互作用以及管程介质在流动中的变化对壳程传热的影响。因此,本研究在对套片式油冷器进行实验研究的基础上,采用包含折流板的一组换热单元作为模拟对象,在整体分析压降及传热特性的同时,探究多层小间距的套片结构对壳程传热特性的影响。

2 数值模拟

2.1 物理模型

本文采用 ANSYS Fluent 软件对套片式油冷器进行数值模拟。取包含折流板的一组换热单元作为油冷器的特征模型,根据其对称性,采用 1/2 模型对模拟结构进行简化,并分别对管壳程出口管道作相应延长以消除出口效应对模拟结果的影响。套片式油冷器的特征模型结构如图 1 所示。

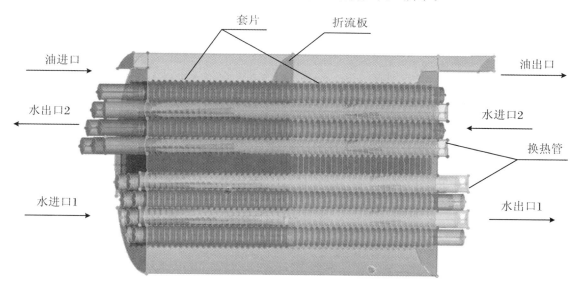

图 1 套片式油冷器的特征模型结构示意图

其中,筒体内径为 162 mm;折流板厚度为 1 mm,缺口高度为 42 mm,材料为 304 不锈钢;换热管规格为 $\varnothing$12 mm×0.5 mm,材料为 T2,呈叉排布管方式;铝套片的结构尺寸如图 2 所示,其厚度为 0.2 mm。

在建模过程中,忽略折流板及套片与筒体之间的间隙,忽略套片与换热管连接处的翻边厚度。[16]

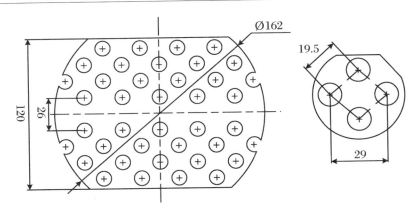

图2 铝套片结构示意图(单位:mm)

2.2 数学模型

壳程润滑油入口流速范围为 0~2 m/s,雷诺数 $Re<2300$,因此,壳程流体的流动状态为层流。为简化计算,对模型做出如下假设[17]:

(1) 换热器内温度变化范围小,管壳程流体的各项物性参数均为常数。

(2) 流动过程中仅考虑翅片及管道的导热及流体间的对流换热情况,不考虑辐射换热的影响。

(3) 管壳程介质均为不可压缩流体,且在壁面处无滑移现象。

(4) 系统与外界保持绝热状态,无热量损耗。

针对上述假设,本文中套片式油冷器特征模型的控制方程如下:

质量守恒方程:

$$\frac{\partial u}{\partial x} + \frac{\partial v}{\partial y} + \frac{\partial w}{\partial z} = 0 \tag{1}$$

动量守恒方程:

$$\rho\left(\frac{\partial u}{\partial t} + u\frac{\partial u}{\partial x} + v\frac{\partial u}{\partial y} + w\frac{\partial u}{\partial z}\right) = \rho F_x - \frac{\partial \rho}{\partial x} + \mu\left(\frac{\partial^2 u}{\partial x^2} + \frac{\partial^2 u}{\partial y^2} + \frac{\partial^2 u}{\partial z^2}\right) \tag{2}$$

$$\rho\left(\frac{\partial v}{\partial t} + u\frac{\partial v}{\partial x} + v\frac{\partial v}{\partial y} + w\frac{\partial v}{\partial z}\right) = \rho F_y - \frac{\partial \rho}{\partial y} + \mu\left(\frac{\partial^2 v}{\partial x^2} + \frac{\partial^2 v}{\partial y^2} + \frac{\partial^2 v}{\partial z^2}\right) \tag{3}$$

$$\rho\left(\frac{\partial w}{\partial t} + u\frac{\partial w}{\partial x} + v\frac{\partial w}{\partial y} + w\frac{\partial w}{\partial z}\right) = \rho F_z - \frac{\partial \rho}{\partial z} + \mu\left(\frac{\partial^2 w}{\partial x^2} + \frac{\partial^2 w}{\partial y^2} + \frac{\partial^2 w}{\partial z^2}\right) \tag{4}$$

能量守恒方程:

$$\frac{\partial t}{\partial \tau} + u\frac{\partial t}{\partial x} + v\frac{\partial t}{\partial y} + w\frac{\partial t}{\partial z} = \alpha\left(\frac{\partial^2 t}{\partial x^2} + \frac{\partial^2 t}{\partial y^2} + \frac{\partial^2 t}{\partial z^2}\right) \tag{5}$$

2.3 边界条件及计算方法

对特征模型定义管程和壳程两个流体域,并设置标准的 $k\text{-}\varepsilon$ 湍流模型。采用基于压力的分离式求解器及标准壁面函数对数值模型进行求解。壳程流道多层小间距的特点使得黏度较大的润滑油流动无法充分发展,因而壳程介质保持层流状态;管程冷却水为湍流状态,湍流强度为 5%。管壳程均采用速度进口和压力出口边界条件。套片、折流板及换热管均采用壁面边界条件,并对其设置壁面导热。考虑到套片的定距翻边和换热管之间存在接触热阻,在管程设置 1 mm 的 $CaCO_3$ 层。对称剖面设置为对称边界,其他外部壁面均设置为绝热壁面。

模拟采用标准 SIMPLE 算法进行速度和压力的耦合,动量方程及能量方程均采用二阶迎风格式,亚松弛因子采用默认值。

3　实验方法

3.1　实验装置与方法

套片式油冷器小型实验台如图3所示。

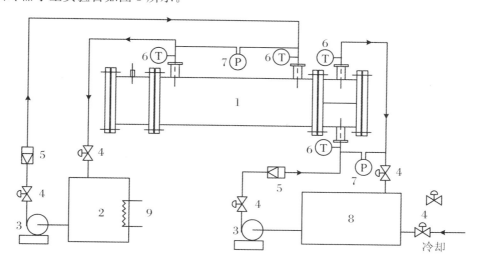

1. 套片式油冷器；2. 油储罐；3. 泵；4. 阀门；
5. 流量计；6. 温度传感器；7. 压力传感器；8. 水箱；9. 电加热

(a) 实验流程图

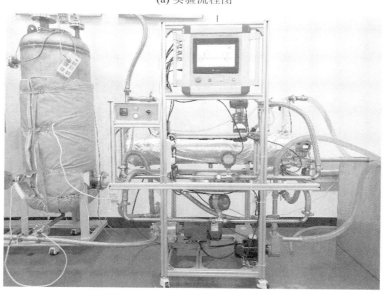

(b) 套片式油冷器实验台

图 3　套片式油冷器小型实验台

该成套系统主要由润滑油循环及冷却水循环组成，壳程介质为HM46抗磨液压油，通过对储油罐进行电加热，将油的进口温度保持在 40 ± 1 ℃；管程介质为冷却水，其进口温度保持在 25 ± 0.5 ℃。实验过程中通过变频器调节水和润滑油的流量，并通过传感器测量相应数据，最终将所得数据汇总到数据采集系统显示屏上，从而计算得到不同管壳程流量下套片式油冷器的热交换量。实验进行过程中，每调节一次流量都等流动及温度稳定后记录相关数据。

3.2 实验数据处理

为保证实验数据的可靠性,首先需要对获得的管壳程换热情况进行热平衡核算,若冷热流体热交换量误差保持在10%以内,则认为实验数据有效。

$$Q_h = C_h U_h (T_1 - T_2) \tag{6}$$

$$Q_c = C_c U_c (t_2 - t_1) \tag{7}$$

式中,Q_h,Q_c分别为润滑油、冷却水热交换量,单位为 W;C_h,C_c分别为润滑油、冷却水比热容,单位为 J/(kg·℃);U_h,U_c分别为润滑油、冷却水流量,单位为 kg/s;T_1,T_2分别为润滑油进出口温度,单位为℃;t_1,t_2分别为冷却水进出口温度,单位为℃。

实验中壳程润滑油侧传热系数:

$$K = \frac{Q_h}{A \cdot \Delta t_m} \tag{8}$$

其中,A为管外表面积,单位为 m^2;Δt_m按逆流流动的对数平均温差计算,查阅《换热器设计手册》[18],在本实验的管壳程进出口温度范围内,无需对单壳程双管程的对数平均温差进行修正。

4 结果与讨论

4.1 流量变化对传热特性的影响

针对套片间距为 2 mm 的模型,管程流量为 1.45 m^3/h 时,在 0~2 m^3/h 的壳程流量范围内,依次选取 1.25 m^3/h,1.4 m^3/h,1.6 m^3/h,1.75 m^3/h 和 1.94 m^3/h 这 5 个不同的壳程介质进口流量值,分别进行实验和数值模拟,对比不同流量下套片式油冷器的传热特性。

图 4 为套片式油冷器在不同壳程流量下的传热系数变化速率曲线。由图可知,实验和模拟得出的传热系数变化速率趋势保持一致,且误差较小,即说明实验和模拟结果相吻合,模拟结果可靠。

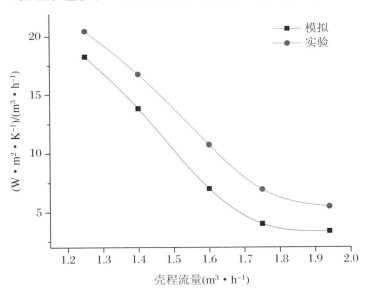

图 4 传热系数变化速率与壳程流量的关系曲线

随着壳程流量的增加,变化速率逐渐减小但均为正值,表明传热系数随流量的增加而增大,但上涨的幅度不断减小。曲线在 1.6 m^3/h 后趋于平缓,由此说明 1.6 m^3/h 是较为合适的壳程流量。流量较小时,壳程介质放热量较低,管程冷却水吸热量未能达到饱和,而随着壳程流量的增大,管程介质吸热量逐渐达到饱和,不能有效达到降低壳程介质出口温度的目的。因此,管程流量为 1.45 m^3/h 时,壳程的最佳流量为 1.6 m^3/h。

图 5、图 6 分别为壳程压降及单位压降下的传热系数随流量的变化曲线。从图中可得,随着壳程流量的增加,压降不断上升,而单位压降下的传热系数大致呈线性下降。当流量大于 1.6 m³/h 时,壳程压降有明显升高的趋势。从套片式油冷器特征模型壳程进口部分的流线图(图 7)中可以看出,小间距阵列的套片阻碍了壳程流体的流动,导致部分流体进入套片通道前,首先在筒体和套片上端的空腔内形成漩涡,且润滑油黏度较大,流速的增加能够有效增大涡流处的压力损失。同时,当套片间距为 2 mm 时,弓形折流板的开口面积是单侧套片下端出口总面积的 82.78%,流体由于流通面积的突变会产生额外的阻力损失。然而套片式油冷器由于其能保持纵向流的壳程结构,产生的压力损失也远小于同规格下其他形式的换热器。[19-20]

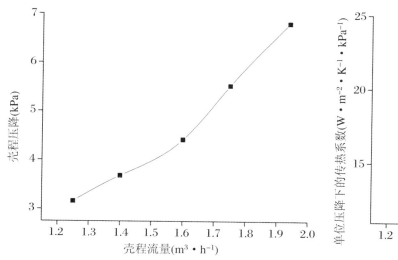

图 5　壳程压降与流量的关系曲线　　图 6　单位压降下的传热系数与流量的关系曲线

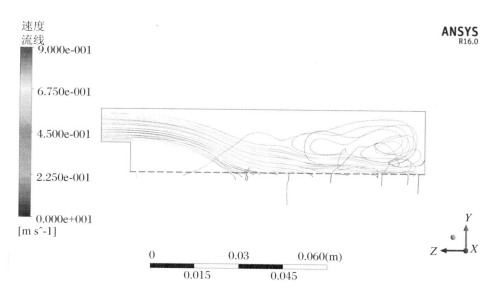

图 7　特征模型壳程进口流线图

图 8(a)为折流板后某一套片的温度分布云图。壳程流体翻越折流板后,从套片下端向上流动,通过套片的导热作用,可以有效扩大管程介质的影响范围,增强冷却效果。取图中 A 点对应的各流道内位置,即套片下端进口通道的数据,得到其温度变化情况如图 8(b)所示。热流体流经折流板后到下一折流板之前,流动情况与前文相对应,部分温度较高的主流流体在压差作用下直接进入靠近折流板的通道内;而大部分流体充分混合后形成旋涡,重新分配到各个流道内,因此后端通道进口处的流体流量较大,温度也逐渐上升。同时,随着流量的增大,下端进口处的温度也不断上升。

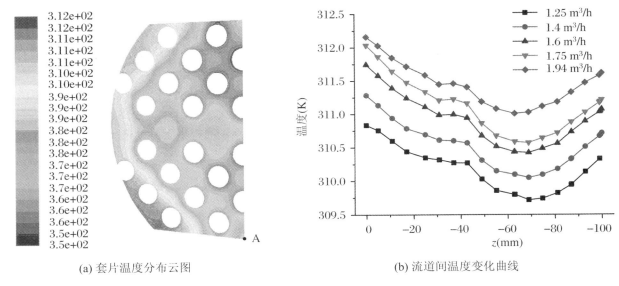

(a) 套片温度分布云图   (b) 流道间温度变化曲线

图 8 温度分布情况

4.2 套片间距对传热特性的影响

4.1 节中已确定了管程冷却水流量为 1.45 m³/h 时,最佳壳程流量为 1.6 m³/h。在此流量下,分别对套片间距为 2 mm,3 mm,4 mm,5 mm 和 6 mm 的特征结构进行数值模拟,探究套片间距对套片式油冷器传热性能的影响。

图 9 为特征模型对称面的压力分布情况,发现折流板两侧流体存在明显的压力差。分别对不同套片间距的模型建立路径 1 和路径 2,并对路径及相关截面上的情况进行分析。

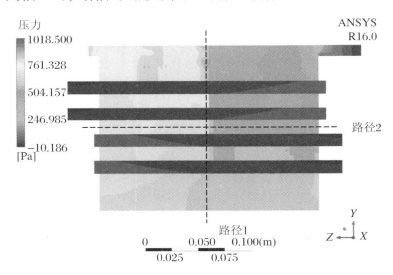

图 9 压力分布云图及路径设置

图 10 显示了不同套片间距模型中沿路径 1 的压力及流动情况。曲线的若干缺口表明润滑油在流经换热管时产生绕流现象,带来较大的压力损失。同时,由于下端通道直径变小,流体汇集,压降情况有所缓解。当套片间距为 2 mm 和 3 mm 时,同一套片通道中产生的阻力损失较大,随着间距的增大,阻力降的增幅明显减小。

图 11 为路径 2 的压力分布情况。由图可知壳程流体在折流板前后会产生较大的压力损失,且远离折流板端的套片通道中的压力明显低于中间及靠近折流板的通道中的流体。这是由于壳程流体受空腔中旋涡的影响,仅少部分进入远端通道内,同时通道内绕流也会产生较大的压力损失;壳程介质主要进入靠中后部

的套片通道中,其压力损失也较小。

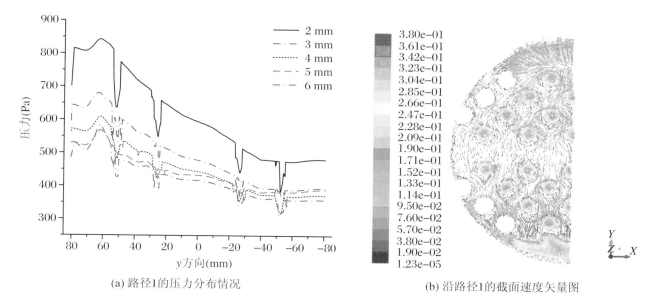

(a) 路径1的压力分布情况　　　　　　　　　(b) 沿路径1的截面速度矢量图

图 10　路径 1 的压力及流动情况

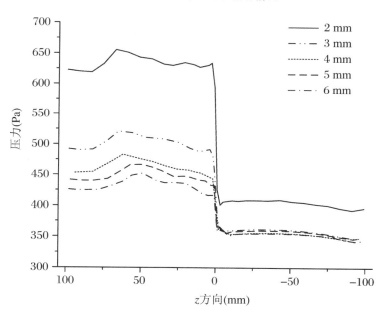

图 11　路径 2 的压力分布情况

结合图 10、图 11,发现无论是单通道还是整体模型,压力损失均随着套片间距的增大而降低,这是由于相同流速下,套片数量的增多会减少其上端流体进出口的流通面积,从而增大流体总体进入套片通道的流速,产生较大的阻力降。其中,当套片间距为 2 mm 时的压降最为明显,而间距为 4～6 mm 时的压降变化趋于平缓,表明适当增大套片间距能够有效改善油冷器结构中的压力损失。

图 12 为不同套片间距下特征结构的传热系数变化情况。在间距为 4 mm 时,套片式油冷器的壳程传热效果最好。文献[21]中表明平行流换热器中流量分配不均可导致传热性能大幅下降,而本文中阵列分布的多层套片结构与平行流换热器的结构相类似,因此可以从流量均匀性角度分析套片间距影响传热特性的原因。

为了表达特征结构中壳程进口侧各套片通道间的流量分配特性,从左到右依次对通道进行编号,并定义各套片通道的流量分配不均衡度 E_i 和总体流量分配不均匀度 S:

$$E_i = \frac{u_i - u_a}{u_a} \tag{9}$$

$$S = \sqrt{\frac{1}{n-1}\sum_{i=1}^{n}E_i^2} \tag{10}$$

式中，u_i 为第 i 个通道间的流体流量，单位为 kg/s；u_a 为平均各通道间的流体流量，单位为 kg/s；n 为通道总数。

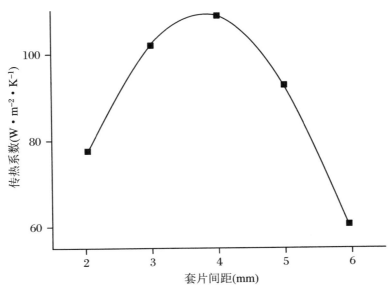

图 12　传热系数与套片间距的关系曲线

　　图 13 所示为不同套片间距下，折流板左侧流体从套片上端进入通道时的总流量分配不均匀度分布情况。从图中可以看出，当套片间距为 4 mm 时，各通道间的流量分布不均匀性为 42.4%，流动最均匀。当套片间距较小时，套片数量较多，产生较大的阻力损失，流体虽在冲击折流板后形成旋涡回流入前端通道，但回流量较小，导致前端通道间的流量远小于中后部通道中的流量；当套片间距较大时，通道间的压力损失明显减小，流体流入后，一部分直接进入靠近折流板的通道中，导致该处流量明显增加。由此可知套片间距过大或过小均不利于通道间整体流量分配的均匀性，从而影响油冷器的传热效果。

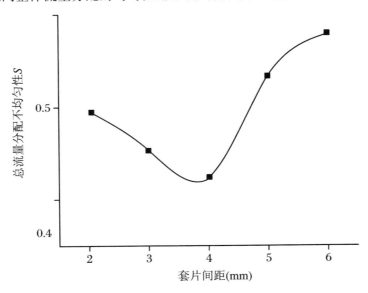

图 13　总体流量分配不均匀度 S 曲线

4.3 准则关系式拟合

4.1 节和 4.2 节分别确定了当管程流量为 1.45 m³/h 时,套片式油冷器的最佳壳程流量为 1.6 m³/h,以及该流量下传热效果最好的套片间距为 4 mm。利用 Origin 软件对数据进行多元回归分析,得到壳程 Nu 准数随着 Re 数的关系曲线如图 14 所示。

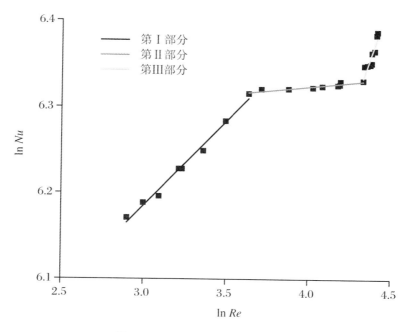

图 14　Nu 数与 Re 数的关系曲线

图中曲线可分为 3 段,第 Ⅰ 部分为折流板远端的换热情况,此部分通道中流体流量较小,管程介质吸热量未饱和,壳程流体换热效果较好;第 Ⅱ 部分为中部通道,此部分流体换热量较小;第 Ⅲ 部分显示折流板附近的换热情况较为剧烈,热量传递主要集中在折流板处。壳程的 Nu 准数准则关系式拟合如下:

$$\text{第 Ⅰ 部分}: Nu = 268.27\,Re^{0.197} \tag{11}$$

$$\text{第 Ⅱ 部分}: Nu = 515.94\,Re^{0.0195} \tag{12}$$

$$\text{第 Ⅲ 部分}: Nu = 52.04\,Re^{0.550} \tag{13}$$

5　结论

(1) 以包含折流板的一组换热单元作为套片式油冷器的特征模型,并利用 Fluent 软件对该模型中的管壳程流动进行模拟,模拟和实验得出的传热系数变化速率趋势相一致。

(2) 当管程冷却水流量为 1.45 m³/h 时,壳程 HM46 润滑油的最佳流量为 1.6 m³/h。随着壳程流量的增加,传热系数及压降都增大,但单位压降下的传热系数不断减小,且明显低于其他管翅式换热器,说明该油冷器结构紧凑且保持壳程纵向流动的结构优越性。

(3) 管程水流量为 1.45 m³/h,壳程油流量为 1.6 m³/h 时,套片间距为 4 mm 的油冷器结构内部总体流量分配不均匀度为 42.4%,总体均匀性最好,传热效果最优,通过数值拟合得出该操作条件下壳程流体 Nu 准数的准则关系式,验证热量传递主要集中在折流板附近。

参 考 文 献

[1]　魏小兵,江楠,梁帅.新型叠片式油冷却器传热及综合性能的研究[J].压力容器,2012(10):11-15.

[2]　魏小兵,江楠,曾纪成.新型纵向流油冷却器传热性能及压降的试验研究[J].压力容器,2012,29(6):

9-13.

［3］ 南金秋,阎昌琪.滑油冷却器小型化研究[J].应用科技,2008,35(2):56-59.

［4］ 刘利华,丁强,江爱朋.平直翅型油冷却器传热与流阻性能的实验研究[J].制冷,2017,36(1):7-13.

［5］ 梁帅,江楠,曾纪成,等.套片式油冷器传热性能实验研究[J].化工设备与管道,2013,50(6):28-32.

［6］ Hosseini R,Hosseini-Ghaffar A,Soltani M.Experimental determination of shell side heat transfer coefficient and pressure drop for an oil cooler shell-and-tube heat exchanger with three different tube bundles[J].Applied Thermal Engineering,2007,27(5):1001-1008.

［7］ Chen Z Y,Cheng M,Liao Q,et al.Experimental investigation on the air-side flow and heat transfer characteristics of 3-D finned tube bundle[J].International Journal of Heat and Mass Transfer,2019 (131):506-516.

［8］ 徐百平,江楠,程卓明,等.平直翅片管翅式换热器流动与传热数值模拟[J].化工装备技术,2005,26 (4):46-49.

［9］ Taler D,Ocloń P.Determination of heat transfer formulas for gas flow in fin-and-tube heat exchanger with oval tubes using CFD simulations[J].Chemical Engineering and Processing:Process Intensification, 2014(83):1-11.

［10］ 田馨文.高速列车用板翅式换热器波纹翅片通道传热特性研究[D].兰州:兰州交通大学,2019.

［11］ Naef A A.Qasem,Syed M Zubair.Generalized air-side friction and heat transfer correlations for wavy-fin compact heat exchangers[J].International Journal of Refrigeration,2019(97):21-30.

［12］ Ertan B,Koray K.Enhancement of Heat Transfer for Plate Fin Heat Exchangers Considering the Effects of Fin Arrangements[J].Heat Transfer Engineering,2018,39(15):1392-1404.

［13］ 徐文强.百叶窗翅片圆管换热器肋侧层流流动特性与传热特性数值研究[D].兰州:兰州交通大学,2019.

［14］ Aytunc E,Ozerdem B,Bilir L,et al.Effect of geometrical parameters on heat transfer and pressure drop characteristics of plate fin and tube heat exchangers[J].Applied Thermal Engineering,2005,25 (14):2421-2431.

［15］ 梁帅,江楠,曾纪成.套片式油冷器传热性能的研究[J].压力容器,2013,50(7):24-29.

［16］ 涂盛辉,冯毅,刘敏.新型叠片式油冷却器综合性能的数值研究[J].压力容器,2015,32(11):33-39.

［17］ 陈鹏,刘金祥,徐稳龙,等.肋片管换热器管外三维流动与空气侧表面换热模拟[J].建筑热能通风空调,2010,29(1):9-12.

［18］ 钱颂文.换热器设计手册[M].北京:化学工业出版社,2002.

［19］ 戴玉龙,吴剑华,战洪仁.网状孔板纵向流换热器壳程流体流动及换热特性的数值模拟[J].过程工程学报,2011,11(5):736-741.

［20］ 刘秀峰,张诗,周志杰,等.换热器结构优化与换热性能评价指标研究[J].化工学报,2020,71(1): 98-105.

［21］ 吴学红,孟浩,丁昌,等.平行流换热器流量分配均匀性研究[J].郑州大学学报(工学版),2015,36(5): 22-24.

作者简介 ●

顾宇彤(1995—),女,汉族,硕士研究生,研究方向为能源化工装备技术。刘雪东,教授,从事能源化工装备结构创新与优化、粉体工程设备与技术研究。通信地址:常州科教城机械石油楼410。E-mail:xdliu_65@126.com。

超临界二氧化碳在印刷电路板换热器内
的流动换热特性研究

孙建刚　付文　梁晨　李培跃

（中国船舶重工集团公司第七二五研究所,洛阳 471039）

摘要：印刷电路板换热器（Printed Circuit Heat Exchanger,简称 PCHE）是一种紧凑高效的微通道换热器,具有耐高温高压等优势。本文基于传热系数和阻力系数的经验关联式,初步设计了以超临界二氧化碳为工质的印刷电路板换热器,再对印刷电路板换热器的流道进行三维建模,数值模拟流道内的温度和速度分布,并分析了 Re 数对换热系数和压降的影响规律。对比理论计算结果和 CFD 数值模拟结果,两种方法得到的温度分布基本吻合,两种方法得到的总换热系数误差在 15% 以内,压降误差在 10% 以内。

关键词：印刷电路板换热器（PCHE）；超临界二氧化碳；几何设计；数值模拟

Research of Supercritical CO$_2$ Thermal Hydraulic Characteristics
in a Printed Circuit Heat Exchanger

Sun Jiangang, Fu Wen, Liang Chen, Li Peiyue

（Luoyang Ship Material Research Institute,Luoyang 471039）

Abstract：A printed circuit heat exchanger（PCHE）is a highly compact and efficient micro-channel heat exchanger,with the advantage of high temperature and high pressure. A PCHE with supercritical carbon dioxide（CO$_2$）as the working fluid was designed in this study based on the theory correlations. Three-dimensional numerical analysis was then conducted to simulate the distribution of temperature and velocity in the flow channel,and analyze the influence of Reynolds number on heat transfer and pressure drop. The CFD simulation results were compared with the theory calculations,the temperature distribution matched well with each other,the deviations of total heat transfer coefficient were within 15%,and the deviations of pressure drop were within 10%.

Keywords：printed circuit heat exchanger（PCHE）；supercritical carbon dioxide；micro-channel heat exchanger；CFD simulation

1 引言

印刷电路板换热器是一种传热效率高、结构紧凑的微通道换热器。PCHE 的流体通道是在金属板片上采用光化学刻蚀工艺形成的,通道截面以毫米级的半圆形结构为主,不同板片交替排列经过扩散连接构成换热器芯体,芯体再与管箱、接管等部件通过熔化焊构成换热器整体。

PCHE 具有单位体积换热面积大、换热系数高的特点,单元换热效率可达到 98%,同等热负荷下,体积和重量仅为传统管壳式换热器的 1/6～1/4。PCHE 扩散连接部位理想状态下可达到母材的强度,因此可承受 600 bar 高压,极限承受温度能力范围从深冷温度到 900 ℃。PCHE 无需垫片、管板等,具有更高的设备可靠性,还可实现多种介质同时换热。

超高温气冷堆[1]、钠冷快堆[2-3]、熔盐堆[4-5]以及聚变反应堆均需要耐高温高压能力强、换热效率高、结构紧凑的中间换热器实现热量传递,PCHE 是先进反应堆中间换热器的优选方案。PCHE 还可应用于海洋工程[6-7]、光热发电、高效火力发电、石油化工等领域。

PCHE 的设计、制造、维护成套技术被英国 Heartic 公司垄断近 30 年[8]，我国工业应用的 PCHE 全部来自国外进口，国内极少数自主生产的设备尚处于试验阶段。[9]国内外学者开展了一系列关于 PCHE 的研究。Kar[10]数值模拟了恒定热流密度条件下空气在 PCHE 通道内的流动换热特性。Franck[11]等实验研究了 PCHE 作为空气回热器的稳态和瞬态特性，研究表明 PCHE 可用作高温回热器。Mylavarapu[12]等搭建了氦气试验回路，研究了 PCHE 的流动和换热特性。Figley[13]等用 FLUENT 软件数值模拟了氦气在 PCHE 直通道内的流动换热特性。Chu[14]等实验研究了超临界二氧化碳和水在 PCHE 直通道内的流动换热特性。

本文研究高温高压条件下超临界二氧化碳在 PCHE 内的流动换热特性。首先进行换热器几何设计，确定通道的几何尺寸，之后开展 PCHE 三维数值模拟，分析通道内的流场和温度场，将数值模拟结果与理论计算进行了对比分析，并研究了 Re 数对流动和换热的影响。

2 印刷电路板换热器的几何设计

PCHE 的热流体和冷流体在不同片层交替流动。本文采用半圆形截面的直通道结构，换热单元的截面示意图如图 1 所示。本文以超临界二氧化碳（S-CO$_2$）为流动工质，设计通道直径（D）、通道长度（L）、通道中心栅距（P_c）、板片厚度（t）等几何尺寸。

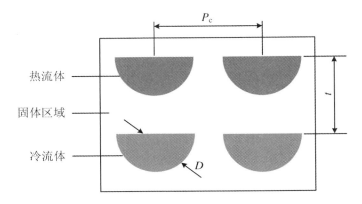

图 1　换热单元截面示意图

通道的横截面积和周长根据下面公式进行计算：

$$A_c = \frac{1}{2}\left(\frac{\pi}{4}D^2\right) \tag{1}$$

$$P = \frac{\pi D}{2} + D \tag{2}$$

通道的水力直径为

$$D_{hyd} = \frac{\pi D}{2\left(\frac{\pi}{2} + 1\right)} \tag{3}$$

由于超临界二氧化碳物性变化剧烈，沿流道方向进行分段计算，分别计算每个微元段内的温度、压降和换热量。假设流量在通道内均匀分布，热流体侧和冷流体侧的通道及板片几何尺寸相同，忽略轴向导热。整体设计思路是先假定流道直径、长度及流道数量，根据强度计算确定板片厚度和通道中心栅距，从热侧入口进行分段迭代计算，得到总换热量和压降，若不满足设计要求的换热量和压降，调整流道直径、长度及流道数量，重新迭代计算直至满足设计要求。

2.1 流动与传热计算关联式

通道每一微元段内的换热由热流体侧的对流换热、壁面的导热和冷流体侧的对流换热 3 部分组成，总换

热系数为

$$h = \cfrac{1}{\cfrac{1}{h_h} + \cfrac{k}{t} + \cfrac{1}{h_c}} \tag{4}$$

热流体侧和冷流体侧的流动传热计算关联式相同,当 $Re<2300$ 时,$Nu = 4.089$;当 $2300<Re<5.0\times10^6$,$0.5<Pr<2000$ 时,采用 Gnielinski 传热关联式计算对流换热系数:[15]

$$Nu = \cfrac{\cfrac{f_c}{8}(Re - 1000)Pr}{1 + 12.7(Pr^{2/3} - 1)\sqrt{f_c/8}} \tag{5}$$

$$f_c = \left(\cfrac{1}{1.8\log Re - 1.5}\right)^2 \tag{6}$$

通道内的压降主要为摩擦压降:

$$\Delta P = 4f\cfrac{L}{D_h}\cfrac{\rho v^2}{2} \tag{7}$$

当 $Re<2300$ 时,$f = 16/Re$;当 $2300<Re<10^7$ 时,$f = (1.5635\ln(Re/7))^{-2}$。

2.2 几何设计参数

本文初步设计一个换热功率为 750 kW 的超临界二氧化碳回热器,冷侧流体和热侧流体均为超临界二氧化碳(S-CO$_2$),逆流换热,热侧流体入口温度为 590 K,入口压力为 8.0 MPa,冷侧流体入口温度为 457 K,入口压力为 20.0 MPa,热侧流量为 13.24 kg/s,冷侧流量为 9.5 kg/s,设计的通道几何结构及板片数量如表 1 所示。

表 1 换热器设计参数表

项目	单位	热侧流体	冷侧流体
工质名称	—	S-CO$_2$	S-CO$_2$
入口温度	K	590	457
出口温度	K	541	514
入口压力	MPa	8	20
通道直径	mm	1.5	1.5
通道节距	mm	2.4	2.4
板片厚度	mm	1.5	1.5
通道长度	mm	100	100
每层板片通道数量	—	100	100
板片数量	—	200	200
换热量	kW	750	750
压降	kPa	9.75	1.73

3 印刷电路板换热器的三维数值模拟

3.1 网格划分及边界条件

假设流体在换热器通道内均匀分布,可采用周期性边界条件,选取一组热流体通道和冷流体通道作为计算区域。通道尺寸见表1,直径为 1.5 mm,通道间距为 2.4 mm,通道长度为 100 mm,板片厚度为1.5 mm。建立计算区域的三维模型,用 Gambit 软件对流体区域和固体区域进行结构化网格划分,壁面附近网格加密(图2)。

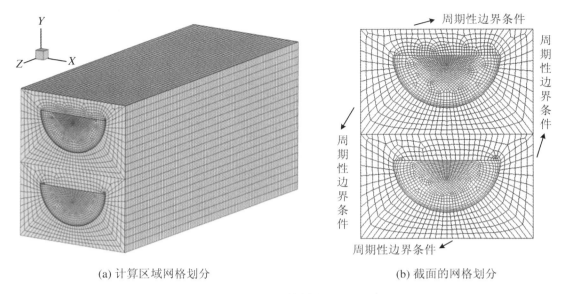

(a) 计算区域网格划分 (b) 截面的网格划分

图 2　网格划分

热流体和冷流体为逆流换热,给定热流体和冷流体的入口温度、压力和流量,热流体和冷流体的出口为压力出口边界条件。计算区域的上壁面、下壁面、左壁面、右壁面均采用周期性边界条件,计算区域的前壁面和后壁面为绝热边界条件,流体与固体接触的壁面采用耦合边界条件。用 FLUENT 软件采用标准 $k\text{-}\omega$ 模型,用 SIMPLE 算法进行计算。

3.2　网格独立性

对比了不同网格单元数时的换热量、冷流体出口温度和热流体出口温度,如图 3 所示,综合考虑网格质量与计算所需时间,本文选取的网格总数为 744250。

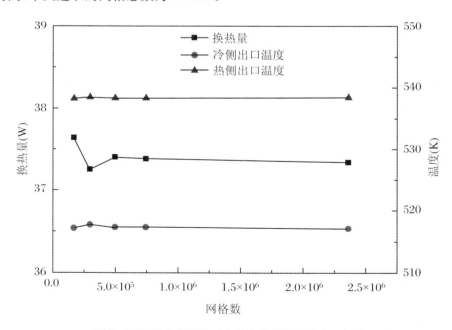

图 3　不同网格单元数对应的换热量及流体出口温度

3.3 流场和温度场分布

通道内流体的温度分布如图 4 所示,随着热量由热流体传递到冷流体,沿流动方向,热流体温度逐渐降低,冷流体温度逐渐升高,热流体中心区域温度最高,从通道中心到边缘温度逐渐降低,冷流体中心区域温度最低,从通道中心到边缘温度逐渐升高。在同一截面固体区域的温度基本相同。

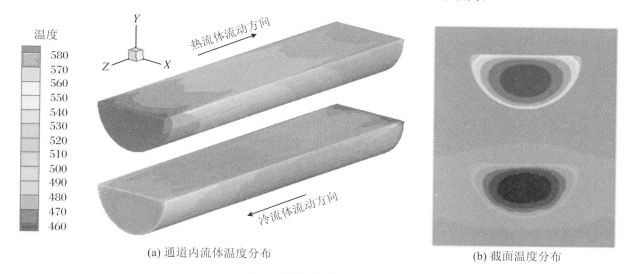

(a) 通道内流体温度分布　　　　　　　　(b) 截面温度分布

图 4　通道内流体温度分布

通道内流体的速度分布如图 5 所示,热流体和冷流体逆向流动,通道中心流速最大,流速沿径向逐渐减小,这是由于越靠近壁面流动阻力越大;通道内流速沿轴向基本不发生变化,这是因为流量和截面面积均未发生变化。

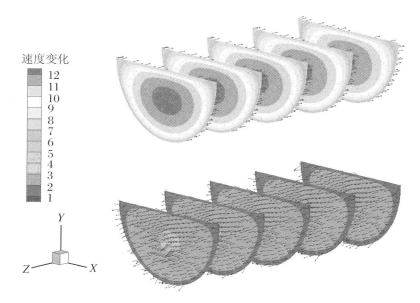

图 5　通道内流体的速度分布

4　三维数值模拟结果与理论计算的对比

4.1　温度分布

数值模拟的温度分布和理论计算的温度分布对比如图 6 所示。数值模拟的温度指 FLUENT 计算的截面平均温度,理论计算的温度是指基于经验关联式(4)～(7)计算的温度。由图 6 可看出,FLUENT 模拟得到的温度分布与经验关联式计算得到的温度分布吻合得很好。

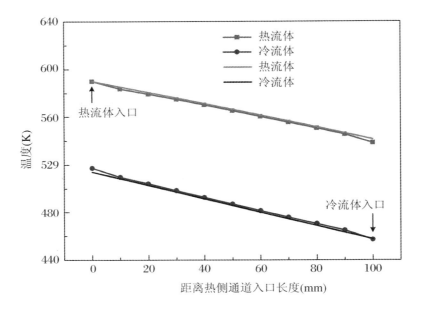

图 6 数值模拟的温度和理论计算的温度对比

4.2 *Re* 数对换热系数和压降的影响

固定冷侧超临界 CO_2 的 *Re* 数为 16538,热侧超临界 CO_2 的 *Re* 数从 2500 变化到 24293,得到不同 *Re* 数下的总换热系数和压降,如图 7 所示。从图中可以看出,随着热侧 *Re* 数增大,总换热系数增大,同时压降也增大。FLUENT 模拟得到的总换热系数与经验关联式计算得到的总换热系数误差在 15% 以内,FLUENT 模拟得到的热侧压降与经验关联式计算得到的热侧压降误差在 10% 以内,经验关联式计算的换热系数小于 FLUENT 的数值模拟值,经验关联式计算的压降高于 FLUENT 的数值模拟值,本文采用的经验关联式偏保守。

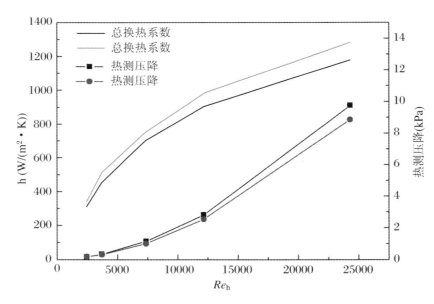

图 7 不同 *Re* 数的总换热系数和热侧压降

5 结 论

本文研究了超临界二氧化碳在印刷电路板换热器内的流动换热特性,首先基于经验关联式,采用分段计算方法设计了换热器的几何结构,之后对换热器的芯体进行三维建模,数值模拟流道内温度和速度分布,主要结论如下:

(1)通道中心流速最大,流速沿径向逐渐减小,流速沿轴向基本不发生变化。

(2)FLUENT 模拟得到的温度分布与经验关联式计算得到的温度分布吻合得很好,FLUENT 模拟得到的总换热系数与经验关联式计算得到的总换热系数误差在 15% 以内,FLUENT 模拟得到的热侧压降与经验关联式计算得到的热侧压降误差在 10% 以内。

(3)随着热侧 Re 数增大,总换热系数增大,同时压降也增大。

参 考 文 献

[1] Kim H, Cheon H. Physical model development and optimal design of PCHE for intermediate heat exchangers in HTGRs[J]. Nuclear Engineering and Design, 2012(243): 243-250.

[2] Kim D, Moo H. Numerical investigation on thermal-hydraulic performance of new printed circuit heat exchanger model[J]. Nuclear Engineering and Design, 2008, 238(12): 3269-3276.

[3] Kruizenga A. Heat transfer and pressure drop measurements in prototypic heat exchanges for the supercritical carbon dioxide brayton power cycles[D]. Madison, WI: The University of Wisconsin-Madison, 2010.

[4] Clark D, Mizia R, Glazoff M, et al. Diffusion welding of compact heat exchangers for nuclear applications[C]//Trends in Welding Research 2012: Proceedings of the International Conference, 2012.

[5] Sabharwall P, Clark D. Advanced heat exchanger development for molten salts[J]. Nuclear Engineering and Design, 2014(280): 42-56.

[6] Bowdery Tony. LNG Applications Of Diffusion Bonded Heat Exchangers.

[7] Zhao Z C, Zhao K. Numerical investigation on the flow and heat transfer characteristics of supercritical liquefied natural gas in an airfoil fin printed circuit heat exchanger[J]. Energies, 2017, 10(11): 1828.

[8] 于改革,陈永东,李雪,等. 印刷电路板式换热器传热与流动研究进展[J]. 流体机械, 2017(12): 73-79.

[9] 李雪,陈永东,于改革,等. 印刷电路板式换热器传热与流动规律及准则式研究[J]. 压力容器, 2017(12): 21-26.

[10] Kar. CFD Analysis Of Printed Circuit Heat Exchanger[D]. Rourkela: National Institute of Technology, 2007.

[11] Franck P, Patrice T. Promising designs of compact heat exchangers for modular HTRs using the Brayton Cycle[J]. Nuclear Engineering and Design, 2008, 238(11): 3160-3173.

[12] Mylavarapu S. Investigation of high-temperature printed circuit heat exchangers for very high temperature reactors[J]. Journal of Engineering for Gas Turbines and Power, 2009, 131(6): 62-65.

[13] Figley J, Sun X D. Numerical study on thermal hydraulic performance of a printed circuit heat exchanger[J]. Progress in Nuclear Energy, 2013(68): 89-96.

[14] Chu W X, Hui X. Experimental investigation on S-CO₂-water heat transfer characteristics in a printed circuit heat exchanger with straight channels[J]. International Journal of Heat and Mass Transfer, 2017(113): 184-194.

[15] Hesselgreaves J E. Compact Heat Exchangers: Selection, Design and Operation[M]. Oxford: Pergamon Press, 2001.

作 者 简 介 ●

孙建刚(1986—),男,汉族,工程师,硕士,从事特种金属材料及设备研究。通信地址:河南省洛阳市涧西区滨河北路 32 号。E-mail:gangjiansun@163.com。

板壳式换热器筒体承载能力的数值模拟与试验研究[①]

杨婉　罗小平　甘兵　候群

（华南理工大学机械与汽车工程学院，广州 510640）

摘要：本文利用 ANSYS 有限元分析软件，采用多线性等向强化模型，并根据 00Cr19Ni10 材料的真实应力-应变曲线，分析 IPS24 型号板壳式换热器筒体在内压作用下的应力变化情况；通过承压试验，采用双切线交点法，得到筒体的极限承载压力，并与模拟结果进行比较；最后通过模拟得到筒体长度和材料强度对筒体爆破压力的影响规律。结果表明：筒体中间截面沿壁厚方向上的当量应力随内压增大而增大，在内压为 34 MPa 和 68 MPa 时分别超过材料屈服强度和抗拉强度；内压为 68 MPa 时筒体中间截面发生大变形属于危险截面，且环向应力和轴向应力的数值较大；试验所得筒体的极限承载压力为 65 MPa，与模拟值的相对误差为 4.6%，验证了模拟方法的有效性；当筒体长度为 300～1100 mm，爆破压力随长度的增加先减小后保持不变。随着筒体材料抗拉强度的增大，爆破压力也增大。

关键词：板壳式换热器；筒体；承载能力；应力分析；试验验证

Numerical Simulation and Experimental Research on the Bearing Capacity of Cylindrical Shell of a Plate and Shell Heat Exchanger

Yang Wan，Luo Xiaoping，Gan Bing，Hou Qun

（School of Mechanical and Automotive Engineering, South China University of Technology, Guangzhou 510640）

Abstract：This article uses ANSYS finite element analysis software, through a multi-linear isotropic strengthening model, and based on the true stress-strain curve of 00Cr19Ni10 material to analyze the stress changes of IPS24 plate and shell heat exchangers cylinder under internal pressure. Through the pressure test, the double tangent intersection method is used to obtain the ultimate bearing pressure of the cylinder and compare with the simulation results. Finally, through the simulation, the influence of the cylinder length and material strength on the burst pressure of the cylinder is obtained. The results show that the equivalent stress along the wall thickness in the middle section of the cylinder increases with the increase of the internal pressure, which exceeds the material yield strength and tensile strength when the internal pressure is 34 MPa and 68 MPa, respectively. When the internal pressure is 68 MPa, a large deformation occurs in the middle section of the cylinder, which is a dangerous section, and the values of hoop stress and axial stress are large. The ultimate bearing pressure of the cylinder obtained by the test is 65 MPa, and the relative error from the simulated value is 4.6%, which verifies the effectiveness of the simulation method. When the length of the cylinder is 300～1100 mm, the blasting pressure first decreases with the increase of the length and then remains unchanged. As the tensile strength of the barrel material increases, the burst pressure also increases.

Keywords：plate-shell heat exchanger；cylindrical shell；bearing capacity；stress analysis；experimental verification

---

①　项目名称：国家自然科学基金资助项目；"十五"国家科技攻关项目。

1 引言

板壳式换热器作为一种新型的换热设备,兼具管壳式换热器与板式换热器的优良性能,具有传热效率高、结构紧凑、重量轻、体积小等优点[1],而且板片之间无垫片、非钎焊的密封方式,使其可应用于最高温度900 ℃,最大压力 20 MPa 的高温高压场合。[2]从 1999 年我国首次成功研制出板壳式换热器以来,如今此装置已在化工、炼油等领域广泛应用。针对板壳式换热器独特的强化换热方式,部分学者对其流动换热特性开展了研究,主要内容为:对具有不同板片表面结构的换热器[3-6],采用数值模拟或试验的方法,分析流动过程中传热系数与压降的变化规律,为提高换热器的换热效率、改善流量分布的不均匀性提供合理化建议。[7-8]所以,目前的研究方向主要是分析板片结构参数对板壳式换热器换热性能的影响,而对于该装置的力学性能研究较少。孙爱芳[9]通过 ANSYS APDL 语言对板壳式换热器封板进行应力分析,并得到其强度计算公式。罗小平[10]采用 ANSYS 流固耦合方法,研究板壳式换热器板芯在压差作用下的受力情况,认为波纹转折处为板片的薄弱位置。然而,对于板壳式换热器特有的短圆筒的承载性能,目前尚未展开深入研究。

板壳式换热器主要由封头、筒体和板芯组成,其中筒体与封头焊接形成壳体,是主要的承压部分,工作时常常受到高温、高压的作用。假如筒体的承载能力不能满足实际工作需要,就可能发生破坏失效、造成换热工质泄漏与混合,从而引发火灾和爆炸事故,威胁整个系统的安全。所以,对板壳式换热器筒体的承载能力进行研究,对于保障装置安全可靠运行具有重要意义。本文以 IPS24 型号板壳式换热器为研究对象,对筒体承载能力开展数值模拟和试验研究,为预防板壳式换热器筒体失效、优化筒体设计、进行强度校核等工作提供参考。

2 数值模拟研究

2.1 模型与设置

以 IPS24 型号板壳式换热器实体为参考,采用 PRO/E 软件 1∶1 建立换热器壳体的几何模型,如图 1 所示。因为壳体的几何形状、表面载荷分布都关于中轴线对称,所以为了减少计算量,本节忽略壳程出入口,选择 1/4 壳体模型进行分析,模型见图 2,结构参数见表 1。在 ANSYS Workbench 平台下选取 Mesh 模块进行网格划分,采用自动网格划分方法,设置 Element Size 为 2 mm,得到总网格数为 1591446。在 Static Structural 中为模型设置轴向位移约束和对称面约束,打开大变形开关:当材料处于弹性变形阶段,可以以较快的速度求解;进入塑性阶段后,将载荷分为多个子步缓慢加载,控制每个载荷步下容器的最大塑性变形量在 5% 以内。采用全牛顿迭代法和 PCG 求解器进行求解,提高运算过程的收敛性。

(a) 壳体三维模型图

(b) 实物图

图 1　模型图与实物图

图 2 简化壳体模型图

表 1 壳体结构参数

壳体材料	筒体外径 D_o(mm)	筒体内径 D_i(mm)	筒体长度 L(mm)	封头直径 d(mm)	封头厚度 t(mm)
00Cr19Ni10	300	276	276	300	20

2.2 材料的本构模型

利用 ANSYS 软件进行弹塑性有限元分析时,需要材料真实的应力-应变曲线。本文通过拉伸试验来获得 00Cr19Ni10 材料的工程应力-应变曲线。拉伸装置采用 CMT5105 型号的微电子控制万能试验机,最大载荷为 100 kN,拉伸速度是 2 mm/min,并通过标距为 50 mm 的引伸计测量应变。为消除个体误差,选取 3 根圆棒试样进行拉伸,试样尺寸见图 3。由式(1)可计算出材料的真实应力,并绘制出 00Cr19Ni10 材料的真实应力-应变曲线,如图 4 所示。由图可知,该材料的屈服强度为 340 MPa,抗拉强度为 755 MPa。

单位: mm

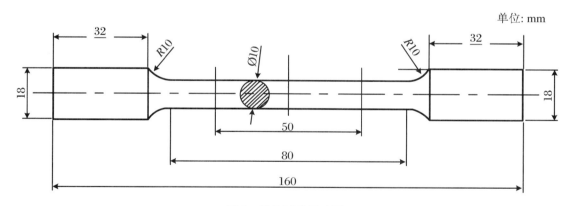

图 3 拉伸试样尺寸图

$$\sigma_T = \frac{Pl}{A_0 l_0} = \frac{P}{A_0}\left(\frac{l_0 + \Delta l}{l_0}\right) = \sigma\left(1 + \frac{\Delta l}{l_0}\right) = \sigma(1 + \varepsilon) \tag{1}$$

式中,σ_T 为真实应力,单位为 MPa;P 为拉伸载荷,单位为 kN;l_0 为试样的初始长度,单位为 m;l 为试样在拉升过程中的瞬时长度,单位为 m;A_0 为试样的初始横截面积,单位为 m²;A 为试样在拉升过程中的瞬时横截面积,单位为 m²;Δl 为拉伸形变量,单位为 m;σ 为工程应力,单位为 MPa;ε 为工程应变。

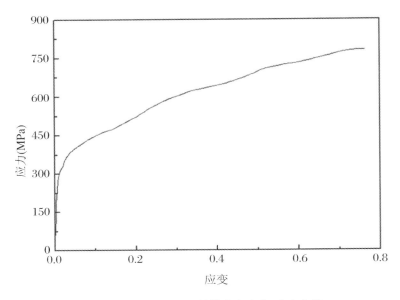

图4 00Cr19Ni10 材料的真实应力-应变曲线

2.3 模拟结果与分析

在 ANSYS 中采用多线性等向强化模型,输入材料的真实应力-应变曲线。为了研究短圆筒在内压作用时沿壁厚方向的应力变化情况,在距离封头端部 158 mm 处(筒体中线),沿着壁厚方向由内向外设置路径(Path 1)。通过在路径上设置载荷步数及子步,模拟内压从 1 MPa,2 MPa,3 MPa⋯依次加载到 70 MPa 的过程。所得结果如下:

(1) 路径上当量应力随内压载荷的变化规律。

当内压为 34 MPa 时,路径上的最大、最小当量应力分别为 345.97 MPa,345.62 MPa,均超过材料的屈服强度 340 MPa,结果如图5所示。为了进一步探究当量应力沿壁厚方向的变化规律,沿路径方向选取 25 个点进行分析。

图6为内压处于 5~34 MPa 范围内,沿壁厚方向上各点的等量应力数值变化图。由图可知,当内压小于 30 MPa 时,筒体内壁所受到的当量应力大于外壁,并且随着内压的增大,内壁与外壁的应力差值也增大,应力与载荷呈正相关性,表明材料位于弹性阶段;当内压大于 30 MPa、小于 34 MPa 时内外壁应力差值很小,且应力基本不随内压变化,表明材料此时可能发生了屈服。

(2) 路径上当量应力在不同方向的变化规律。

在内压载荷作用下,沿筒体壁厚方向上任意位置的应力状态不像单向拉伸试验那样简单,可能存在多种应力形式。所以,本小节将分析内压为 68 MPa 时,沿路径方向的当量应力在 X,Y,Z 方向上的分布情况。

由图7可知,当内压加载到 68 MPa,Z 方向上的当量应力最大值为 758.45 MPa,超过材料的抗拉强度 755 MPa,筒体发生变形、内外壁全面屈服,而且中间位置的偏移量最大,所以认为筒体中间截面为危险截面,极易发生破坏失效。X,Y,Z 方向的应力形式分别为径向应力、轴向应力和环向应力,最大当量应力分别为 0.32 MPa,572.72 MPa 和 758.45 MPa。由于 X 方向上的径向应力最小,可将其忽略,认为轴向应力和环向应力是造成筒体失效的主要原因。同时由于 Z 方向上的环向应力最大,故筒体的破坏形式为环向拉断;沿路径方向上轴向应力的梯度最大,这是因为筒体为短圆筒结构,中间危险截面受到端部固定约束的影响较大,而且筒体材料非各向同性。

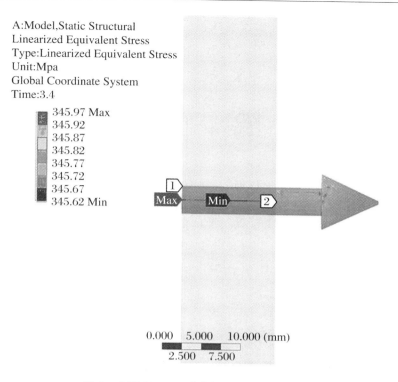

图 5　内压 34 MPa 时路径上的当量应力图

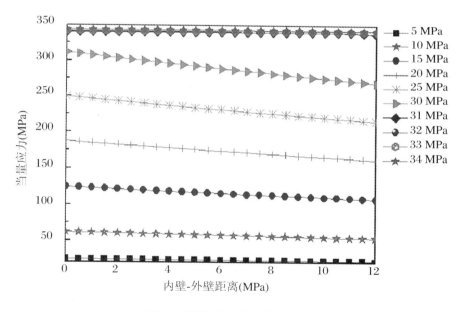

图 6　沿壁厚方向的当量应力图

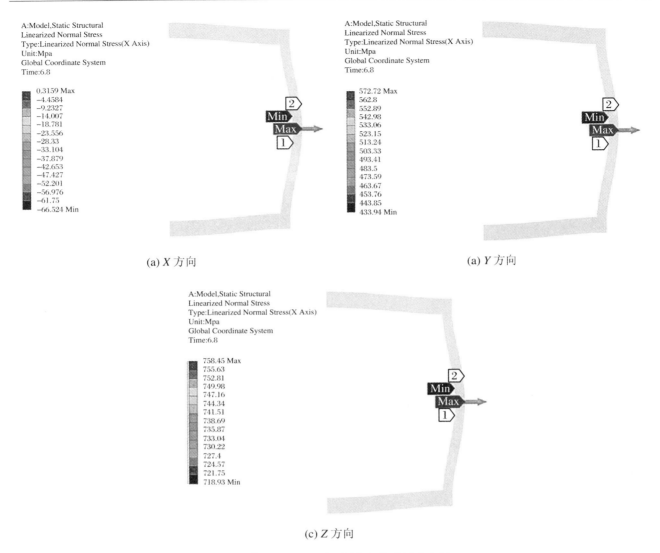

(a) X 方向

(a) Y 方向

(c) Z 方向

图 7　内压 68 MPa 时不同方向的当量应力图

3　试验研究

3.1　筒体结构参数与试验系统

　　以 IPS24 型号板壳式换热器为试验对象,搭建试验平台,测试筒体在内压作用下的承载能力。试验系统如图 8 所示,包括应变测试、加压、数据采集、控制和监控 5 大系统。各系统的主要部件和功能为:应变系统主要部件为应变仪,通过粘贴电阻应变片来测量不同压力载荷作用下测点的应变数据;加压系统主要指高压泵组,为系统提供所需压力;数据采集系统主要负责将压力表、应变仪和压力传感器采集到的信息传输到工况机;控制系统由变频器和电磁阀组成,能够对高压泵组进行加压、缓慢升压、保压以及泄压等操作;监控系统主要通过高清摄像头对试验过程中压力表和筒体的变化进行监控。

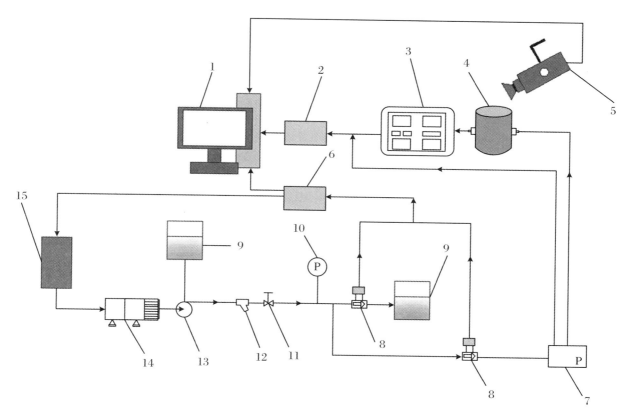

图8 试验系统图

1. 工控机；2. 数据采集模块；3. 应变仪；4. 板壳式换热器；5. 摄像头；6. 控制模块；7. 压力传感器；8. 电磁阀；
9. 水箱；10. 压力表；11. 调节阀；12. 过滤器；13. 柱塞泵；14. 电机；15. 变频器

3.2 试验过程

进行应力测定试验之前要粘贴应变片：根据数值模拟结果得出筒体中间区域的变形量最大，所以本文在筒体中间的圆周面上，选取3个夹角互成120°的测点，粘贴应变片，测点分布如图9所示。在对试验系统进行气密性检查和装置调试后，启动控制程序，开启高压泵，当达到所需压力时关闭电磁阀，保压2 min，记录各测点的应变数据和压力表读数。重复上述操作进行加压，直至筒体发生爆破失效。

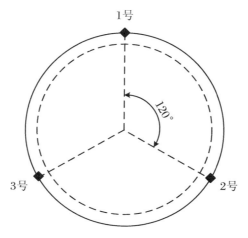

图9 筒体表面测点布置图

3.3 试验结果与分析

在处理试验数据时,发现各测点的轴向应变很小、环向应变最大,所以主要分析各测点的环向应变随内压的变化情况。利用双切线交点法,作出筒体外壁中线上各测点的内压-环向应变曲线,可以得到筒体的极限承载压力。观察图 10 可知,筒体在加载过程中主要经历以下几个阶段:首先,当内压小于 30 MPa 时,应变与内压呈线性关系,表明此时筒体外壁未发生塑性变形,筒体处于弹性阶段;然后压力升至 45 MPa 左右,发现曲线斜率逐渐降低,筒体外壁将发生缓慢的塑性变形,处于弹塑性共存阶段;继续加压到 55 MPa 左右,曲线斜率突然变化,筒体由内向外逐渐屈服,此时筒体的状态不稳定;最后,当内压产生的应力超过筒体的抗拉极限时,筒体在小于极限承载压力的某个压力值下发生爆破。在图 10 中,3 个测点通过内压-环向应变曲线得出的筒体极限承载压力 P_t 分别为 66 MPa,71 MPa 和 65 MPa,考虑最大危险原则,将 65 MPa 作为筒体的极限承载压力。

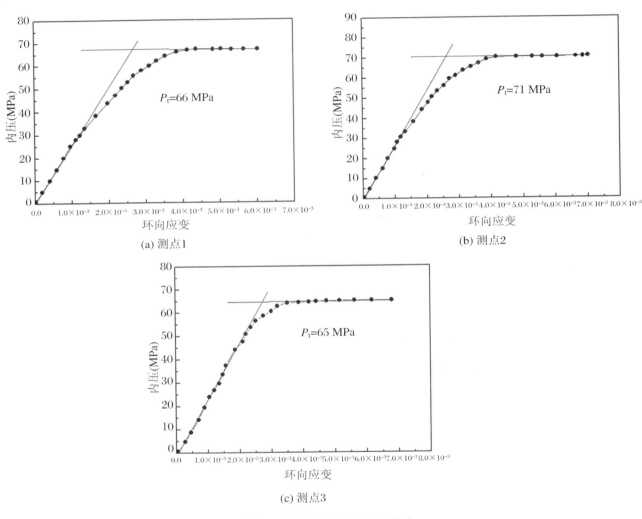

图 10 各测点内压-环向应变曲线

实际爆破时的压力为 62 MPa,爆破后的断口形貌及其材料的电镜扫描图如图 11 所示,分析可得:筒体在发生大变形后破裂,裂口附近无碎片且沿筒体轴向延伸,筒体与断口表面约成 45°夹角。电镜扫描图展示断口形貌呈暗灰色、纤维状,且有明显的韧窝和韧带,证明筒体发生了韧性断裂。

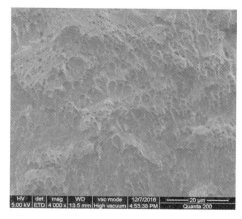

(a) 断口形貌   (b) 电镜扫描放大4000倍

图 11 断口形貌及电镜扫描图

3.4 误差分析

数值模拟得到的筒体极限内压为 68 MPa,而双切线法所得极限内压为 65 MPa,两者之间的相对误差由式(2)计算,所得相对误差为 4.6%。

$$\delta = \frac{P_{\text{pred}} - P_{\text{exp}}}{P_{\text{exp}}} \times 100\% \tag{2}$$

式中,δ 为相对误差;P_{red} 为模拟得到的筒体极限内压,单位为 MPa;P_{exp} 为实验得到的筒体极限内压,单位为 MPa。

目前,常用来计算压力容器爆破压力的公式有福贝尔公式和史文逊公式,黄载生等[11]给出了具体的表达式。本文通过福尔贝公式计算出筒体的爆破压力为 47 MPa,与试验值相对误差为 -27.7%。该公式假设材料为理想的弹塑性材料,且不采用材料的真实应力-应变曲线,所以计算结果相对保守;而由史文逊公式得到爆破压力为 56 MPa,与试验值比较接近,相对误差为 -13.8%。该公式采用材料的拉伸试验数据,且考虑内压单元的受力情况,但结果还是偏于保守。总体而言,本文采用的 ANSYS 数值模拟方法最有效,能够较为精确地得到板壳式换热器筒体的极限承载压力。

4 影响筒体承载能力的关键因素分析

4.1 筒体长度

为了研究筒体承载能力随筒体长度的变化规律,将继续采用模拟的方法进行探究。已知筒体的初始长度为 276 mm,外径为 300 mm,保持筒体外径不变,分析筒体长度为 300 mm~1100 mm 时,也即长径比为 1.0~3.7 时筒体的极限承载能力,一般将有限元模拟得到的极限压力称为爆破压力,模拟结果如图 12 所示。当筒体长度小于 800 mm 时,爆破压力随着长度的增加而降低,这是因为筒体越长,两端封头对于筒体的加强作用越不明显;继续增加筒体长度到 1100 mm,发现爆破压力基本不变。由圣维南原理可知:当筒体的长度不再处于封头的加强范围时,筒体爆破压力几乎与长度无关。在换热过程中,增加筒体长度意味着增加板片数量与换热面积,提高换热效率,但同时也会造成承载能力下降,所以应根据工程需要合理设计筒体长度。

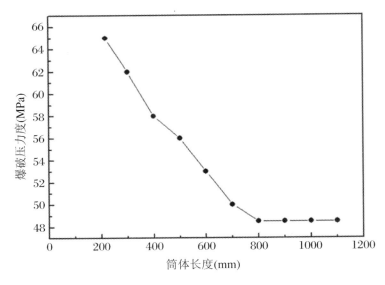

图 12   爆破压力随长度的变化趋势

4.2   材料强度

采用类似的方法,保持筒体结构参数不变,选择筒体材料的抗拉强度比率 R_m/R_{m0} 范围为 0.5～1.5,分析爆破压力的变化情况,如图 13 所示。将模拟得到的爆破压力曲线进行拟合,拟合公式为

$$P_b = 68.54\left(\frac{R_m}{R_{m0}}\right) - 1 \tag{3}$$

式中,P_b 为爆破压力,单位为 MPa;R_m 为新的抗拉强度,单位为 MPa;R_{m0} 为初始抗拉强度,为 755 MPa。

由式(2)可知,筒体的爆破压力与材料的抗拉强度为正比例关系,抗拉强度越高,筒体承载能力越强,越不容易发生破坏失效,建议根据实际工作环境选择适宜的材料类型。

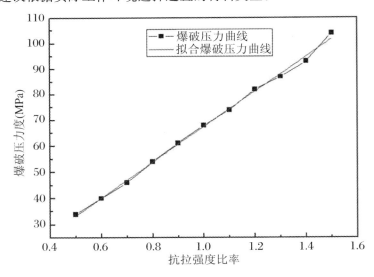

图 13   爆破压力与材料强度的关系

5   结论

本文以 IPS24 型号板壳式换热器的筒体为研究对象,采用 ANSYS 软件的多线性等向强化模型,模拟筒体沿壁厚方向(路径 1)的应力变化规律。然后搭建试验平台,对筒体进行承压测试,分析筒体中线圆周面上各测点的内压-环向应变曲线,得到筒体的极限承载压力,将该结果与模拟值进行对比。最后分析筒体长度

和材料强度对其承载能力的影响,所得结论如下:

(1)路径上的当量应力随内压的增大而增加,当内压为 34 MPa 时超过筒体材料的屈服强度;内压小于 30 MPa 时,内外壁上的当量应力差值随内压的增大而增大。而当内压处于 30~34 MPa 时,应力差值基本不变且数值很小;内压增加到 68 MPa 时,路径上 Z 方向的环向应力最大且超过材料的抗拉强度,筒体中间截面变形量最大为危险截面,轴向应力和环向应力是造成筒体失效的主要原因。

(2)采用双切线交点法得到筒体的极限承载压力为 65 MPa,而模拟所得极限内压为 68 MPa,相对误差仅有 4.6%,表明模拟方法有效。筒体的实际爆破压力为 62 MPa,且属于韧性爆破。

(3)筒体的爆破压力随长度增加而减小,当筒体长度超过 800 mm,爆破压力不再发生变化;筒体材料的抗拉强度越大,爆破压力越大。此结论可为筒体的优化设计提供依据。

参 考 文 献

［1］ 纪强,芦娅妮,高磊,等.板壳式热交换器结构及应用概述[J].石油化工设备,2014,43(3):54-58.

［2］ 栾辉宝,陶文铨,朱国庆,等.全焊接板式换热器发展综述[J].中国科学:技术科学,2013,43(9):1020-1033.

［3］ 郭潇潇,高磊,盖俊鹏,等.波纹板凹凸结构参数对传热性能的影响[J].压力容器,2018,35(7):26-32.

［4］ Wang Y N,Lee J P,Park M H,et al. A study on 3D numerical model for plate heat exchanger[J]. Procedia Engineering,2017(174):188-194.

［5］ Abbas A,Howard L,Sengupta A,et al. Numerical investigation of thermal and hydraulic performance of shell and plate heat exchanger[J]. Applied Thermal Engineering,2020(167):20-22.

［6］ 袁雨文.波纹夹角对板壳式换热器的流动与传热性能的影响[C]//上海市制冷学会.上海市制冷学会 2017 年学术年会论文集,2017:160-165.

［7］ 刘家瑞,赵巍,黄晓东,等.一种板壳式换热器壳程物流分配特性的模拟与优化[J].化工进展,2015,34(10):3569-3576.

［8］ Pianko O P,Jaworski Z. 3D CFD fluid flow and thermal analyses of a new design of plate heat exchanger[J]. Polish Journal of Chemical Technology,2017,19(1):17-26.

［9］ 孙爱芳,刘敏珊,董其伍.特殊板壳式换热器封板的有限元模拟及强度研究[J].工程设计学报,2008(4):295-299.

［10］ 罗小平,王梦圆,袁伍,等.基于 ANSYS 的板壳式换热器板芯流固耦合模拟分析[J].化工机械,2019,46(1):79-85.

［11］ 黄载生,王乐勤,郑津洋.关于超高压容器的静力强度设计[J].中国锅炉压力容器安全,1992(4):7-9,13.

作 者 简 介

杨婉(1996—),女,汉族,研究方向为压力容器的可靠性与安全性。通信地址:广东省广州市天河区华南理工大学机械与汽车工程学院。E-mail:1214271270@qq.com。

翅片管换热器中辐射换热对翅片管温度影响的数值模拟研究[①]

喻志强　陈永东　吴晓红　程沛　于改革　崔云龙

（合肥通用机械研究院有限公司,合肥 230031）

摘要:翅片器在使用过程中,第一排和第二排翅片管上翅片迎风面顶端上的温度是翅片和管子的最高温度,它制约和决定了翅片管换热器可以使用的高温条件和应用领域。本文针对应用最为广泛的翅片管换热器,建立第一排和第二排翅片管的研究模型,开展高温烟气流经翅片管且与冷却液态水换热的流体流动与热量输运的数值计算。在不同烟气入口温度和入口速度等条件下,针对不考虑辐射换热和考虑辐射换热的两种情形,研究辐射换热对翅片管换热器中流动和换热特性以及翅片管温度等的影响,获得了不同条件下烟气出口温度、换热温差、总换热量、辐射换热量占比、换热系数、压降、翅片管温度等参数以及翅片管中温度场和速度场等的变化特性及其机理和规律。

关键词:翅片管换热器;辐射换热;翅片管温度;流动和换热;数值模拟

Numerical Simulation Research of Radiative Heat Transfer Influence on Fin Temperature in Finned Tube Heat Exchanger

Yu Zhiqiang, Chen Yongdong, Wu Xiaohong, Cheng Pei, Yu Gaige, Cui Yunlong

（Institute of Heat Transfer Technology and Equipment, Hefei General Machinery Research Institute Co., Ltd., Hefei 230031）

Abstract: In the using process of the finned tube, the temperature on the top of the windward face of the fin in the first and second row of finned tube is the highest temperature of the fin and tube. It restricts and determines the high temperature conditions and application fields of finned tube heat exchanger. In the light of the most widely used finned tube heat exchanger, this paper establishes the research model of the first row and second row finned tube, to carry out the numerical calculation of the fluid flow and heat transfer of high temperature smoke flowing through the finned tube and exchanging heat with cooled liquid water. In the conditions of different smoke inlet temperature and inlet velocity, for the two cases where radiative heat transfer is not considered and where radiative heat transfer is considered, the influences of radiative heat transfer on flow and heat transfer characteristics and finned tube temperature in finned tube heat exchanger are researched. Then we can obtain the variation characteristics, mechanisms and rules of parameters such as smoke outlet temperature, heat transfer temperature difference, total heat transfer quantity, radiative heat transfer quantity ratio, heat transfer coefficient, pressure drop, finned tube temperature and other parameters under different conditions, as well as temperature field and velocity field in finned tube.

Keywords: finned tube heat exchanger; radiative heat transfer; finned tube temperature; fluid flow and heat transfer; numerical simulation

---

① 项目名称:安徽省重点研究和开发计划项目(项目编号:201904a05020050)。

1　引言

能源危机的巨大冲击极大地促进了强化传热技术的发展,翅片管换热器是在强化管式换热过程中最成功的成果。[1-2]近年来,国内外学者针对翅片管换热器开展了诸多研究。[3-10]Romero-Mendez 等[11]揭示了翅片间距对流动及传热的影响趋势,对于一定约束条件,翅片间距存在最佳值。Glazar 等[12]对比分析了方形和矩形截面微通道换热器的传热效率和压降。Ammar 等[13]实验研究了 R134a 在微翅微通道与光滑微通道管的压降特性。Al-Neama 等[14]研究了水力直径为 1.5 mm 且带"V"形翅微通道的换热性能。Sarafraz 等[15]实验研究了多壁碳纳米管/水纳米流体的传热性能,发现提高纳米粒子的体积分数可增强传热效果。

在高温条件下,翅片管换热器中辐射换热的影响不能被忽略。[16-20]Gorla 等[21]采用四阶龙格库塔法研究直翅片内自然对流和辐射耦合传热问题,研究表明:考虑辐射影响的翅片散热效果更好。王烨等[22]研究了有内置翅片的封闭腔内壁面发射率对腔内湍流自然对流传热特性的影响,结果表明:内置翅片与壁面辐射的综合效应使得竖向热边界层和速度边界层厚度均增大。马菁等[23]采用切比雪夫配置点谱方法对多孔翅片散热器内辐射、对流和导热的耦合传热问题进行求解,计算结果发现此方法对耦合问题有很好的计算精度。

本文建立了第一排和第二排翅片管的研究模型,开展高温烟气流经翅片管且与冷却液态水换热的流体流动与热量输运的数值模拟研究。针对不考虑辐射换热和考虑辐射换热的两种情形,深入探索了辐射换热对翅片管换热器中流动和换热特性以及翅片管温度等的影响,获得了不同条件下烟气出口温度、换热温差、总换热量、辐射换热量占比、换热系数、压降、翅片管温度等参数以及翅片管中温度场和速度场等的变化特性及其机理和规律,为拓展翅片管换热器在特殊和极端条件下的应用提供理论指导和工程借鉴。

2　研究模型及其相关设置

2.1　研究模型

根据标准文件要求和前期工作积累,为简化模型,这里重点研究在迎风面上第一排和第二排翅片管中高温烟气流过时的流体流动和热量传输特性,本文建立的第一排和第二排翅片管的研究模型如图 1 所示。翅片管研究模型的长、宽、高分别为 112 mm、648.5 mm、10 mm;圆形直管,管子 $\varnothing 25 \times 2$ mm,管横向间距 56 mm,翅片管正三角形排列(30°);环形翅片,翅片高 12 mm,翅片厚 0.5 mm,翅片间距 2.5 mm;为避免流体回流,在计算模型中流体的出口区域延长了 500 mm。

2.2　相关设置

研究模型中翅片管区域采用四面体网格离散计算区域,而延长区域采用六面体网格进行离散,结合前期工作积累并经网格独立性考核,最终确定其网格数为 83 万,翅片管研究模型的部分计算网格如图 2 所示。

翅片管中热流体为烟气,不同入口温度和入口速度,常物性;冷流体为液态水,300 K,入口速度 1 m/s,常物性;管材和翅片材质均为不锈钢;传热方式有导热、对流和辐射。湍流模型采用 SST $k-\omega$ 湍流模型,控制方程为三维、稳态、雷诺时均 NS 方程(Reynolds-averaged Navier-Stokes Equations),流场求解选取 SIMPLE 算法,动量和能量方程中对流项的离散采用二阶迎风格式。[24-26]在翅片管计算模型中,光学厚度(即 αL)的取值小于 1,因此可以使用 DTRM 或者 DO 模型来进行有关辐射的数值计算。但 DTRM 模型自身有诸多局限因素,因此,这里的辐射模型选用 DO 模型,用于模拟计算烟气与翅片管之间的辐射换热。[24-26]

图 1　翅片管计算模型

图 2　研究模型的部分计算网格

3　计算结果及其分析

3.1　不考虑辐射换热

　　这里数值计算了烟气入口温度分别为 400 K、800 K、1200 K、1600 K 和 2000 K 的 5 种工况,且入口速度分别为 1 m/s、4 m/s 和 7 m/s 的 3 种工况,传热方式仅有导热和对流。这里以部分计算工况为例,对其计算结果进行说明和分析。例如,烟气入口速度为 7 m/s,入口温度为 400 K、2000 K,其翅片管区域温度场如图 3 所示,翅片管区域速度矢量场如图 4 所示。

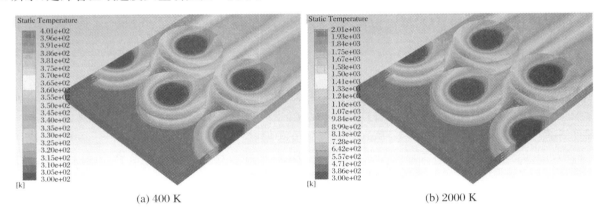

(a) 400 K　　　　　　　　　　　　　　(b) 2000 K

图 3　不考虑辐射换热,7 m/s 时翅片管区域温度场图

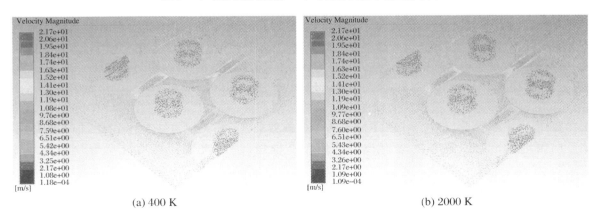

(a) 400 K　　　　　　　　　　　　　　(b) 2000 K

图 4　不考虑辐射换热,7 m/s 时翅片管区域速度矢量场图

从图3和图4可以看出,烟气从第一排翅片管的间隙流向第二排翅片管时,烟气中心区域未和第一排翅片管进行对流换热,则其中心区域温度没有降低。翅片和管子温度随烟气入口温度增加而增加。翅片最高温度出现在第二排翅片迎风面顶点区域,这是因为烟气流过第一排翅片迎风面顶点区域时,其流速为7 m/s左右,但烟气流过第二排翅片迎风面顶点区域时的流速得到了大幅增加(20 m/s左右)。

当烟气入口速度为1 m/s、4 m/s和7 m/s,入口温度为400 K、800 K、1200 K、1600 K和2000 K,且不考虑辐射换热时,翅片管中第一排和第二排翅片的平均温度、最高温度以及第一排和第二排管子的平均温度的变化特性如图5所示。

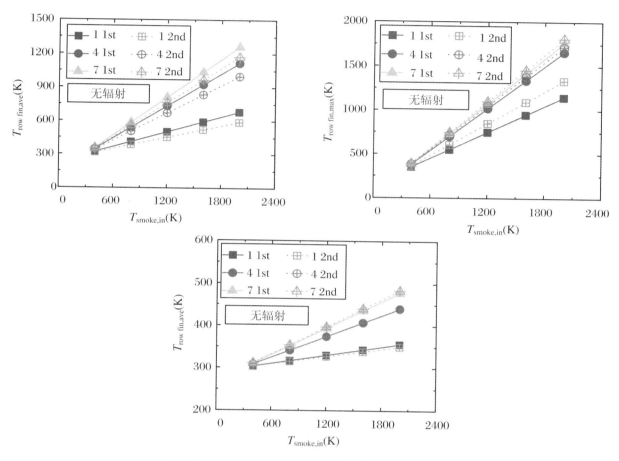

图5　不考虑辐射换热时翅片和管子的温度变化特性

从图5中可以得出,在不考虑辐射换热的情形中,第一排和第二排翅片的平均温度、最高温度以及第一排和第二排管子的平均温度均随着烟气入口速度的增加而增加,但其增加幅度变小;且随着烟气入口温度的增加而线性增加。另外,翅片管中第一排翅片的平均温度高于第二排翅片,这是因为烟气在翅片管入口处首先与第一排翅片发生对流换热;但第二排翅片的最高温度高于第一排翅片,这是因为在第一排翅片的间隙处,烟气中心温度基本未降低,且烟气的流速增加了很多;第一排和第二排管子的平均温度近似相等,这是烟气首先与第一排管子换热且流经第二排管子的烟气流速增加的综合换热效果。

3.2　考虑辐射换热

这里考虑了辐射换热的影响,数值计算了烟气不同入口温度和入口速度的15种工况。以部分工况为例,烟气入口速度为7 m/s,入口温度分别为400 K、2000 K,其温度场如图6所示,速度矢量场如图7所示。

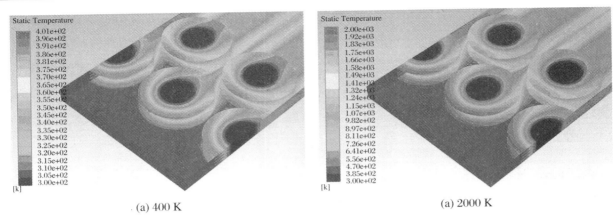

(a) 400 K (a) 2000 K

图 6　考虑辐射换热，7 m/s 时翅片管区域温度场图

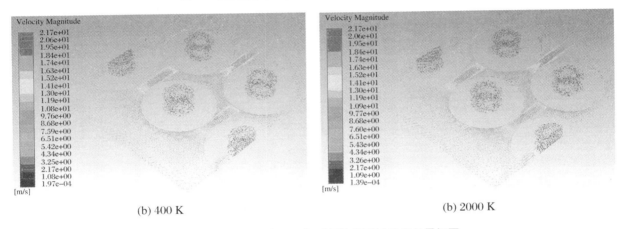

(b) 400 K (b) 2000 K

图 7　考虑辐射换热，7 m/s 时翅片管区域速度矢量场图

从图 6 和图 7 可以看出，在考虑辐射换热的情形中，烟气首先与第一排翅片管进行对流换热，并与第一排翅片管整体和第二排翅片管迎风面前端区域同时进行辐射换热；之后到达第二排翅片管并与其进行对流换热，且在整个翅片管区域与翅片和管外壁之间进行辐射换热。翅片管中翅片和管子的温度随着烟气入口温度的增加而增加。与不考虑辐射换热的情形不同的是，此时翅片最高温度出现在第一排翅片迎风面顶点区域，这是因为烟气在翅片管入口处首先与第一排翅片管整体进行对流和辐射换热，且通过第一排翅片管间隙流向第二排翅片管的烟气的中心区域与第一排翅片管也进行了辐射换热，即第二排翅片迎风面顶点区域烟气的温度降低了；另外，到达第二排翅片管的烟气不仅与第二排翅片管进行对流和辐射换热，与此同时也与第一排翅片管进行着辐射换热。

当考虑辐射换热时，翅片管中第一排和第二排翅片的平均温度、最高温度以及第一排和第二排管子的平均温度的变化特性如图 8 所示。

从图 8 中可以得出，在考虑辐射换热的情形中，第一排和第二排翅片的平均温度、最高温度以及第一排和第二排管子的平均温度均随着烟气入口速度的增加而增加，但其增加幅度也是变小；且随着烟气入口温度的增加而增加，但其增加幅度有逐渐增大的趋势。另外，与不考虑辐射换热的情形不同的是，第一排翅片的平均温度、最高温度以及第一排管子的平均温度均高于第二排，这是因为在考虑辐射换热的情形中，烟气不仅首先与第一排翅片管进行着对流和辐射换热，进入第二排翅片管区域之前和之后的烟气还与第一排翅片管中的翅片和管外壁之间进行着辐射换热。

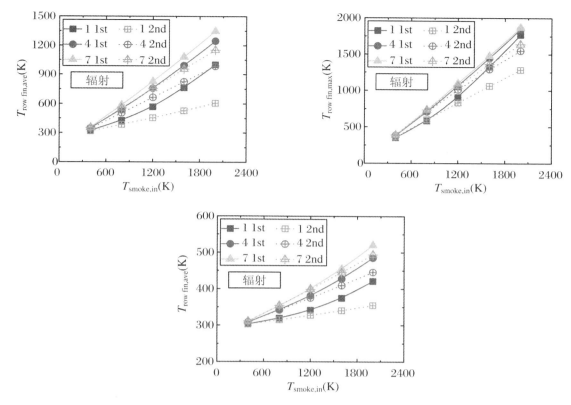

图 8　考虑辐射换热时翅片和管子的温度变化特性

2.3　辐射换热影响分析

从上述计算结果及其分析可以得出,辐射换热影响不能忽略。这里针对不考虑辐射换热和考虑辐射换热的两种情形,数值计算 30 种工况,获得两种情形中翅片和管子温度的变化特性,如图 9 所示。

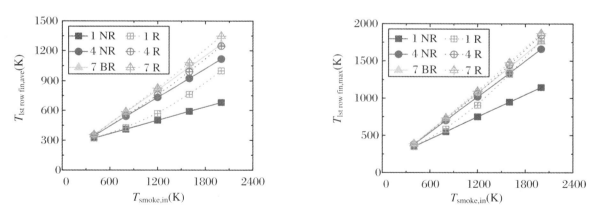

图 9　两种情形中翅片和管子的温度变化特性

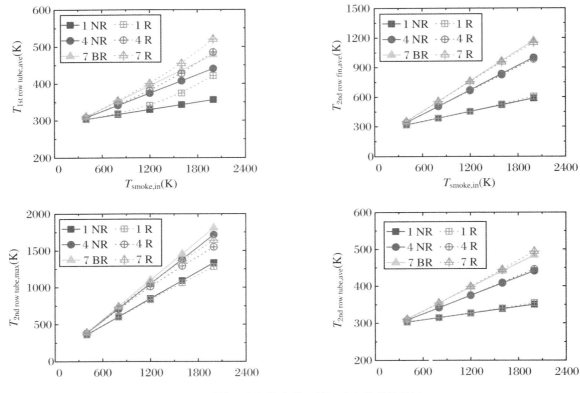

图9　两种情形中翅片和管子的温度变化特性(续)

从图9中可以得出,针对两种情形,对于第一排翅片的平均温度和最高温度、第一排管子的平均温度,前者(不考虑辐射换热情形)均低于后者(考虑辐射换热情形),且随着烟气入口速度增加两者中第一排翅片平均温度、第一排翅片最高温度、第一排管子平均温度的差距逐渐缩小;对于第二排翅片的平均温度,两者近似相等;对于第二排翅片的最高温度,前者高于后者;对于第二排管子的平均温度,前者略低于后者。另外,在高烟气入口温度(2000 K)、低烟气入口速度(1 m/s)的条件下,前者中第一排翅片的最高温度为1147 K,后者中第一排翅片的最高温度为1770 K;前者中第二排翅片的最高温度为1336 K,后者中第二排翅片的最高温度为1283 K。因此,两者中翅片和管子温度有的有较大差异;另外,在高温、低流速条件下辐射换热影响较大且不能忽略。

为深入探索辐射换热对翅片管中流动和换热特性等的影响,获得了不同条件下烟气出口温度、换热温差、总换热量、辐射换热量占比、总传热系数、烟气压降的变化特性,如图10所示。

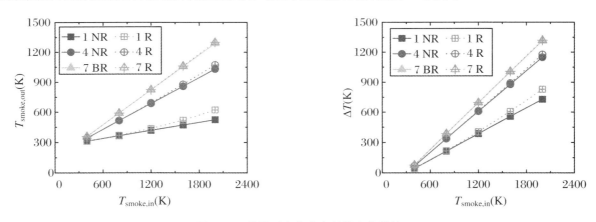

图10　两种情形中多个参数的变化特性

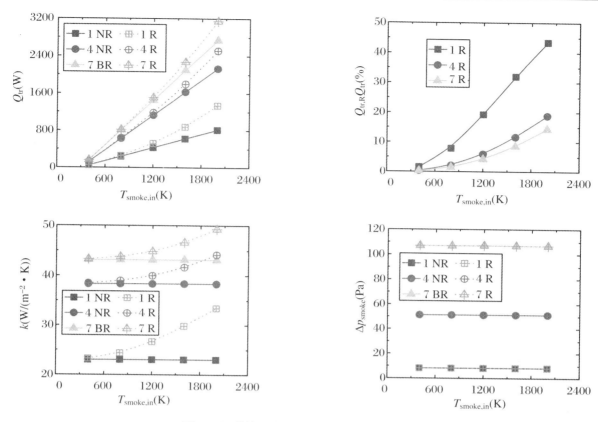

图 10　两种情形中多个参数的变化特性（续）

从图 10 中可以得出，随着烟气入口温度增加，两者中烟气出口温度、换热温差均随着烟气入口温度的增加而近似线性增加；前者中总换热量线性增加，后者中总换热量增加且其增加幅度有逐渐增大的趋势；对于后者，辐射换热量占比增加且其增加幅度逐渐增大；前者中总传热系数基本不变，后者中总传热系数增加且其增加幅度有逐渐增大的趋势；前者和后者中烟气压降均基本不变。随着烟气入口速度的增加，两者中烟气出口温度、换热温差、总换热量、总传热系数均增加，但其增加幅度均逐渐变小；对于后者，辐射换热量占比减小且其减小幅度逐渐变小；两者中烟气压降均增加且其增加幅度均逐渐变大。另外，对于两者，前者中烟气出口温度、换热温差、总换热量、总传热系数均低于后者，且随着烟气入口速度的增加两者中烟气出口温度、换热温差、总换热量、总传热系数的差距均逐渐减小；两者中烟气压降基本相等。上述现象和结果产生的缘由有：烟气入口温度的增加，增加了翅片管区域中烟气以及翅片和管外壁的温度，且辐射换热量与烟气及翅片和管外壁温度的四次方相关；烟气入口速度的增加，增加了烟气与翅片管之间的对流换热能力且提高了翅片和管外壁的温度，且烟气压降和烟气入口速度的二次方成正比；在考虑辐射换热的情形中，辐射换热增强了烟气和翅片管之间的换热能力并提升了翅片管区域中翅片和管外壁的温度，但随着烟气入口速度的增加辐射换热的作用逐渐减弱。

4　结　论

本文针对高效换热的翅片管换热器，针对不考虑辐射换热和考虑辐射换热的两种情形，深入研究和探索了辐射换热对翅片管换热器中流体流动和热量输运特性以及翅片管温度等的影响，所获得的结论如下：

（1）在不考虑辐射换热的情形中，翅片最高温度出现在第二排翅片迎风面顶点区域；但在考虑辐射换热的情形中，翅片最高温度出现在第一排翅片迎风面顶点区域。

（2）在不考虑辐射换热和考虑辐射换热的两种情形中，当烟气入口温度较高、入口速度较低时，两者中翅片和管子温度有较大差异，辐射换热的影响较大且不能忽略。

（3）在两种情形中，烟气入口温度的增加，均增加了翅片管区域中烟气以及翅片和管外壁的温度；烟气入口速度的增加,均增加了烟气与翅片管之间的对流换热能力且提高了翅片和管外壁的温度。

(4) 在考虑辐射换热的情形中,辐射换热增强了烟气和翅片管之间的换热能力并提升了翅片管区域中翅片和管外壁的温度,但随着烟气入口速度的增加辐射换热的作用逐渐减弱。

参 考 文 献

[1] 刘纪福.翅片管换热器的原理与设计[M].哈尔滨:哈尔滨工业大学出版社,2013.

[2] Sheikholeslami M,Gorji-Bandpy M,Ganji D D. Review of heat transfer enhancement methods: Focus on passive methods using swirl flow devices[J]. Renewable and Sustainable Energy Reviews,2015(49):444-469.

[3] 杨立军,周健,杜小泽,等.扁平管外蛇形翅片空间的流动换热性能数值模拟[J].工程热物理学报,2007,28(1):122-124.

[4] 程远达.直接空冷式翅片管及空冷凝汽器单元流动与换热的数值模拟[D].北京:北京交通大学,2008.

[5] 王钊,曾旭华.蛇形翅片单排管外侧空气流动与传热特性的数值研究[J].发电设备,2009(4):233-236.

[6] Chien N B,Choi K I,Oh J T,et al. An experimental investigation of flow boiling heat transfer coefficient and pressure drop of R410A in various minichannel multiport tubes[J]. International Journal of Heat and Mass Transfer,2018(127):675-686.

[7] Zheng L,Zhang D,Xie Y,et al. Thermal performance of dimpled/protruded circular and annular microchannel tube heat sink[J].Journal of the Taiwan Institute of Chemical Engineers,2016(60): 342-351.

[8] Meyer C J,Kroger D G. Plenum flow losses in forced air-cooled exchangers[J].Applied Thermal Engineering,1998,18(9):875-893.

[9] 程金强,梅宁,赵杰.风冷翅片管换热器传热特性研究[J].热科学与技术,2008(2):120-125.

[10] Wongwises S,Chokeman Y. Effect of fin pitch and number of tube rows on the air side performance of herringbone wavy fin and tube heat exchangers[J].Energy Conversion and Management,2005,46(13): 2216-2231.

[11] Romero-Mendez R,Sen M,Yang K T,et al.Effect of fin spacing on convection in a plate fin and tube heat exchanger[J].International Journal of Heat Mass Transfer,2000,43(1):39-51.

[12] Glazar V,Frankovic B,Trp A.Experimental and numerical study of the compact heat exchanger with different microchannel shapes[J].International Journal of Refrigeration,2015(51):144-153.

[13] Ammar S M,Abbas N,Abbas S,et al.Experimental investigation of condensation pressure drop of R134a in smooth and grooved multiport flat tubes of automotive heat exchanger[J].International Journal of Heat and Mass Transfer,2019(130):1087-1095.

[14] Al-Neama A F,Khatir Z,Kapur N,et al.An experimental and numerical investigation of chevron fin structures in serpentine minichannel heat sinks[J].International Journal of Heat and Mass Transfer,2018(120):1213-1228.

[15] Sarafraz M M,Hormozi F. Heat transfer,pressure drop and fouling studies of multi-walled carbon nanotube nano-fluids inside a plate heat exchanger[J].Experimental Thermal and Fluid Science,2016(72):1-11.

[16] Kiwan S.Effect of radiative losses on the heat transfer from porous fins[J].International Journal of Thermal Sciences,2007,46(10):1046-1055.

[17] Hatami M,Ganji D D. Thermal behavior of longitudinal convective-radiative porous fins with different section shapes and ceramic materials[J].Ceramics International,2014,40(5):6765-6775.

[18] Atouei S A, Hosseinzadeh K H, Hatami M, et al. Heat transfer study on convective-radiative semispherical fins with temperature-dependent properties and heat generation using efficient computational methods[J]. Applied Thermal Engineering, 2015, 89(5): 299-305.

[19] Luo X H, Li B W, Zhang J K, et al. Simulation of thermal radiation effects on MHD free convection in a square cavity using Chebyshev collocation spectral method[J]. Numerical Heat Transfer, 2014, 66(7): 1-24.

[20] Ma J, Sun Y S, Li B W. Completely spectral collocation solution of radiative heat transfer in an anisotropic scattering slab with a graded index medium[J]. Journal of Heat Transfer, 2014, 136(1): 127.

[21] Gorla R S R, Bakier A Y. Thermal analysis of natural convection and radiation in porous fins[J]. International Communications in Heat and Mass Transfer, 2011, 38(5): 638-645.

[22] 王烨, 赵兴杰, 马兵善, 等. 壁面辐射对具有内置翅片的封闭腔内湍流自然对流传热特性影响[J]. 核科学技术, 2020(2): 94-100.

[23] 马菁, 孙亚松. 多孔翅片散热器内辐射/对流/导热的耦合传热[J]. 中国科技论文, 2016, 11(5): 520-523.

[24] 陶文铨. 数值传热学[M]. 2版. 西安: 西安交通大学出版社, 2001.

[25] 杨世铭, 陶文铨. 传热学[M]. 4版. 北京: 高等教育出版社, 2006.

[26] 李鹏飞. 精通CFD工程仿真及案例实战[M]. 北京: 人民邮电出版社, 2017.

 **作者简介** ●

喻志强(1986—), 男, 汉族, 助理研究员, 工学博士, 从事换热器及其相关领域的设计和研发。通信地址: 安徽省合肥市蜀山区长江西路888号。E-mail: zhiqiangyu2018@163.com。

非标管板有限元分析设计

王玉　戴洋　钱江

(沈阳仪表科学研究院有限公司,沈阳 110168)

摘要:压力容器基本构件中,热交换器管板厚度求解属于比较复杂的设计计算。国内现有的常规设计规范,无法满足多样性的结构设计需求。对于本文给出的结构,笔者依据 TEMA 标准给出了设计结果,还采用了有限元方法进行分析。对比结果表明,用有限元分析可得到更经济的管板厚度。

关键词:热交换器;管板;设计;TEMA;有限元

Non-Standard Tube Plate Finite Element Analysis and Design

Wang Yu, Dai Yang, Qian Jiang

(Shenyang Academy of Instrumentation Science Co., Ltd., Shenyang 110168)

Abstract:In the basic components of a pressure vessel, the thickness of the heat exchanger tube sheet is a complicated design calculation. The existing domestic design codes cannot meet the diverse structural design requirements. For the structure given in this paper, the author gives the design results according to the TEMA standard, and also uses the finite element method for analysis. The comparison results show that using finite element analysis, a more economical tube sheet thickness can be obtained.

Keywords:heat exchanger; tube sheet; design; TEMA; finite element

1 引言

管壳式热交换器管板[1-2]是复杂的压力容器受压元件,由于影响因素众多,很难建立一个统一的计算模型。现行的热交换器国家标准仅包含 6 种计算模型,很难适用于如图 1 所示的非标管板设计。

图 1 所示冷却器管束,由上、下两段管束构成,两段管束由接管 Ø273×10 mm 连接,并兼作管程流体通道,形成整体管束。数个管束一同放置在大罐体内(图中虚线所示为罐体内径),管束在径向和轴向均有约束,管束下段下管箱通过支承板与罐体焊牢,管束可以沿轴向向上自由膨胀。管束换热管由连接于罐体的管束支撑板约束。管束最底端、顶端管箱,分别开有冷却介质的进、出口。管箱的公称直径为 DN900 mm,管板外径为 Ø920 mm,换热管规格为 Ø45×2 mm,正方形布管。管束所有零件材料均为 S30403。

本文分别采用 TEMA 标准及有限元分析来确定这种非标管板厚度。

2 按 TEMA 标准进行设计

美国管式换热器制造商协会标准(TEMA)是公认的权威标准,在全球广为使用。现行的版本为第 10 版[3],而国内最常使用的为第 7 版中译本。对比两版可以看出,有关管板的计算公式并未发生变化,仅在单位制方面增加了国际单位,为非英制国家使用该标准提供了便利。

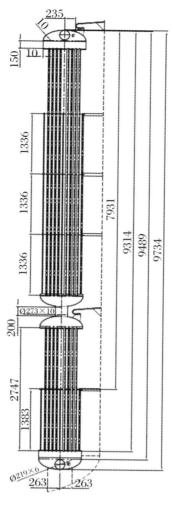

图 1　冷却器管束

2.1　设计参数

具体的设计参数如表 1 所示。管箱封头、短节厚度均已按现行标准给出厚度 $\delta=10$ mm。管板上均布有 60 根换热管,规格为 $\varnothing 45\times 2$ mm,布管形式为正方形,管间距为 81.25 mm。

表 1　冷却器管束设计参数

参数	工作压力(MPa)	设计压力(MPa)	工作温度(℃)	设计温度(℃)	介质	材料
管程	0.6	0.7	30~90	180	循环水	S30403
壳程	0.3	0.5	150	180	发酵液	

2.2　按弯曲强度设计

$$T = \frac{FG}{3} \tag{1}$$

式中,T 为管板的有效厚度,单位为 mm;S 为规范中规定的设计金属温度下管板材料的许用拉伸应力,单位为 kPa。按标准插值求得 113.2×10^3 kPa;P 为壳程或管程的设计压力,单位为 kPa,取大值,按管程 0.7×10^3 kPa,考虑到连接的设备较高,计算压力应为设计压力 + 液柱静压;按 0.1×10^3 kPa 考虑液柱静压力时,计算压力应为 0.8×10^3 kPa;G 为整体压力部件的内径,单位为 mm,按管程内径 900 mm;η 为对于正方形或转角正方形管子排列,则有

$$1 - \frac{0.785}{\left(\dfrac{\text{管间距}}{\text{管子外径}}\right)^2} = 1 - \frac{0.785}{\left(\dfrac{81.25}{45}\right)^2} \approx 0.76$$

F 为在一侧或两侧的元件与管板成为一个整体时，F 由图 RCB-7.132 中 H 曲线来确定。

根据整体管板容器的壁厚与内径比：

$$\frac{10}{900} \approx 0.01$$

根据上面的比值，查图，求得 $F = 1$。

将上述参数值代入式（1），得

$$T = \frac{1 \times 900}{3} \sqrt{\frac{0.8 \times 1000}{0.76 \times 113.20 \times 1000}} \approx 28.93 \, (\text{mm})$$

2.3 按剪切强度设计

$$T = \frac{0.31 D_L}{1 - \dfrac{d_0}{p}} \left(\frac{P}{S}\right) \tag{2}$$

式中，T 为管板的有效厚度，单位为 mm；S 为规范中规定的设计金属温度下管板材料的许用拉伸应力，单位为 kPa，按标准插值求得 113.2×10^3 kPa；P 为壳程或管程的设计压力，单位为 kPa，取大值，按管程 0.7×10^3 kPa，如前述，计算压力按 0.8×10^3 kPa 考虑；D_L 为 $4A/C$，管子中心线的极限周边的当量直径，单位为 mm；C 为按最外圈管子的中心距逐一测量后迭加起来所得到的布管范围的周长，单位为 mm。A 为周边 C 所包围的总面积，单位为 mm^2；d_0 为管子外径，单位为 mm；p 为管间距，单位为 mm。

按标准注：当 $\dfrac{P}{S} < 1.6 \left(1 - \dfrac{d_0}{p}\right)^2$ 时，不校核剪力。

$$\frac{P}{S} = \frac{0.8 \times 1000}{113.2 \times 1000} \approx 0.0071 < 1.6 \left(1 - \frac{d_0}{p}\right)^2 = 1.6 \left(1 - \frac{45}{81.25}\right)^2 \approx 0.32$$

满足不校核条件。

综合弯曲强度校核、剪切强度校核，最终可取管板厚度 29 mm。虽然按 TEMA 可以计算出管板厚度，但由于下段管束管箱封头固定在大罐体上，厚度是否合适，需要进一步验定。

3 弹性有限元分析

3.1 几何参数的设定

严格的管板分析，须考虑 7 种工况。[4] 根据冷却器管束的整体受力情况，也为了节省计算机分析时间，可将管束分为上、下两个独立管束，每个独立管束从中间对称部位剖开，形成 4 个独立的管板分析系统，逐一进行分析即可得到相应的结果。考虑到下管束下管板受力负荷最重，并且下管箱与罐体通过连接板固定，可能对管板厚度产生影响，因此，选定下管束下管板作为分析对象。由于管束安装在罐体内，不考虑地震和风载荷的影响；且管束沿换热管轴向变形相当自由，也不考虑热应力的影响；管束内、外载荷同时作用时，管束受压元件仅受压差载荷，小于内、外压单独作用时的载荷，因此，本文仅对内、外压计算载荷[5]进行分析。一般认为按规则设计较为保守，故将 TEMA 得到的管板厚度值调低到 25 mm 试算。

3.2 材料参数的选择

依据 GB/T 150.1～150.4—2011 和 JB 4732—1995，设计温度为 180 ℃，可通过插值法获得。具体数值如下：弹性模量 $E = 184.2 \times 10^3$ MPa；泊松比 $\mu = 0.3$。

3.3 有限元模型选择

因换热管沿管板中心十字线对称布置，采用 1/4 实体模型即可。

3.4 载荷与边界条件施加

内、外表面分别施加设计压力载荷＋液柱静压（按 10 米水柱，0.1 MPa 考虑），对称面施加 Frictionless Support 支承。

除上述载荷和约束外，还应考虑对管箱的固定约束、内压引起的换热管轴向拉力、分割部位上部产生的重力载荷等。暂不考虑地震和浮力等其他次要载荷。

3.5 分析结果

根据上述分析条件，分别对管束下部（固定管箱）在内压计算载荷下进行应力分析，得到的结果如图 2 所示，其线性化应力路径如图 3 所示；对管束下部（固定管箱）在外压计算载荷下进行应力分析，得到的结果如图 4 所示，其线性化应力路径如图 5 所示。最大应力值在短节内径与管板（靠近 YZ 平面）交汇处。通过比较两者最大应力值，管板厚度由内压控制。进一步分析表明，固定管箱明显大于非固定管箱，连接板产生了显著的不利影响（限于篇幅，本文不再罗列）。

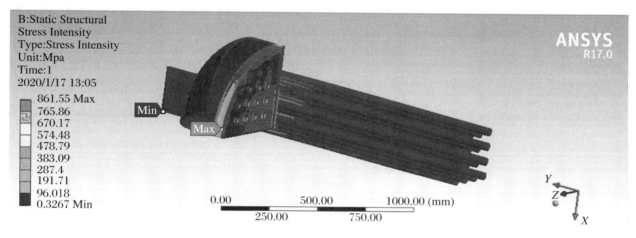

图 2 内压应力分析结果

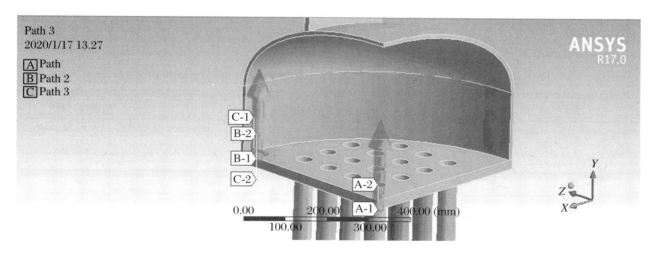

图 3 内压线性应力化路径

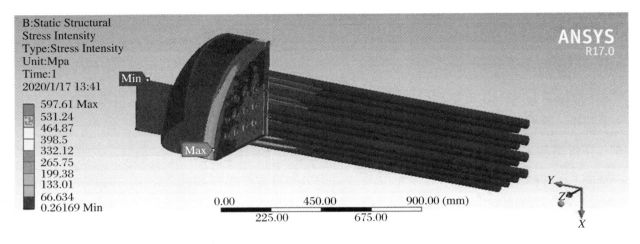

图4　外压应力分析结果

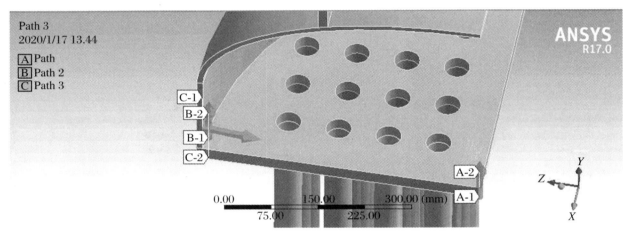

图5　外压线性应力化路径

3.6　内压计算载荷下线性化处理结果及评定

内压计算载荷下路径选取及线性化等效应力、强度评定见表2。

表2　内压计算载荷下路径选取及线性化等效应力、强度评定

路径	薄膜应力 P_L（MPa）	弯曲应力 P_B（MPa）	薄膜＋弯曲（$P_L + P_B$）（MPa）	限制值（MPa）
A－1～A－2	8.4	158.7	167.0	169.8
B－1～B－2	59.2	139.4	165.5	
C－1～C－2	127.0	214.1	322.0	338.4
结果		通过		

3.7　外压计算载荷下线性化处理结果及评定

外压计算载荷下路径选取及线性化等效应力、强度评定见表3。

表3 外压计算载荷下路径选取及线性化等效应力、强度评定

路径	薄膜应力 P_L(MPa)	弯曲应力 P_B(MPa)	薄膜+弯曲 (P_L+P_B)(MPa)	限制值(MPa)
A-1~A-2	5.9	110.7	116.6	
B-1~B-2	41.0	96.4	114.3	169.8
C-1~C-2	87.5	148.2	222.8	338.4
结果		通过		

从表2和表3中的数据来看,管箱固定情况下,管板厚度为25 mm时,评定可以通过,说明有限元分析精度高于按规则设计的结果。

4 非弹性有限元分析

有两种方法:弹-塑性分析和极限载荷分析。弹-塑性分析方法考虑了材料的应变硬化,极限载荷分析假设结构材料为理想塑性而没有应变硬化。相比较而言,弹-塑性分析方法给出的结论更接近实际情况,极限载荷方法相对保守一些,本文采用极限载荷方法。

4.1 极限载荷分析

进行极限载荷分析时,一般作如下假设[8-10]:① 采用弹性-理想塑性材料模型,不考虑应变硬化作用,本文所使用的S30403的模型如图6所示;② 应变-位移关系为小位移理论,不考虑形变引起的几何改变效应;③ 满足比例加载条件,所有载荷按同一比例增加。

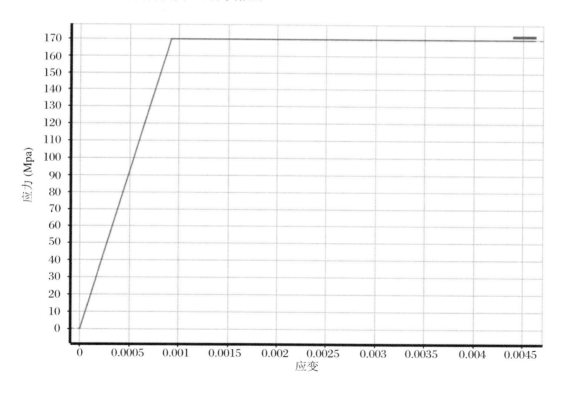

图6 S30403理想塑性材料的应力-应变关系

结构模型、网格划分、边界条件同弹性有限元分析方法。为较快确定极限载荷,先将载荷增量设定为0.05 MPa,计算表明,当压力载荷在1.35 MPa时,模型可以求解,当载荷增至1.40 MPa时,无法得到收敛解。进一步试算表明,在1.37 MPa时可以获得收敛解,在1.38 MPa时无法求得收敛解。因此,可以确定极

限载荷值为 1.37 MPa,塑性极限载荷的 2/3 为其极限承载能力,其值为 0.91 MPa,大于设备的设计压力 0.7 MPa,甚至大于设备的管程试验压力 0.875 MPa。管板厚度选用 25 mm 满足设计要求。

5 结论

对于本文所示管束模型,现行国内标准尚无法找到合适的按规则设计的计算方法。TEMA 标准可以解决类似的计算问题,但连接板与管箱固定之后,管板的计算是否正确,标准无法给出进一步说明,因而,得到的结果存疑。弹性有限元分析表明,连接板对管板产生不利影响,在载荷相同的情况下,管板最大应力值大于无连接板的。

极限载荷分析方法可以得到较为经济的计算结果,这基于其合理的材料模型设计,分析结果显示,当采用极限载荷分析方法时,不仅可以通过,还有一定的裕度。但该方法对计算机配置要求高,计算耗时长,这是其不足之处。采用 TEMA 标准得到的管板厚度,可以作为有限元分析的基准厚度,避免盲目性,节约大量时间。最终选择弹性分析的方法得到的结果用于实际的生产设备,已安全服役数年。

参 考 文 献

[1] 中华人民共和国国家质量监督检验检疫总局,中国国家标准化管理委员会.热交换器:GB/T 151—2014[S].北京:中国标准出版社,2015.
[2] 化工部第二设计院,译.美国管式换热器制造商协会标准[M].上海:化学工业部设备设计技术中心站,1997.
[3] Standards of TEMA[S].10th ed.2019.
[4] 杨国义,寿比南.异形管板换热器应力分析与评定[J].石油化工设备技术,2006,27(3):6-8.
[5] 陈永东,吴晓红,修维红,等.多股流缠绕管式换热器管板的有限元分析[J].石油化工设备,2009,38(4):23-27.
[6] 中华人民共和国国家质量监督检验检疫总局,中国国家标准化管理委员会.压力容器:GB/T 150.1~150.4—2011[S].北京:中国标准出版社,2005.
[7] 全国锅炉压力容器标准化技术委员会.钢制压力容器:分析设计标准:JB 4732—1995[S].
[8] 白海永,方永利.ANSYS 极限载荷分析法在压力容器设计中的应用[J].压力容器,2014,31(6):47-50.
[9] 沈鋆.ASME 压力容器分析设计[M].北京:清华大学出版社,2016.
[10] 沈鋆,刘应华.压力容器分析设计方法与工程应用[M].北京:清华大学出版社,2016.

 作 者 简 介 ●

王玉(1960—),男,汉族,教授级高工,主要从事压力容器设计与管理。通信地址:沈阳市浑南区浑南东路 49－29 号。E-mail:wangyu_yby@126.com。

MMA 装置用锆材多波双层波纹管的制造

赵敏　李栋　危立涛　任怀平　孙明明　张净

（山东恒通膨胀节制造有限公司,泰安 271000）

摘要：本文简要介绍了锆材的特性,并对 MMA 装置用锆材多波双层波纹管的设计和关键制造工艺进行了阐述,结果表明,本文介绍的制造工艺合理,产品质量合格。

关键词：MMA 装置；锆材；多波双层波纹管；设计；制造

The Manufacturing of Multi-wave Zr Expansion Joint in MMA Equipment

Zhao Min, Li Dong, Wei Litao, Ren Huaiping, Sun Mingming, Zhang Jing

（Shandong Hengtong Expansion Joint Manufacturing Co. ,Ltd. ,Tai'an 271000）

Abstract：This paper briefly introduces the characteristics of zirconium material, and expounds the design and key manufacturing process of zirconium multi wave double-layer bellows for MMA device.

Keywords：MMA device；zirconium；multi wave double-layer bellows；design；manufacture

1　引言

锆是一种活性金属,外观与不锈钢相似,对氧有很高的亲和力,在室温的空气中会形成保护氧化膜,这层保护氧化膜使得锆及其合金具有优良的抗腐蚀性能,是当今石油化工领域优异的耐蚀结构材料。锆及锆合金的一个重要用途就是作为核动力反应堆的燃料包覆材料和其他结构材料。工业锆产品广泛用于各类耐蚀工艺设备中,主要应用包括压力容器、热交换器、管道、槽、轴、搅拌器等。

由于锆材弹性模量较低、屈强比较高、冷作硬化倾向相对较大等特性,用其制作波纹管膨胀节难度非常大,制造工艺、工装模具、检验方法都需要我们探索。自 2012 年以来,我公司对锆材波纹管膨胀节的设计和制造工艺研究也一直在探索和改进,根据其材料的特点,制定了合理的加工工艺,成功地制作了单层两波、两层单波的锆材波纹管膨胀节。由于设备大型化和工作条件的高要求,对于波纹管膨胀节的结构和性能要求也进一步提高。根据客户要求,委托我公司制作一台 MMA 装置用双层多波的锆材波纹管膨胀节。该膨胀节结构见图 1。

2　锆制双层多波波纹管膨胀节设计参数

本件锆制波纹管膨胀节的设计参数由客户提供,我公司按照图纸要求进行校核并加工成型。本规格膨胀节依据《金属波纹管膨胀节通用技术条件》(GB/T 12777—2019)进行设计,设计温度为 150 ℃,设计压力为 0.15 MPa,波纹管公称直径 DN＝500 mm,波纹管参数见表 1。

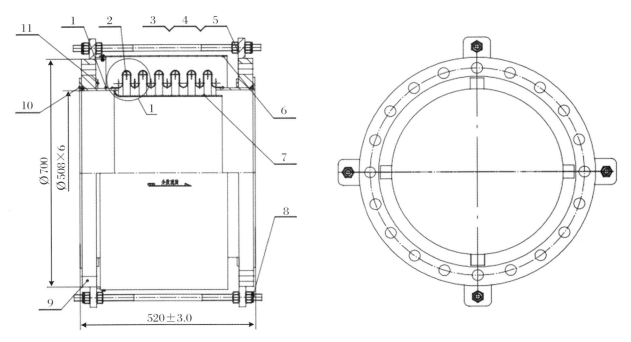

图 1　双层多波的锆材波纹管膨胀节

1. 接管；2. 波纹管；3. 支耳；4. 拉杆；5. 螺母；6. 保护罩；7. 导流筒；8. 装运装置；9. 法兰；10. 衬环；11. 挡圈

表 1　波纹管参数

直径 DN(mm)	波根外径 D_o(mm)	波高 h(mm)	波距 q(mm)	波数 N	厚度 δ(mm)	层 n	直边段 (mm)	轴向位移 (mm)	横向位移 (mm)	角位移
500	504	51	48	6	1.0	2	30	20	10	1

3　锆制双层多波波纹管膨胀节关键工艺控制

由于锆材冷作硬化倾向较大，成本较高，要求波纹管的成品率要提高。针对锆材的特性，在制作过程中的关键工艺包括下料、焊接、模具加工、成形。

3.1　材料分割

锆板入厂后按要求进行检验验收，并进行复验，复验合格后入库放入指定区域，不得直接放置在地面上，不得破坏钢板表面的保护贴膜。管坯根据设计图样要求，下料尺寸为：内层为 1570×840×δ1.0 mm，外层为 1582×840×δ1.0 mm，下料前进行材料标记移植。因板材较薄，为避免板坯变形，采用水刀（冷切割）编程下料保证尺寸精度，对角线误差控制在 $\Delta \leqslant 2.0$ mm，下料后检查尺寸及表面，板料双面贴保护膜。

3.2　焊接

焊接是波纹管成形过程中的重要工艺，直接关系到波纹管成形的质量。锆的热导率比钛略大，与奥氏体不锈钢接近，属导热性较差的材料。在高温下，锆易与 O_2，N_2，H_2 反应，与氢气在 200 ℃ 可生成 ZrH_2，在大约 315 ℃ 的氢气中，锆会吸收氢而导致氢脆，与氧气在 300 ℃ 可生成 ZrO_3；在 550 ℃ 以上，与空气中的氧气反应生成脆性氧化膜；在 700 ℃ 以上，锆吸收氧气而使材料严重脆化；在 600 ℃ 锆吸收氮气生成 ZrN。为避免焊接区域长时间高温停留造成的不利影响，应控制焊接线能量的输入。

依据上述要求，为保证锆的焊接质量，按照 ASME 第九卷和相关的技术要求进行焊接工艺评定试验。评定的试板焊接接头力学性能试验符合要求，依据焊评结论制定了合理的施焊焊接参数及技术措施。采用钨极氩弧焊,焊接材料选用与母材成分相匹配的焊丝 ERZr-2。

焊接前,在焊缝两侧至少 100 mm 范围内使用丙酮进行清洗。不得有油污等污染,操作工必须戴手套,不得直接接触清洗后的待焊坡口。认真清理焊接区环境、工装夹具及保护罩上的污物;对焊丝进行酸洗处理,焊接之前刮除氧化膜。焊接时采用焊枪、拖罩和背面保护罩对焊缝及热影响区进行保护。气体选用纯度为 99.999% 的氩气,气体流量保持适当,流量太大易造成紊流,流量太小易使空气混入,影响保护效果。防止焊缝中气孔的产生;为了防止焊接接头热影响区的晶粒过分长大,焊接时应控制线能量不能大于 10 kJ/cm,并在焊缝两侧背面垫导热性较好的铜垫加速散热。具体焊接工艺参数如表 3 所示。

表 3　焊接工艺参数

厚度 (mm)	焊层	焊丝直径 (mm)	钨极直径 (mm)	焊接电流 (A)	焊接电压 (V)	焊接速度 (cm/min)	氩气流量(L/min)		
							正面	背面	尾部
1.0	2	0.8	2.4	30～40	8～12	15～20	15～20	15～20	15～20

3.3　焊缝检测

首先对管坯焊接接头进行目视检验,检查焊缝外观,焊缝表面及热影响区均呈银白色,焊缝表面无裂纹、弧坑、咬边、气孔、夹渣等缺陷;焊缝宽度 1.5～2.5 mm,焊缝余高 0～0.2 mm;焊接变形小。对焊缝进行 100%RT 检查,符合 NB/T 47013.2—2015 的 Ⅱ 级合格。

3.4　双层管坯套合

先将内外层筒体整圆,椭圆度不大于 0.5 mm,将波纹管筒体内层的外侧和外层的内侧的保护膜去除,再将外侧筒体按照由上至下的方向套合。套合时应注意避免划伤内侧筒体的外表面,两层之间间隙均匀,层间不得有水、沙等污物,内外管坯焊缝均匀错开。

3.5　封边焊

焊接技术要求及参数参照 3.2 执行。

3.6　液压成型

锆制波纹管膨胀节的成型方法:根据锆材塑性变型能力差,冷变型抗力大,回弹严重,用其制造波纹管的难度很大,废品率高,所以波纹管在内压载荷作用下采用专用的热媒介质进行热成。

波纹管成型模具从成本和实用性考虑,选用成型性能较好的整体外密封端模,为防止碳钢材料对锆材料产生污染需将碳钢模具全表面进行镀铬处理。而本次制作的锆材波纹管为 6 波,更加加大了成型的难度,在成型过程中,还要解决成型柱状失稳的问题。通过多方商讨,最终决定采用导向模具(图 2)加阶梯垫块来控制成型过程中的失稳问题。

图 2　导向模具示例

液压成型时,首先启动液泵将液体充入管坯,当达到一定压力后,模具间的管坯薄壳发生鼓胀后停泵保压,移动阶梯垫块使其处于合理位置,启动油压机,轴向压缩管坯;同时,开启泵增压,装有管坯的端模和中间模在油压机的轴向压力下在四柱导向约束中继续轴向压缩移动,波形不断扩大,直至模板全部靠紧即为合模。此时模具在导向的约束下不会发生滑移现象,确保相互间隙均匀,避免偏移。合模后,一般再升压 0.1 MPa 左右,保压 10～15 min,即可卸压、拆模、取出波纹管,成型结束,详细过程如图 3 所示。

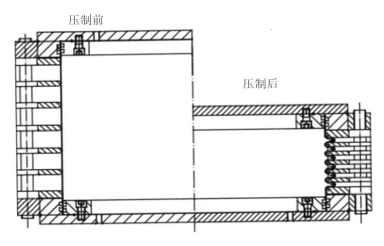

压制前

压制后

图3 液压成型过程

由于材料的液压胀形属于超塑性变形,并且锆材波纹管是通过媒介加热,在热态下成型的,所以波纹管会产生回弹。为控制回弹,我们采用了如下措施:模具设计时,考虑回弹后波纹管波距增大,R弧相应增大,所以模具的R弧过渡部分去除回弹量部分;在压制过程中采用红外线测温仪监控成型温度的均匀性;模具合模后需保压10~15 min,先卸除内压,再撤除轴向压力;撤除轴向力后,波纹管有所回弹,测量模具间隙,计算回弹后波距,若回弹较大则需再次轴向加压,将各部分模具压靠合模并保压。

3.7 波纹管检查

波纹管膨胀节成型以后,内、外表面100%PT检查,膨胀节内、外无裂纹、腐蚀、划伤、褶皱、结疤等缺陷;波形平整、光滑、无尖波、肥细波等缺陷。波形尺寸完全符合GB/T 12777—2019的要求,并测量波纹管波峰、波谷和波侧中间位置三者之间的最小厚度,减薄量<10%。

3.8 性能试验

按照GB/T 12777—2019标准规定,水压试验压力按照9.6.1.5条款式2进行计算得

$$P_t = 1.5P[\sigma]_b/[\sigma]^t = 0.225(MPa)$$

设计压力0.15 MPa,DN550的锆材波纹管膨胀节进行了水压试验,水中氯离子含量少于25 μg/g,保压30 min。膨胀节在试验压力下,无破坏、无泄漏、最大波距与受压前波距之比不超过1.12。

4 结论

根据研究实验可知,本公司对于锆材多层多波的成形工艺可行,研制的波纹管所使用的工装、模具等均是合格的,产品性能、几何尺寸、形状外观符合标准及客户需求,质量优良,可广泛应用于生产。

参 考 文 献

[1]　国家能源局.锆制压力容器:NB/T 47011—2010[S].北京:新华出版社,2010.

[2]　周志晔.锆制容器制造注意事项[J].中国化工装备,2012(5):44-48.

[3]　吴宏伟.锆R60702 TIG焊焊接工艺及接头性能研究[J].热加工工艺,2008(10):16-20.

[4]　杨文峰.锆制压力容器的设计和制造技术[C]//中国机械工程学会压力容器制造委员会2011年年会暨技术交流会文集,2011.

[5]　窦丽娟.锆合金力学性能分析[J].金属世界,2014(2):5-8.

〔6〕 郗峰波.锆材塔设备的加工制造技术[J].现代焊接,2014(9):51-54.

〔7〕 胡旭坤.国产 R60702(Zr-3)工业锆板材性能及应用[J].山东化工,2019,48(5):111-113.

〔8〕 全国船用机械标准化技术委员会.金属波纹管膨胀节通用技术条件:GB/T 12777—2019[S].北京:中国标准出版社,2019.

 作者简介 ●

赵敏(1982—),女,工程师,一直从事波纹管膨胀节设计研发工作。通信地址:山东省泰安市泰山区泮河大街 5 号。E-mail:337285149@qq.com。

蒸汽发生器用 2.25Cr1Mo 钢厚壁多波膨胀节

危立涛　李栋　赵敏　孙明明　张净

（山东恒通膨胀节制造有限公司，泰安 271000）

摘要：本文分析了 2.25Cr1Mo 材料的焊接特点，并对 2.25Cr1Mo 钢波纹管的关键制造技术进行了阐述。

关键词：2.25Cr1Mo；焊接；膨胀节；制造

Thick Wall Multi Wave Expansion Joint Of 2.25Cr1Mo Steel For Steam Generator

Wei Litao，Li Dong，Zhao Ming，Sun Mingming，Zhang Jing

（Shandong Hengtong Expansion Joint Manufacturing Co. ，Ltd. ，Tai'an 271000）

Abstract：This paper briefly introduces the characteristic of welding for 2.25Cr1Mo material and manufacture process.

Keywords：2.25Cr1Mo；welding；expansion joint；manufacture

1　引言

2.25Cr1Mo 钢是近年来应用比较广泛的抗氢用钢，但是目前用抗氢钢做膨胀节在国内还是比较少见的，由于该钢具有强度高、易出现焊接缺陷，材料的延伸率低，波纹管不易成型，用其做膨胀节难度更大，制造工艺要求更严格。2018 年，我单位承接蒸汽发生器用厚壁膨胀节的研发制造，膨胀节材料要求为 2.25Cr1Mo。该膨胀节的制造要求按照 GB/T 16749—1997 及 ASME SA387 以及用户提出的技术条件。波纹管波形参数见表 1。

表 1　波形参数表

材料	波根内径 D_b(mm)	波根外径 D_0(mm)	厚度 δ(mm)	层 n	波高 h(mm)	波距 q(mm)	波数 N	直边段 (mm)
2.25Cr1Mo	309	325	8	1	60	96	12	12

用户对制造的要求：波纹管两端面的平行度公差不大于 0.5 mm，两端面的垂直度公差不大于 1 mm，同轴度公差不大于 1 mm。根据用户的制造要求，我们进行了膨胀节的制造，下面就此膨胀节制造过程中的若干要点做以下阐述。

2　2.25Cr1Mo 钢厚壁多波膨胀节的关键制造技术

2.1　波纹管管坯的制备

管坯根据图样尺寸进行下料，2.25Cr1Mo 材料会在热加工过程中产生一种带状组织，该组织是组织缺陷中最严重的一种，不宜消除，因此在火焰切割后对其热影响区进行冷加工，去掉带状组织，保证材料的性能;同时保证下料尺寸的精度,对角线误差控制在 $\Delta \leqslant 3$ mm。

2.2 波纹管管坯的纵缝焊接

焊接是膨胀节制造过程中至关重要的环节,是膨胀节压制成功的前提。氢是引起 2.25Cr1Mo 焊接冷裂纹的主要因素,焊接接头中含氢量越高,产生裂纹的的倾向就越大,为保证焊接质量,我们采取了以下措施。

2.2.1 焊材及焊接方法

焊材的选用原则是保证焊缝化学成分和力学性能与母材相当,我们选用型号为 E6015-B3 的低氢型焊条,采用手工电弧焊,焊接设备选用直流电弧焊机,反接法,以提高接头的抗冷裂能力以及足够的韧性。

2.2.2 焊前预热

由于 2.25Cr1Mo 属于低合金耐热钢,此类钢的焊接缺陷主要是冷裂纹,产生冷裂纹的要素是淬硬组织和扩散氢的作用,因此,焊前要对焊接材料严格按照有关规定烘干并适当地预热。NB/T 47015—2011 中对低合金耐热钢推荐使用的最低预热温度为 150 ℃,结合我公司做的焊接试件,当预热温度不低于 150 ℃ 时可完全避免产生焊接裂纹,因此,我们规定最低预热温度为 150 ℃。

2.2.3 施焊过程

在焊接 2.25Cr1Mo 材料时,NB/T 47015—2011 中规定每条焊缝宜一次焊完。当中断焊接时,应及时采取保温、后热或缓冷等措施。重新施焊时,仍需按原规定预热。保持短电弧,使用后退前进法焊接,避免起弧处产生气孔。NB/T 47015—2011 中规定低合金耐热钢的道间温度不宜高于 300 ℃,结合我公司做的焊接试件,我们规定道间温度不得高于 250 ℃。

2.2.4 焊后消氢

由于焊接加热、冷却迅速,接头熔合区及 HAZ 应力状态复杂,加上淬硬组织对聚集于此的氢十分敏感,易产生冷裂纹,因此焊后立即进行了消氢处理,防止冷裂纹的产生。

2.2.5 焊后热处理

焊后热处理的目的是消除焊接残余应力,通过高温回火获得所需要的硬度和组织结构。热处理的保温温度为 720 ℃±10 ℃,保温时间为 20 min。

2.2.6 其他规定

(1) 焊前焊件必须清除油、水、锈等杂质。
(2) 焊接前焊条需经 350 ℃烘焙 1 h,随烘随用。
(3) 在焊前对坡口进行 100%MT 检测,符合 NB/T 47013.4—2015 的规定。
(4) 按 NB/T 47013.4—2015 进行 100%MT 检测,焊缝质量不低于 Ⅰ 级。
(5) 按 NB/T 47013.2—2015 进行 100%RT 检测,焊缝质量不低于 Ⅱ 级。
(6) 焊接接头参照 NB/T 47014—2011 进行了力学性能试验(拉伸、弯曲)。

2.3 膨胀节的成型

因为用户对 2.25Cr1Mo 厚壁多波膨胀节成型后的波形参数及制造公差要求非常严格,所以对油压机和模具的精度要求也比常规产品严格。

2.3.1 模具设计

因该膨胀节的波数为 12 波,波纹管在成型过程中如果没有外部约束,很容易造成波纹管失稳,压制成不合格的产品,因此需要考虑设计模具,并且在模具安装导向工装,该导向工装既要起到导向的作用,同时不能影响模具的运行;在端模和中间模圆周方向上根据导向工装的厚度铣出可以让导向滑动的槽,导向工装设计成可拆卸的,每个部分用销轴连接,在压制规程中随着筒体的缩短,逐步撤去导向,指导筒体压制完毕,整个过程模具外侧都有导向约束,以此保证波纹管的同轴度满足公差要求。端模见图1,中间模见图2,导向工装见图3。

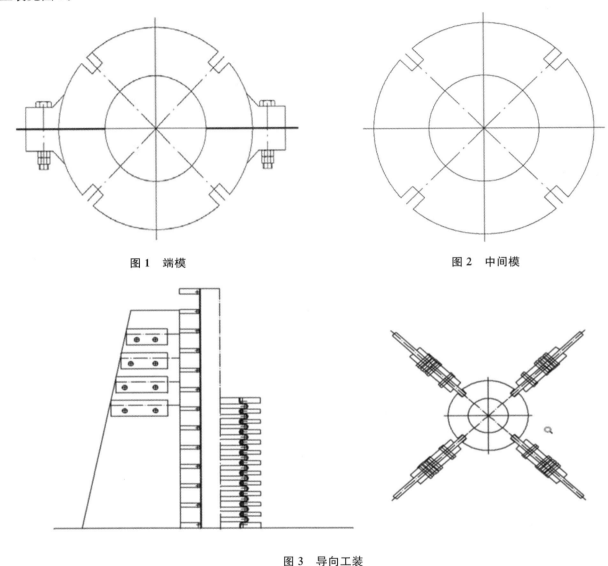

图1 端模   图2 中间模

图3 导向工装

2.3.2 膨胀节的成型

该2.25Cr1Mo钢12波厚壁膨胀节采用整体液压成型,压制压力及相关参数根据波形参数确定,对于Cr-Mo钢12波厚壁膨胀节,我公司首次压制,根据以往的多波膨胀节的压制经验和Cr-Mo钢的力学性能的特点采用了对焊缝和材料本身进行包扎的方法来增加材料和焊缝的抗拉强度,经过反复试验确定了合理的成型工艺,在现场操作工人严格按照确定好的工艺参数操作下,该膨胀压制成功,经检验,产品尺寸和公差符合《压力容器波形膨胀节》(GB/T 16749—1997)标准规定和用户提出的技术条件要求,膨胀节参数如图4所示,压制合格的产品如图5所示。

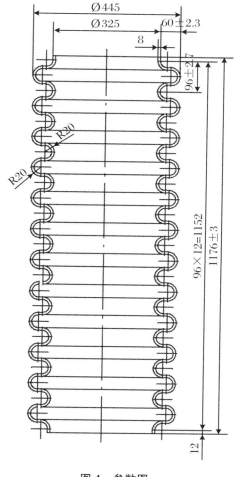

图 4　参数图

图 5　成型图

3　结论

膨胀节的压制成功,不仅丰富了膨胀节的品种,扩大了 Cr-Mo 钢在膨胀节上的应用范围,更为以后 Cr-Mo 钢多波厚壁膨胀节的制造积累了丰富的经验。

参 考 文 献

［1］　全国压力容器标准化技术委员会.压力容器波形膨胀节:GB/T 16749—1997［S］.北京:中国标准出版社,1997.
［2］　国家能源局.压力容器焊接规程:NB/T 47015—2011［S］.北京:原子能出版社,2011.
［3］　国家能源局.承压设备无损检测:NB/T 47013—2015［S］.北京:原子能出版社,2015.
［4］　国家能源局.承压设备焊接工艺评定:NB/T 47014—2011［S］.北京:原子能出版社,2011.
［5］　杨华彬,刘晓荣.2.25Cr1Mo 的焊接及回火脆化倾向评定［J］.中国新技术新产品,2019(3):14-16.

作者简介 ●

危立涛(1987—),男,工程师,主要从事波纹管膨胀节的设计和研发工作。通信地址:山东省泰安市泮河大街 5 号山东恒通膨胀节制造有限公司。E-mail:229611877@qq.com。

反应气体冷却器膨胀节制造工艺

张净　李栋　危立涛　赵敏　孙明明

（山东恒通膨胀节制造有限公司,泰安 271000）

摘要:本文阐述了大口径、厚壁、1+1波波纹管膨胀节的设计方法和制造工艺要点。

关键词:大口径;厚壁;1+1波制造

Manufacture of Expansion Joint of Reaction Gas Cooler

Zhang Jing，Li Dong，Wei Litao，Zhao Min，Sun Mingming

（Shandong Hengtong Expansion Joint Manufacturing Co.，Ltd.，Tai'an 271000）

Abstract:In this paper，the design method and key points of manufacturing technology of large diameter，thick wall and 1+1 wave bellows expansion joint are described.

Keywords:large diameter;thick wall，1+1 wave manufacturing

1　引言

膨胀节主要用于吸收热胀冷缩等原因引起的设备（或管道）等尺寸变化的承压装置。作为典型热补偿结构,波纹补偿器在石油、化工、电力、冶金、核电、宇航等行业应用广泛。随着装置和设备正在向大型化发展,对于大口径膨胀节的需求量越来越大。2020 年 9 月,我单位承接某单位丙烯腈装置膨胀节的制造,大直径厚壁 DN2500×55 mm 双波,采用 1+1 波液压成型。该膨胀节的压制成功解决了非标准厚度波纹管的成型问题。该膨胀节的设计、制造要求参照《压力容器波形膨胀节》(GB/T 16749—2018)标准,技术条件如图 1 所示。

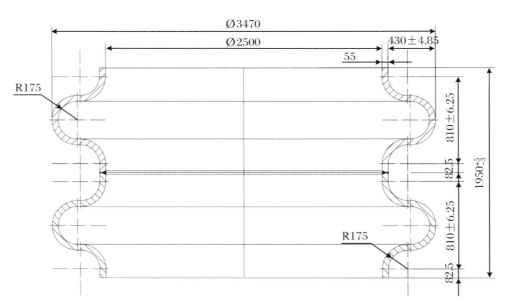

图1　反应气体冷却器膨胀节简图

2 波纹管的设计

2.1 波形参数确定

根据客户参数(表 1)确定波纹管参数(表 2)。

表 1　反应气体冷却器膨胀节设计条件

规格型号	设计压力 P(MPa)	设计温度 t(℃)	内径 D_i (mm)	轴向位移 e(mm)	介质	波级管材料	整体轴向弹性刚度值 K_{bu}	成型后一层材料的名义厚度 t_p(mm)
ZDL(Ⅱ)U2500-5.6-1×55×(1+1)	5.6	310	2500	12	锅炉水	Q345R	370015 (N/mm)	49.2

表 2　波形参数

内径 D_i(mm)	波峰外径 D_w(mm)	平均直径 D_m(mm)	波高 h(mm)	波距 q(mm)	成型前单层壁厚 t(mm)	成型后单层壁厚 t_p(mm)	波数 (n)	层数 (m)	腐蚀裕量 (mm)	直边长度 (mm)	膨胀节高度(含端部)(mm)
2500	3470	2985	430	810	55	49.2	2	1	3	82.5	1950

2.2 膨胀节应力、性能计算与校核

根据《压力容器波形膨胀节》(GB/T 16749—2018)标准中相应公式对 DN2500×55 双波波纹管的各项应力、轴向刚度、平面失稳压力进行计算校核,结果见表 3,并运用 ANSYS 有限元分析计算的方法对其强度及疲劳进行校核,结果均满足要求(见图 2、图 3 和表 4)。

表 3　应力、轴向刚度、平面失稳计算及校核

应力计算

	各项应力	计算值(MPa)	许用值(MPa)	结论
压力引起	波纹管直边段周向薄膜应力 σ_1	$\sigma_1 = \dfrac{p(D_b + nt)^2 L_t E_b^t k}{2[nt_e E_b^t L_t (D_b + nt) + t_{ce} k E_c^t L_c D_c]} = 20.9863$	$\varphi_b \omega_b [\sigma]_b^t = 131$	合格
	直边段套箍周向薄膜应力 σ_1'	$\sigma_1' = \dfrac{p D_c^2 L_t E_c^t k}{2[nt_e E_b^t L_t (D_b + nt) + t_{ce} k E_c^t L_c D_c]}$	$\varphi_c \omega_c [\sigma]_c^t$	
	波纹管周向薄膜应力 σ_2	$\sigma_2 = \dfrac{p D_m K_r q}{2 A_c} = 111.636$	$\varphi_b \omega_b [\sigma]_b^t = 131$	合格
	波纹管子午向薄膜应力 σ_3	$\sigma_3 = \dfrac{ph}{2nt_{pe}} = 26.0606$		
	波纹管子午向弯曲应力 σ_4	$\sigma_4 = \dfrac{p}{2n}\left(\dfrac{h}{t_{pe}}\right)^2 C_p = 125.417$		
	波纹管子午向薄膜+弯曲应力 $\sigma_3 + \sigma_4$	$\sigma_3 + \sigma_4 = 151.477$	$C_m [\sigma]_b^t = 196.5$	合格

续表

位移引起	波纹管子午向薄膜应力 σ_5	$\sigma_5 = \dfrac{E_b t_{pe}^2 e}{2h^3 C_f} = 10.4583$		
	波纹管子午向应力弯曲 σ_6	$\sigma_6 = \dfrac{5E_b t_{pe} e}{3h^2 C_d} = 183.113$		
波纹管子午向总应力 σ_t		$\sigma_t = 0.7(\sigma_3 + \sigma_4) + \sigma_5 + \sigma_6 = 299.606$	$2R_{eL}^t = 394$	合格

疲劳寿命校核

对于奥氏体不锈钢、镍、镍合金等耐蚀合金材料波纹管,当 $\sigma_t > 2R_{eL}^t$ 时,需要进行疲劳校核

	波纹管设计许用疲劳寿命计算值	操作疲劳寿命次数	结论
奥氏体不锈钢、耐蚀镍合金及镍-铬合金材料	$[N_c] = \left(\dfrac{12827}{\sigma_t/f_c - 372}\right)^{3.4} / n_f$		
耐蚀镍-钼-铬合金材料	$[N_c] = \left(\dfrac{16069}{\sigma_t/f_c - 465}\right)^{3.4} / n_f$		
耐蚀镍-铬合金材料	$[N_c] = \left(\dfrac{18620}{\sigma_t/f_c - 540}\right)^{3.4} / n_f$		

轴向单波刚度计算

单波轴向弹性刚度值 f_{iu}	$f_{iu} = 1.7 \dfrac{D_m E_b^t t_{pe}^3 n}{h^3 C_f} = 740029$	N/mm
整体轴向弹性刚度值 K_{bu}	$K_{bu} = \dfrac{f_{iu}}{N} = 370015$	N/mm

稳定性计算

① 波纹管两端固支时,柱失稳的极限设计内压计算

极限设计内压 P_{sc}	$P_{sc} = \dfrac{0.34\pi f_{iu} C_\theta}{N^2 q} = 243.969$	MPa
校核条件及结论	$p \leqslant p_{sc}$ 合格	

② 波纹管两端固支时,蠕变温度以下平面失稳的极限设计压力计算

成形态或热处理态的波纹管材料在设计温度下的屈服强度 R_{eLy}^t	$R_{eLy}^t = 253.295$	MPa
平面失稳系数 K_2	$K_2 = \dfrac{\sigma_2}{p} = 19.935$	
平面失稳系数 K_4	$K_4 = \dfrac{C_p}{2n}\left(\dfrac{h}{t_{pc}}\right)^2 = 22.3958$	
平面失稳应力比 η	$\eta = \dfrac{K_4}{3K_2} = 0.374481$	
平面失稳应力相互作用系数 α	$\alpha = 1 + 2\eta^2 + \sqrt{1 - 2\eta^2 + 4\eta^4} = 2.17389$	
极限设计压力 P_{si}	$P_{si} = \dfrac{1.3A_c R_{eLy}^t}{K_r D_m q \sqrt{\alpha}} = 5.60151$	MPa
校核条件及结论	$p \leqslant p_{si}$ 合格	

结论: 合格

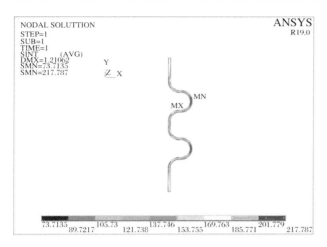

图 2　膨胀节设计工况应力强度云图　　　　图 3　膨胀节线性化路径(设计工况)

表 4　设计工况下膨胀节强度评定

应力强度	应力强度计算值(MPa)	应力强度许用极限(MPa)	路径	评定结果
局部一次薄膜当量应力 S_{II}	137.5	$1.5S_{\mathrm{m}}=196.5$	D1	通过
一次 + 二次当量应力 S_{IV}	194.4	$3.0S_{\mathrm{m}}=393$		
局部一次薄膜当量应力 S_{II}	69.02	$1.5S_{\mathrm{m}}=196.5$	D2	通过
一次 + 二次当量应力 S_{IV}	124.2	$3.0S_{\mathrm{m}}=393$		
一次 + 二次当量应力 S_{IV}	187.6	$1.5S_{\mathrm{m}}=196.5$	D3	通过
一次 + 二次当量应力 S_{IV}	129.9	$1.5S_{\mathrm{m}}=196.5$	D4	通过
一次 + 二次当量应力 S_{IV}	149.6	$1.5S_{\mathrm{m}}=196.5$	D5	通过

由表 4 可知设计工况下膨胀节强度评定合格。

3　膨胀节制造质量控制

3.1　原材料质量控制

为确保膨胀节原材料质量,Q345R 钢板的化学成分和力学性能应符合《锅炉和压力容器用钢板》(GB/T 713—2014)标准的要求。除此要求外,还应符合如下要求:

(1) 化学成分:S≤0.01%,P≤0.025%,Mn 1.2%～1.7%,Si≤0.55%。

(2) 超声波检测:管坯下料前按《承压设备无损检测》(NB/T 47013—2015)标准规定,逐张进行 100% 超声波检测。

(3) 供货状态:正火态。

(4) 满足客户对《板材质量证明书》中常温下的屈服强度值的要求。

(5) 复验:板材按炉进行化学成分复验(见表 5)。

表5　化学成分复验

元素	含量	
	标准	实测
C	≤0.20	0.2
Si	≤0.55	0.5
Mn	1.2－1.7	1.3
Cu	≤0.30	0.3
Ni	≤0.30	0.2
Cr	≤0.30	0.2
Mo	≤0.08	0.06
Nb	≤0.05	0.04
V	≤0.05	0.04
Ti	≤0.03	0.03
P	≤0.025	0.02
S	≤0.01	0.01
Alt	≥0.02	0.01

3.2　膨胀节成型

《压力容器波形膨胀节》(GB/T 16749—2018)标准给出 A1 系列(小波高薄壁系列)和 A2 系列(大波高厚壁系列),丙烯腈装置膨胀节参数属于《压力容器波形膨胀节》(GB/T 16749—2018)标准中的 A2 系列,即大波高厚壁系列。

丙烯腈装置膨胀节口径大,厚度较厚,属于塑性变形,所需油压机推力大,油压机回程有限,双波压制筒体高度超高(3055 mm),压力机行程无法满足要求。对模具强度要求较高,经研讨决定采用单波成型后组焊的方法压制(即 1＋1 波),解决了压力机大推力和回程问题。同时压制此膨胀节,如何密封成为压制过程中的另一难题,采用几种不同样式的密封圈相结合的方法顺利解决密封问题。

3.3　焊接质量控制

该膨胀节既有纵焊缝,又有环焊缝,焊缝采用全焊透结构。按《承压设备无损检测》(NB/T 47013—2015)规定,透照质量不得低于 AB 级。成型后所有焊缝内外表面 100%MT-Ⅰ级合格。

3.4　热处理质量控制

由于本膨胀节变形率较大,Q345R 钢板供货态为正火态,单波成型后进行退火处理,可以消除波纹管压制时产生的应力。组焊后整体正火处理,正火时可在稍快的冷却中使钢材的结晶晶粒细化,不但可得到满意的强度,还可明显提高韧性(AKV 值),降低材料的开裂倾向,提高材料的力学性能。

3.5　波纹管尺寸检验

丙烯腈装置膨胀节 ZDL(Ⅱ)U2500-1×55×2 成形后,所有焊缝 MT 检测、环缝 RT 检测均无缺陷;波纹管波形应均一,无凹凸不平和深度大于钢板厚度负偏差的划伤及焊接飞溅,波峰、波谷和波侧壁三者之间的减薄量≤10%,尺寸符合《压力容器波形膨胀节》(GB/T 16749—2018)的要求,尺寸检验数据见表6。

表6 尺寸检验数据表

规格型号		ZDL(Ⅱ)U2500-1×55×2						
	材料	波根内径 D_i（mm）	波高 H（mm）	波距 q（mm）	波数 N（个）	壁厚 δ（mm）	层数 n（mm）	直边段长度（mm）
设计值	Q345R	2500±3	430±4.85	810±6.25	2	55	1	82.5±2
实测值	Q345R	2501	432	813	2	49.2	1	83

4　结　论

该膨胀节的现场焊接、成型、画线、热处理、无损检测、组装、水压试验和发货等均有驻场监检或甲方检验人员在场督查。2020年10月，反应气体冷却器膨胀节压制成功，经检验，产品尺寸与公差符合《压力容器波形膨胀节》(GB/T 16749—2018)标准规定，满足技术条件要求。此类型膨胀节的设计与制造为设备实现国产化积累了经验。

参 考 文 献

［1］ 全国锅炉压力容器标准化技术委员会.压力容器波形膨胀节：GB/T 16749—2018［S］.北京：中国标准出版社，2018.

［2］ 全国钢标准化技术委员会.锅炉和压力容器用钢板：GB/T 713—2014［S］.北京：中国标准出版社，2015.

［3］ 国家能源局.承压设备无损检测：NB/T 47013—2015［S］.北京：原子能出版社，2015.

［4］ 严正凯.低合金高强钢的焊接工艺研究［J］.机械工程与自动化，2007(1)：10-12.

 作 者 简 介

张净(1991—)，女，工程师，主要从事波纹管膨胀节的设计和研发工作。通信地址：山东省泰安市泮河大街5号。E-mail：htjs2386@126.com。